谨以此书祝贺

北京市西城区青少年科学技术馆VEX IQ机器人代表队

获得VEX机器人世界锦标赛

史上首个三连冠！

跟世界冠军学 VEX IQ 机器人

马志洪　主　审
王　昕　主　编
殷治纲　殷启宸　温宇轩　副主编

本书是由 VEX IQ 世界冠军金牌教练、队员和家长共同打造的 VEX IQ 机器人教学与竞赛指南。

VEX 机器人竞赛是世界上规模最大的机器人竞赛，其充分体现了 STEM 教育的精髓，在帮助孩子掌握丰富的科技、学科知识外，其竞赛内容的核心价值更是可以帮助孩子全面提升自我管理、人际合作、交流表达、抗压能力等未来竞争发展核心优势。

本书内容包括全面的 VEX IQ 基础讲解，经典教学案例，让你由浅入深掌握机器人搭建与编程知识，同时更有世界冠军选手独家分享夺得世界冠军的学习、训练、竞赛经验心得，帮助读者全面掌握 VEX IQ 学习与竞赛精髓。

本书可以作为 VEX IQ 机器人初学者用书、教师参考用书，也可以作为机器人竞赛选手的参考用书。

图书在版编目（CIP）数据

跟世界冠军学 VEX IQ 机器人 / 王昕主编．—北京：机械工业出版社，2020.5

ISBN 978-7-111-65738-5

Ⅰ．①跟…　Ⅱ．①王…　Ⅲ．①机器人－设计　Ⅳ．① TP242

中国版本图书馆 CIP 数据核字（2020）第 092371 号

机械工业出版社（北京市百万庄大街 22 号　邮政编码 100037）
策划编辑：林　桢　　责任编辑：林　桢
责任校对：陈　越　　封面设计：鞠　杨
责任印制：张　博
北京宝隆世纪印刷有限公司印刷
2020 年 9 月第 1 版第 1 次印刷
184mm × 260mm · 22 印张 · 385 千字
标准书号：ISBN 978-7-111-65738-5
定价：99.80 元

电话服务　　网络服务
客服电话：010-88361066　机　工　官　网：www.cmpbook.com
010-88379833　机　工　官　博：weibo.com/cmp1952
010-68326294　金　书　网：www.golden-book.com
封底无防伪标均为盗版　机工教育服务网：www.cmpedu.com

序 言

让“机器人”为青少年搭建成才之路

北京市西城区青少年科学技术馆始建于1981年1月，是北京市建立最早的区级青少年科技实验活动场馆之一，作为北京市校外科技教育的龙头单位，西城区青少年科技馆始终秉承“求真务实、开拓创新”的工作精神，充分发挥科技馆人才建设与硬件保障优势，积极引导青少年从兴趣出发，认真观察、勤于动手、勇于质疑、深入探究、科学分析，开展了形式多样的科技教育活动。

在众多活动项目中，“机器人”教育一直是我们的传统优势项目。1998年西城区青少年科技馆成立了北京市首家区县级青少年机器人工作室，从机器人创意开始经过20多年的发展，目前已经形成了一套完整的机器人培训项目和先进的培训方法，先后培养了数千名青少年机器人爱好者，并在众多机器人赛事中获得了优异成绩。

VEX IQ机器人是近年来具有世界影响力的机器人产品，它具有比较齐全的硬件套装和编程软件，西城区青少年科技馆机器人教研组从2015年开始面向8~14岁少年儿童开展VEX IQ机器人项目培训。几年来在王昕老师的带领下，先后在国际级、洲际级、国家级和市区级比赛中取得优异成绩，获得了各种荣誉和冠军称号。在2017—2018赛季和2018—2019赛季VEX机器人世界最高赛事——VEX机器人世界锦标赛上，西城区青少年科技馆的88299B、88299A等代表队先后夺取了VEX IQ机器人项目小学组世界冠军。2019—2020赛季，受全球新冠肺炎疫情影响，VEX机器人世界锦标赛改为线上虚拟比赛（VEX ROBOTICS VIRTUAL WORLD CELEBRATION），2020年4月26日，经过紧张的模拟赛程，西城区青少年科技馆88299A代表队获得VEX首次虚拟世界锦标赛的冠军，88299B代表队获得亚军，由此北京市西城区青少年科技馆代表队成为VEX机器人世界锦标赛历史上唯一的“三连冠”。

“一花独放不是春，百花齐放春满园”。为了更好地在国内推广VEX IQ机器人教育，王昕老师和部分队员、家长代表结合几年的训练参赛心得共同编写了这本《跟世界冠军学VEX IQ机器人》。本书内容丰富，见解深刻，可以称得上是VEX IQ机器人教育的宝典。

本书不仅详细介绍了 VEX IQ 硬件搭建和软件编程的知识，更有世界冠军教练王昕老师精心选择的数十个教学案例，可以说是一本内容丰富的教学用书。

同时，书中包括了诸多冠军队员的竞赛心得，在队员们客观、真实的介绍中，读者们仿佛置身于“刀光剑影”的比赛现场，和队员们一起紧张，一起呐喊，一起兴奋，一起见证辉煌，真正了解冠军之路是如何铺就的，可以说是一本难得一见的竞赛指导书。

本书还是一本面向青少年的人生教育书，青少年是祖国的未来，寻找青少年喜欢又有效的方式来帮助他们顺利成长，是所有教育者都非常关心的问题。本书探讨了如何以 VEX IQ 机器人项目为平台学习 STEAM（科学、技术、工程、艺术、数学）知识，并让青少年在竞赛过程中理解合作与竞争、挫折与成功等深刻的人生命题，从而全面、健康地成长。

我们相信，广大读者定将从本书中受益匪浅。

为师生创造良好的教育教学环境，西城区青少年科技馆将继续不断努力、不断完善，让更多的孩子在我们的努力和帮助下成功，也希望王昕老师及其指导的 VEX IQ 机器人团队在以后的教学和竞赛中再接再厉，再创佳绩！祝愿我们的机器人教育为更多青少年铺就成才之路。

马志洪

北京市西城区青少年科学技术馆

2020 年 8 月

前 言

这可能是世界上首本由金牌教练、世界冠军选手和家长集体合作完成的关于 VEX IQ 机器人教学和竞赛的书。

VEX 机器人是由美国卡内基 • 梅隆大学推出的用于教学和竞赛的机器人套件，它包括了 VEX IQ、VEX V5、VEXpro 等多个系列，提供了从小学到大学完整的教学和竞赛体系。

VEX 机器人竞赛也是世界上影响力最大、参与人数最多的机器人竞赛运动。目前全世界有 60 多个国家和地区的 2 万多支战队在参与 VEX 机器人竞赛。国内队伍可以参与的竞赛包括区域赛（如华北区赛、华东区赛等）、中国赛、洲际赛（亚洲锦标赛、亚洲公开赛）和世界锦标赛。VEX 机器人世界锦标赛是 VEX 机器人竞赛中最高级别的比赛。2016 年，它被吉尼斯世界纪录确认为世界规模最大的机器人竞赛（The Largest Robotics Competition on Earth）。2018 年 VEX 机器人世界锦标赛（简称世锦赛）以 1648 支参赛队的参赛规模再次刷新了自己保持的此项吉尼斯世界纪录。

在 2017—2018 赛季和 2018—2019 赛季，北京市西城区青少年科技馆的多支 VEX IQ 代表队连续两年在 VEX IQ 世锦赛夺得世界冠军，并夺取多个单项奖及分区赛奖项，创造了辉煌战绩。在本书出版过程中，西城区青少年科技馆队在 2019—2020 赛季 VEX 机器人世界锦标赛（VIRTUAL）中再次夺冠，实现了三连冠。

作为整个历程的见证者，我们很清楚老师、队员和家长们付出了多少，更清楚孩子们成长了多少。因此，在 2019 年“五一”假期的第一天，当西城区青少年科技馆队在美国路易斯维尔 VEX 机器人世锦赛上蝉联世界冠军的那一刻，我们就决定写作一本书来铭记这段“激情燃烧的岁月”。

而写作本书的第二个目的，是希望向全社会推广 VEX IQ 机器人的 STEM 教育体系。设计搭建 VEX IQ 机器人并编写控制程序的过程包含了很多 S、T、E、M（科学、技术、工程和数学）知识。它可以丰富学生们的知识技能、拓展想象力、锻炼实践操作能力，并提高解决问题的能力。

写作本书的第三个目的，是因为 VEX IQ 机器人是一个很好的“全素质”教育平台。

VEX IQ 机器人竞赛体系实际上是个微缩版的社会模型，其中蕴含着合作共赢、拼搏进取、项目管理等诸多规律。比赛过程中，学生们有机会学习如何处理与自我的关系、与他人的关系，以及与社会的关系。据我们观察，有过丰富 VEX IQ 竞赛经历的优秀选手，其刻苦拼搏精神、自我管理能力、交际合作能力、抗挫折能力，乃至责任心，都要明显高出其他同龄人。

综上，我们希望通过 VEX IQ 机器人教育和竞赛体系，能够帮助少年儿童更好地学习、成长，早日成为对祖国和社会有用的栋梁之材。

本书分为三个部分。第一部分是基础篇，主要介绍 VEX IQ 机器人的基础性内容，包括软硬件基本知识。第二部分是教学篇，通过介绍教学案例，帮助学生们由浅入深地了解和掌握 VEX IQ 机器人的搭建技巧和编程知识。第三部分是竞赛篇，主要介绍西城区青少年科技馆一些优秀选手在比赛中的经验和心得，以供有志于参加竞赛的广大师生借鉴。

本书创作团队是深谙 VEX IQ 机器人教育和竞赛体系的老师、学生和家长，其分别从不同视角提供了全面的知识与经验。本书由王昕担任主编，殷治纲、殷启宸、温宇轩担任副主编，其他参与本书编写的还有徐乃迅、刘逸杨、张亦扬、刘慷然、王子瑞、郭弈彭、李中云、信淏然、张函斌、顾嘉伦、童思源、李梁祎宸、罗逸轩、张正一、董笑尘、安泰初、任一铭。

本书特约顾问：张莉。

感谢郭建华、朴红坤、尹华军、张天伦、王爱军、马萍萍、石林、路远、曹炜、王惠鑫、周启明、熊春奎、郭雪夫对本书的审校工作。

同时感谢西城区青少年科技馆 VEX IQ 机器人社团的王荻、顾嘉伦、徐乃迅、王宇和温宇轩、李子赫、刘逸杨、殷启宸参与本书案例的拍摄工作。

再次感谢所有为本书提供帮助的老师、同学和家长。

本书可以作为 VEX IQ 机器人初学者用书、教师参考用书，也可以作为机器人竞赛选手的参考用书。由于知识水平所限，书中一定还有缺点和错误，敬请读者批评指正。

王昕

2020 年 8 月

作者简介

王昕，女，硕士，北京市西城区青少年科技馆高级教师，主要承担机器人教学等相关工作。

自 2015 年开始指导 VEX IQ 机器人竞赛以来，王昕老师带领的西城区青少年科技馆代表队多次获 VEX IQ 机器人市赛、国赛、洲际赛、世界锦标赛冠军、一等奖和各类单项大奖。在 2017—2018 赛季 VEX 机器人世界锦标赛上，西城区青少年科技馆夺得了世界锦标赛五大分区赛中的两个分区赛冠军，其中 88299B 队在总决赛中夺得世界冠军。在 2018—2019 赛季 VEX 机器人世界锦标赛上，西城区青少年科技馆再次夺得了世界锦标赛五大分区赛中的 3 个分区赛冠军，其中 88299A 队也夺得世界冠军。这使得西城区青少年科技馆不仅蝉联了世界冠军，而且还是世界上唯一连续两年在世界五大分区赛冠军队中占有两席以上位置的团队。因而，西城区青少年科技馆被一些选手们称为“VEX IQ 世界最强教育单位”，王昕老师则被亲切地称为“世界最牛金牌教练”！

目 录

第 4 章 VEX IQ 机器人软件

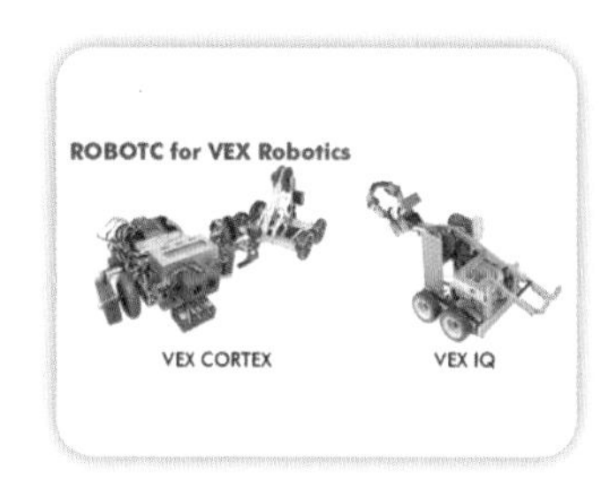

第 5 章 经典案例

第 1 章

VEX IQ 机器人介绍

VEX 机器人（VEX Robotics）是由美国创首国际（Innovation First International，IFI）创立的一个教育机器人系列产品。该系列机器人项目得到了美国国家航空航天局（NASA）、美国易安信公司（EMC）、亚洲机器人联盟（Asian Robotics League）、雪佛龙、德州仪器、诺斯罗普·格鲁曼公司等国际知名机构和公司的大力支持，并已经成为具有世界影响力的教育和竞赛项目。下面，我们将对 VEX 机器人项目的情况做一个全面介绍。

Studying
VEX IQ Robotics
with World Champions

1.1 VEX 机器人系列的组成

VEX 机器人实际上不是一种机器人产品，而是包括了多种产品的机器人“家族”。该“家族”成员有 VEX IQ、VEX V5（原 EDR）、VEXpro 教育机器人，以及 HEX BUG 机器玩具。

在 VEX 机器人系列中，VEX IQ 机器人主要面向小学和初中学生（8~14 岁）。VEX V5 机器人主要面向初、高中学生（14~18 岁）。VEX 还有面向 18 岁以上大学生的竞赛项目 VEX U。因此，VEX 机器人提供了从小学、中学到大学的完整的产品、教学和竞赛系列。

除了 VEX 自己的机器人竞赛，VEX 也专门针对 FRC（FIRST Robotics Competition）、FTC（FIRST Tech Challenge）（FRC、FTC 竞赛是由美国非营利性机构 FIRST 主办的、面向中学生的国际性机器人竞赛）竞赛推出了产品——VEXpro。目前很多 FRC、FTC 战队已经采用了 VEX-pro 的产品制作比赛机器人。

在本书中，我们将主要聚焦 VEX IQ 机器人项目。VEX IQ 机器人和 VEX V5、VEXpro 的主要不同之处在于：VEX IQ 机器人结构零件主要为 ABS 塑料材质，VEX V5 和 VEX U 的结构零件主要为金属材质，VEXpro 为工业级金属材质。另外，VEX IQ 机器人主机功能、传感器性能和电机功率等，相比于 VEX V5 等产品也有所降低或者简化。

虽然 VEX IQ 是 VEX 机器人系列中的低阶产品，但是它的产品特性更适合小学和初中学生使用。

1）它具有的软、硬件设计的整体知识要求，和 VEX V5 等类似，可以为以后学习和制作高阶机器人打下坚实的基础。

2）它的零部件价格比 VEX V5 更便宜，且可以重复使用，是一种经济实用的产品。

3）它使用的编程软件不仅有代码式编程工具，还有图形化编程工具，更便于低年龄段学生入门学习。

4）它的电机功率小，主要零部件为塑料，不需要进行金属加工，安全性更高。

5）它制作的机器人体积、重量相对较小（长、宽、高尺寸一般在 50cm 以内，重量一般在 5kg 以内），更便于携带和运输。

综上可知，VEX IQ 是一种适合小学、初中学生学习的经济、安全、方便、高效的机器人平台。

1.2 VEX IQ 与 STEM（STEAM）教育

VEX IQ 机器人是对中小学生进行“STEM”教育的高效、方便的平台。

STEM 是“（植物）干、茎”的意思，它的四个字母 S、T、E、M 也恰好是科学（Science）、技术（Technology）、工程（Engineering）和数学（Mathematics）这四门学科英文首字母的大写。因此可以认为 STEM 代表的四门学科是现代科技工程领域的主干性力量。

四门学科的作用各不相同，但彼此间又有密切联系。科学的作用在于认识世界和解释世界的客观规律；技术是利用科学知识来解决实际问题，创造价值；工程是应用有关科学知识和技术手段，来创造具有预期价值和功能的产品或系统；数学则是研究科学、技术与工程学科的最重要工具。这四门学科虽然侧重点各不相同，但是它们之间存在着一种相互支撑、相互补充、共同发展的关系。

要解决现实生活中的复杂问题，一般需要综合运用多学科的知识来共同完成。这就要求我们在学习科学、技术、工程、数学时要做到融会贯通，在相互的碰撞中实现深层次的学习。这也是 STEM 教育的思想所在。

VEX IQ 机器人为综合性开展 STEM 教育提供了一个良好的平台。小学和初中是人生最具成长性的阶段。如果能够给这个阶段的孩子们提供一个有吸引力的探索和实践机会，他们就可以很容易地了解和掌握 STEM 教育的核心思想。

作为一个可以快速组装的小型机器人系统，VEX IQ 正好包含了 STEM 教育的所有四个支柱部分。VEX IQ 的主机、传感器和结构部件涉及了电学、力学、运动学、光学等一系列科学知识；要综合运用 VEX IQ 的零部件和科学知识，制作出符合竞赛要求的机器人，并尽可能圆满地完成竞赛任务，这本身就是一个高难度的技术工程；在制作和比赛过程中，也需要综合考虑时间、速度、路程、力等诸多参数的数学计算，甚至完成比赛策略的“数学建模”……可以说，VEX IQ 机器人非常完美地融合了 STEM 教育的四个方面。

近年来，人们在 STEM 教育基础上，又提出了 STEAM 教育的理念。STEAM 比 STEM 多出来的那个 A 代表艺术（Arts）。将科技和艺术进行完美融合的成功典范是美国苹果公司的一系列产品：iPhone、iPad、iMac 等。艺术元素的加入，给“冷冰冰”的科技工程增加了艺术美感，也极大提升了用户使用感受。VEX IQ 竞赛（尤其是很多工程挑战赛）也鼓励孩子们增加机器人设计的艺术元素，甚至进行必要的艺术装饰。科技和艺术代表了理性和感性的两极，未来 STEAM 教育的目的是培养兼具尖端科技素养和深厚艺术素养的复合型人才，而 VEX IQ 机器人则提供了一个非常方便的 STEAM 教育实践平台。

1.3 VEX IQ 机器人能锻炼孩子哪些能力

通过 VEX IQ 的 STEAM 教育平台，VEX IQ 机器人可以锻炼孩子如下能力。

（1）学习科学知识和编程知识

与 VEX IQ 机器人教育关系最大的是物理和数学知识，此外还可以掌握基本编程知识。常用到的物理知识包括运动定律、力学知识（动力和摩擦力）、光学知识（颜色传感器）、声学知识（超声波原理）、杠杆齿轮链条的知识等。编程可以使用 ROBOTC 语言，这是一种专门针对 VEX IQ 等机器人开发的 C 语言。编程内容主要涉及运动和传感器编程。

（2）空间想象力和结构设计能力

开发制作比赛机器人，要在大脑中提前完成构思和设计，这需要很好的空间想象能力和设计能力。一台设计合理、性能先进、得分能力强的机器人是获得好成绩的最重要因素之一。

（3）动手制作能力

要将设计思路变成实际机器人，需要有很好的搭建制作能力。搭建时要遵循一定的搭建规范，并对原材料做好分类管理。制作精良的机器人结构牢固、性能可靠，不会在比赛中轻易出故障。

（4）机器操控能力

好的操控手要具有过硬的操控能力，必须能做到双手协调配合，并要有很强的空间、方向识别能力，争取做到“既快又准”。手指的控制要精准，并掌握长拨、短拨、点拨、长按、短按、点按等手法。

（5）解决实际问题的能力

机器人是软硬件结合、虚拟和现实结合的产物。在设计和操作机器人时，不仅要考虑理想情况，还要考虑实际情况。例如两侧轮子的摩擦力不同、电机动力不一致时，赛车行进就会跑偏。使用光线传感器时，环境光线变化会影响传感器读取的数值……这些实际问题要通过修改设计、调试程序等方法一一解决。

（6）交流表达能力

机器人竞赛能极大地锻炼沟通交流能力。VEX IQ 比赛是团队协作比赛，需要和陌生的团队迅速地组成新的合作团队。这个过程要求必须具备迅速、高效的沟通能力，要能阐述自己的想法，团结队友，建立自信，或劝说队友接受更合理的战术。当然也要虚心学习队友的战术，总体把握团队战术，并要规划好时间。VEX 其他的机器人比赛项目也需要足够的沟通和交流能力，像 STEM 项目要能够清晰、准确地向评审老师介绍自己的项目内容。

（7）团队协作的能力

机器人比赛是以团队形式出现的，队伍内部必须有分工合作，这需要包容和理解，以实现团队整体利益最大化。同时，比赛还要和其他队伍临时合作。不同队伍的战术往往不同，甚至有冲突之处，此时要学会快速决策，求同存异，实现综合得分最优。

（8）抗挫折能力

机器人选手在训练和比赛中要面对无数次的失败，有的还是打击性很大的失败。刚开始面对失败时，很多选手会难过、沮丧、生气，甚至崩溃痛哭，但是比赛总要继续，选手们还要再次上场。一次次输赢转变的经历会教会选手如何正确面对失败，让他们学会控制情绪，冷静思考，让自己在挫折中进步。

（9）工程管理能力

机器人比赛不仅仅是技术的比赛，也是一个工程管理项目。整个项目包括团队管理、训练管理和竞赛管理很多内容。最后比赛队伍的竞争，不仅是操作技能和机器性能的比拼，更是整体管理能力的比拼。优秀团队的进步过程是有章可循的。每一次训练、比赛后，都应根据目标和计划进行调整改进，并以工程笔记的方式记录下全部过程。这样每一项工作都有追溯性和复现性。当遇到新问题时，可以有依据、有参考地进行研究。这种能力对孩子未来的学习和工作都会大有裨益。

以上，我们不完全地列举了 VEX IQ 教育对孩子们的一些益处。此外，VEX IQ 机器人和积木、模型、编程等内容都有关联。它们既有相似之处，也有不同之处。下面我们来对比一下它们之间的异同。

1.4 VEX IQ与积木模型

VEX IQ 机器人的硬件搭建部分和积木、模型有很多相同之处。它们都涉及结构设计与制作，不仅锻炼动手能力，还可以锻炼空间想象力。很多学习 VEX IQ 机器人的学生之前都有玩乐高积木，或者制作和操控航模、船模的经历。

相对于静态模型制作，VEX IQ 对制作的精细度和外观要求不那么高。大部分机器人部件通过塑料卡销即可完成连接和固定。但是机器人制作时仍然要遵守模型制作的很多标准化流程，例如所有部件要分类有序，整齐摆放，便于快速选取部件；电动部件开机时要遵守安全规范；转轴位置要放置垫片来减小转动摩擦；部件安装要准确到位……这些制作细节最后都会在一定程度上影响到机器人的性能。

另外，VEX IQ 机器人对功能设计的要求更高。它要根据每年的比赛主题，设计出结构最优的机器人结构。机器人制作过程中要涉及很多物理和数学知识。例如，通过不同的齿轮比来获得不同的转速和转矩，使用不同尺寸的结构件实现不同的杠杆力臂，使用车轮或者履带实现不同的抓地摩擦力……还有很多传感器会涉及声、光、电知识。这些内容都是普通的积木和模型玩具所不具有的。

制作好的 VEX IQ 机器人，还需要操控手来控制。这也与车模、航模、船模等很多动态模型操控比赛有相似之处。因此，学过航模操控的学生在操控机器人时往往有优势。另外电子游戏、弹钢琴等，都属于手部精细控制项目，学过这些项目的孩子在控制机器人时也会有一定优势。

1.5 VEX IQ编程与青少年编程

VEX IQ 机器人教育不仅包括硬件结构设计与搭建，还包括软件编程。那么机器人编程学习和单纯的青少年编程教育有何区别呢？

从编程语言来看，VEX IQ 目前主要使用 RobotC（代码模式和图形化模式）、EasyC 等编程语言。它们是以 C 语言为基础的特定版本，有的还根据机器人教育的特点设计了图形化的编程界面。普通编程教育学习的语言包括 C、C++、Java、Python、Scratch 等更多选择。

从学习乐趣来讲，VEX IQ 编程因为和机器人的功能有着更加密切的关系，每一个代码的改变都会直观体现在机器人动作和功能的变化上，所以学习者的兴趣往往更大。普通编程的结果一般只能体现在屏幕上，不能驱动实物，所以趣味性就差了一些。

不过从编程的内容看，VEX IQ 机器人编程的内容主要是和机械运动相关，并兼顾了一些传感器编程，内容相对有限，也很少用到复杂的算法和数据结构。普通编程则几乎可以覆盖所有领域，也可以使用更加复杂的算法和数据结构。因此普通编程的广度和深度要大于机器人编程。

综合以上特点，机器人编程趣味性更强，并兼顾了软硬件，可以很好地作为青少年学习编程的入门工具，并为孩子以后转入正规编程学习打下基础。

1.6 VEX IQ 与乐高机器人的区别

目前面向青少年的教育机器人品牌很多，VEX IQ 和乐高 EV3 机器人是其中具有世界影响力的两种机器人产品。很多家长在准备让孩子学习机器人时也经常会产生困惑：这两种机器人有什么区别？应该学习哪种机器人？

在此，我们简要分析一下两种机器人的异同。

乐高 EV3 机器人是由丹麦著名积木类玩具公司乐高公司设计开发的第三代 MINDSTORMS 机器人。它和 VEX IQ 一样都具有比较齐全的硬件套装（包含主机、传感器、结构零件等）和编程软件，都可以作为中小学生开展 STEM 教育的良好平台，都有各自成熟的竞赛体系。

但是两者也有一些区别。这些区别包括：

（1）硬件、外形不同

乐高机器人和 VEX IQ 机器人主要零部件都采用 ABS 塑料制作。

1）乐高机器人零件拼装方式借鉴了乐高颗粒积木的拼插模式，而 VEX IQ 零部件主要采用了塑料锁销的拼接方法，牢固度更佳。

2）从外形风格看，乐高机器人颜色鲜艳美观，和乐高积木风格类似。VEX IQ 机器人主要为灰色，更有“工业”风格。

（2）编程语言不同

1）乐高机器人使用乐高公司自己开发的编程软件 EV3 Mindstorms Programming。这种编程工具是纯图形化、模块化的编程软件，基本不需要写代码，只要拖拽、组合相关程序模块并设置好参数即可。即使没有编程经验的儿童也可很容易掌握乐高 EV3 机器人编程。

2）VEX IQ 可以使用 RobotC、EasyC、ModKit 等编程工具，这些编程语言都参照了经典的 C 语言，编程方式更偏重代码式编程。低龄孩子初学代码编程会有一些难度，但是学会后可以很容易学习 C、C++ 等正式计算机编程语言。

（3）适合年龄阶段不同

1）乐高机器人适合 5~12 岁的孩子。如果孩子小时候玩乐高积木的话，可以很容易过渡到 EV3 机器人。

2）VEX IQ 机器人适合 8~14 岁的孩子，向上可以过渡到 VEX V5（14~18 岁）、VEX U（18 岁）等中学和大学阶段。

（4）竞赛体系不同

乐高机器人相关赛事有 FLL、WRO 等。VEX 机器人赛事主要有 VEX 中国公开赛、亚洲公开赛、亚洲锦标赛和世界锦标赛等，同时 VEX 也有科协组织的比赛。

（5）竞赛风格不同

乐高机器人竞赛（FLL）注重任务完成，侧重通过益智搭建、编程提高孩子的动手能力和逻辑思维能力。

VEX IQ 机器人除了上述内容外，还具有强烈的团队竞技风格。比赛选手的操控水平、临场发挥以及比赛策略，都直接影响着比赛结果，非常锻炼选手的抗压能力和团队精神。

第 2 章

VEX机器人竞赛

VEX 机器人有自己完整的竞赛体系。VEX IQ 竞赛包括地区级比赛、国家级比赛、洲际比赛和世界级比赛，在世界范围内具有广泛的影响力。根据 VEX 官网（www.vexrobotics.com）数据显示，截至 2019 年，全世界有 60 多个国家、2.2 万多所学校、2.4 万多支参赛队，以及百万以上学生参与了 VEX 机器人活动和竞赛。

VEX 机器人的最高级别比赛——VEX 机器人世界锦标赛在 2016 年被吉尼斯世界纪录确认为世界最大的机器人竞赛（ the largest robotics competition on Earth）。2018 年 4 月，该赛事以 1648 支参赛队的参赛规模再次刷新了自己保持的此项吉尼斯世界纪录。

在最近的 2017—2018、2018—2019 两个赛季，北京西城区青少年科技馆 VEX IQ 代表队连续两年夺得 VEX IQ 世界锦标赛冠军，并同时夺取了多个单项奖及分赛区奖项，创造了辉煌战绩。在后面章节，我们将对北京西城区青少年科技馆 VEX IQ 机器人战队做专门介绍。

Studying
VEX IQ Robotics
with World Champions

2.1 VEX IQ 机器人竞赛概述

VEX 机器人竞赛（包括 VEX IQ、VEX VRC 等）大致可以分为三大类。

第一类是由国际机构主办的竞赛系列，目前主要包括 VEX 机器人亚洲锦标赛、VEX 机器人亚洲公开赛等两个洲际赛系列，以及最高级别的世界锦标赛。两个洲际比赛系列分别下设了地区（省级）选拔赛和中国区选拔赛。每级选拔赛排名靠前的优胜队伍可以参加更高一级的赛事。每一级比赛的冠军级队伍（包括全能奖、团队协作赛冠军、技能挑战赛冠军等）可以获得参加 VEX 机器人世界锦标赛的资格。VEX 机器人世界锦标赛是目前 VEX 机器人在世界范围内的最高级别赛事。

第二类是由国内各级教委、科协等官方部门主办的竞赛系列，如中国青少年机器人竞赛、北京市学生机器人智能大赛等。这一类竞赛因为是被教委官方认可的，所以其成绩往往被作为很多学校招收机器人（科技）特长生的参考依据。因此，该类竞赛含金量很高，历来受学校和师生重视，其国内影响力并不逊色于第一类赛事。

第三类是由其他社会机构组织的机器人比赛。这类比赛包括一些友谊赛或者邀请赛等，其影响力相对于前两类比赛要小，更多的是起到交流知识、增加经验、锻炼队伍的目的。

2.2 VEX IQ 机器人竞赛内容

VEX IQ 机器人竞赛一般包括团队协作挑战赛和技能挑战赛（又分人工技能挑战赛和编程技能挑战赛），比较大的赛事还经常会包含 STEM 工程项目，另外还会根据参赛队工程笔记、综合表现等情况由大赛评审确定出“评审奖”。

团队协作挑战赛和技能挑战赛均使用相同的比赛场地。

1. 团队协作挑战赛

团队协作挑战赛是赛事中分量最重、竞争最激烈的比赛。较大赛事一般会分成预赛和决赛两个阶段进行。在规模较小、参赛队较少的比赛中，团队协作挑战赛也可不设决赛，直接由各队（预赛）的平均分决定比赛名次。

预赛通常分为 6~10 轮（根据每次赛事规则而定），所有参赛队伍根据赛事软件随机确定每轮临时合作的队伍。

比赛时，该轮次两支临时合作的队伍组成联队一起完成任务。每支战队派出两名操控选手和一台机器人上场。在规定比赛时间内（1 分钟），两队要尽可能获得高分。两队获得的总分将分别记为每队该轮得分。例如在某场比赛中，A 队获得 21 分，B 队获得 19 分，两队总分 40 分，则该场比赛，A、B 队成绩均计为 40 分。

预赛所有轮次比完后，每队去掉一定数量（每四轮系统自动去掉一个）最低分数后，计算平均分。平均分靠前的偶数支队伍（数量根据每次赛事规则而定）进入决赛。

决赛阶段，各队同样根据预赛排名两两组成合作联队。决赛中，得分最高的合作联队将共同获得团队协作挑战赛冠军称号，只有决赛分数第一并且有并列的情况，按规则会加赛一场，决出冠军，除第一名以外有相同分数的队伍，不会再有加赛，会按照系统默认的规则自动排列名次。

2. 技能挑战赛

技能挑战赛包括人工（手动）技能挑战赛和编程（自动）技能挑战赛两个阶段。

人工技能挑战赛阶段，每支报名参赛的队独立进行比赛，没有合作联队。比赛时，参赛队派两名操控选手和一台机器人比赛，要在规定时间（1 分钟）内获得尽可能多的分数。计分规则和协作挑战赛相同。

编程技能挑战赛阶段，每支报名参赛的队仍然是独立进行比赛。但比赛时选手不得操控机器人，而是要通过启动事先编好的程序控制机器人自动运行，在规定时间（1 分钟）内获得尽可能多的分数。

人工技能赛和编程技能赛的成绩之和为该队技能挑战赛的总分。各队依照总分高低决定最终技能赛名次。

3. STEM 工程项目

VEX 世锦赛选拔赛中会设置 STEM 研究项目奖，此项目的重点是让学生了解 STEM 各领域，即科学、技术、工程和数学之间的关系。每个赛季各选一个领域，让学生了解该领域是如何与机器人关联的，以及如何将课堂上学到的知识应用到现实生活中。

本项目要求提交视频，视频必须紧贴本赛季 STEM 主题，确立一个与本赛季主题相关的命题。向评审展示该项目的重要性，以及项目是如何与本赛季 STEM 主题相关联的。视频总长度不超过 4 分 15 秒（其中 15 秒为片尾字幕）。视频可以是参赛队讲解、带旁白的叙述性视频，或带语音的 PPT 以及其他任何形式，视频应涵盖该项目的始终。视频应有效地分享研究项目以及过程中的收获。

在世锦赛选拔赛和世锦赛中，线上视频排名前五的参赛队将在比赛中向评审做展示，并完成答辩，答辩过程最长 4 分钟，最终根据选题意义、设计方案等综合因素进行评分，并评选出获奖参赛队，获得 STEM 研究奖（STEM Research Award）。

4. 评审奖

VEX 赛事中的评审奖包括全能奖（Excellece Award）、最佳设计奖 (Design Award)、最佳活力奖（Energy Award）、最佳评审奖（Judges Award）、最佳创意奖（Create Award）、最佳巧思奖（Think Award）、最佳惊彩奖（Amaze Award）、竞赛精神奖（Sports manship Award）、出色女孩奖（Excellence Girl Award）等，赛事方会根据参赛队伍的数量选择设置各个奖项。

5. 历年竞赛主题

每个赛季之初，VEX IQ 官方组织都会推出新赛季的竞赛主题。各赛季主题的内容、规则、策略物都不相同。VEX IQ 近几个赛季的竞赛主题如下。

- 2019—2020：Squared Away（天圆地方）
- 2018—2019：Next Level（更上层楼）
- 2017—2018：Ring Master
- 2016—2017：Crossover
- 2015—2016：Bank Shot

- 2014—2015：Highrise
- 2013—2014：Add It Up

2.3　比赛战队的组建

参加 VEX IQ 机器人竞赛的队伍一般由 2~8 名队员和教练员组成。不过根据经验，一般认为每支队伍有 4 或 5 名队员为宜。因为队伍人数过少的话，队员的任务过于集中，容易顾此失彼，出现纰漏。队伍人数过多的话，有些队员则会因任务过少而缺乏参与感，甚至无所事事。根据比赛中的任务，战队成员一般有以下几种角色。

1. 机器人操控手

根据比赛规则，每支参加团队协作挑战赛的队伍至少要有 2 名操控队员。他们一般由队中操控机器人水平最高的队员组成。比赛时，每局有 60 秒时间。战队第一名操控手负责前 25 秒的操控，然后在第 25~35 秒时进行两名操控手的更替（交换遥控器），接着由第二名操控手负责后半段的操控，至比赛结束。

有的队伍习惯把操控手分为“主控手”和“副控手”，但我们认为并无区分主、副的必要性，因为比赛时间很短，前、后半场的任务密切相关，都很重要。一般我们要根据选手的技术特点和比赛任务的特点来分配每个人的任务，让他们能发挥各自的技术长处。

此外，有些战队也会多配置一名后备操控手，以便在主力操控手有特殊情况时可以随时替换。

2. 其他参赛队员

比赛期间一般会有项目答辩环节，此时一般安排队内口才较好、答辩能力强的选手负责项目答辩任务。

除了团队协作挑战赛和技能挑战赛外，有的比赛还会设置 STEM 工程赛。有些队员要专门准备工程赛的设计、演示和答辩任务。

3. 后勤保障人员

后勤保障人员的职责非常重要，一是要维修和维护机器人。当机器人在比赛中出现故障时，能在最短的时间内将其恢复正常。二是保障参赛机器人的电池电量充足。机器人在比赛和练习时消耗电量很快，每一二十局比赛就会用光一块电池的电；而且有些机器人在满负荷工作时对电池电量要求很高，只有在电量充足时才能完成特定技术动作。因此，战队后勤保障人员要准备足够多的电池和充电器，并及时充电，以保证比赛时机器人和遥控器有足够的电量。

4. 赛事联络人员

VEX IQ 比赛一般要比很多轮，每一轮的临时合作队都由抽签决定。在完成前一轮比赛之后，每支队往往只有很短的时间去寻找下一轮的合作队，并进行策略商讨和短暂练习。为了提高效率，每支队可以专门安排一名赛事联络队员，其职责是为队伍提前找好每轮的合作队，并安排练习时间、提醒上场时间等。另外，赛事联络人员也可以根据本队日程，合理安排协作挑战赛、技能挑战赛和 STEM 工程赛等不同比赛环节的参加时间。

以上是一支战队主要的队员角色分工。有的不同职责可以由同一队员兼任。

教练员也是战队不可或缺的人员组成。教练员的职责包括指导队员设计、搭建机器人，指导团队成员合理分工并高质量地训练，在比赛中指导团队策略、激励队员士气、争取好的成绩。由于 VEX IQ 机器人竞赛中涉及的内容可谓纷繁复杂，既有技术问题，也有人际问题，还有生活问题等，青少年队员由于能力和阅历所限，不可能胜任所有职责，需要教练员进行必要的指导。一名优秀的教练员不仅要有合格的科学、技术素养和管理能力，还要尊重、爱护队员，赢得他们的尊重和信赖。教练员在指导队员的过程中要注意发挥队员的主观能动性，不可大包大揽、越俎代庖，因为指导的目的不仅是取得好成绩，还要让队员在比赛过程中逐步成长，最终成为独立自主、素质全面的人才。

2.4 工程笔记

做好工程笔记是战队一项很重要的工作。

VEX IQ 比赛考核的内容之一是了解团队工程设计过程，以及团队整个赛季的经历，包括人员组成与分工、问题定义、方案设计，以及机器人搭建、测试、修改等内容。这些内容可以记录在工程笔记里面。

大型比赛一般会设立与工程设计有关的奖项。这时评委一般会要求各队提交工程笔记。通过工程笔记中的内容，评委可以更好地了解战队本身，以及期间的设计、搭建和测试过程，从而决定这些奖项的归属。

工程笔记可以采用一个 A4 或者 B5 大小的笔记本。里面记录的内容包括前述各项内容。为了生动起见，工程笔记可以尽量做到图文并茂——除了文字说明，还可以配上图片和照片，例如队员照片、项目思维导图、方案设计草图、机器人制作过程及完成品的照片、软件的流程图等。

好的工程笔记不仅是参加比赛的需要，也是提高学习水平的重要资料。它可以帮助学生建立起完成一个全周期工程项目的整体概念，知道如何把一个大的项目分解成小的任务，明白如何合理有序地安排分工和进程，意识到当前所做的工作在整个项目中的地位和意义。

事实上，当学会按照工程的概念做好一台机器人并去完成比赛之后，将来就可以比较容易地把这种思维模式移植到一些大的任务上——从制造一辆汽车，到完成火星登陆。

另外，管理好一支 VEX IQ 战队并打出好成绩，本身就是一个有挑战性的工程项目。通过工程笔记可以追溯、复盘以往各个环节的工作，便于总结和提升团队的效率和能力。

2.5 “模拟人生”——VEX IQ 竞赛中蕴含的社会成功规律

VEX IQ 不仅激发了众多青少年选手的兴趣，甚至很多学生家长都积极参与，乐在其中。这其中一个重要原因是，VEX IQ 竞赛规则设计精妙，蕴含了很多社会成功规律，体现了很多人生智慧。这些智慧经验不管是对青少年还是成年人，都是大有裨益的。

1. 合作共赢才是成功之道

从比赛内容看，最激烈、最重要的赛事是团队协作挑战赛。VEX IQ 团队协作挑战赛的比赛规则和我们平时接触到的大多数其他竞赛的规则截然不同。它并不是独自奋战，也不是以击败对手为目标，而是要通过和对手合作才能取得胜利。所以好的队伍不仅要自身实力强，还要能够帮助友队、善于协同作战——必要时候甚至要牺牲一些本队得分，来争取获得两队更高的综合得分。这和我们现实生活中的工作很像，绝大多数的工作成果不是通过打击对手获得的，而是通过合作共赢获得的。

但是合作共赢并不意味着放松警惕，更不能放弃自我。因为到了最后计算总分和名次的时候，所有队伍又存在竞争关系。这个时候，只有自身实力强劲、一贯发挥出色的队伍才能脱颖而出。这就像社会工作中，既要善于合作、争取有利的环境和资源，又要善于战斗，力争上游，争取能在社会竞争中获得最后胜利。

2. 勤奋者总能取得不错的成绩

在比赛中有一个现象，就是某个地区的前几名总是某几支队伍。这些队伍未必每次都是冠军，但是基本都能获得一等奖或者前几名。这些队伍获胜的秘诀并不总是机器人的性能，因为在漫长的赛季机器人改进中，大家的机器人的性能会越来越接近。这些队伍成功的主要因素还是勤奋的训练和出色的操控能力。有了本队出色的得分能力，即使偶然遇到意外，或者较弱的友队，他们的成绩也不会太差。

3. 得冠军需要天时、地利、人和

勤奋的队伍可以获得不错的战绩，但是要想获得冠军则绝非只靠勤奋就可获得。以我们的一支实力强劲的队伍为例，以往三年曾三次获得北京市亚军，但总是离冠军一步之遥（冠军三次都是不同的队）。分析原因，就是获得冠军需要天时、地利、人和等诸多条件齐备才行。具体说来，要获得冠军，除了有性能先进的机器人和出众的比赛选手外，还要有经验丰富的教练、良好的比赛状态、合作队默契的战术策略、完备的后勤管理（电池和机器人维护），以及必要的运气（抽签抽到好的合作队）。只有以上各个因素都能争取达到很好的状态，才有更高的概率获得冠军。

4. 丰富的竞赛内容，总有一项适合你

最后，虽然想在 VEX IQ 比赛中获得冠军很不容易，但是并不意味着一般选手就没有机会。如上面所述，VEX IQ 竞赛包括很多内容。团队协作挑战赛考察的主要是团队合作能力、操控能力、机器人设计能力；技能挑战赛主要考察机器人设计能力和编程能力；STEM 工程赛主要考察发现问题、解决实际问题的能力，以及创新性思维能力……比赛设置的奖项除了上述内容外，还有巧思奖、设计奖、惊喜奖、活力奖等单项奖。只要选手喜欢并精通一项，就有获得奖项的可能。这很像是“条条大路通罗马”——每个人其实都可以在社会上找到适合自己的路径。

从比赛奖项看，最大奖是“全能奖”。这个奖一般授予在团队协作挑战赛、技能挑战赛等多个项目中综合表现最优异的队伍——能获得这个奖的，无疑是能在训练和比赛中，将上述诸多因素管理、控制得最好的队伍。

2.6　竞赛中的注意事项

VEX IQ 机器人竞赛中的一些注意事项如下：

1）一定要熟悉规则，机器人的搭建尺寸不要超标。认真聆听赛前操作手会议，注意比赛事项和日程安排。比赛时，两名队员换手不要超时。

2）平时一定要勤奋练习。正式比赛时间只有 60 秒，熟练度对结果影响巨大。

3）赛前一定跟合作队定好比赛策略，并严格执行策略。如果出现不同意见，切记不要与合作队或者队友争吵，以平静的心情打比赛才能展现出最好的实力。

赛前要与合作队尽可能多地合练。这样不仅可以给自己热热身，还能增加与合作队的配合默契度。

2.7　从 VEX 机器人世锦赛看 VEX IQ 竞赛的规律

1. 从世界范围看，呈现中美争雄格局

中、美两国选手基本垄断了历年来世锦赛的分区赛和总决赛的各奖项。从世锦赛比赛人数来看，美国选手最多，占据了大多数，其中一个原因是美国选手是本土作战，每个州都可作为一个独立地区参赛，因而具有人数上的绝对优势。

从获奖比例看，中国是当之无愧的世界第一。每次世锦赛中国一般会有 20 多支参赛队，参赛队伍数只占所有队伍的 5% 左右，但是这 20 多支中国队伍基本包揽 5 大赛区的冠、亚、季军，乃至总决赛冠、亚、季军。中国队如此强大的原因有以下几个：

一是国内选拔的都是精兵强将。目前国内的 VEX 队伍很多，估计有近千支，最后入选世锦赛的 20 多支队伍基本都是各市赛、大区赛、国赛、洲际赛的冠军队伍，水平很高。

二是参赛队员的辛勤付出。中国参加世锦赛的所有队伍都付出了超过国外选手几倍的训练时间。对于一名中国世锦赛选手来说，这不仅是一项爱好，还是人生中的一项任务和使命。

三是老师、团队和家庭的指导和支持。机器人运动是合作的运动，从人力、物力、技术等各方面都要投入很多。中国队（尤其是小学组）的合作程度和职业化水平可能是世界上最高的。老师、家长、队员都全力支持，并且各有分工，每个环节都做到了极致的专业化。

但是我们也要看到美国选手的优势，对于他们来说，训练水平可能不如我们，教练团队也有欠缺，但是他们队员的自主能力很强，很多选手在编程技能等方面要优于我们。随着年龄和能力的增长，美国高年级队员的潜力更加显著，而国内很多中学组优秀选手迫于学习压力不得不退出，此消彼长，中美两国在中学组的成绩已难分高下。

2. 从国内看，呈现京沪两强态势

在参加世锦赛的中国各队中，北京和上海数量最多，占据了中国参赛队伍 2/3 的数量。这可能和 VEX 机器人项目在这些地区的推广程度有很大关系。

3. 从北京市格局看，西城区和海淀区是主力

西城区和海淀区的 VEX IQ 队伍是北京队伍的领头羊。西城区的西城区青少年科技馆，海淀区的育新学校、育英学校、永泰小学、清河中学、交大附中等都是传统劲旅。此外，东城、朝阳、丰台也有很多强队，如丰台一小、21 中 -22 中联盟校、陈经纶分校等。

第 3 章

VEX IQ机器人硬件

VEX IQ 机器人硬件主要由主控器、遥控器、传感器、结构零件及电源等部分构成。接下来我们将介绍 VEX IQ 的主要部件。

Studying
VEX IQ Robotics
with World Champions

3.1 主控器、遥控器、无线模块和电源部分

主控器部分可谓是 VEX IQ 机器人的“大脑”。它可与计算机连接来传输程序，也可以连接智能电机和所有传感器，接收传感器信号或者发送指令给智能电机或某些传感器。它还可以通过无线信号卡和遥控器连接，接收遥控器发来的操控信号。

（1）主控器

1）主控器采用 ARM Cortex-M4 处理器，每秒可处理百万条指令，支持单一操作中的浮点运算、256KB 闪存、32KB RAM 和 12 位模拟测量。

2）两侧有 12 路智能端口，可以连接智能电机和各种传感器。

3）1 路无线端口，可以插无线信号卡 [参见（2）]，实现与遥控手柄的无线连接。

4）1 路 USB2.0 数据线端口，可以和计算机连接传输程序。

5）1 路水晶头网线接口，可以和遥控器进行连接“配对”。

6）配套有 7.2V、2000mA · h 可拆卸镍氢电池。

7）液晶显示屏可以显示命令菜单以及相关数据。

（2）无线信号卡

900MHz 无线信号卡。

将 2 块无线信号卡分别插到主控器和遥控器的无线模块插槽，使主控器可以接收遥控器的操作信号（事先需要先将主控器和遥控器进行有线“配对”）。

（3）主控器电池

7.2V、2000mA · h 镍氢电池，给主控器提供电能。

（4）主控器电池充电器

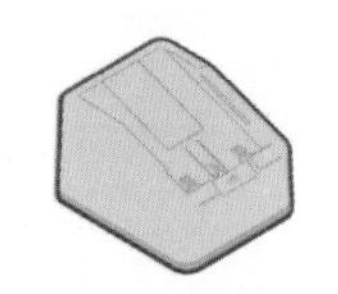

可以兼容不同电压和频率，为主控器电池充电。充电时间为 2~3h。

（5）USB 数据线

可以将主控器连接到计算机进行程序下载，并可连接主控器 USB 端口进行充电。

（6）遥控器电池

遥控器专用 3.7V、800mA · h 锂电池。

（7）遥控器

1）遥控器可以通过无线端口或者水晶头网线来连接控制器并操控机器人。

2）遥控器有 2 个摇杆（各有水平和垂直两个编程项）、8 个按钮。还有 1 个水晶头端口、1 个 USB 端口（充电）、1 个无线端口。

遥控器由 3.7V、800mA · h 锂电池供电。

（8）水晶头连接线

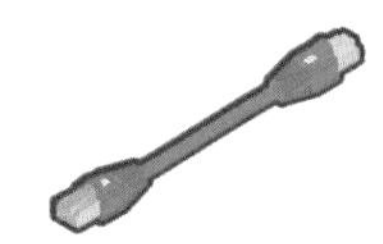

可以连接遥控器和主控器，能够有线操作机器人，可在充电的同时线控机器人进行控制器标定、固件更新等。

3.2　传感器和智能电机

各种传感器就像机器人的感知器官，可以让它识别声音、颜色、触碰等不同信号。智能电机则像机器人的运动器官，可以使它具有运动能力。

（1）陀螺仪传感器

1）陀螺仪用于测量转弯速率并计算方向。能以 500°/s 测量旋转速率和以 3000 次 /s 测量速度。

2）采用 MSP430 微处理器，可进行 16MHz、10MHz SPI 总线通信。

三轴 MEMS 陀螺仪用于测量旋转速度，同时具有 16 位分辨率。

（2）超声波传感器

可以使用超声波方式测量距离，测量范围为 1in（2.54cm）~10ft（3.048m）。测量速度可达 3000 次 /s。

（3）触碰传感器

1）触碰传感器可以检测到轻微触碰，可用来检测围墙或限制机器运动范围。

2）可以进行事件编程，如用手触碰它来激发机器人的某些动作。

（4）颜色传感器

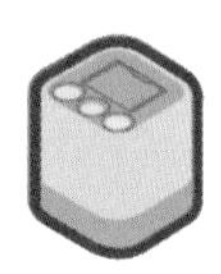

1）可以检测物体的基本颜色、色调。

2）可以测量独立的红、绿、蓝共 256 级色值。

3）可以检测环境光、灰度值。

4）支持事件编程。

（5）TouchLED

1）可以检测物体的基本颜色、色调。

2）可以测量独立的红、绿、蓝共 256 级色值。

3）可以检测环境光、灰度值。

4）支持事件编程。

（6）智能电机

1）智能电机的转动端口可以旋转，从而驱动连接的车轮或者机械臂等外接部件转动。

2）电机内置处理器，具有正交编码器和电流监视器，能通过机器人控制器进行控制和反馈。

3）输出转速为 135r/s，编码器分辨率为 0.375°，输出功率为 1.4W，指令速率为 3kHz，采样率为 3kHz。采用 MSP430 微控制器，运行频率为 16MHz，有自动过电流和过温保护功能。

支持事件编程，可以通过程序控制速度、方向、工作时间、转数和角度。

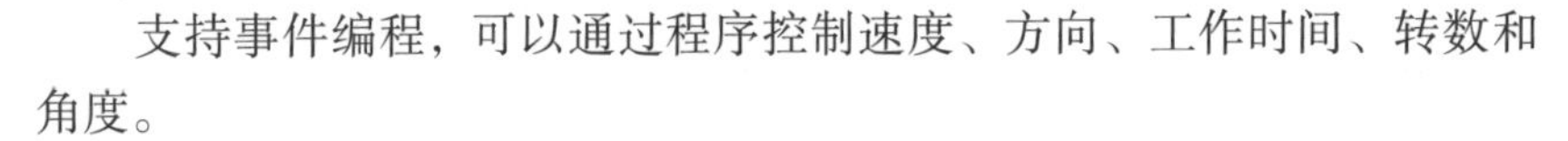

（7）传感器 / 智能电机信号线

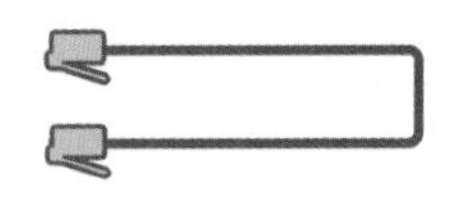

黑色水晶头连接线，可以连接主控器与传感器、智能电机，实现信号和命令传输。

3.3 结构件和传动件

结构件可以搭建机器人的“身体”，包括各种梁、轴、板、销等。

传动件可以搭建机器人的“关节”和“脚”，包括轮、链条等。

（1）单条梁

单条梁是 VEX IQ 的结构零件中的一类。顾名思义，它们的宽度只有 1 节，长度有 3 节、4 节、6 节、8 节、10 节、12 节等不同规格。

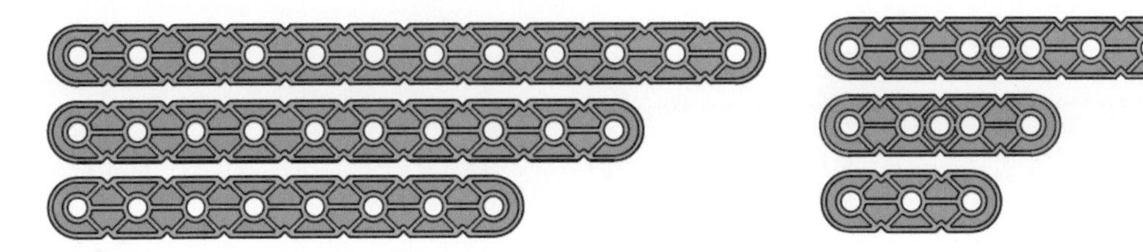

（2）双条梁

双条梁的宽度是 2 节，长度有 2 节、4 节、6 节、8 节、10 节、12 节、16 节、20 节等规格。

双条梁比单条梁更结实，除了可以作为连接、支撑、外形部件外，还可以作为简单承载部件负载电机、传感器等其他部件。

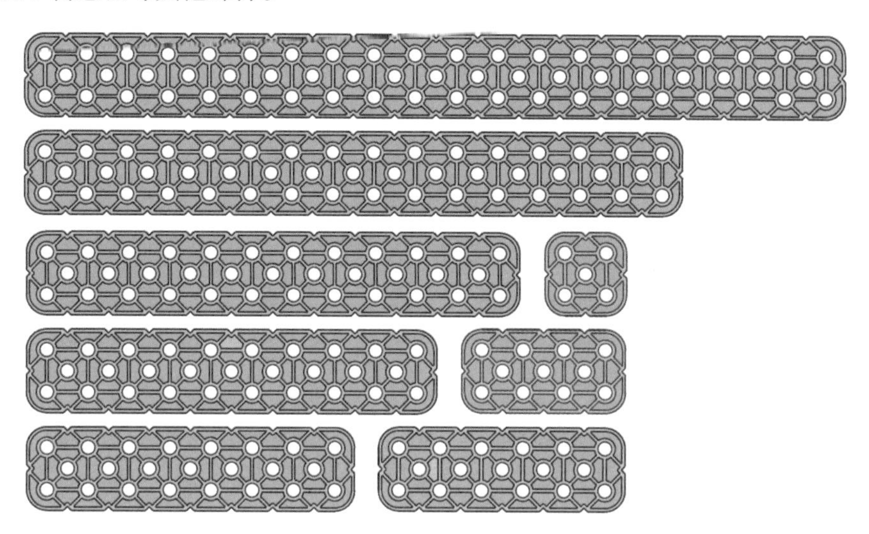

（3）特殊梁

特殊梁包括 60° 梁、45° 梁、30° 梁、大直角梁、小直角梁、T 形梁、双弯直角梁（第三排右 1）、水晶线固定器（第三排左 1）等部件。

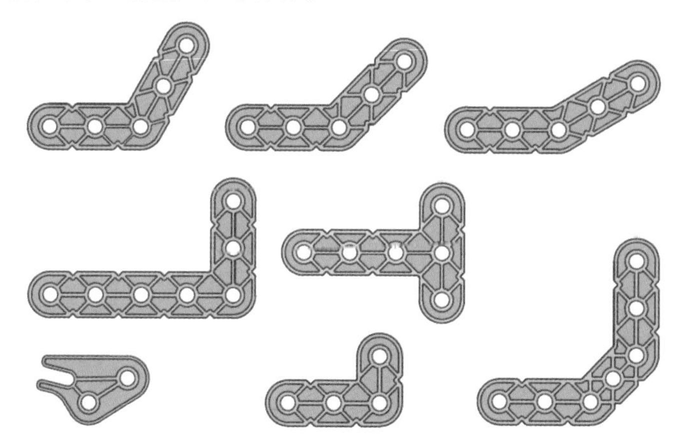

（4）锁轴梁（板）

锁轴梁（板）的中心孔为方孔，中间可以穿过轴（VEX IQ 一般为方轴）。轴转动时，它可以随轴一起转动。

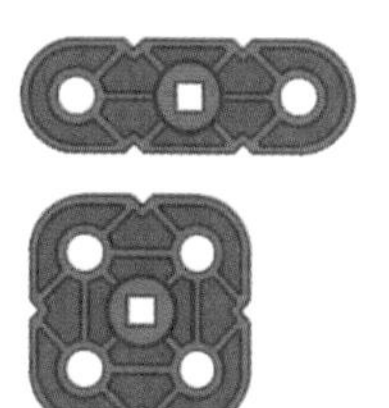

（5）板

板比梁更宽，一般宽度为 4 节，长度有 4 节、6 节、8 节、12 节等不同规格。它主要起构形、承载、支撑等作用。

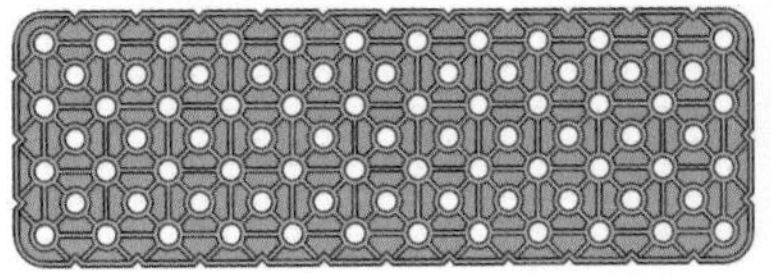 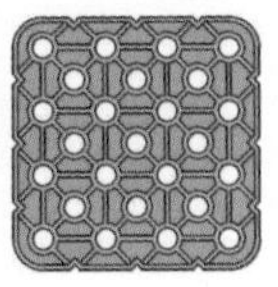 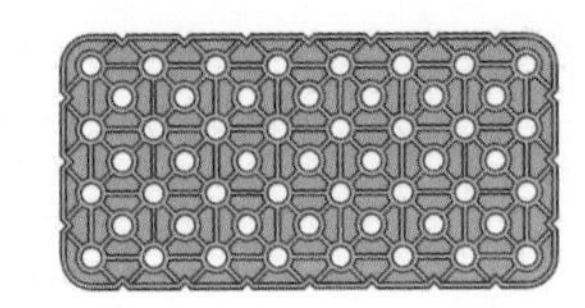 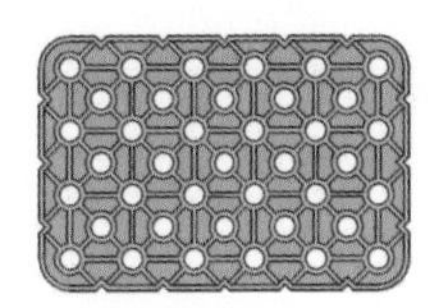

（6）滑轮

滑轮和皮带可以实现远距离动力传输和摩擦传动。

滑轮外径有 10mm、20mm、30mm、40mm 等规格。

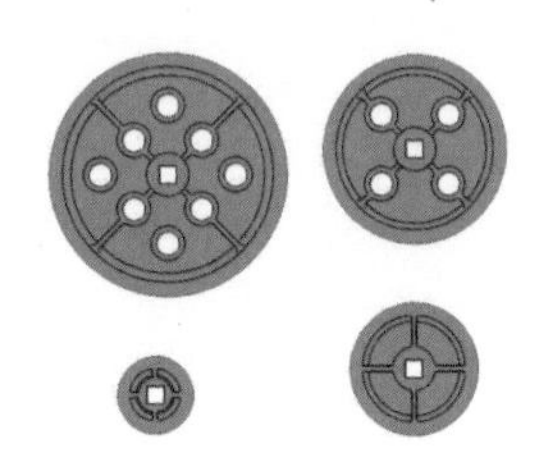

（7）轮毂和轮胎

轮胎（右）和轮毂（中）可以组合成橡胶车轮。轮胎有 100mm、160mm、200mm、250mm 等规格。

胶圈（左）可以和对应尺寸的滑轮 [参见（6）] 组成小轮子。

（8）万向轮

万向轮轮毂上有 2 排横向小轮，这使得万向轮不仅可以前后滚动，还可以横向滚动。并且它在转弯时也更加灵活，没有什么侧向摩擦力。

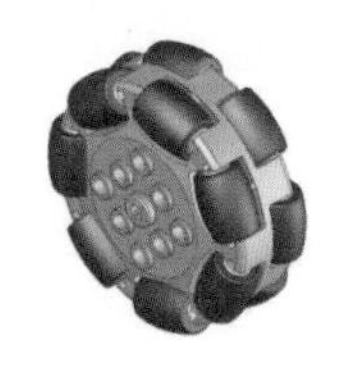

（9）齿轮

齿轮分为 12 齿、36 齿、60 齿等不同规格。它们可以相互组合成齿轮组，实现转速、转矩的变换。

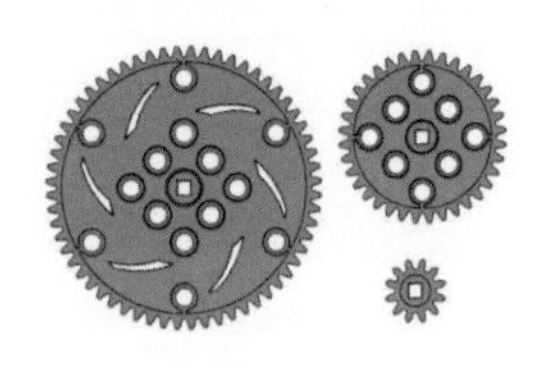

（10）冠齿轮（蜗轮）

冠齿轮和普通齿轮组合，可以将水平转动转变成垂直方向的转动。

此外，VEX IQ 还有蜗杆、齿条等零件，也可以和齿轮组合成不同的齿传动装置。

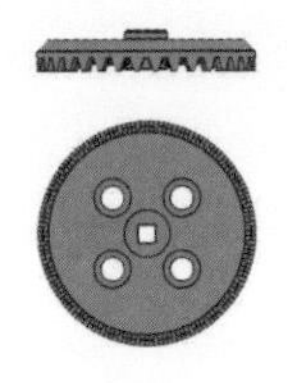

（11）链轮

链轮和链条（或者履带）组合，可以组合成链传动装置，实现远距离动力传输，或者履带行进装置。

（12）链条和履带

链条是由一节一节的链条扣组成的，它可以和链轮组合成远距离传动装置。

履带是由一节一节的链条扣组成的，它可以和链轮组合成履带行进装置。

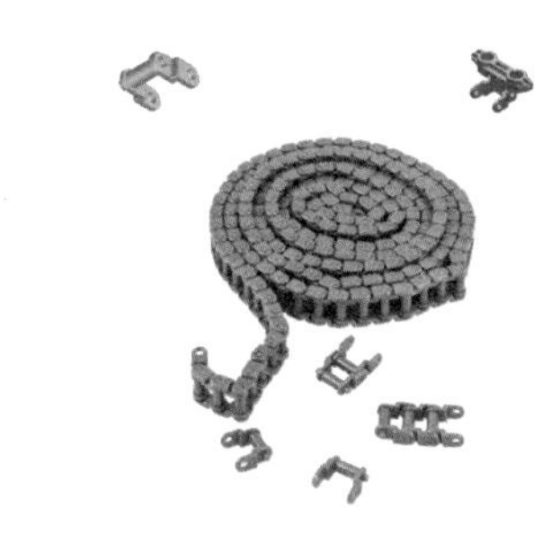

（13）链扣和拨片

链扣和拨片可以插在链条或者其他结构部件上。

拨片根据长短可以分为短拨片、中拨片和长拨片。它们插在链条上可以组成链传动拨动装置，来卷吸小球、圆环等物体。

（14）塑料轴

塑料轴主要用于电机与齿轮、轮胎间的连接，可以作为各种轮装置的转动轴。它有不同长度规格。

（15）封闭型塑料轴（钉轴）

封闭型塑料轴（钉轴）末端有个钉帽。和塑料轴相比，它只能连接一端，另一端可以穿过梁、板等结构，并且起固定限制作用。

（16）电机塑料轴（凸点轴）

电机塑料轴（凸点轴）在靠近一端处有凸起的卡槽。短端正好可以插入电机的转动槽并卡住，另一端可以连接齿轮、轮胎等轮装置。

（17）金属轴

金属轴可以穿在各种轮装置中心作为转动轴。它有 2 倍、4 倍、6 倍、8 倍间距等不同长度规格。金属轴比塑料轴结实得多，不会因为扭力过大而出现扭曲变形问题。

（18）橡胶轴套、轴套销

当轴连接齿轮或者轮胎时，一般在轴的外端套上橡胶轴套，可以防止齿轮或轮胎外滑脱落。

轴套销的一端是轴套孔，可以插轴。另一端是销，可以连接其他部件。

（19）垫片和垫圈

垫片一般配合轴使用，可以使轴连接的两个零件（如轮胎和梁）分开一点距离，避免相互间直接摩擦。

垫圈的作用和垫片类似，但是厚度更厚一些，分隔距离更大。

（20）皮带

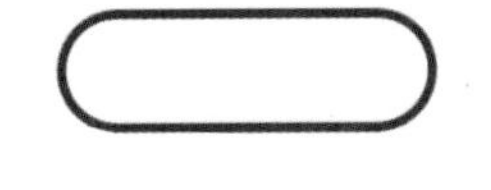

皮带和滑轮可以组成滑轮套装，实现远距离动力传输和摩擦传动。

（21）橡皮筋

橡皮筋弹性较大，可以实现力的传递，或者用于捆绑加固局部结构。

（22）短销、中销、长销

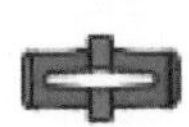

销是最常用的连接零件，按照长度可以分为短销、中销和长销。

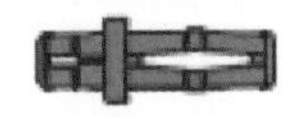

短销两端销头长度各等于一个梁（或板）的厚度，因此可以连接两个梁或板（1+1）。

中销一端的销头长度和短销的销头一样，另一端等于其两倍长度，因此中销可以连接三个梁或板（1+2）。

长销两端销头长度各等于两倍短销销头长度，因此可以连接四个梁或板（2+2）。

（23）钉轴销、轴销

轴销一端是销，可以连接梁或板，另一端是轴点，可以连接齿轮或轮胎。

钉轴销和轴销类似，但是在销端多了一个钉帽，可以使连接更牢固。

（24）支撑销（连接杆）

支撑销，也叫连接杆，或者叫柱节。它的作用和销类似，起到连接零件的作用，但是它有各种长度规格，可以实现更远距离的连接。

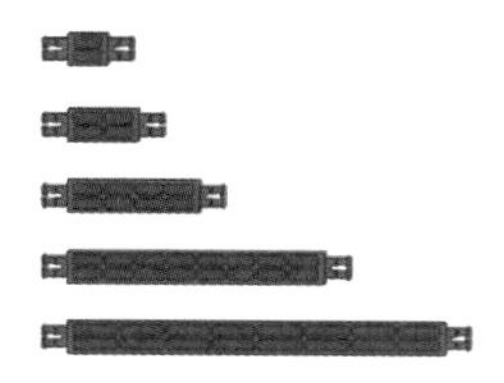

（25）连销器、直角连销器

连销器可以把两个销连接在一起。

直角连销器可以把两个销垂直地连接在一起。

（26）角连接器

角连接器有很多种，可以实现两个或者三个垂直方向上的梁、板的连接。

下图每行从左向右分别是

大直角连接器、五孔连接器、单孔连接器、小直角连接器、两孔长连接器

三孔连接器、五孔双向连接器、单孔（双销）连接器、两孔宽连接器、两孔连接器

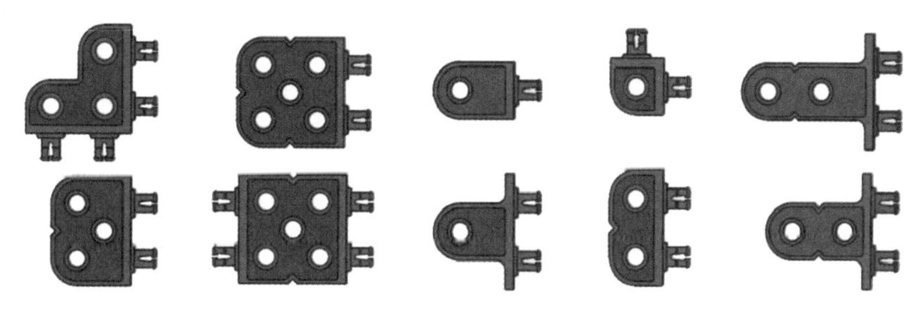

第 4 章

VEX IQ机器人软件

VEX IQ 支持多种编程工具，目前应用较多的是 ROBOTC 语言。本章将主要介绍 ROBOTC 编程语言及其开发环境。

4.1 ROBOTC 语言介绍

ROBOTC 是由美国卡内基·梅隆大学机器人学院基于 C 语言开发的机器人编程语言。和其他编程语言相比，ROBOTC 语言有以下优点。

1）ROBOTC 基于标准的 C 编程语言开发，并增加了专为机器人编程定制的扩展包。ROBOTC 4.X 版本具有专门为 VEX IQ 设计的 100 多个新命令和 200 多个新的示例程序，对 VEX IQ 各项功能有良好的支持。

2）C 语言具有广泛的用户基础，并且是公认的硬件编程高效语言。有一定 C 语言编程基础的学习者可以快速掌握 ROBOTC 语言，学过 ROBOTC 语言的学习者也可以很快过渡到 C 语言编程。

3）拓展性好。可以支持 VEX IQ、VEX EDR、LEGO MINDSTORMS 等多种机器人系列。

4）体积小巧，功能丰富。它的界面朴素简单，对计算机配置要求低。但它的功能很强大，有丰富的程序编写功能和调试功能，还有齐全的帮助文档和丰富的示例程序。

5）使用方便。编写完程序后，可以通过 USB 数据线连接机器人快速传输程序，驱动机器人。调试窗口可以直观显示程序内部运行情况。

ROBOTC 支持图形化编程（初学者模式）和 C 语言代码编程（专家模式）两种编程方式。用户可以在两种方式之间切换，并且可以将图形化程序转变成代码式程序（但反之不行）。ROBOTC 图形化编程方式是一种只需要拖拽就能使用的积木式、模块化编程方式，适合初学者使用。ROBOTC 代码编程方式适合较专业人员使用，功能和效率更好，其具有函数拖拽和代码提示功能，还可以根据语法和代码结构自动缩进代码，可以在源码中设置断点。ROBOTC 可用交互式调试器高效调试程序，并可以查找 50 多种故障原因。

4.2 ROBOTC 的下载和安装

ROBOTC 可以从中文官方网站下载（www.robotc.com.cn）。它有两个版本，分别适合 VEX 机器人系列和乐高机器人系列。我们应该下载适合 VEX 的版本（下图左侧）。

ROBOTC软件下载

请根据不同机器人平台选择对应的ROBOTC软件

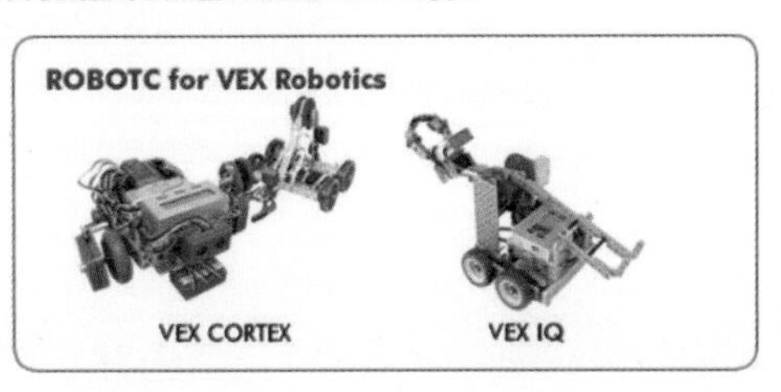

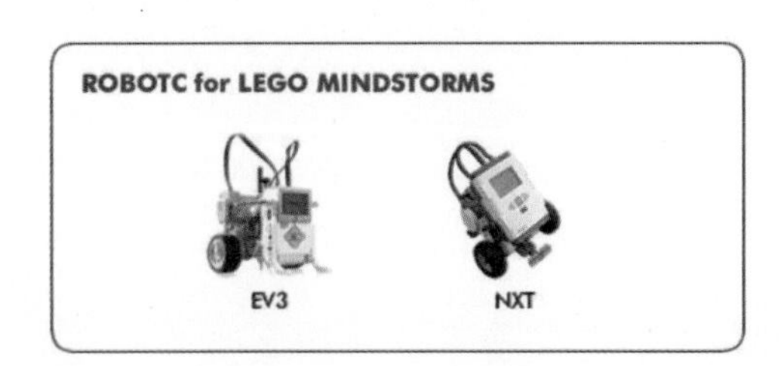

下载 ROBOTC 安装包，用鼠标双击文件，进入程序安装界面。以下是安装过程中会出现的界面。出现欢迎界面后，单击“Next”按钮继续安装。

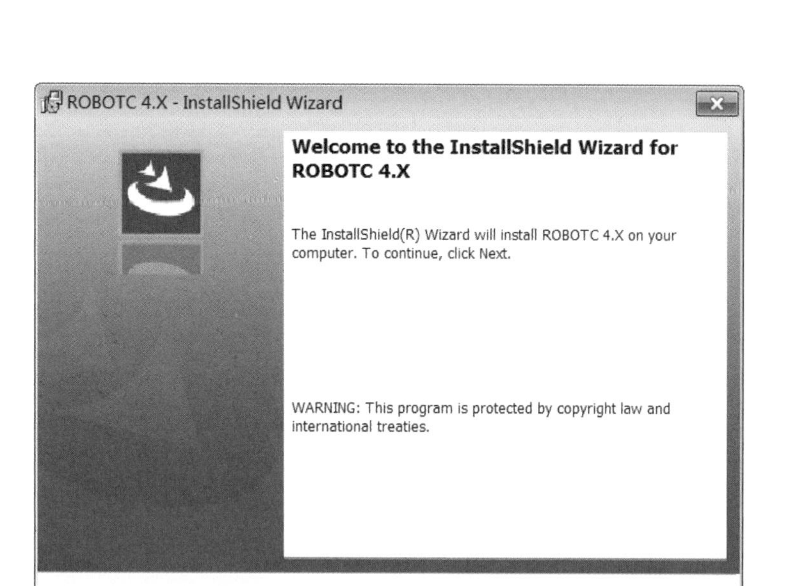

出现授权协议界面后，选择“I accept the terms in the license agreement”（我同意授权协议内容），然后单击“Next”按钮继续。

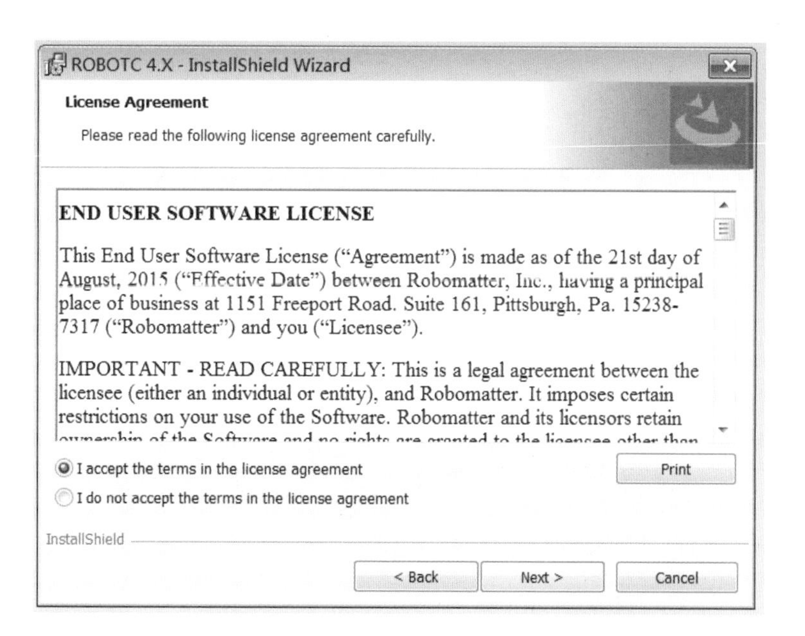

下一个界面是选择程序安装的目录（默认安装在 C：\Program Files 目录下），选好后单击“Next”按钮继续。

之后，进入选择安装模式的界面。默认选择是“Complete”（完全安装），选择后单击“Next”按钮继续安装。

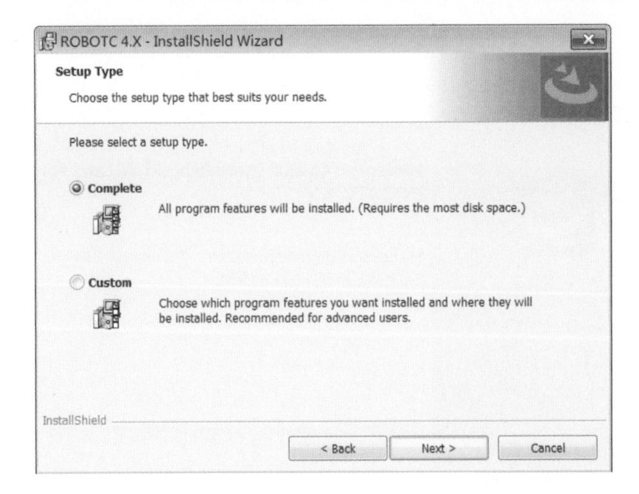

然后，程序开始安装。后面的安装过程中会出现黑色的命令行模式窗口，可以不用管它，等待它自动完成即可。

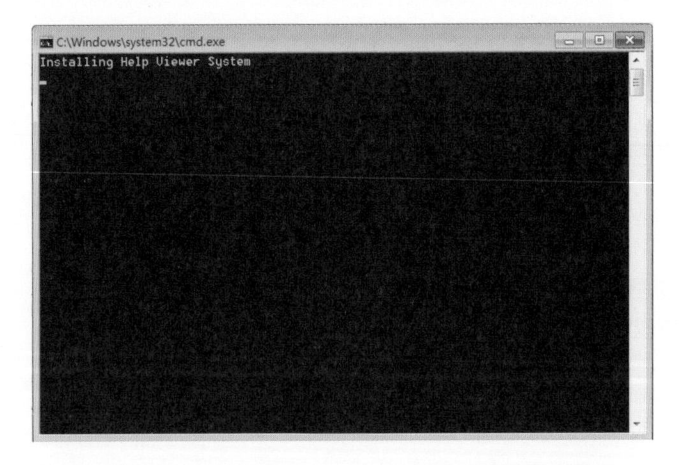

安装过程中，可能会弹出对话框，询问是否安装某些设备驱动程序。这时选择“安装”即可。

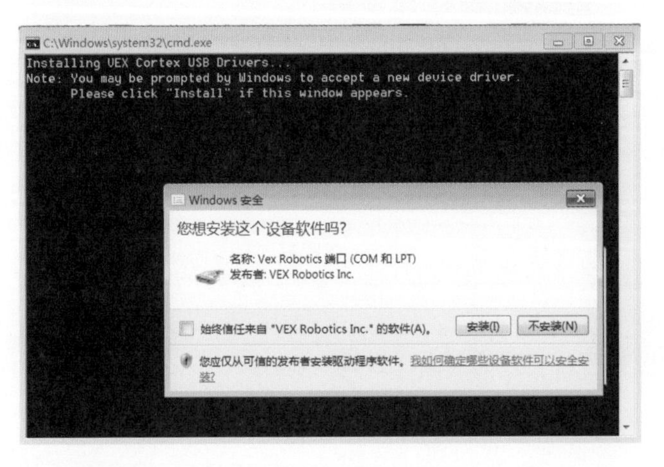

最后，出现安装结束的界面。此时，单击“Finish”（完成）按钮完成安装。

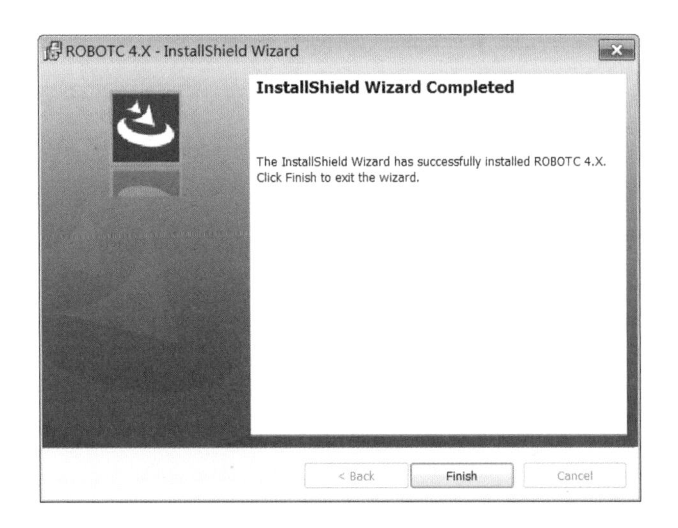

完成安装后，单击计算机左下角“开始”菜单—“所有程序”，会发现里面多了“ROBOTC 4.x”和“VEX Robotics”两个程序项（见左侧图）。

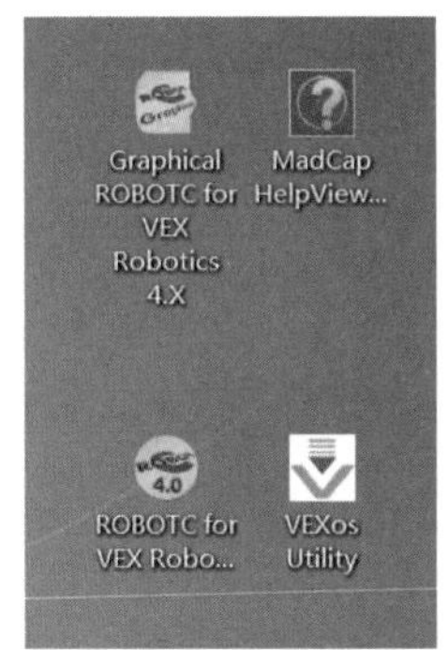

“ROBOTC 4.x”程序项里面又包含了“Graphical ROBOTC for VEX Robotics 4.X”和“ROBOTC for VEX Robotics 4.X”两个子程序项。它们分别代表“图形化 ROBOTC 编程工具”和“代码化 ROBOTC 编程工具”。分别单击不同图标可以打开不同的编程工具。

“VEX Robotics”菜单项里面则包括一个“VEXos Utility”的程序。它是进行 VEX 固件更新的程序。

另外，在计算机桌面上也会多出来 4 个图标。左侧两个绿色图标就是“图形化 ROBOTC 编程工具”和“代码化 ROBOTC 编程工具”两个编程工具的图标。右下角白色背景的图标是固件更新程序。右上角黑底有绿色问号的图标是帮助文档阅读器，可以打开查询帮助文档、示例代码等。

4.3　ROBOTC 编程界面介绍

ROBOTC 有图形化编程和代码化编程两种方式。

下面是图形化编程工具（Graphical ROBOTC for VEX Robotics 4.X）界面和代码化编程工

具（ROBOTC for VEX Robotics 4.X）界面。它们都包括菜单栏、工具栏、函数列表区、程序编辑区、编译区等五个区域［需要在“View”（视图）菜单中全部选择显示属性］。

a) 图形化编程工具界面

b) 代码化编程工具界面

下面我们以代码化编程工具为例，看看 ROBOTC 开发工具的各项功能。

1）菜单栏：包括文件（File）、编辑（Edit）、视图（View）、机器人（Robot）、窗口（Window）、帮助（Help）六个一级菜单项。一级菜单项下面还有二级菜单项（有的还含三级菜单项），我们将在后面详细介绍每项命令。

2）工具栏：包括新建文件（New File）、打开文件（Open File）、保存文件（Save）、固定格式（Fix Format）、电机和传感器设置（Motor and Sensor Setup）、固件下载（Firmware Download）、编译程序（Compile Program）、下载程序到机器人（Download to Robot）等八个常用工具。

3）函数列表区：列出了编程过程中会用到的命令和函数，支持拖拽功能。

4）程序编辑区：这是编程工作区域。程序代码就是在这个区域进行编写的。

5）编译区：ROBOTC 代码是面向用户的高级编程语言，但是并不能直接被机器识别，必须经过编译，转化成机器可以识别的二进制机器语言后，才能驱动机器人正常工作。编译过程中会检查源代码有无语法错误，当程序出现问题和错误时，会在编译区显示错误信息。另外在主控器运行时，编译区可以显示超声波传感器、颜色传感器、陀螺仪传感器等运行的状态信息。

4.3.1　菜单栏

下面我们看一下每个一级菜单中的内容。

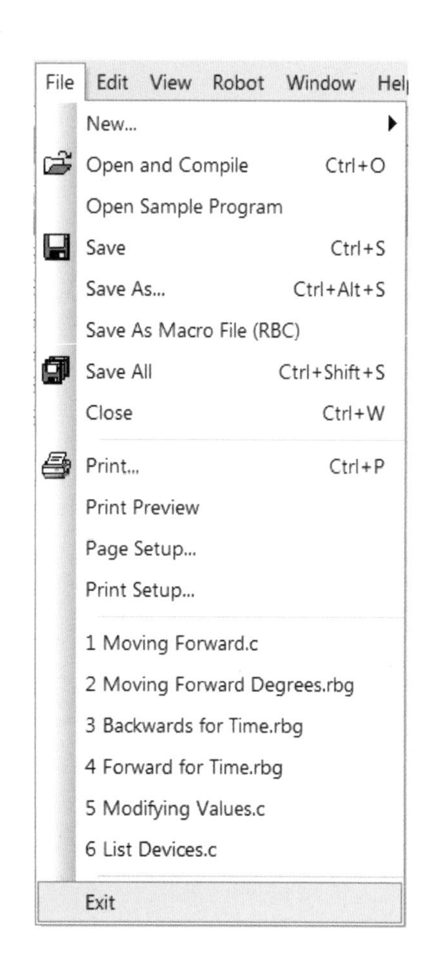

1. 文件（File）菜单

它包括文件相关操作：

1）New...：新建一个程序文件。其右侧三角箭头表示还有子菜单。

2）Open and Compile：打开并编译一个已经存在的程序。

3）Open Sample Program：打开示例程序。

4）Save：保存当前文件。

5）Save As...：将当前文件另存为一个新的文件。

6）Save As Macro File（RBC）：另存为宏文件。

7）Save All：保存所有文件。

8）Close：关闭当前文件。

9）Print...：打印当前程序。

10）Print Preview：打印预览。

11）Page Setup...：用页面指导方式进行打印设置。

12）Print Setup...：打印设置。

13）Exit：退出程序。

在 Exit 上面还有一个显示近期曾打开过的文件的区域。

2. 编辑（Edit）菜单

它包括一些代码编辑命令：

1）Undo：撤销文档编辑窗口最后一步操作，返回上一步。程序已保存或者没有可撤销的操作时，该项无效。

2）Redo：重做撤销，即恢复 Undo 操作。

3）Cut：剪切掉选中的代码，并暂存在剪切板中。

4）Copy：复制选中的代码，并保存在剪切板中。

5）Paste：将剪切板内容粘贴在当前光标处。

6）Find：在程序文件中查找文本或符号。

7）Repeat：和 Find 联合使用，在程序中重复查找下一处查找项。

8）Find and Replace：在程序中查找到要找的文本或符号，并替换为指定的新文本或新符号。

9）Code Formatting：代码格式。该项包含子菜单，将在下面介绍其内容。

10）Bookmarks：书签。该项包含子菜单，将在下面介绍其内容。

Edit View Robot Window Hel

Can't Undo	Ctrl+Z
Can't Redo	Ctrl+Y
Cut	Ctrl+X
Copy	Ctrl+C
Paste	Ctrl+V
Find	Ctrl+F
Repeat	F3
Find and Replace	Ctrl+H
Code Formatting	▶
Bookmarks	▶

Edit 下的 Code Formatting 和 Bookmarks 中还有子菜单项，具体内容如下。

（1）“Edit-Code Formatting”菜单项下面的三级菜单项分别是：

1）Tabify Selection：把所选区域表格化，即把选择区的等效空格转换成制表符。

2）Untabify Selection：把所选区域非表格化，即把选择区的等效制表符转换成空格。

3）Format Selection：把所选区域格式化。转换、修正选择区的缩进等格式。

4）Tabify Whole File：把整个文件表格化，即把程序的等效空格转换成制表符。

5）Untabify Whole File：把整个文件非表格化，即把程序的等效制表符转换成空格。

6）Format Whole File：把整个文件格式化，即转化程序文本并修正缩进。

7）Toggle Comment：切换注释。插入或者去掉注释符号。

8）Comment Line（s）：在选择的代码或者行前插入注释符号。

9）Un-Comment Line（s）：去掉注释符号。

Tabify Selection	
Untabify Selection	
Format Selection	Ctrl+Alt+F
Tabify Whole File	
Untabify Whole File	
Format Whole File	Ctrl+Shift+Alt+F
Toggle Comment	Ctrl+Q
Comment Line(s)	Ctrl+Shift+Q
Un-Comment Line(s)	Ctrl+Alt+Q

（2）“Edit-Bookmarks”菜单项下面的三级菜单项分别是：

1）Find Prev Bookmark：移动文本光标到前一个书签。

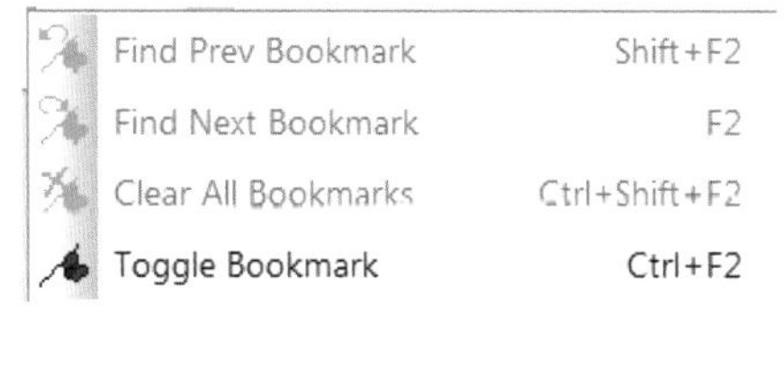

2）Find Next Bookmark：移动文本光标到下一个书签。

3）Clear All Bookmarks：从当前程序清除所有书签。

4）Toggle Bookmark：切换书签。在当前文本光标处设置或去除书签。

3. 视图（View）菜单

它包括与内容显示有关的命令：

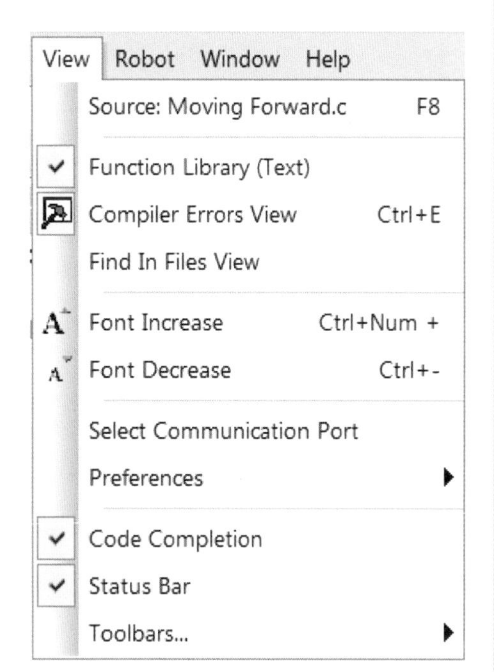

1）Source：（文件名）：显示当前打开的文件名。冒号后面是文件名称。

2）Function Library（Text）：切换软件界面左侧是否显示函数库列表栏。

3）Compiler Errors View：切换软件界面下方是否显示编辑错误栏。

4）Find In Files View：在多个文件中查找指定文本。

5）Font Increase：代码字号加大。

6）Font Decrease：代码字号减小。

7）Select Communication Port：选择 ROBOTC 使用哪个 COM 通信端口来联系机器人。

8）Preferences：首选项。

9）Code Completion：代码完成。当选中该项后，输入代码部分字符，程序会提供建议内容。

10）Status Bar：状态栏显示开关。

11）Toolbars...：工具栏显示开关。

View 菜单下的 Toolbars 和 Preference... 中还有子菜单项，具体内容如下。

（1）“View-Toolbars...”菜单项下面的三级菜单项分别是：

1）Big Icon Toolbar：是否显示大图标工具栏。

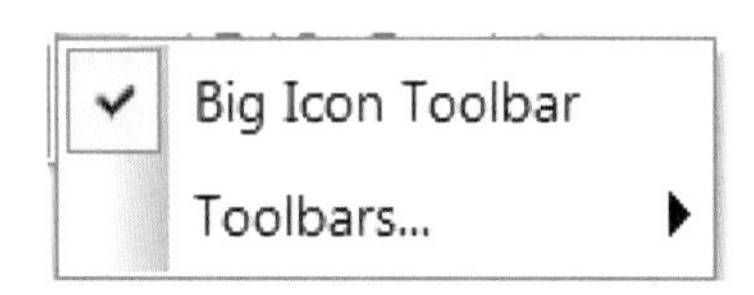

2）Toolbars...：是否显示小图标工具栏。该项目下有 Standard（标准）、Edit（编辑）、Compile（编译）、Bookmark（书签）、Debug（调试）、Customize（定制）等几项可多选。

（2）“View- Preferences”菜单项下面的三级菜单项分别是：

1）Show Splash Screen on Startup：打开软件时显示启动画面。

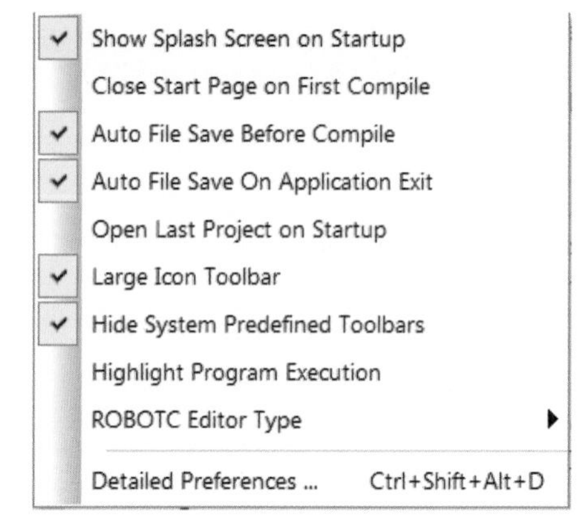

2）Close Start Page on First Compile：编译时关闭初始页面。

3）Auto File Save Before Compile：编译前自动保存文件。

4）Open Last Project on Startup：打开软件时显示最后一次项目。

5）Large Icon Toolbar：大图标工具栏。

6）Hide System Predefined Toolbars：隐藏系统预定义工具栏。

7）Highlight Program Execution：标记执行的程序。

8）ROBOTC Editor Type：ROBOTC 编辑器类型。该项下面还有两个子项，分别是 Text Editor Only（仅文本编辑器）和 Graphics Editor Only（仅图形编辑器）。

9）Detailed Preferences...：详细的首选项。

4. 机器人（Robot）菜单

与机器人有关的命令如下：

1）Compile and Download Program：编译和下载程序到机器人。

2）Compile Program：编译当前程序但不下载到机器人。

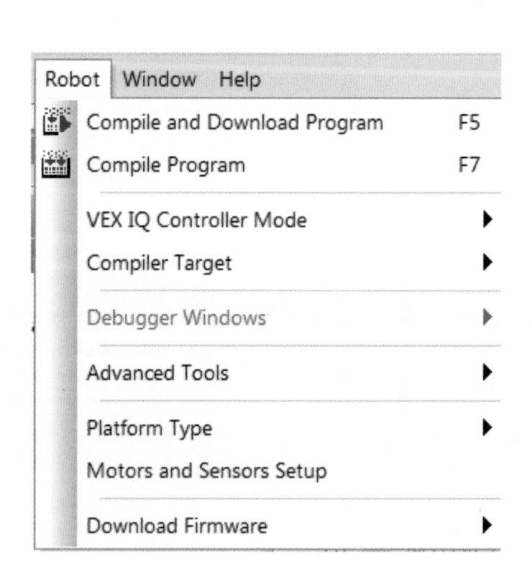

3）VEX IQ Controller Mode：选择 VEX IQ 控制器模式。有 TeleOp（遥控器）模式和 Autonomous（自动程序）模式两种。

4）Compiler Target：选择下载程序到物理机器人或“虚拟世界”程序。

5）Debugger Windows：切换是否显示 debug 调试器窗口。该项只有在计算机连接机器人时可用。

6）Advanced Tools：高级工具。提供了一些附加项内容。

7）Platform Type：指明程序是为哪种机器人控制器平台而设计的。

8）Motors and Sensors Setup：电机和传感器设置。

9）Download Firmware：下载固件。

Robot 菜单项中的多个二级菜单项都有子菜单项，具体内容如下。

（1）“Robot- VEX IQ Controller Mode”菜单项下面的三级菜单项是：

1）TeleOp-Remote Controller Required：无线遥控程序。

2）Autonomous-No Controller Required：自动控制程序。

（2）“Robot- Compiler Target”菜单项下面的三级菜单项是：

Physical Robot：实体机器人。

（3）“Robot- Advanced Tools”菜单项下面的三级菜单项是：

1）File Management：文件管理。

2）Software Inspection：软件检查。

3）VEX IQ Joystick Viewer：VEX IQ 游戏杆查看器。

（4）“Robot- Platform Type”菜单项下面的三级菜单项是：

1）VEX IQ：VEX IQ 机器人。

2）VEX Robotics：VEX 机器人。该项下面还有四级菜单，分别是“VEX 2.0 Cortex”和“VEX IQ”。

3）Natural Language：自然语言。

（5）“Robot- Download Firmware”菜单项下面的三级菜单项是：

Standard File（VEX_IQ_1056.bin）：标准文件（VEX_IQ_1056.bin）。

5. 窗口（Window）菜单

与窗口显示有关的命令如下：

Menu Level：菜单级别。下面有 Basic（基础）、Expert（专业）、Super User（超级用户）三种模式。此处列出的是 Basic 模式的菜单命令。

1）Basic 模式隐藏了大多数高级选项，使界面更简洁易用，适合新用户。

2）Expert 模式显示大多数高级选项，适合有经验的用户。

3）Super User 模式显示所有高级选项，可以直观地全面利用 ROBOTC 功能。

6. 帮助（Help）菜单

1）Open Help：打开 ROBOTC 内建帮助文档。

2）Open Online Help（Wiki）：打开在线帮助（需要网络连接）。

3）ROBOTC Live Start Page：ROBOTC 起始页。

4）ROBOTC Homepage：打开 ROBOTC 主页。

5）Manage Licenses：管理许可证。

6）Add License：添加激活新许可证。

7）Purchase a License：购买一个许可证。

8）Check for Updates：检查程序是否可更新。

9）About ROBOTC：关于 ROBOTC 的版本号和法律信息等。

4.3.2 工具栏

如果选中菜单“View-Toolbars-Big Icon Toolbar”，则会在 ROBOTC 编程软件的菜单栏的下方显示大图标工具栏。它是一排横着排列的图标按钮。

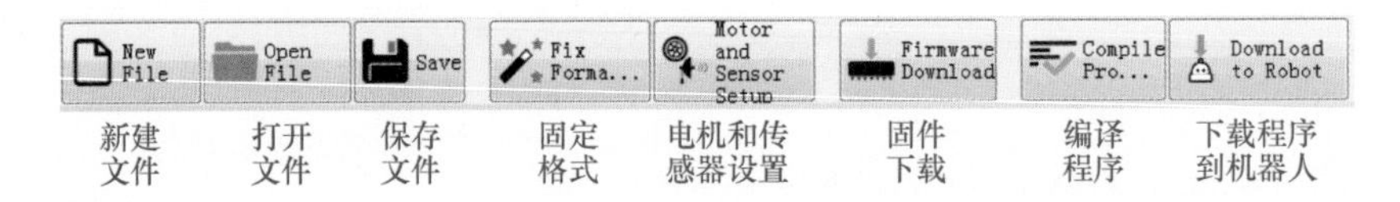

新建文件　打开文件　保存文件　固定格式　电机和传感器设置　固件下载　编译程序　下载程序到机器人

如果在菜单“View-Toolbars-Toolbars”中选中 Standard（标准）、Edit（编辑）、Compile（编译）、Bookmark（书签）、Debug（调试）、Customize（定制）的一种或几种（可多选），还会在大图标工具栏上面显示小图标工具栏。下面图片中黄色框处为小图标工具栏。它只列出了选中 Standard（标准）时的样子。

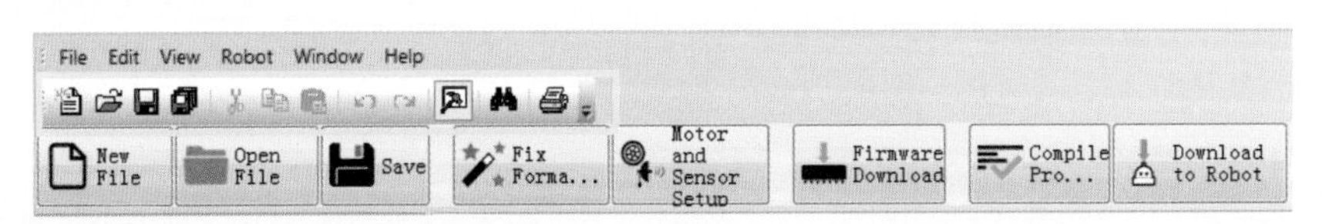

本处只介绍一下大图标工具栏的内容。

1）新建文件（New File）：创建一个新程序。

2）打开文件（Open File）：打开一个已经存在的程序。

3）保存文件（Save）：保存当前程序。程序编译时也会自动保存。

4）固定格式（Fix Format）：重新定义文件格式，设置缩进、布局等。

5）电机和传感器设置（Motor and Sensor Setup）：设置电机和传感器信息。

6）固件下载（Firmware Download）：下载最新固件程序到机器人。

7）编译程序（Compile Program）：编译当前程序但不下载到机器人。

8）下载程序到机器人（Download to Robot）：编译程序并下载到机器人。

下面再详细介绍一下“电机和传感器设置”（Motor and Sensor Setup）的内容。单击此图标，会弹出下图中的选项卡窗口。在这个窗口中，有 Standard Models（标准模型）、Motors（电

机）、Devices（设备）三个选项卡。

首页的 Standard Models（标准模型）一般使用默认设置即可，不必进行修改。我们关注的是 Motors（电机）和 Devices（设备）这两个选项卡内容。

当我们搭建一个机器人时，可能会用到一些电机和传感器设备。它们会连接到机器人主控器的不同端口上（主控器一共有 12 个端口）。我们要根据主控器每个端口的真实连接情况，在 Motors（电机）选项卡和 Devices（设备）选项卡中进行设置，也就是要设置主控器每个端口连接的电机、设备名称以及类型。

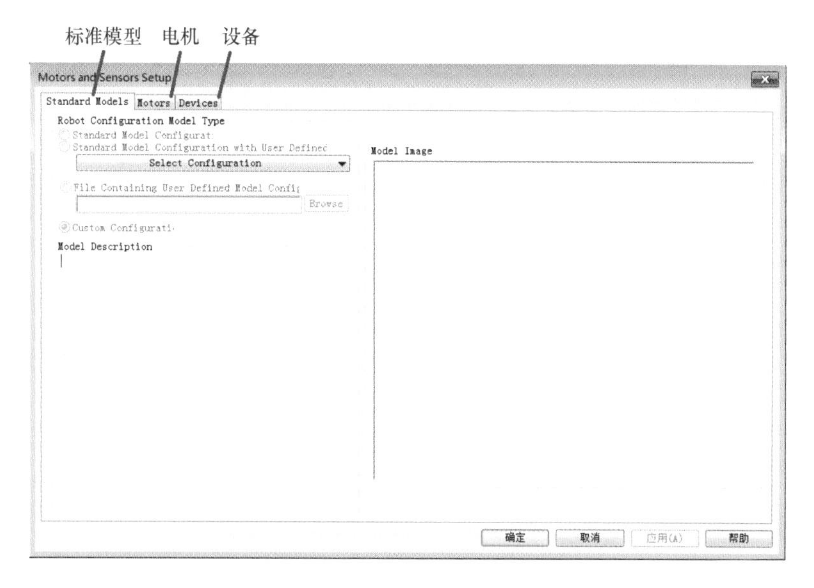

首先，我们单击窗口上方中间位置的 Motors（电机）选项卡，进入电机设置窗口。窗口内容如下图所示。每个电机端口有两种状态类型，分别是“No motor”（无电机）和“VEX IQ Motor”。如果某个端口连接了电机，就需要把电机类型设置为 VEX IQ Motor。电机类型设置完成后，后面的“Reversed”（反转）和“Drive Motor Side”（电机位置）属性也将变成可用状态。

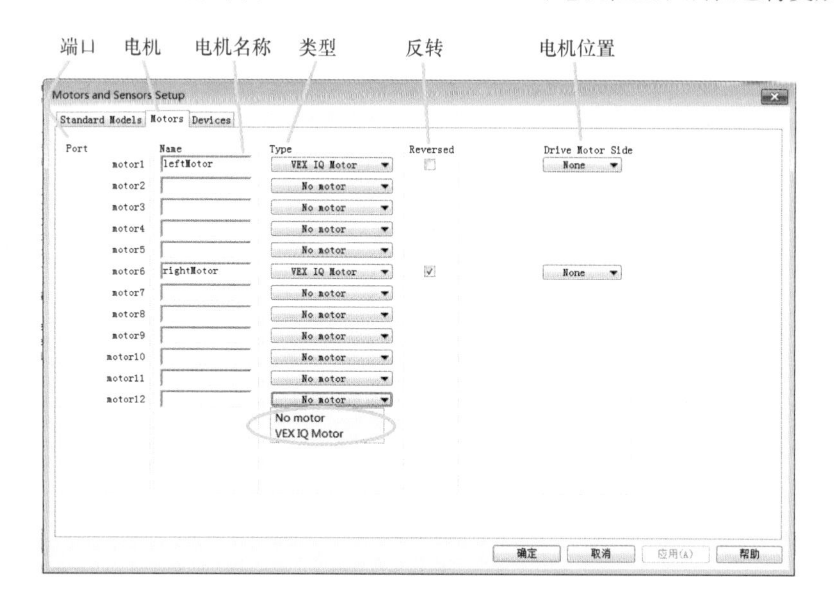

在上图这个示例中，端口 1（motor1）和端口 6（motor6）连接了电机，所以类型被设置为 VEX IQ Motor。为了便于在程序中分辨不同的电机，可以在“电机名称”文本框中给每个电机单独命名，此示例中的两个电机分别被命名为“leftMotor”和“rightMotor”。电机名称可以在程序中直接使用。

每个电机后面有个“Reversed”（反转）属性选项，如果勾选了这一项，那么电机的转动方向将和本来的转动方向相反。使用这个属性，可以方便地改变电机转动方向，而不必挨个改写原来的电机代码。

“Drive Motor Side”（电机位置）属性则可以说明电机是机器人哪一侧的驱动电机。该属性有“Left”（左侧）、“Right”（右侧）和“None”（不设置）三个选项。VEX IQ 函数列表“Simple Behaviors”和“Line Tracking”等类别的命令（如 backward、forward、turnLeft、turnRight、lineTrackRight），以及遥控器等高级函数的一些命令（如 arcadeControl、tankControl），都涉及对左右驱动电机的控制。设置好电机位置属性后，就可以使用这些函数命令了。

接下来，再看看 Devices（设备）选项卡的内容（见下图）。

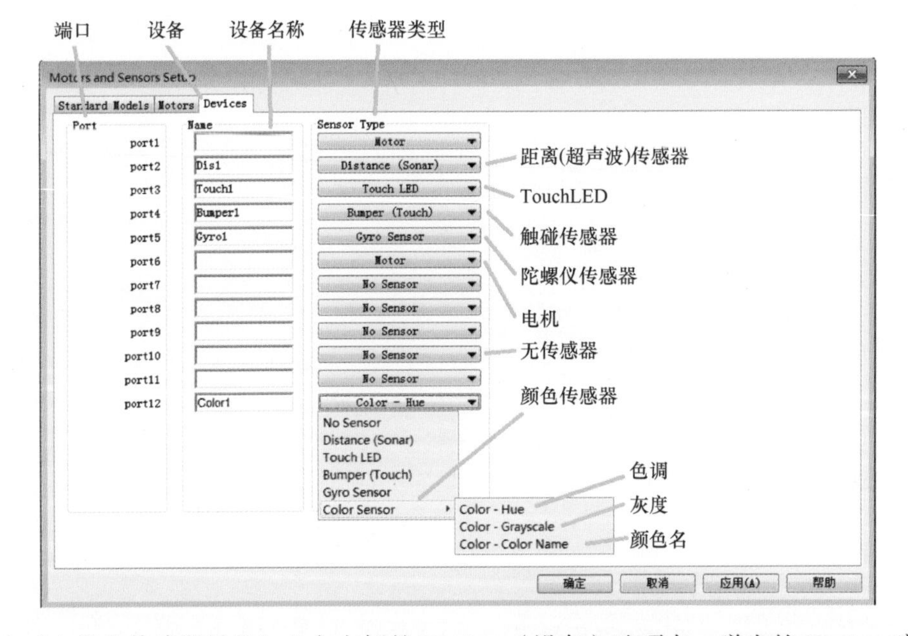

单击“电机和传感器设置”上方右侧的 Devices（设备）选项卡。弹出的 Devices 窗口的内容和前面 Motors 窗口类似，也有端口、设备名称、传感器类型等内容。区别之处是“传感器类型”不限于电机（Motor），还有距离（超声波）传感器、Touch LED、触碰传感器、陀螺仪传感器和颜色传感器等多种类型。其中，颜色传感器可以设置三种工作模式，分别是色调模式、灰度模式和颜色名模式。

在“电机和传感器设置”（Motor and Sensor Setup）里面设置的电机和设备信息，会在程序代码开头的预处理部分转化为预处理代码。例如，按照上图对电机和传感器设置完成后，程序开头会自动生成设备定义代码。

```
#pragma config（Sensor, port2, Dis1, sensorVexIQ_Distance）
#pragma config（Sensor, port3, Touch1, sensorVexIQ_LED）
```

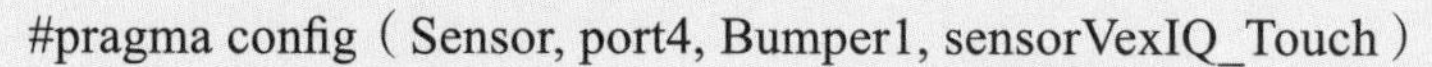

```
#pragma config ( Sensor, port4, Bumper1, sensorVexIQ_Touch )
#pragma config ( Sensor, port5, Gyro1, sensorVexIQ_Gyro )
#pragma config ( Sensor, port12, Color1, sensorVexIQ_ColorHue )
#pragma config ( Motor, motor1, leftMotor, tmotorVexIQ, openLoop, encoder )
#pragma config ( Motor, motor6, rightMotor, tmotorVexIQ, openLoop, reversed, encoder )
```

完成“电机和传感器设置”后，就可以编写程序代码了。编写完程序后，单击工具栏中“编译程序”（Compile Program）进行程序编译，生成可以被机器识别的机器语言。

或者用USB数据线将机器人主控器连接到计算机上，单击工具栏上“下载程序到机器人”（Download to Robot），可以编译程序并传到机器人主控器上。之后，就可以在主控器上运行程序，驱动机器人完成各项功能了。

4.3.3 函数列表区

如果勾选“View-Function Library（Text）”，则会在ROBOTC界面的左侧显示函数列表区（见下图）。程序中的函数和命令都可以在这个区域找到，不需要自己手动编写。例如要编写关于电机的代码时，只需要点开Motors项目，就可以看到关于电机的所有函数。这时，只要用鼠标把需要的函数拖到编程区就可以使用了。

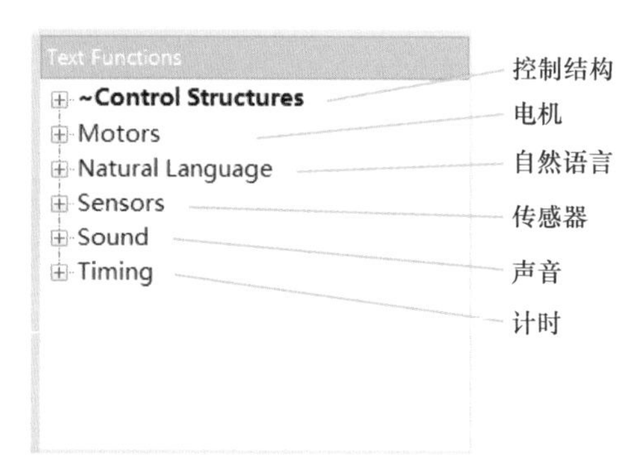

函数列表区中显示的函数数量，也受菜单“Window-Menu Level”选项影响。如果选择菜单级别为Basic（基础），则只显示少数基本函数。选择Expert（专业）、Super User（超级用户）模式则会显示更多函数。

4.3.4 程序编辑区和编译区

程序编辑区是编写代码的区域。关于代码编写的知识将在后面介绍。

编译区是在编写完程序代码后，进行代码编译时显示信息的区域。如果某些代码有错，编译区会给出错误提示，方便用户调试程序。

4.4 ROBOTC编程语言介绍

ROBOTC语言和标准C语言比较类似，其程序体是由变量、常量、运算符、命令、函数等构成的。

我们以一个示例程序看一下它的代码基本结构。我们用菜单“File-Open Sample Program”命令打开一个 ROBOTC 自带的示例程序“\Sample Programs\VexIQ\Basic Movements\Moving Forward.c”，这是一个驱动小车前进的程序，它驱动小车左右电机转 2s，使小车前进。

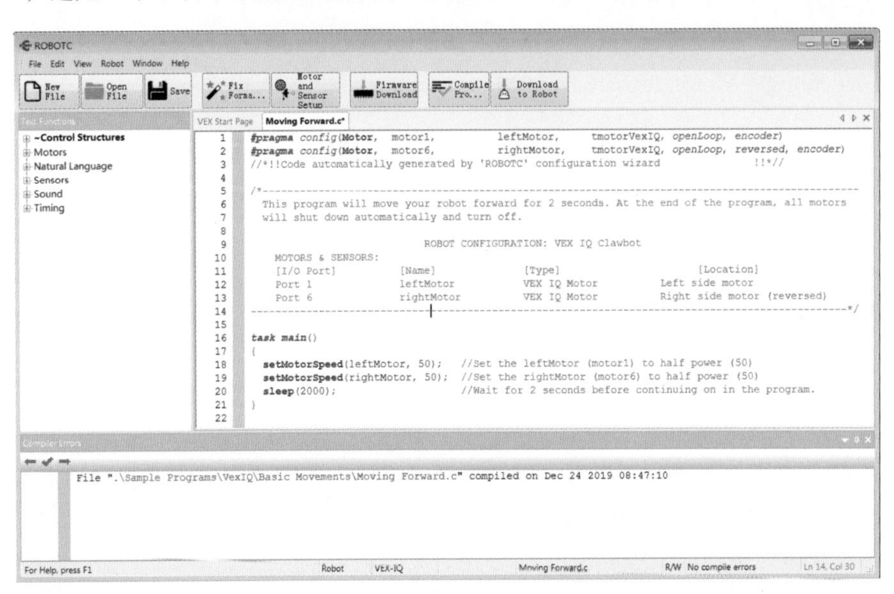

1. 程序格式

（1）编译预处理部分

在“Moving Forward”程序开始部分有两行以 # 开头的代码（见下面例子），这是编译预处理行。

```
#pragma config（Motor,motor1,leftMotor,tmotorVexIQ,openLoop, encoder）
#pragma config（Motor,motor6,rightMotor,tmotorVexIQ,openLoop, reversed, encoder）
```

编译预处理是在编译前对源程序进行的一些预加工，可以由编译系统的预处理程序进行处理，在编译时将处理行的信息嵌入到程序中去。编译预处理可以改善代码编写质量，便于编写、阅读、调试和移植。

在本例中的两行代码，定义了主控器 1 号、6 号端口连接电机的信息，如电机类型、名称、是否反转等。这两个电机被命名为 leftMotor 和 rightMotor。主程序可以使用这些更有辨识度的设备名称进行编程。

（2）注释部分

编译预处理部分下面是几行绿色的注释部分。注释符号可以用“//”开头（行注释符）注释右侧一行内容，或者用成对的“/*”和“*/”符号注释中间的所有内容。注释部分将不会参与程序代码的编译和执行，它们只起说明、解释作用。

对于复杂的程序，经常添加注释是非常必要的，能帮助编程者和其他人更容易阅读和理解程序代码的含义。

（3）程序主体

程序主体是程序最重要的部分，程序主要功能都是在这一部分实现的。

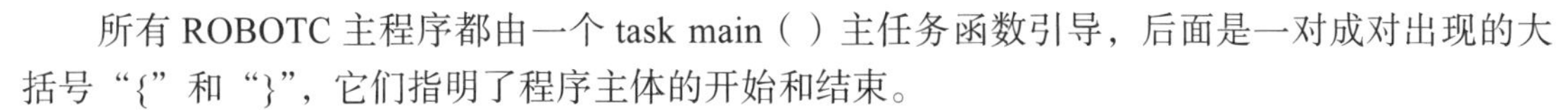

所有 ROBOTC 主程序都由一个 task main（ ）主任务函数引导，后面是一对成对出现的大括号“{”和“}”，它们指明了程序主体的开始和结束。

示例程序主体是下面这样的。它的含义是设置左、右电机功率为 50（一半功率），然后等待 2000ms（在此期间，电机一直按设定速度转动，使车前进）。

```
task main（ ）
{
    setMotorSpeed（leftMotor, 50）;
    setMotorSpeed（rightMotor, 50）;
    sleep（2000）;
}
```

在这个程序中，有三行代码。每行代码以分号“;”作为语句结束标志。

本程序代码使用了 setMotorSpeed（设置电机速度）和 sleep（等待）函数，后面小括号“( )”中的是函数需要的参数。如果有多个参数时，参数之间要以逗号“,”进行分隔。

2. 变量

稍微复杂的程序会用到各种数据，数据往往以常量（const）或者变量的形式保存。常量就是在程序执行过程中永远不会变的量。变量则是在程序执行过程中可以变化的量。

ROBOTC 支持四类数据类型，也就是可以定义以下四大类变量。

数据类型	关键字	说明	示例
整型	int long（长整型） short（短整型） byte（字符型） ubyte（正整数字符型）	int、long、short、byte 可以表示正、负整数和 0。ubyte 表示正整数 int 和 long 用 32 位（4B）表示，取值范围为 −2147483648 ~ +2147483647 short 用 16 位（2B）表示，取值范围为 −32768 ~ +32767 byte 用 8 位（1B）表示，范围为 −128 ~ +127 ubyte 也是用 8 位（1B）表示，范围为 0 ~ +255	1、2、3、0、−2
浮点型	float	可以表示小数，用 32 位（4B）表示	0.5、0.123、−0.3
字符型 字符串型	char string	char 可以表示 ASCII 码字符，用 8 位（1B）表示 string 可以表示 20 个 ASCII 码字符串，占 160 位（20B）	a、b、c、F、G、$ strung
逻辑型	bool	真假逻辑值，占 8 位（1B）	0（假）、1（真）

在上面的程序示例中，我们可以为电机速度的数据设置一个整型变量 spd，为等待时间的数据设置一个整型变量 waittime。并在声明变量的同时，给它们赋值（也可以先声明变量，后给它们赋值）。在变量声明、赋值之后，命令和函数可以直接使用这些变量。

下面使用变量的范例程序，与前面的“Moving Forward”示例程序执行的操作是一样的。使用变量的好处，是在程序执行过程中，可以随时更换变量的值，使得程序功能更灵活、强大。

```
task main（ ）
{ int spd=50;
 Int waittime=2000
setMotorSpeed（leftMotor, spd）;
setMotorSpeed（rightMotor, spd）;
sleep（waittime）;
}
```

变量有命名规则，变量名必须是以字母或下划线开头，以字母、数字或下划线组成的字符序列，中间不能有空格、符号。变量名不能和 ROBOTC 保留关键字或者已有函数重名。

3. 运算符

各种类型的常量、变量和数据，可以使用相应的运算符进行运算。ROBOTC 主要有以下类型的运算符。

运算符类型	符号	说明
算术运算符	+、−、*、/、%、++、−−	加、减、乘、除、模（余数）、自增、自减
关系运算符	>、<、==、>=、<=、!=	大于、小于、等于、大于等于、小于等于、不等于
逻辑运算符	!、&&、||	逻辑非、逻辑与、逻辑或
赋值运算符	=	赋值

4. ROBOTC 常用命令和控制结构

ROBOTC 程序一般由三种控制结构组成，分别是顺序结构、选择结构和循环结构。

（1）顺序结构

顺序结构是最简单的结构，就是按照语句顺序，从前向后依次执行。前面的“Moving Forward”示例程序就是这样一种结构。

（2）选择结构

当程序执行到某一环节时，需要对某个判断条件进行判断，根据判断不同，选择不同的后序分支程序。最简单的是二分支选择结构，也可以有多分支选择结构。

ROBOTC 中常见的选择结构有 if 选择结构、if…else 选择结构、if…else if…多重嵌套选择结构，以及 switch…case 选择结构。

1）if 选择结构。if 结构如下，括号内为条件表达式（判断条件）。在满足判断条件时（判断值为真，值为非零）执行语句块，不满足判断条件时（判断值为假，值为 0）不执行语句块，直接跳过。条件表达式可以是关系表达式、逻辑表达式或算数表达式。

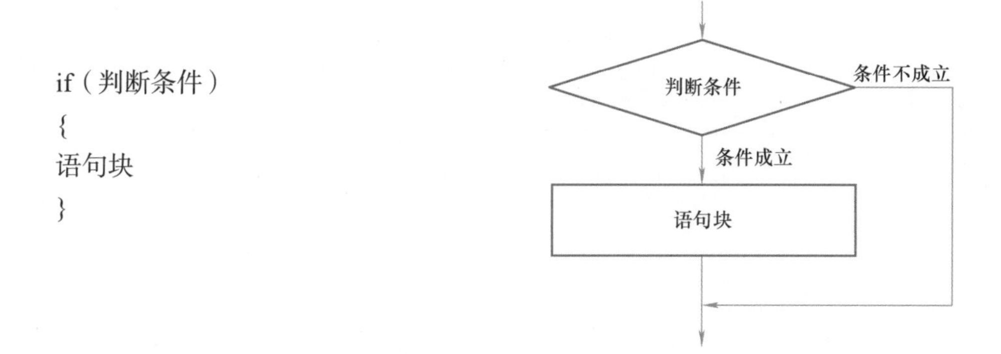

2）if…else 选择结构。为两路分支结构。先对条件表达式进行判断，如果条件成立，则执行语句块 1，如果条件不成立，则执行语句块 2。

```
if（判断条件）
{
语句块 1
}
else
{
语句块 2
}
```

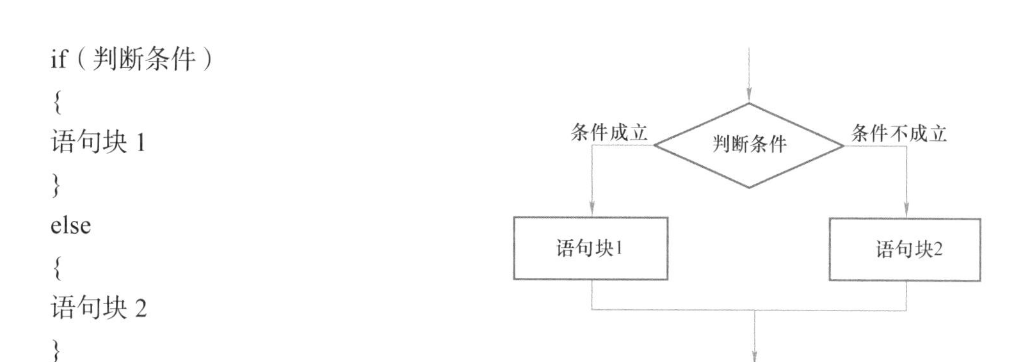

3）if…else if…多重嵌套选择结构。if…else 结构也可以多次嵌套，形成多分支选择。下图是一个两层嵌套的选择结构。由上向下依次判断，如果判断条件 1 成立，则执行语句块 1。如果判断条件 1 不成立，则进入嵌套选择结构，进行条件表达式 2 的判断，如果判断条件 2 成立，则执行语句块 2。如果所有判断都不成立，则执行语句块 3。

这种嵌套也可更多，形成 n 层嵌套。

```
if（判断条件 1）
{
语句块 1
}
else if（判断条件 2）
{
语句块 2
}
else
{
语句块 3
}
```

判断条件1
条件不成立
条件成立
判断条件2
条件不成立
条件成立
语句块1
语句块2
语句块3

4）switch…case 选择结构。switch…case 选择结构也是多分支选择结构，但是和 if…else if…这种多重嵌套选择结构判断不同，switch 是单条件判断。如果条件表达式的值等于 case X 的值，则执行语句块 X。如果不等于所有 case 分支的值，则执行默认语句块分支。

```
switch（判断值）
{
case1：语句块 1；
case2：语句块 2；
case3：语句块 3；
default：语句块 4；
}
```

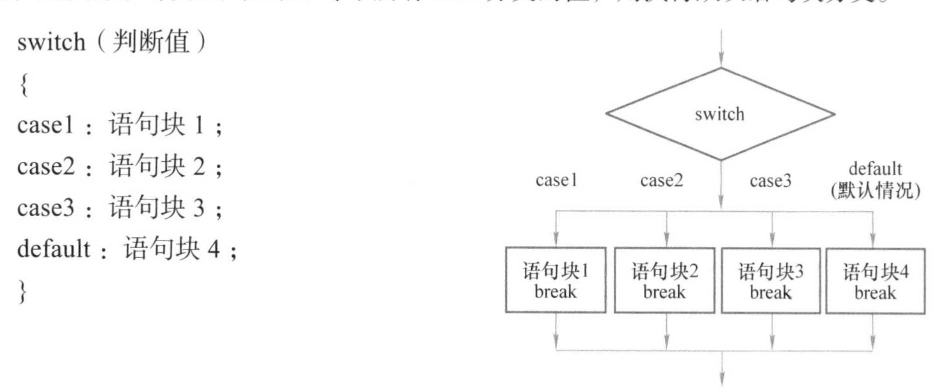

（3）循环结构

循环结构是将语句块重复执行若干遍的结构，常见的有 while、do…while、for 循环结构等。

1）while 循环结构。当满足判断条件时（判断值为真，或者值为 1），while 循环结构重复循环执行语句块，直到条件不再满足时，退出循环。

```
while（判断条件）
{
  循环体
}
```

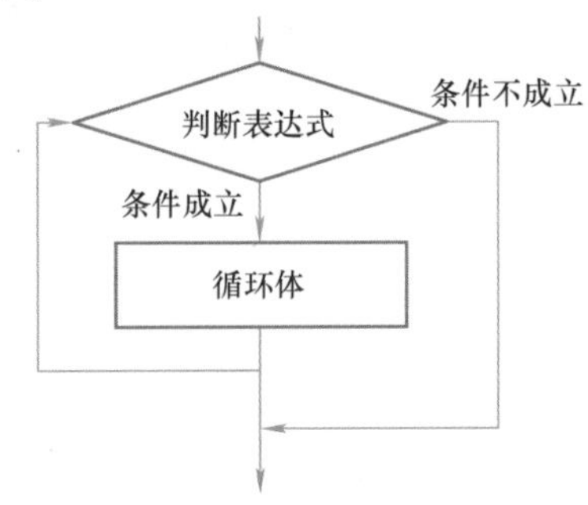

2）do…while 循环结构。do…while 循环结构和 while 循环结构的区别是，先执行一次循环体，然后再进行条件判断。如果满足条件就继续循环，如果不满足条件就退出循环。

```
do
{
  循环体
}
while（判断条件）
```

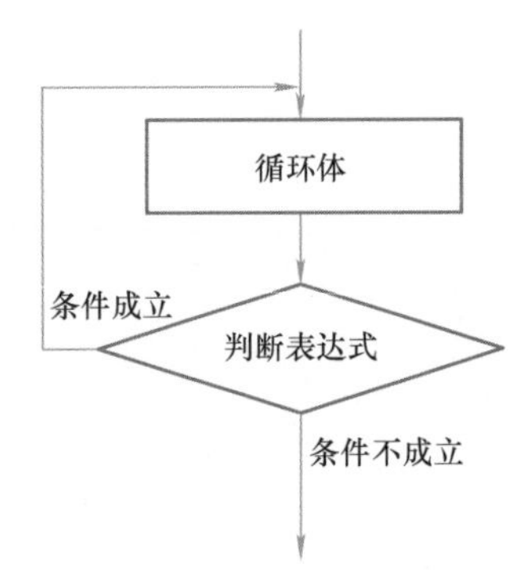

3）for 循环结构。while 循环结构是一种依赖于条件判断的循环结构，只要满足判断条件就执行循环，对于循环多少次不太关注。如果想执行特定次循环，则可以使用 for 循环结构。

for 循环结构也是先判断，后循环。它一般有 3 个参数，分别是判断指标的初始值、判断条件（终止值）和步长增量（可以为负值）。每次循环时，程序会先判断指标初始值是否满足判断条件，满足的话开始执行循环体，并给指标增加一个步长的变化量。

```
for（初始值；判断条件；步长增量）
{
  循环体
}
```

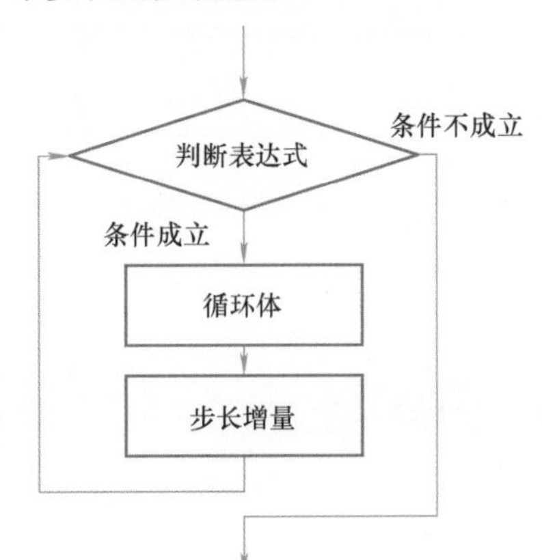

5. 函数

函数是能够完成特定任务的、可以重复调用的C语句的集合。需要使用该功能时，直接调用函数就行，不必重复写相同的代码。修改该功能时，也只要修改这个函数就行。因此，使用函数的一个重要好处就是可以重用代码。

ROBOTC函数库有很多预设好的函数，如数学函数sin（）、cos（）、abs（）等，前面"Mov-ing Forward"示例程序中的setMotorSpeed（）、sleep（）等也是专门为VEX IQ开发的函数。

编程者也可以自定义函数。自定义函数的格式是

```
函数类型 函数名（类型标识符 形式参数1，类型标识符 形式参数2，...）
{
 函数体
}
```

函数一般可以设置一个返回值，但也不是必需的。对于不需要返回结果的函数，可以将其类型设为void类型。

对于前面的"Moving Forward"示例程序，我们可以改写成函数调用的形式。

```
void movingforward（int a, int b）
{
 setMotorSpeed（leftMotor, a）;
 setMotorSpeed（rightMotor, a）;
 sleep（b）;
}
task main（）
{
 movingforward（50,2000）;
 movingforward（70,2000）;
 movingforward（90,2000）;
}
```

在上面的例子中，我们把原来主程序main（）里面的代码移到了自定义函数movingforward（）中，然后在主程序中3次调用函数movingforward（），并且通过改变函数形式参数的数值，使电机速度从50变为70，再到90，方便地实现了加速。

6. ROBOTC 的一些关键字

ROBOTC的专用函数名中常会出现get、set等字符串，如getMotorEncoder、setMotorSpeed等。在此，我们介绍一下常用字符串的含义。

1）get：表示获取，常用于判断条件语句，一般在while（）、if（）的括号中出现，如if（getColorName）。

2）set：表示设置，后面一般加上要设置数值的对象，如示例程序中给指定电机设置速度

（功率）的函数——setMotorSpeed（leftMotor, 50）。

3）sleep：表示等待，即是上一个程序运行的时间。如示例程序中 sleep（2000）就是等待 2000ms（也是前面语句电机转动的时间）。

4）reset：表示重置。如电机根据需要转动一定角度后，可以用重置命令，改变电机角度为 0° 的初始位置 resetMotorEncoder（leftMotor）。

5）target：表示设置电机目标值，常和 set 配合出现，如 setMotorTarget（ ）函数。

6）degrees：表示角度，陀螺仪的旋转角度用 degrees 表示，一般与 get 配合出现，如获得陀螺仪 gyroSensor 的角度可以用函数 getGyroDegrees（gyroSensor）。

7）value：表示数值，常和 get 配合使用，如 getColorValue（colorSensor）。

8）repeat：表示重复，可以指定重复的次数，如 repeat（5）。

9）waitUntil：表示一直等到…时候，如 waitUntilMotorStop（leftMotor）。

10）threshold：表示阈值。阈值是一个设定的门槛数值，可以在程序中设定某个数值大于、小于或等于阈值时，触发某个操作。在遥控器摇杆编程中常用到阈值。

4.5 ROBOTC 传感器常用函数介绍

本节我们介绍一下 ROBOTC 代码化编程中的传感器函数。

1. 电机函数

电机是 ROBOTC 里面函数最多的传感器，下面我们列出相关函数。函数后面括号中参数表示如下含义。

1）nMotorIndex：电机索引，可以是电机名称或者端口号，数据类型为 tMotor。

2）nSpeed：速度，取值范围是 -100~100（符号表示反向），数据类型为 short。

3）nPosition：电机要转到的位置，一般用电机编码器值表示，数据类型为 long。

（1）自然语言函数

1）moveMotorTarget（nMotorIndex, nPosition, nSpeed）：指定电机按照指定速度运动指定距离（编码器值）。

2）resetMotorEncoder（nMotorIndex）：重置电机编码器值为 0。

3）setMotor（nMotorIndex,nSpeed）：设置指定电机的速度。

4）setMotorReversed（nMotorIndex, true）：设置指定电机运动是否反向，true 为反向，false 为不反向。

5）setMotorTarget（nMotorIndex,nPosition,nSpeed）：设置指定电机按照指定速度运动到指定编码器值。如果设定值小于电机当前值，电机将反向运动，直到设定值。

6）setMultipleMotors（nSpeed,nMotorIndex1,nMotorIndex2, …）：设置多个（最多 4 个）电机速度。

7）stopAllMotors（ ）：停止所有电机。

8）stopMotor（nMotorIndex）：停止指定电机。

9）stopMultipleMotors（nMotorIndex1,nMotorIndex2, …）：停止所有指定电机（最多 4 个）。

（2）ROBOTC 函数

1）getMotorBrakeMode（nMotorIndex）：返回指定电机的刹车模式（有滑行、刹车和刹车定位三种）。

2）getMotorCurrent（nMotorIndex）：得到指定电机的 mA 值。

3）getMotorCurrentLimit（nMotorIndex）：得到指定电机的 mA 限制值。

4）getMotorCurrentLimitFlag（nMotorIndex）：返回一个布尔值，指示指定电机是否超过了限制值（由 setMotorCurrentLimit 设定）。返回 0 表示当前是安全值，1 代表已超过限制。

5）getMotorEncoder（nMotorIndex）：得到指定电机的编码器值。

6）getMotorEncoderUnits（ ）：返回当前电机编码器单位类型，有三种类型，encoderDegrees——角度模式、encoderRotations——圈数模式、encoderCounts——编码器值模式。

7）getMotorOverTemp（nMotorIndex）：返回一个布尔值，指示指定电机内部温度是否已经超过温度限制。0 为安全温度，1 为超限温度。

8）getMotorSpeed（nMotorIndex）：返回指定电机的速度值。

9）getMotorZeroPosition（nMotorIndex）：返回一个布尔值，指示指定电机是否到达指定编码器值。1 为到达，0 为没有到达。

10）getMotorZeroVelocity（nMotorIndex）：返回一个布尔值，指示指定电机速度是否为 0。返回 1 代表已经停止，0 代表还未停止。

11）getServoEncoder（nMotorIndex）：得到指定电机的当前位置值（servo 模式）。

12）setMotorBrakeMode（nMotorIndex, motorHold）设置指定电机的刹车模式（有滑行、刹车和刹车定位三种）。

13）setMotorCurrentLimit（nMotorIndex,limit）：设置指定电机的限制值 limit（mA）。

14）setMotorEncoderUnits（encoderDegrees）：设置当前电机编码器单位类型，有三种类型，encoderDegrees——角度模式、encoderRotations——圈数模式、encoderCounts——编码器值模式。

15）setMotorSpeed（nMotorIndex,nSpeed）：设置指定电机速度。

16）waitUntilMotorStop（nMotorIndex）：等待直到电机停止。

2. 遥控器函数

遥控器函数常用参数包括：

1）verticalJoystick：垂直方向遥控杆，用来控制机器人前进或后退。

2）horizontalJoystick：水平方向遥控杆，用来控制机器人左右转向。

3）threshold：阈值，控制摇杆的最小数值。低于该值的摇杆动作将被忽略。

4）upButton：控制机器人抬升大臂（使电机正向转动）的按钮。

5）downButton：控制机器人落下大臂（使电机反向转动）的按钮。

下面是遥控器函数。

1）arcadeControl（verticalJoystick, horizontalJoystick, threshold）：设置控制机器人左、右电机前后、左右运动的控制摇杆，以及摇杆阈值。

2）armControl（nMotorIndex, upButton, downButton, nSpeed）：设置大臂电机升降控制按钮，以及速度。

3）setJoystickScale（nScalePercentage）：设置遥控控制精度，默认精度是 100。

4）tankControl（rightJoystick, leftJoystick, threshold）：设置控制右侧电机 rightJoystick 和

左侧电机 leftJoystick 的控制摇杆，以及摇杆阈值。

5）getJoystickValue（vexButton）：返回指定遥控器按钮 vexButton 的值。

6）getJoystickValue（vexJoystick）：返回指定遥控器摇杆 vexJoystick 的值。

3. 颜色传感器函数

颜色传感器函数可能用到的参数包括：

1）nDeviceIndex：设备索引，可以是设备名或者端口号，tSensors 类型。

2）*pInfo：传感器信息，TColorInfor 类型。

下面是颜色传感器函数。

1）getColorAdvanced（nDeviceIndex, *pInfo）：得到颜色传感器的全部信息。

2）getColorBlueChannel（nDeviceIndex）：得到颜色传感器蓝色通道值（红、蓝、绿数值范围均为 0~255）。

3）getColorGreenChannel（nDeviceIndex）：得到颜色传感器绿色通道值。

4）getColorRedChannel（nDeviceIndex）：得到颜色传感器红色通道值。

5）getColorGrayscale（nDeviceIndex）：得到颜色传感器灰度值。

6）getColorSaturation（nDeviceIndex）：得到颜色传感器饱和度（0~255）。数值越大，饱和度越高。

7）getColorHue（nDeviceIndex）：得到颜色传感器光谱色调值（0~255）。色调值的对应关系见下图。

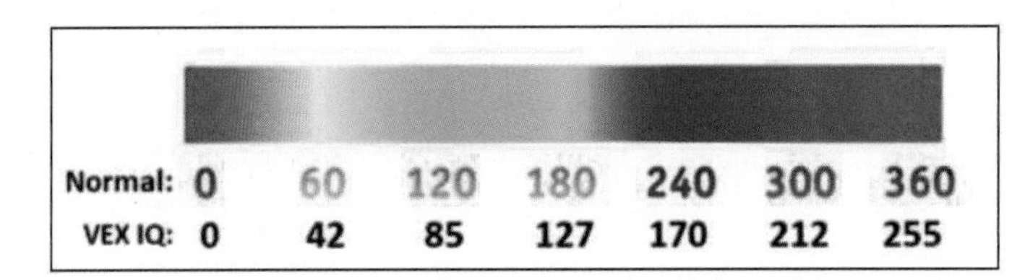

8）getColorValue（nDeviceIndex）：得到颜色传感器当前值。返回值依赖于颜色传感器设置模式。Grayscale Mode（灰度模式）返回值在 0~400（深色返回值较小）。Color Name Mode（颜色名模式）返回颜色名称（colorRed, colorYellow, ...）。色调模式返回色调值（0~255）。

9）getColorProximity（nDeviceIndex）：使用颜色传感器的红外 LED 作为红外测距仪，返回探测值（0~1023）。返回值越低说明探测物体距离越远。

10）setColorMode（nDeviceIndex, colorMode）：设置颜色传感器模式（见下面模式表）。

11）getColorMode（nDeviceIndex）：得到颜色传感器设置的模式（见下面模式表），如果没有设置模式，则返回 colorNone。

颜色传感器模式	说明
colorTypeUninitialized	未分配颜色
colorTypeGrayscale_Ambient	灰度模式 - 无背景光
colorTypeGrayscale_Reflected	灰度模式 - 有背景光
colorTypeRGB_12Colors_Ambient	颜色名模式 - 无背景光
colorTypeRGB_12Colors_Reflected	颜色名模式 - 有背景光
colorTypeRGB_Hue_Ambient	色调模式 - 无背景光
colorTypeRGB_Hue_Reflected	色调模式 - 有背景光
colorTypeRGB_Raw_Ambient	RGB-RAW 模式 - 无背景光
colorTypeRGB_Raw_Reflected	RGB-RAW 模式 - 有背景光

12）getColorName（nDeviceIndex）：返回颜色传感器探测的颜色名称（colorName）。颜色名称见下表。

颜色名称	说明
colorNone	无
colorRedViolet	紫红色
colorRed	红色
colorDarkOrange	深橙色
colorOrange	橙色
colorDarkYellow	深黄色
colorYellow	黄色
colorLimeGreen	柠檬绿色
colorGreen	绿色
colorBlueGreen	蓝绿色
colorBlue	蓝色
colorDarkBlue	深蓝色
colorViolet	紫色

4. TouchLED 函数

1）getTouchLEDBlue（nDeviceIndex）：返回指定 TouchLED 的蓝色通道值（红、蓝、绿通道值范围都是 0~255）。

2）getTouchLEDGreen（nDeviceIndex）：返回指定 TouchLED 的绿色通道值。

3）getTouchLEDRed（nDeviceIndex）：返回指定 TouchLED 的红色通道值。

4）getTouchLEDValue（nDeviceIndex）：返回指定 TouchLED 的值。1 代表被按下，0 代表没有被按下。

5）setTouchLEDBrightness（nDeviceIndex, brightValue）：设置 TouchLED 的亮度值（brightValue, 0~255）。

6）setTouchLEDColor（nDeviceIndex, colorName）：设置 TouchLED 的输出颜色名称（colorName）。有 12 种颜色（见前面颜色名称表）和 colorNone（熄灭 LED）。

7）setTouchLEDHue（nDeviceIndex, nHueValue）：用色调值（nHueValue）设置 TouchLED 的输出颜色。

8）setTouchLEDRGB（nDeviceIndex, redValue, greenValue, blueValue）：用 RGB 值（红、绿、蓝的范围都是 0~255）设置 TouchLED 的输出颜色。

5. 距离传感器函数

1）getDistanceAdvanced（nDeviceIndex, tAdvancedDistanceInfo）：得到指定距离传感器的全部信息。

2）getDistanceMaxRange（nDeviceIndex）：得到距离传感器最大距离范围，超过此距离的物体将被忽略。该默认值为 610mm。

3）getDistanceMinRange（nDeviceIndex）：得到距离传感器最小距离范围，小于此距离范围内的物体将被忽略。该默认值为 0mm。

4）getDistanceMostReflective（nDeviceIndex）：返回反射最强（通常是最大的）的物体的距离。单位为 mm。

5）getDistanceStrongest（nDeviceIndex）：返回距离传感器探测到的最强（通常是距离最近的）物体的距离。单位为 mm。

6）getDistanceSecondReflective（nDeviceIndex）：返回距离传感器探测到的第二强（通常是距离第二近的）的物体的距离。单位为 mm。

7）getDistanceValue（nDeviceIndex）：得到距离传感器的值。该值默认是最强信号的距离。距离越远，该值越大。

8）setDistanceMaxRange（nDeviceIndex, nMaxDistanceInMM）：设置距离传感器可探测的最大值（nMaxDistanceInMM）。该值默认是 610mm。

9）setDistanceMinRange（nDeviceIndex, nMinDistanceInMM）：设置距离传感器可探测的最小值（nMinDistanceInMM）。该值默认是 0mm。

6. 陀螺仪函数

1）getGyroDegrees（nDeviceIndex）：得到陀螺仪累计值（角度）。该值可以为正值，也可以为负值（反向）。

2）getGyroDegreesFloat（nDeviceIndex）：得到陀螺仪累计值（角度）。该值为小数格式，精度更高。该值可以为正值，也可以为负值（反向）。

3）getGyroHeading（nDeviceIndex）：返回陀螺仪距最后重置点的方向，该值范围为 0°~359°。

4）getGyroHeadingFloat（nDeviceIndex）:返回陀螺仪距最后重置点的方向，该值为小数值，精度更高，范围为 0.00°~359.00°。

5）getGyroRate（nDeviceIndex）：得到陀螺仪转动速率，该值单位为 °/s。

6）getGyroRateFloat（nDeviceIndex）：得到陀螺仪转动速率，该值为小数格式，精度更高，单位为 °/s。

7）getGyroSensitivity（nDeviceIndex）：得到陀螺仪的敏感度。敏感度有 3 种，分别是高敏感度——gyroHighSensitivity（62.5°/s）、正常敏感度——gyroNormalSensitivity（250°/s）、低敏感度——gyroLowSensitivity（2000°/s）。

8）setGyroSensitivity（nDeviceIndex, range）：设置陀螺仪的敏感度范围（range）。敏感度有 3 种，分别是高敏感度——gyroHighSensitivity（62.5°/s）、正常敏感度——gyroNormalSensitivity（250°/s）、低敏感度——gyroLowSensitivity（2000°/s）。

9）resetGyro（nDeviceIndex）：以当前位置为 0°，重置陀螺仪。

7. 触碰传感器函数

getBumperValue（nDeviceIndex）：返回指定触碰传感器值。返回值为 1 表示触碰，0 表示未触碰。

8. 声音函数

1）playNote（nNote, nOctave, durationIn10MsecTicks）：按照指定数量（durationIn10MsecTicks）单位时长（以 10ms“嘀嗒”音为单位）播放指定音阶（nOctave）的指定音符（nNote）。

2）playSound（sound）：播放指定声音。VEX IQ 自带 16 种声音（sound）。

3）playRepetitiveSound（sound, durationIn10MsecTicks）：重复播放指定数量（durationIn10MsecTicks）单位时长（以 10ms“嘀嗒”音为单位）的指定声音（sound）。

9. 计时函数和变量

本部分常用参数是 theTimer（计时器），有 T1、T2、T3、T4 四个计时器可用。

1）nClockMinutes：该变量可以访问时钟分钟，范围为 0~1439min（1 天）。

2）nPgmTime：该变量保存了当前程序运行的时长信息。当程序调试暂停时，该值不增加。

3）nSysTime：该变量保存了机器人开机时长。当机器人第一次开机时，该变量被重置。

4）getTimer（theTimer,unitType）：按指定单位检索指定计时器的值。单位类型 unitType 可以是 ms、s 和 min。

5）resetTimer（theTimer）：重置指定计数器归零。

6）wait（quantity, unitType）：通过等待指定数量（quantity）的时间单位（unitType）来延迟程序运行。

7）clearTimer（theTimer）：重置指定计时器归零。共有 T1、T2、T3、T4 四个计时器可用。

8）delay（nMsec）：程序执行等待指定时长（nMsec，单位为 ms）。

9）sleep（nMsec）：程序执行等待指定时长（nMsec，单位为 ms）。该命令和 wait、delay 相同。

10. LCD Display 函数

本部分常用参数有：

1）xPos，yPos：x 坐标，y 坐标。

2）nLineNumber：行号，VEX IQ 主控器 LCD 有 0~5 共 6 行。

3）sFormatString：字符串内容。

下面是 LCD Display 函数。

1）setPixel（xPos, yPos）：在坐标（xPos, yPos）填一个像素。

2）clearPixel（xPos, yPos）：清除一个坐标为（xPos, yPos）的孤立像素。

3）getPixel（xPos, yPos）：在坐标（xPos, yPos）检查有无像素。

4）displayCenteredTextLine（nLineNumber, sFormatString）：在指定行（0~5）居中显示字符串。

5）displayBigTextLine（nLineNumber, sFormatString）：在指定行（0~5）用 16 像素高大字体显示字符串。

6）displayCenteredBigTextLine（nLineNumber, sFormatString）：在指定行（0~5）用 16 像素高大字体居中显示字符串。

7）displayClearTextLine（nLineNumber）：清除指定行（0~5）的文本。

8）displayString（nLineNumber, sFormatString, ...）：在指定行（0~5）从左侧显示字符串。

9）displayStringAt（xPos, yPos, sFormatString, ...）：在指定坐标显示字符串。xPos 从 0 到 127，yPos 从 0 到 47。

10）displayTextLine（nLineNumber, sFormatString, ...）：在指定行（0~5）显示文本字符串。该行剩余部分用空格填充。

11）drawUserText（nPixelRow, nPixelColumn,sFormatString）：在指定的行号、列号处显示字符串。

12）eraseDisplay（）：清除主控器 LCD 屏幕内容，使 LCD 屏幕内容为空。

13）drawLine（xPos, yPos, xPosTo, yPosTo）：从（xPos, yPos）到（xPosTo, yPosTo）画一

条线。横坐标从 0 到 127，纵坐标从 0 到 47。

14）eraseLine（xPos, yPos, xPosTo, yPosTo）：从（xPos, yPos）到（xPosTo, yPosTo）去除直线。横坐标从 0 到 127，纵坐标从 0 到 47。

除了上述函数之外，还有 drawCircle、eraseCircle、drawEllipse、eraseEllipse、drawRect、eraseRect 等函数，其内容可查看帮助文档。

4.6 ROBOTC 图形化编程工具的函数介绍

前面主要介绍了 ROBOTC 代码化编程工具的一些内容。现在我们简单介绍一下 ROBOTC 图形化编程工具的常用函数。

1. 变量

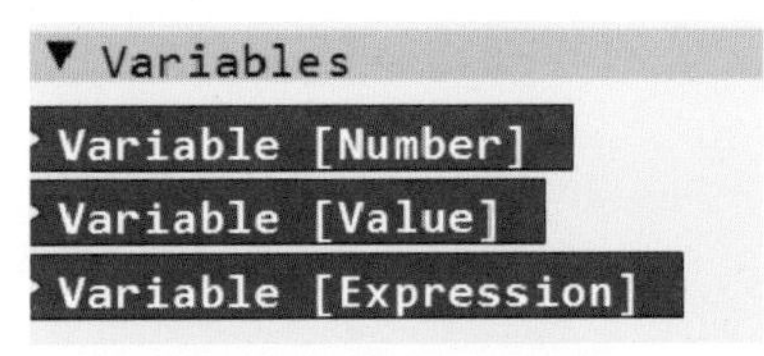

说明

ROBOTC 图形化编程工具的变量有 3 种形式，分别是 Number（数字）、Value（数值）和 Expession（表达式）。

示例：

```
1 aaa = 0;
2 bbb = getMotorEncoder(motor1);
3 ccc = getMotorEncoder(motor2) + 10;
```

示例中分别设了 aaa、bbb、ccc 3 个变量。

变量 aaa 是数字，变量 bbb 得到电机的值，变量 ccc 是表达式形式。这 3 个变量虽然形式不同，但是最后结果都是数字型。

2. 流程结构

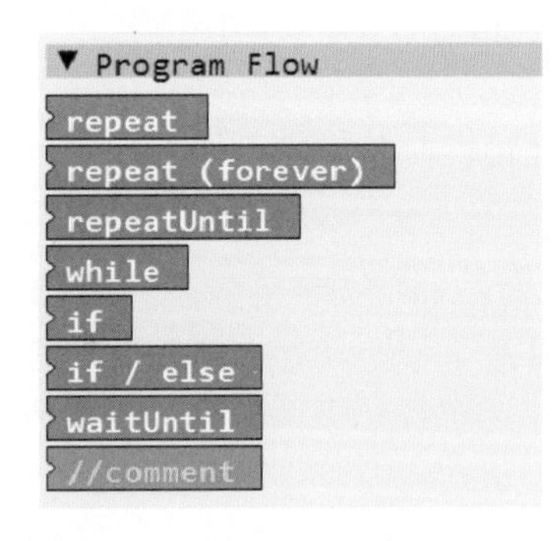

说明

1）repeat：设定重复多少次（语句块）。

2）repeat（forever）：永远重复。

3）repeatUntil：重复（语句块），直到达到某个条件时停止。

4）while：当满足表达式时循环。

5）if：判断语句。

6）if/else：两分支判断。

7）waitUntil：等待，直到达到条件为止。

8）//comment：注释行。

示例：

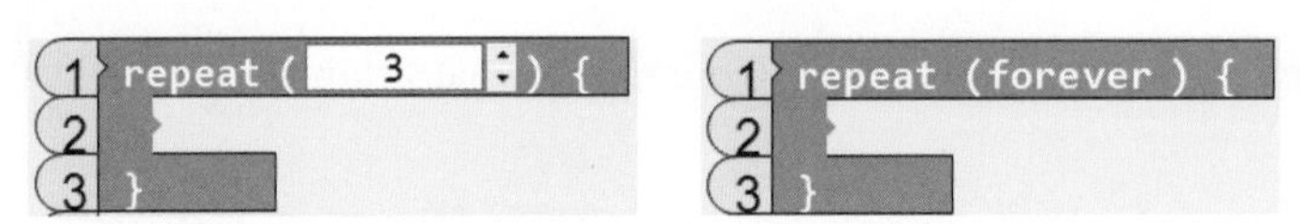

左侧是 repeat 示例，重复 3 次（语句块从略）。

右侧是 repeat（forever）示例，无限重复，直到关机（语句块从略）。

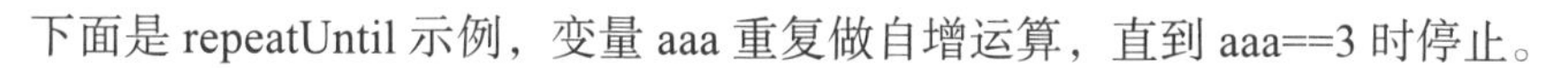

下面是 repeatUntil 示例，变量 aaa 重复做自增运算，直到 aaa==3 时停止。

```
1 repeatUntil ( aaa == 3 ) {
2     aaa = aaa + 1;
3 }
```

下面是 while 示例，当变量 aaa<5 时，aaa 做自增运算。

```
1 while ( aaa < 5 ) {
2     aaa = aaa + 1;
3 }
```

下面是 if 示例，当按触碰传感器 bumpSwitch 时，停止电机 motor1。

```
1 if ( getBumperValue(bumpSwitch) == true ) {
2     stopMotor ( motor1 );
3 }
```

下面是 if…else 示例，当按触碰传感器 bumpSwitch 时，触碰屏 LED 显示红色，否则显示绿色。

```
1 if ( getBumperValue(bumpSwitch) == true ) {
2     setTouchLEDColor ( touchLED , colorRed );
3 } else {
4     setTouchLEDColor ( touchLED , colorGreen );
5 }
```

下面是 waitUntil 示例，等待，直到按下按触碰传感器 bumpSwitch。

```
1 waitUntil ( getBumperValue(bumpSwitch) == true );
```

下面是一个 comment 注释的例子。

```
// This is a comment
```

ROBOTC 图形化工具也有一些简单动作函数。

3. 简单动作

```
▼ Simple Behaviors
backward
forward
moveMotor
turnLeft
turnRight
```

说明

1）backward：向后退。

2）forward：向前进。

3）moveMotor：运行电机。

4）turnLeft：左转。

5）turnRight：右转。

这些函数都是操控电机的一些基本动作，指定电机以特定速度向某个方向运转一定数量的单位距离。速度范围可以从 −100（全速后退）到 100（全速前进），运行单位可以是°、圈数，或者 ms、s、min。

示例：

```
1 backward ( 1 , rotations , 50 );
2 forward ( 2 , rotations , 50 );
3 moveMotor ( motor10 , 1 , rotations , 50 );
4 turnLeft ( 1 , seconds , 50 );
5 turnRight ( 90 , degrees , 50 );
```

1）backward 示例：电机以速度 50 向后转 1 圈。

2）forward 示例：电机以速度 50 向前转 2 圈。

3）moveMotor 示例：电机 motor10 以速度 50 转 1 圈。

4）turnLeft 示例：电机以速度 50 向左转 1s。

5）turnRight 示例：电机以速度 50 向右转 90°。

ROBOTC 还有用于各种设备的专用函数。下面分别介绍一下。

4. 电机函数

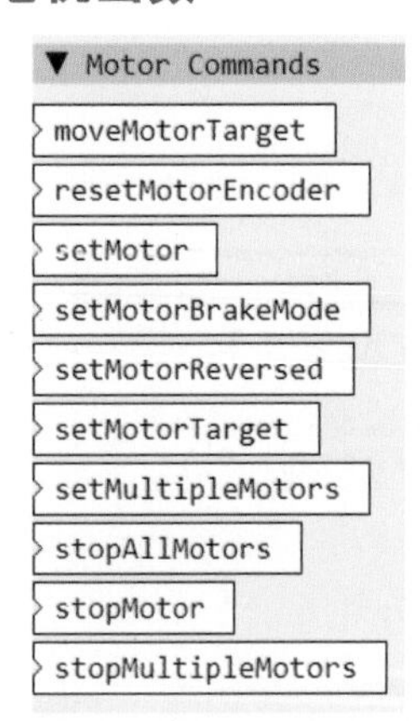

说明

1）moveMotorTarget：电机转动相对角度。

2）resetMotorEncoder：重置电机。

3）setMotor：设置电机功率。

4）setMotorBrakeMode：设置电机为刹车模式。

5）setMotorReversed：设置电机是否反向。

6）setMotorTarget：设置电机转动绝对角度。

7）setMultipleMotors：设置多个电机功率。

8）stopAllMotors：停止所有电机。

9）stopMotor：停止某个电机。

10）stopMultipleMotors：停止多个电机。

示例：

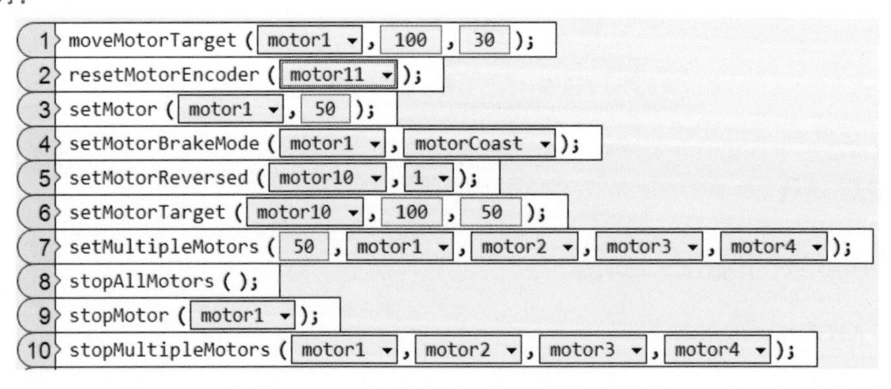

1）moveMotorTarget：电机 motor1 以速度 30 转动到编码器值 100 处（如当前编码器值大于 100 则会反转）。

2）resetMotorEncoder：重置电机 motor11（编码器的值重置为 0）。

3）setMotor：设置电机 motor1 速度为 50。

4）setMotorBrakeMode：设置电机 motor1 为滑行模式（还有刹车和刹车定位模式）。

5）setMotorReversed：设置电机 motor10 反向（第 2 个参数为 0 则不反向）。

6）setMotorTarget：设置电机 motor10 以速度 50 转动到编码器值 100 处（如当前编码器值大于 100 则会反转）。

7）setMultipleMotors：设置电机 motor1、motor2、motor3、motor4 速度为 50。

8）stopAllMotors：停止所有电机。

9）stopMotor：停止电机 motor1。

10）stopMultipleMotors：停止电机 motor1、motor2、motor3、motor4。

5. 遥控器函数

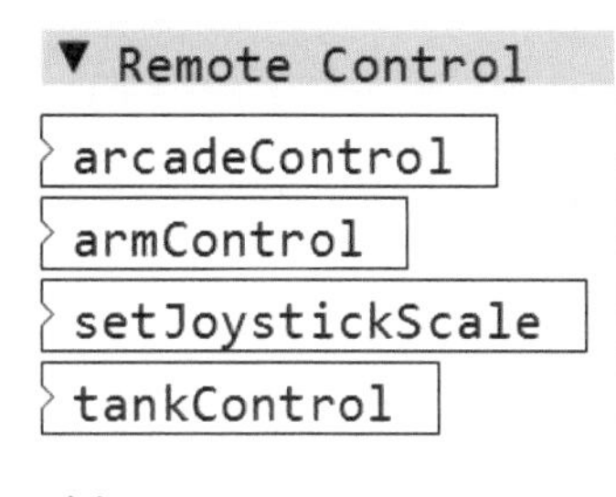

说明

1）arcadeControl：连拱控制模式，摇杆控制前、后、左、右运动。

2）armControl：大臂控制模式，2 个按钮控制电机正反转（大臂升降）。

3）setJoystickScale：设置操纵杆标度。

4）tankControl：坦克控制模式，2 个摇杆分别控制左、右电机。

示例：

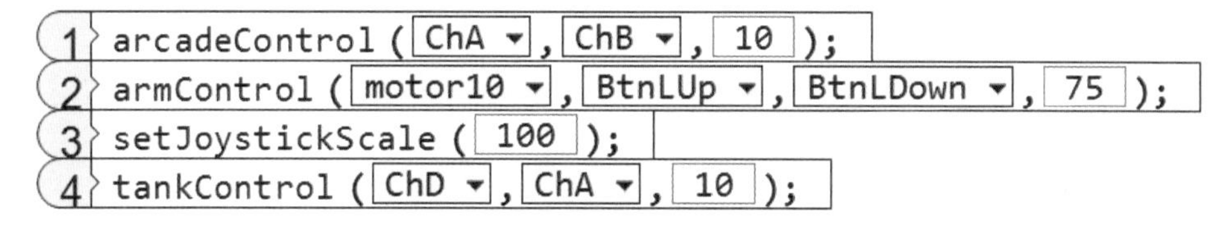

1）arcadeControl：当遥控器摇杆力度超过阈值 10 时，用遥控器摇杆 ChA 项控制前后运动，用摇杆 ChB 项控制左右运动。

2）armControl：用遥控器按钮 BtnLUp 控制电机正转（升臂），用遥控器按钮 BtnLDown 控制电机反转（降臂），速度默认为 75。

3）setJoystickScale：设置摇杆精度为 100（默认值）。

4）tankControl：当遥控器摇杆力度超过阈值 10 时，用遥控器摇杆 ChD 项控制右侧电机，用遥控器摇杆 ChA 项控制左侧电机。

6. 定时器函数

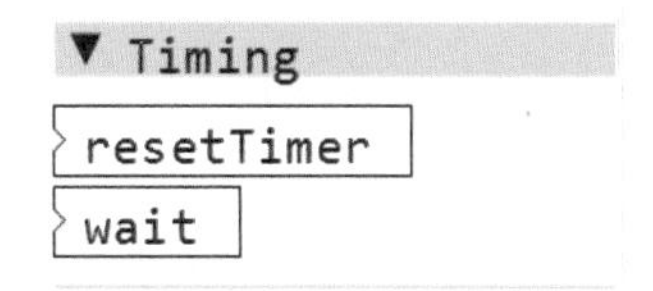

说明

1）resetTimer：重置计时器。

2）wait：设置等待时间。可以通过设定等待时间来延续程序运行。

示例：

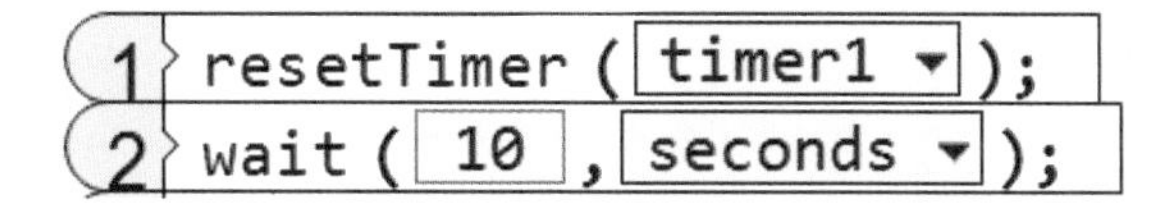

1）resetTimer：可以把指定计时器 timer1 计数重置为 0.000s。

2）wait：命令等待 10s。该命令可以使用 ms、s 和 min 作为单位。

7. 巡线函数

```
▼ Line Tracking
lineTrackLeft
lineTrackRight
```

说明

lineTrackLeft：使机器人利用颜色传感器（灰度模式）沿着一条线的左边缘行走。

lineTrackRight：使机器人利用颜色传感器（灰度模式）沿着一条线的右边缘行走。

示例：

```
1 lineTrackLeft ( colorDetector , 50 , 60 , 0 );
2 lineTrackRight ( colorDetector , 50 , 60 , 0 );
```

1）利用颜色传感器 colorDetector 沿着线的左边缘行走，颜色识别阈值为 50，主速度（使机器人转向或背离线边缘的电机速度）为 60，副速度（另一侧电机）为 0。

2）利用颜色传感器 colorDetector 沿着线的右边缘行走，颜色识别阈值为 50，主速度（使机器人转向或背离线边缘的电机速度）为 60，副速度（另一侧电机）为 0。

8. 显示函数

```
▼ Display
displayControllerValues
displayMotorValues
displaySensorValues
displayText
displayVariableValues
```

说明

1）displayControllerValues：（在主控器屏幕）显示控制器的值。

2）displayMotorValues：显示电机的值。

3）displaySensorValues：显示传感器的值。

4）displayText：显示文本。

5）displayVariableValues：显示变量值。

示例：

```
1 displayControllerValues ( line1 , ChA );
2 displayMotorValues ( line2 , motor1 );
3 displaySensorValues ( line3 , touchLED );
4 displayText ( line4 , Hello World );
5 displayVariableValues ( line5 , aaa );
```

1）在主控器 LCD 屏幕第一行显示遥控器 ChA 的值。

2）在主控器 LCD 屏幕第二行显示电机 motor1 编码器的值。

3）在主控器 LCD 屏幕第三行显示传感器 touchLED 的值。

4）在主控器 LCD 屏幕第四行显示文本“Hello World”。

5）在主控器 LCD 屏幕第五行显示变量 aaa 的值。

9. TouchLED 函数

```
▼ TouchLED Sensor
setTouchLEDColor
setTouchLEDHue
setTouchLEDRGB
```

说明

1）setTouchLEDColor：按颜色名设置 TouchLED。

2）setTouchLEDHue：按色调设置 TouchLED。

3）setTouchLEDRGB：按 RGB 值设置 TouchLED。

示例：

```
1 setTouchLEDColor ( touchLED , colorRed );
2 setTouchLEDHue ( touchLED , 42 );
3 setTouchLEDRGB ( touchLED , 0 , 128 , 64 );
```

1）设置 touchLED 为红色。

2）设置 touchLED 的色调值为 42（黄色），色调值范围为 0~255（红 ~ 紫）。

3）设置 touchLED 的 RGB（红、绿、蓝，取值范围为 0~255）值为（0,128,64）。

10. 距离传感器函数

```
▼ Distance Sensor
setDistanceMaxRange
setDistanceMinRange
```

说明

1）setDistanceMaxRange：设置距离最大范围。

2）setDistanceMinRange：设置距离最小范围。

示例：

```
1 setDistanceMaxRange ( distanceMM , 100 );
2 setDistanceMinRange ( distanceMM , 5 );
```

1）设置距离传感器 distanceMM 最大距离范围为 100mm。

2）设置距离传感器 distanceMM 最小距离范围为 5mm（最小范围内物体将被忽略）。

11. 陀螺仪函数

```
▼ Gyro Sensor
resetGyro
```

说明

resetGyro：重置陀螺仪。

示例：

```
1 resetGyro ( gyroSensor );
```

将陀螺仪 gyroSensor 重置为 0°。

12. 声音函数

```
▼ Sounds
playNote
playSound
```

说明

1）playNote：播放音符。

2）playSound：播放声音。

示例：

```
1 playNote ( noteC , octave1 , 20 );
2 playSound ( soundAirWrench );
```

1）在第一个八度播放 C 音符 20 个“嘀嗒”音时长（以 10ms“嘀嗒”音为单位）。

2）播放声音 soundAirWrench。

以上是 ROBOTC 图形化编程工具函数列表列出的常见函数，如想了解更多函数，可以查阅帮助文档。

4.7 固件更新

固件更新是 VEX IQ 机器人编程中必不可少的环节。VEX IQ 的主控器、电机和传感器中都内置有处理器和固件程序，需要经常更新到最新版本，才能和 ROBOTC 编程软件一起使用。固件更新的方法如下。

1）把所有要升级的传感器、电机、遥控器等连接到主控器上，再用 USB 线缆把主控器连接到计算机上。

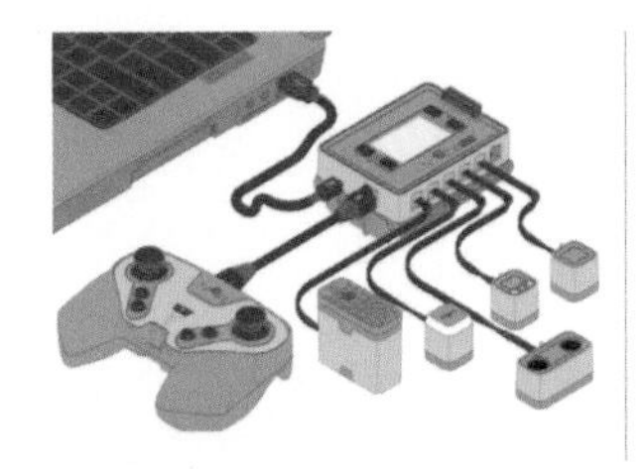

2）打开主控器的电源。

3）在计算机左下角单击“所有程序—VEX Robotics—VEXos Utility”程序项，或者从桌面双击 VEXos Utility 图标，打开固件升级程序。

4）如果有的设备固件不是最新版本，则这些设备轮廓会呈现黄色，而已经升级到最新固件的设备轮廓会呈现绿色。如下面左图所示，除了端口 1 的设备固件是最新的，其他设备都需要升级固件。

5）单击“Install”按钮开始固件升级，在这个过程中不要断开电源或设备。

6）固件升级完成后，所有设备轮廓全部呈现绿色。

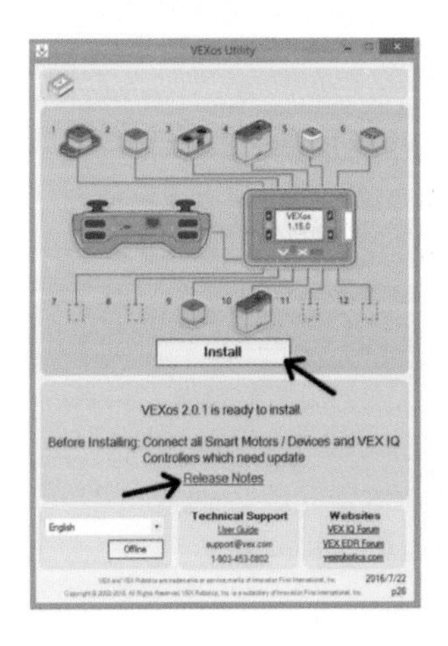

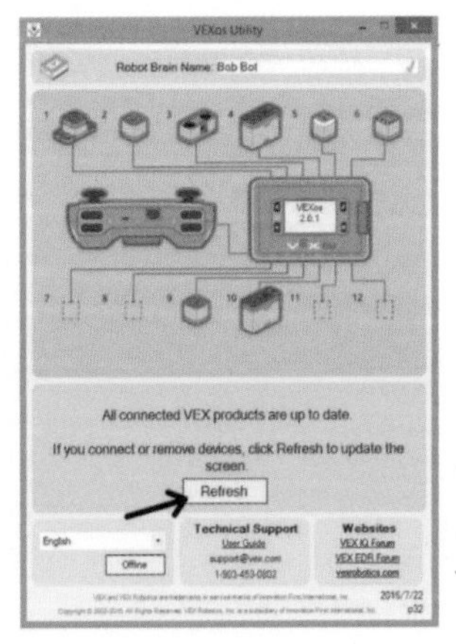

4.8 帮助文档

Help（帮助文档）对于 ROBOTC 编程帮助很大。如果在编程过程中遇到问题，例如有不了解的函数、命令等，就可以通过查阅帮助文档来寻找答案。

1）单击 ROBOTC 编程工具菜单栏最后一项“Help—Open Help”，或者直接按快捷键 F1, 可以打开帮助文档。

帮助工具首页要选择用户语言，然后单击“OK”按钮确定。

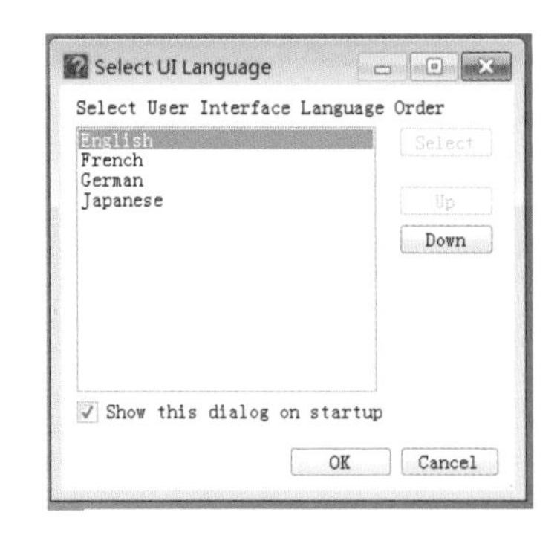

2）打开帮助预览器，可以浏览帮助文档，也可以用“search”搜索关键字来查询相关内容。

4.9　制作一个机器人的完整流程

本书第 3 章和第 4 章介绍了 VEX IQ 的硬件和软件知识。最后，我们综合软硬件知识做一个总结，介绍制作一个可以工作的机器人的完整过程。

1. 安装编程软件

下载 ROBOTC 软件，完成安装。生成 ROBOTC 代码化编程工具和图形化编程工具，以及固件更新软件（VEXos Utility）和帮助文档阅读器（Help Viewer）。具体过程可参考本章相关内容。

2. 完成固件更新、遥控器无线配对等准备工作

将所有设备（传感器、电机、遥控器等）连接到主控器上，将主控器用 USB 数据线连接到计算机上，打开主控器电源，在计算机上运行固件更新软件（VEXos Utility），把所有设备的固件程序更新到最新版本。

如果机器人会用到遥控器，需要提前完成遥控器和主控器的配对工作。将主控器和遥控器分别安装好无线传输卡，然后用蓝色水晶头数据线连接主控器和遥控器，打开主控器和遥控器电源，进行无线配对工作。主控器小屏幕右上角会出现无线信号标识。主控器的 LED 和遥控器的 Power/Link LED 闪绿光，说明主控器和遥控器配对成功。之后，拔掉两者的数据连接线，主

控器右上角会出现 4 格无线信号强度标识，这时遥控器和主控器已经可以实现无线遥控通信了。当然，这种联系只是物理信号联通，真要实现遥控，还需要在机器人程序中编写遥控器代码，并在机器人运行时切换到无线遥控模式才行。

3. 搭建机器人

根据自己的设计蓝图，完成机器人的结构搭建，把相关的电机、传感器连接到主控器的端口上。

4. 新建一个机器人程序，在 ROBOTC 中进行“电机和传感器设置”

用 ROBOTC 编程工具为机器人新建一个程序。根据机器人主控器各个端口连接设备情况，在 ROBOTC 编程工具的“电机和传感器设置”（工具栏和菜单栏命令）中，设置主控器各个端口的设备类型、名称、属性等。

5. 进行机器人程序编写

用 ROBOTC 编程工具（代码化工具或图形化工具均可）进行编程工作。编写完程序后，单击菜单栏或工具栏上的“编译程序”（Compile Program）进行编译。如果程序编译报错，则根据错误信息进行程序调试，直至没有错误为止。

6. 将程序下载到机器人

将机器人主控器用 USB 数据线连接到计算机，保持电源打开状态。如果程序没有问题，单击 ROBOTC 工具栏“下载程序到机器人”（Download to Robot），将编译好的程序传输给机器人主控器。程序的编译和传输工作也可以用 F5 一键完成。

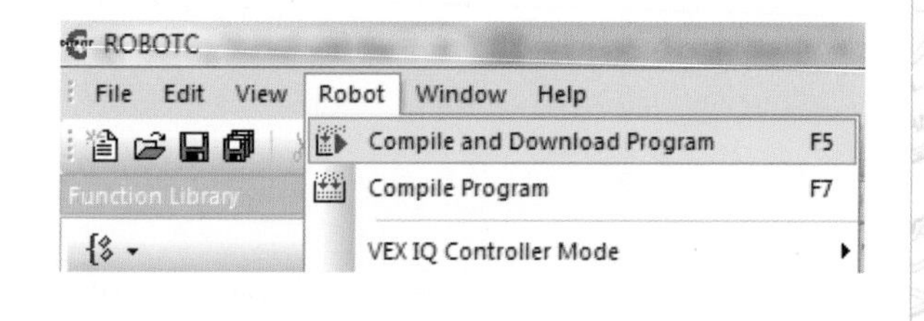

机器人程序的控制方式有两种，一种是无线遥控程序（TeleOp Pgms），这种方式要涉及遥控器编程。另一种是自动程序（Auto Pgms），这种方式是让机器人按照程序自动运行，不需要遥控器控制。下载程序时，记得在 ROBOTC 的“Robot-VEX IQ Controller Mode”菜单项选好程序是哪种方式。

传输完成后，会出现程序联机调试（Program Debug）界面，这时单击界面上“Start”（开始）按钮，机器人可以进行联机模拟运行（USB 线不断开）。

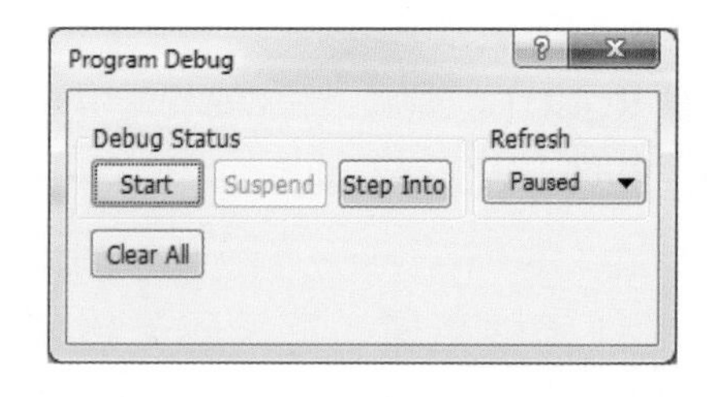

7. 正式运行机器人

如果程序没有问题，就可以正式运行机器人了。拔掉机器人和计算机的 USB 数据线。重启机器人主控器，进入主控器 Programs 页面，根据编写程序的控制模式，选择相应 TeleOp Pgms 或 Auto Pgms 方式。进入相应方式后，会看到存在里面的程序名。用主控器箭头移动光标到要运行的程序上，按“√”（对勾）选中运行，机器人就可以工作了。

第 5 章

经典案例

5.1 橡皮筋小车

案例描述

我们都玩过回力小车，下面就来制作一个吧。

案例分析

利用橡皮筋的弹性，将橡皮筋绕在车轴上，由于橡皮筋产生形变，松手时弹性势能转化为动能，小车前进。

结构设计

器材准备

序号	名称	图片	数量	序号	名称	图片	数量
1	连接销 1-1		16	9	金属轴 12		1
2	连接销 1-2		1	10	金属轴 6		2
3	双条梁 2-16		2	11	橡胶轴套 2		6
4	双条梁 2-8		4				
5	双头支撑销连接器		1	12	轴套		2
6	支撑销 8		2	13	橡皮筋		1
7	角连接器 2		8	14	齿轮 36		2
8	轴锁定板 1-3		1	15	轮毂、轮胎		2

1

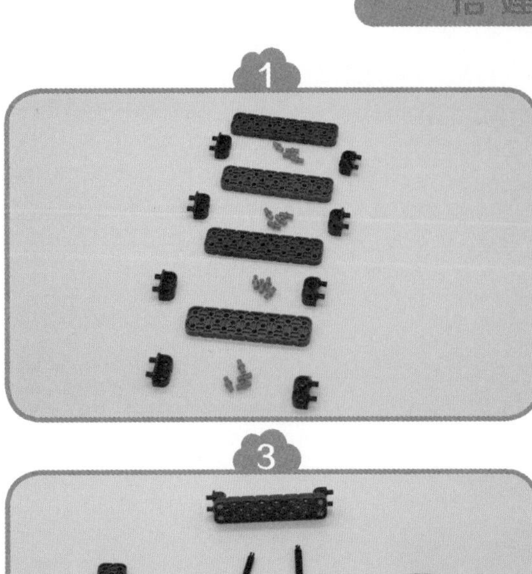

2

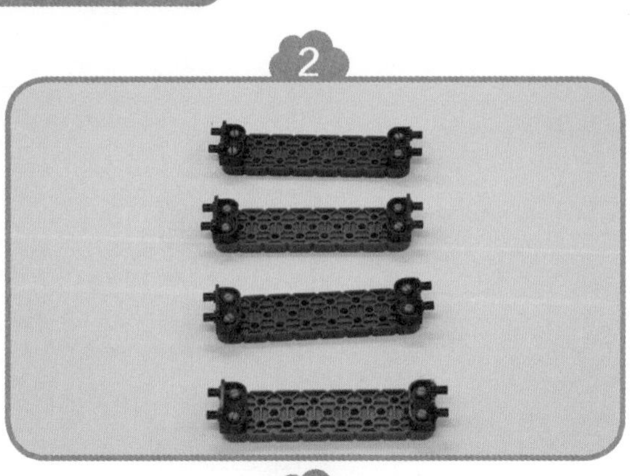

3

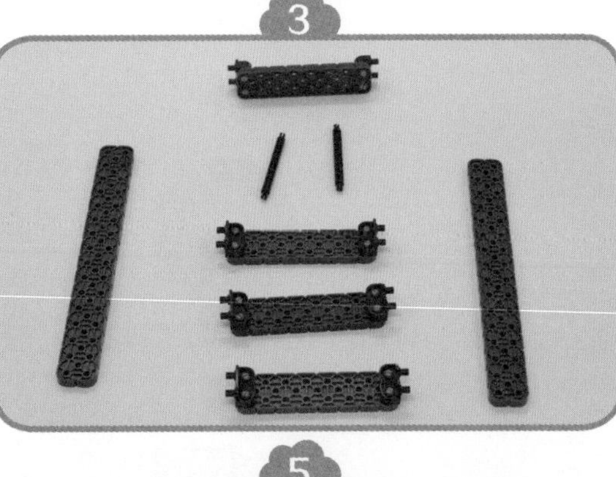

4

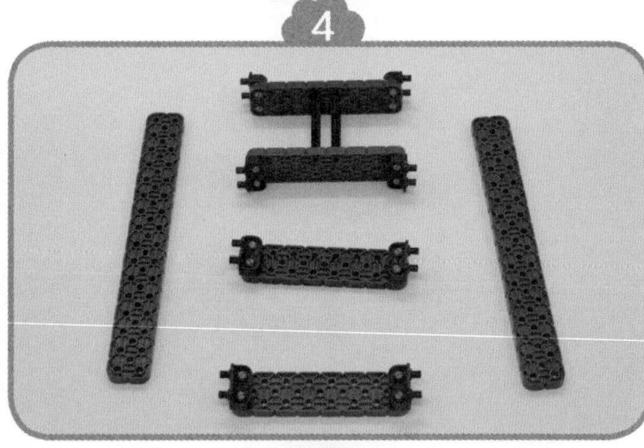

5

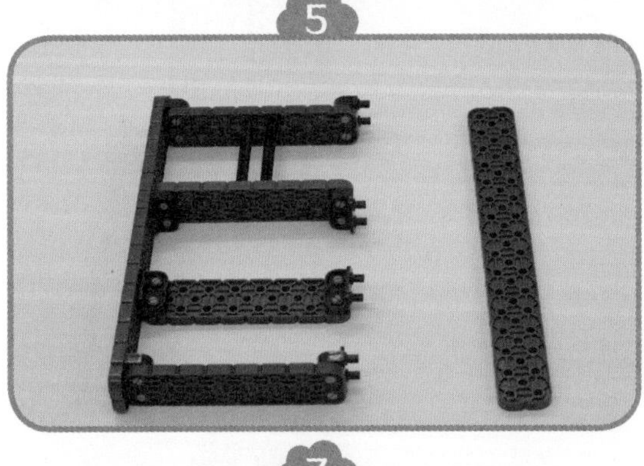

6

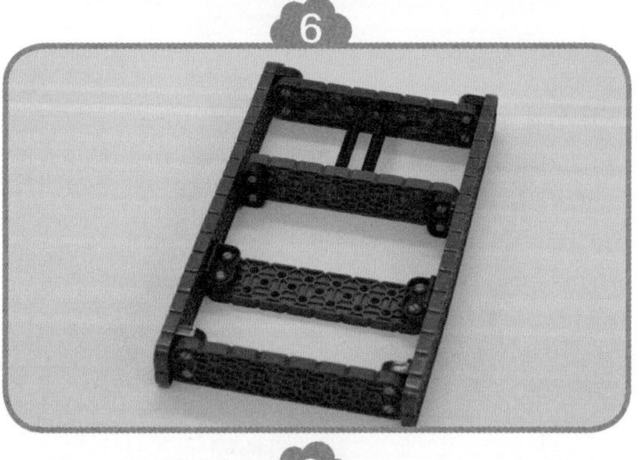

7

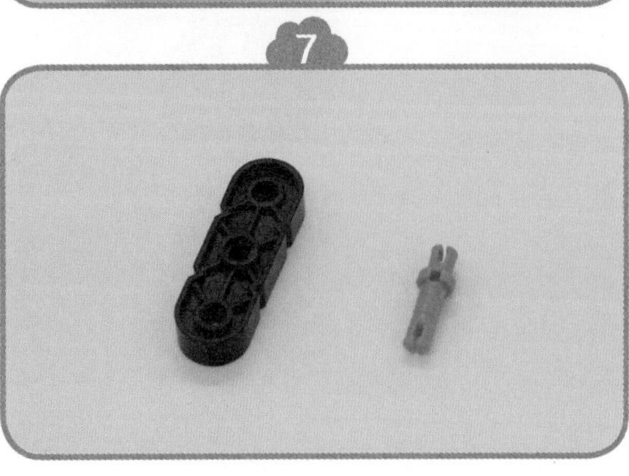

8

搭建过程

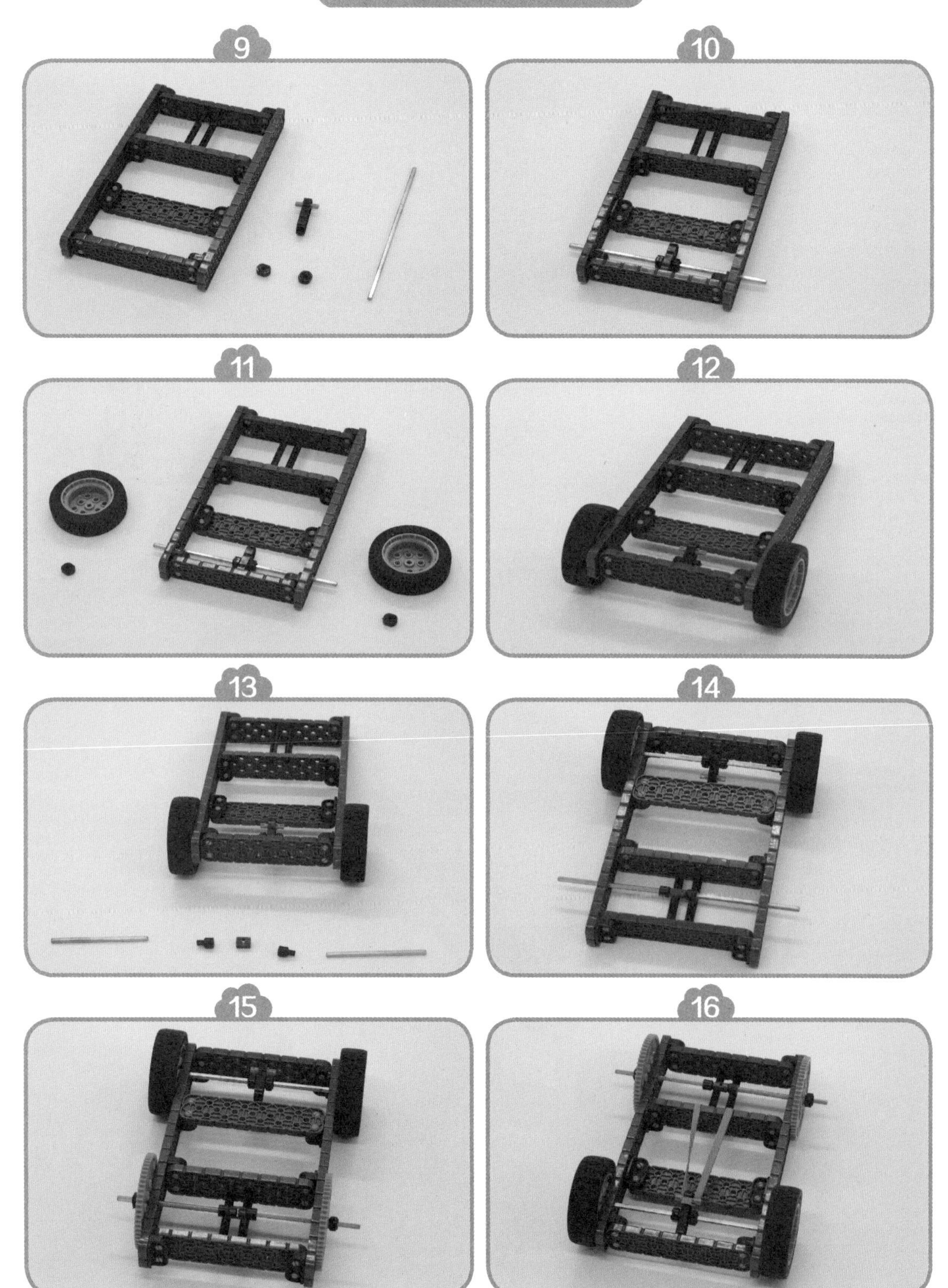

5.2 投石车

案例描述

投石车在冷兵器时代是非常有杀伤力的兵器。春秋时期已开始使用，隋唐以后成为攻守城的重要兵器。

案例分析

利用橡皮筋的弹性，将橡皮筋绕在车底盘上，由于橡皮筋产生形变，松手时弹性势能转化为动能，将石头抛出。

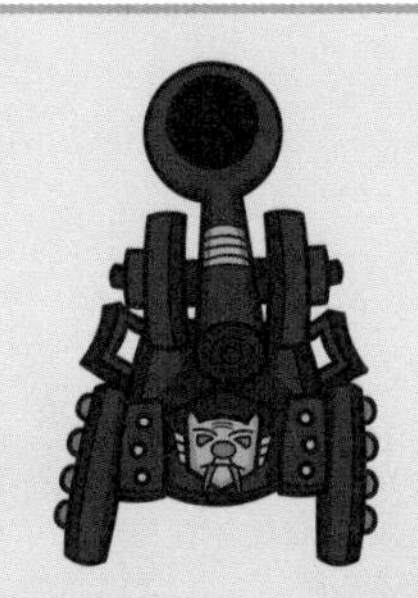

结构设计

器材准备

序号	名称	图片	数量	序号	名称	图片	数量
1	连接销 1-1		41	12	支撑销 4		2
2	连接销 1-2		8	13	支撑销 8		4
3	单条梁 1-12		2	14	支撑销 12		3
4	单条梁 1-10		2	15	角连接器 2		10
5	特殊梁直角 4-4		2	16	角连接器 2-2		2
6	双条梁 2-16		2	17	金属轴 16		1
7	双条梁 2-12		4	18	金属轴 12		1
8	双条梁 2-10		5	19	橡胶轴套 2		12
9	平板 4-4		1	20	橡皮筋		1
10	双头支撑销连接器		2	21	轮毂、轮胎		4
11	支撑销 2		11				

搭建过程

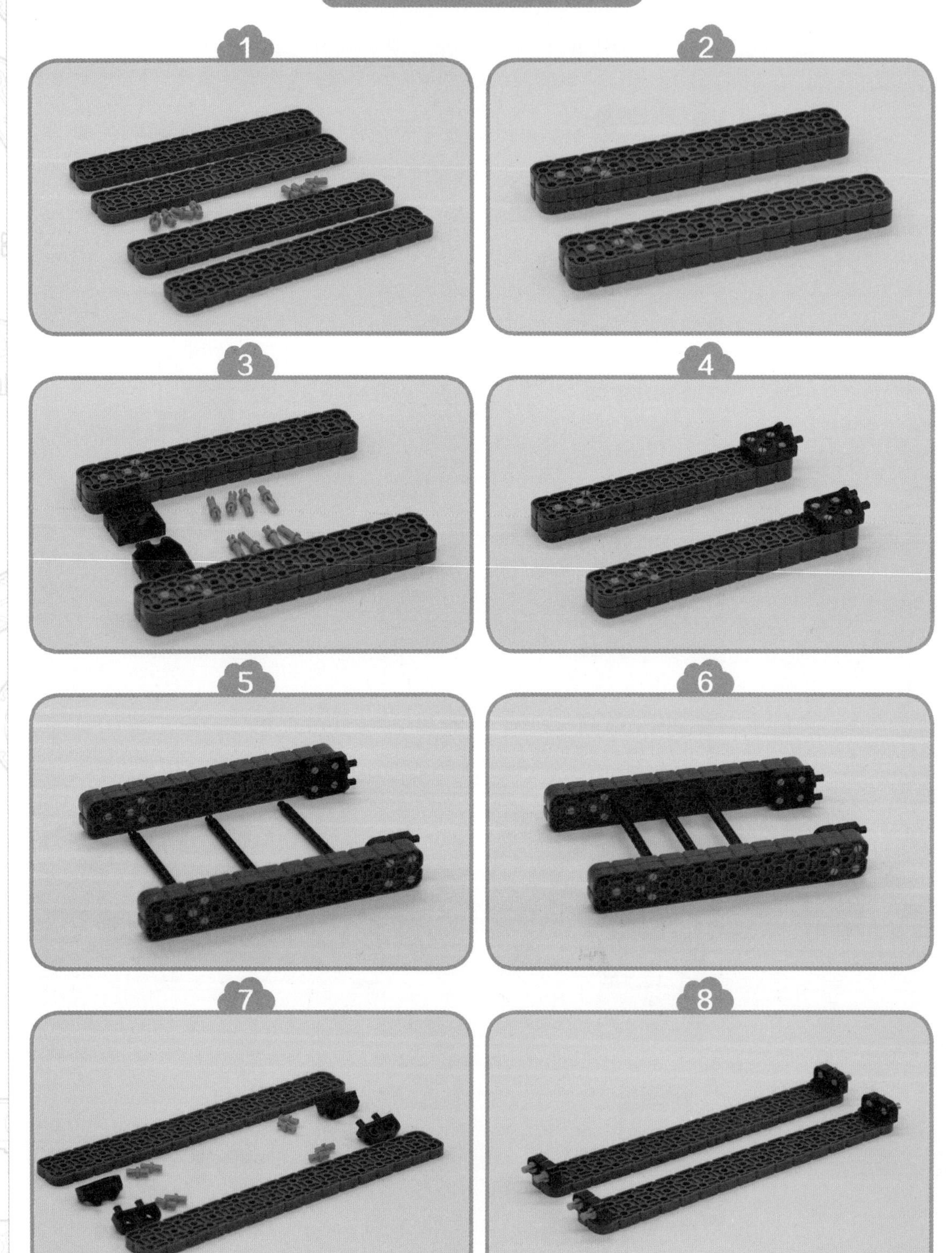
1
2
3
4
5
6
7
8

搭建过程

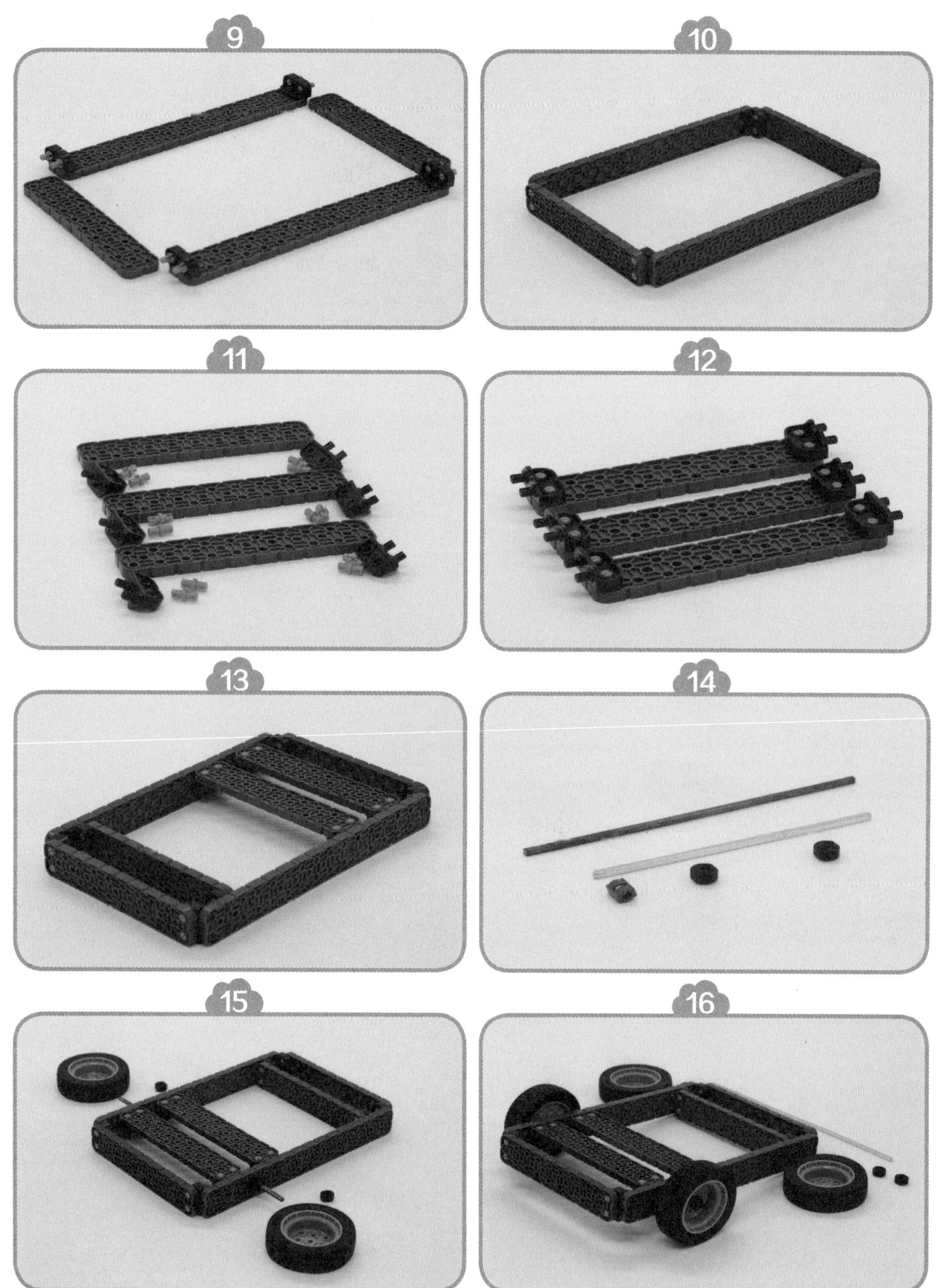
9
10
11
12
13
14
15
16

搭建过程

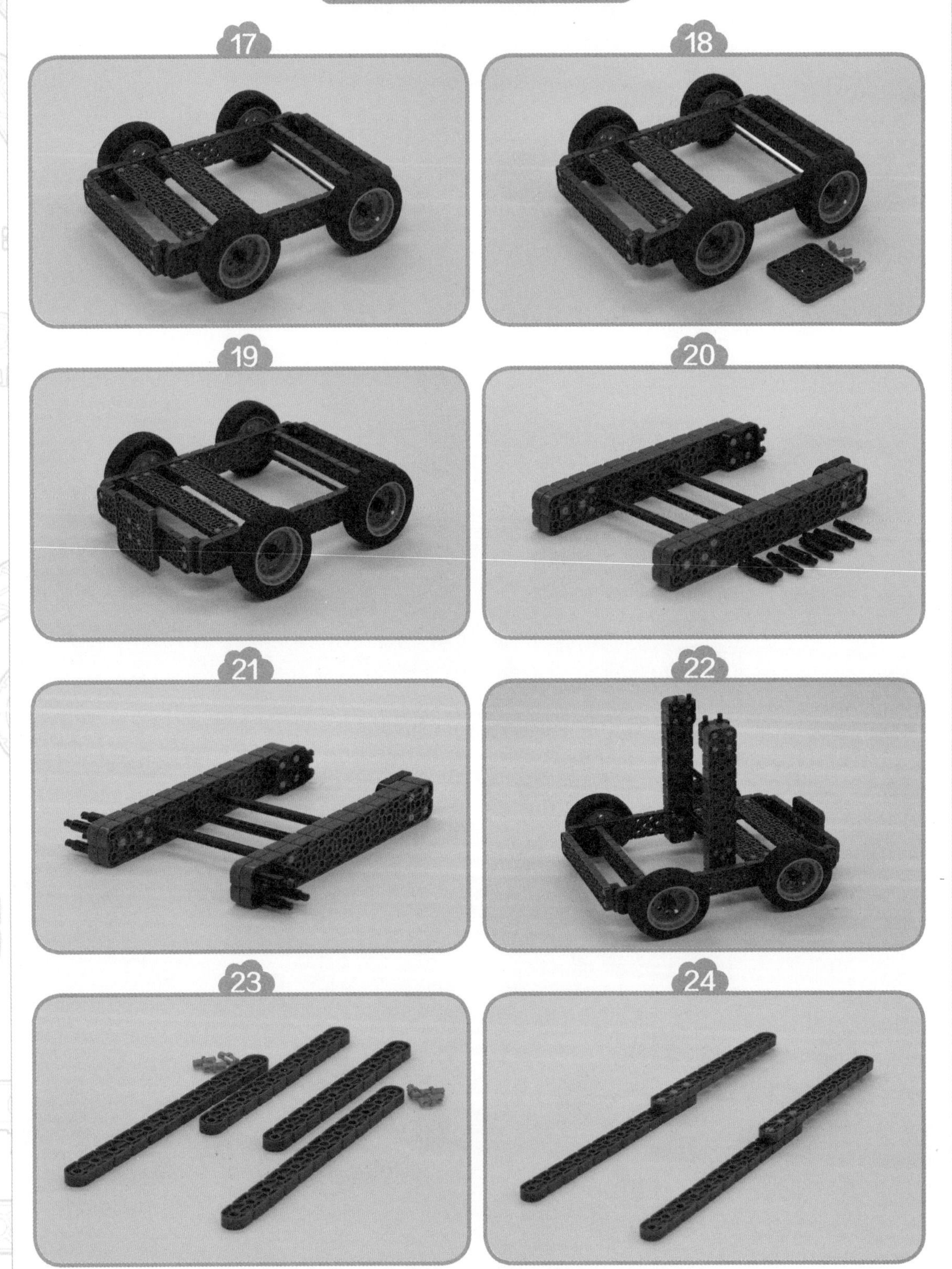

搭建过程

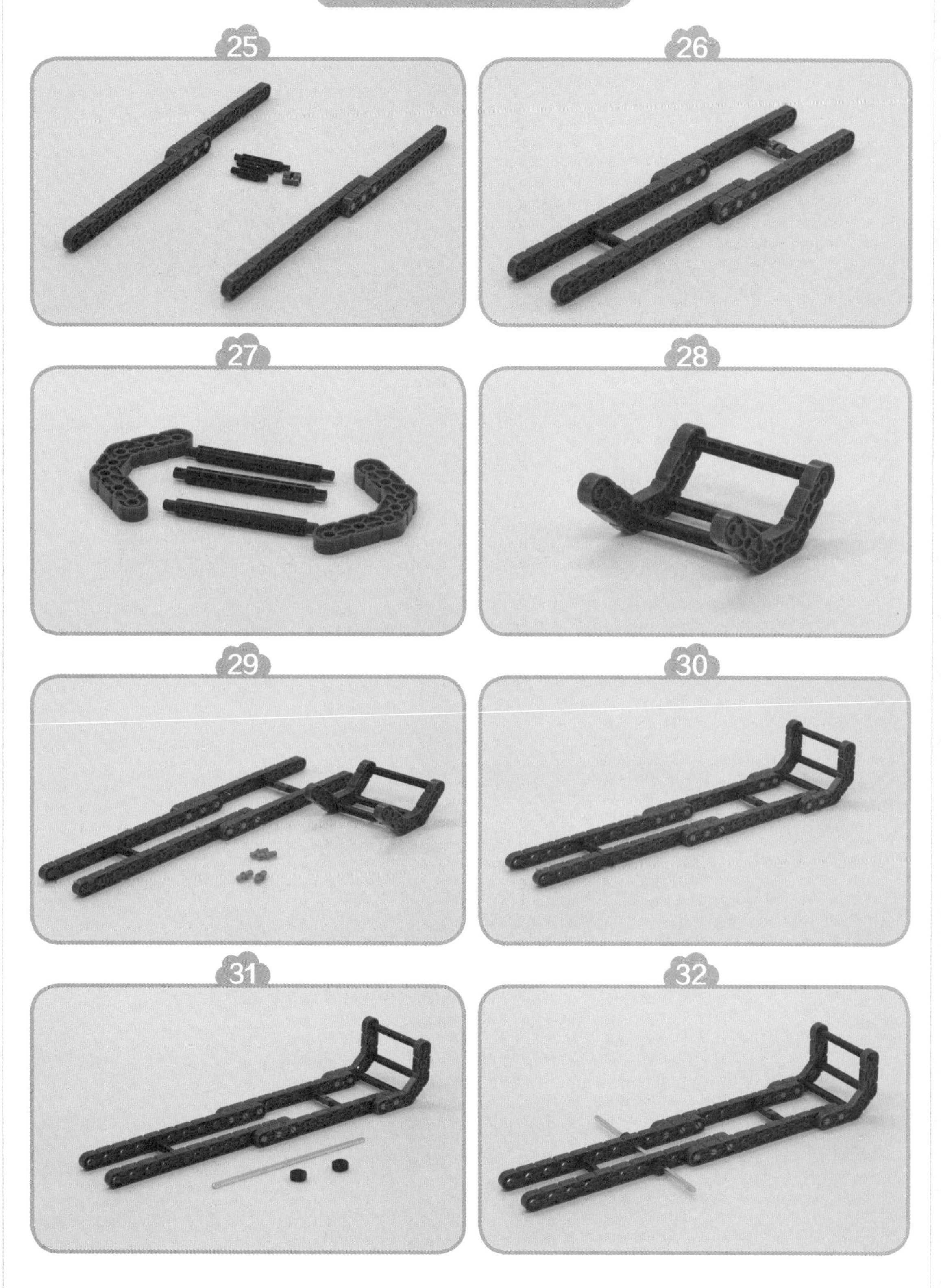

搭建过程

33

34

35

36

37

5.3　单电机小车

案例描述

使用一个电机驱动的小车叫作单电机小车。

案例分析

智能电机：1 个。
TouchLED：2 个。

结构设计

器材准备

序号	名称	图片	数量	序号	名称	图片	数量
1	连接销 1-1		27	10	金属轴 12		1
2	特殊梁直角 3-5		4	11	齿轮 36		3
3	双条梁 2-16		4	12	轮毂、轮胎		2
4	支撑销 2		4	13	皮带轮 32		1
5	角连接器 2		2	14	主控器		1
6	橡胶轴套 2		10	15	智能电机		1
7	垫圈		3	16	TouchLED		2
8	金属轴 4		2	17	连接线		3
9	金属轴 8		1				

搭建过程

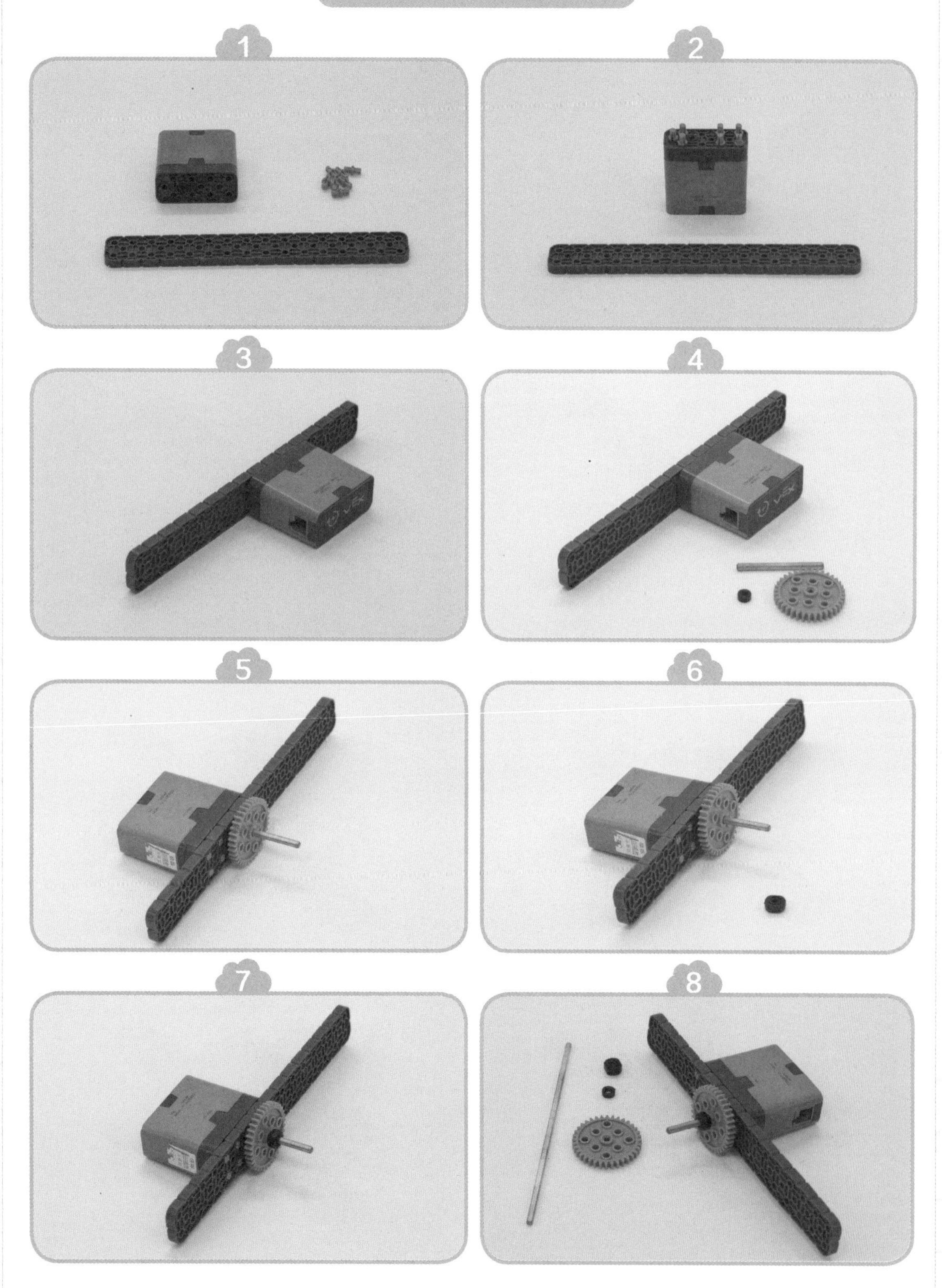

搭建过程

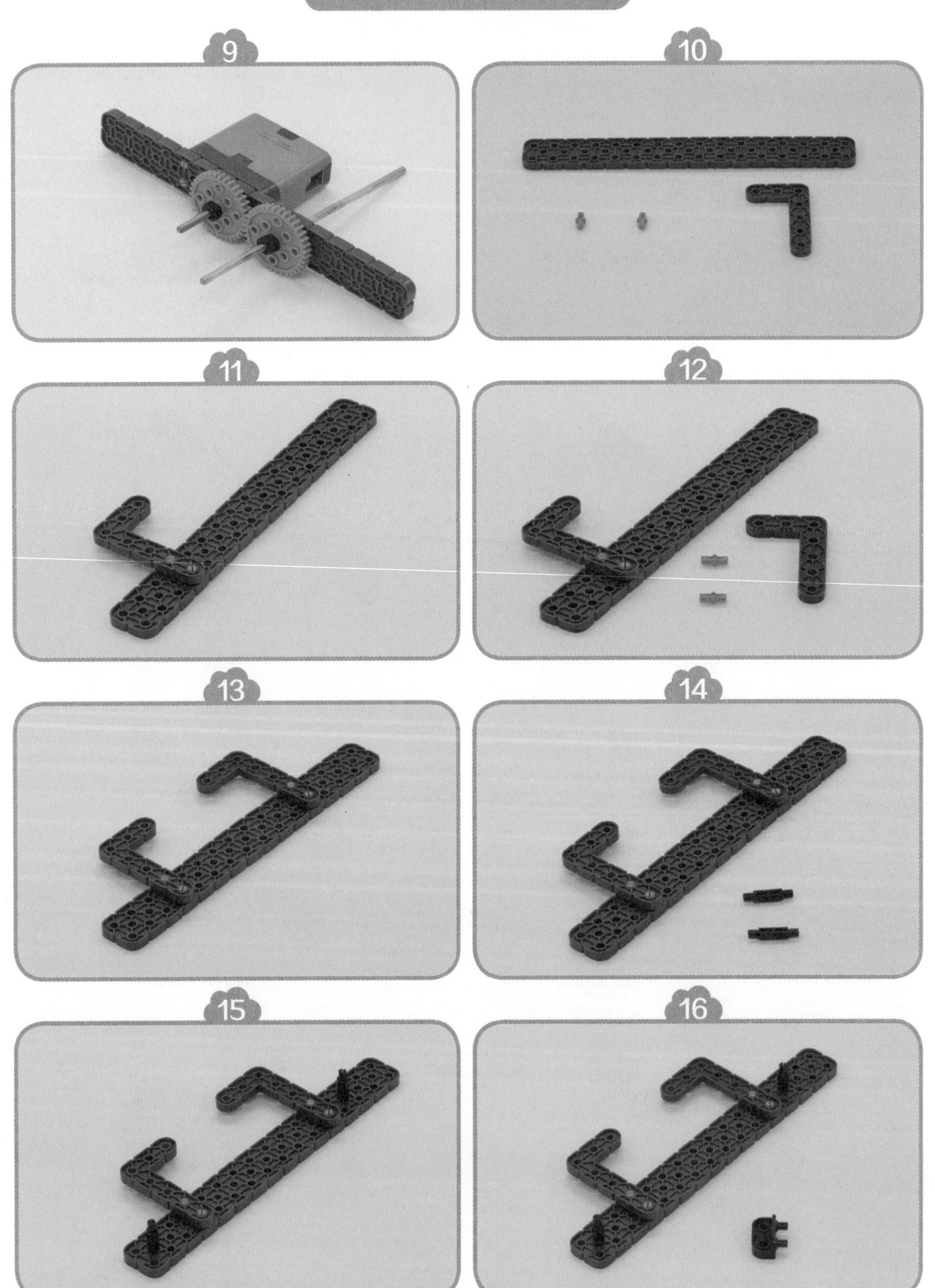
9
10
11
12
13
14
15
16

搭建过程

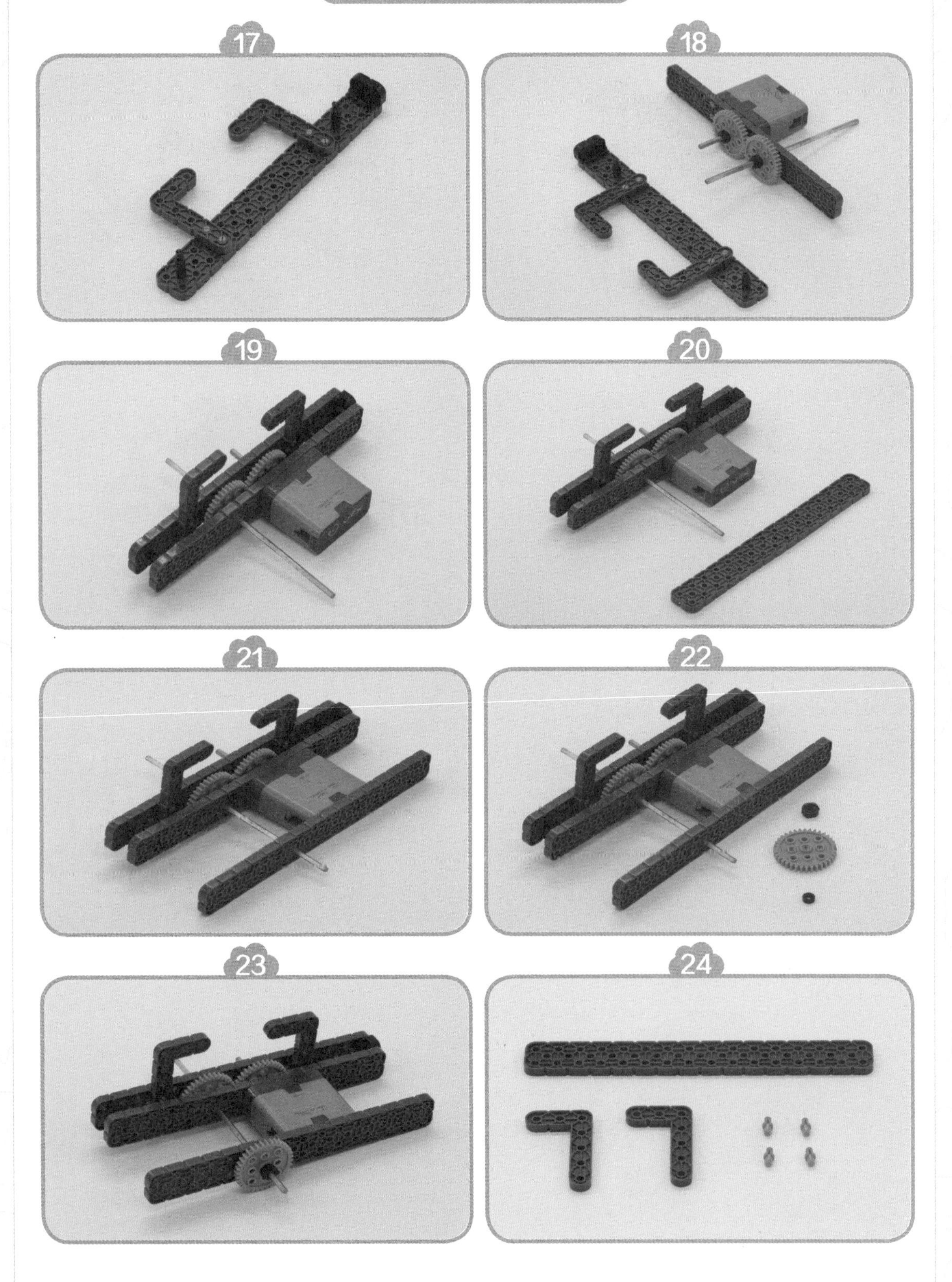
17
18
19
20
21
22
23
24

搭建过程

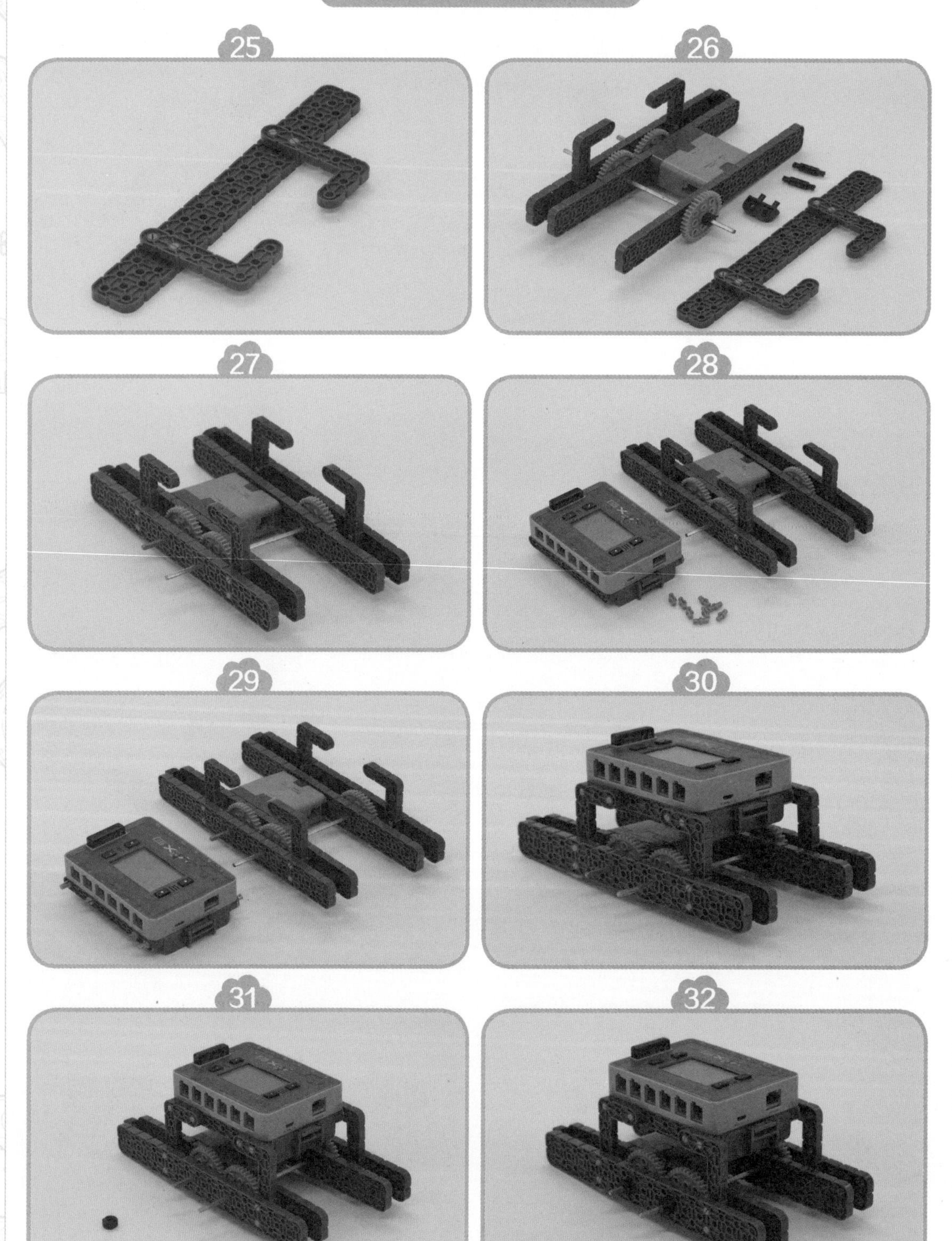

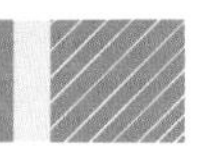

搭建过程

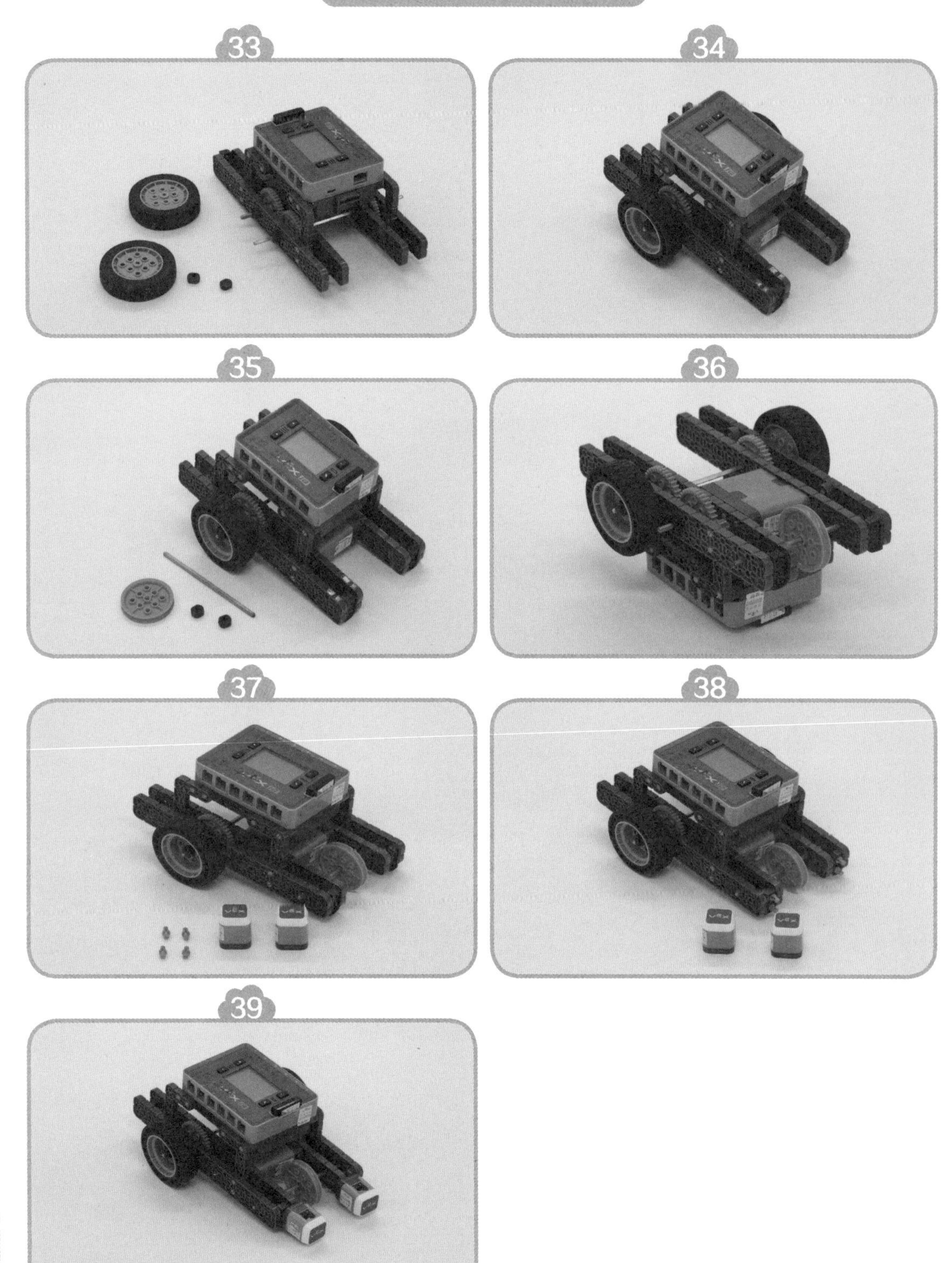

端口连接

序号	主机端口	电机 / 传感器
1	3	智能电机
2	2	TouchLED
3	8	TouchLED

程序编写

设置端口

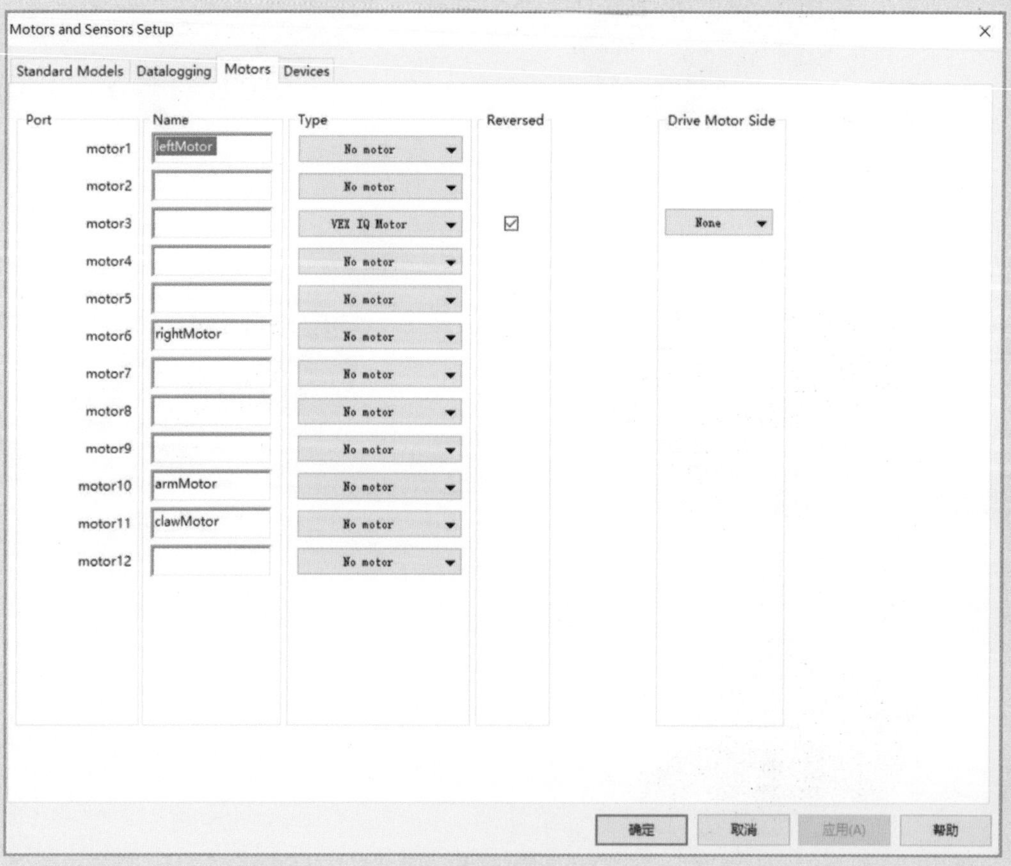

Motors and Sensors Setup ×

Standard Models | Datalogging | Motors | Devices

Port	Name	Type	Reversed	Drive Motor Side
motor1	leftMotor	No motor		
motor2		No motor		
motor3		VEX IQ Motor	☑	None
motor4		No motor		
motor5		No motor		
motor6	rightMotor	No motor		
motor7		No motor		
motor8		No motor		
motor9		No motor		
motor10	armMotor	No motor		
motor11	clawMotor	No motor		
motor12		No motor		

确定 取消 应用(A) 帮助

设置端口

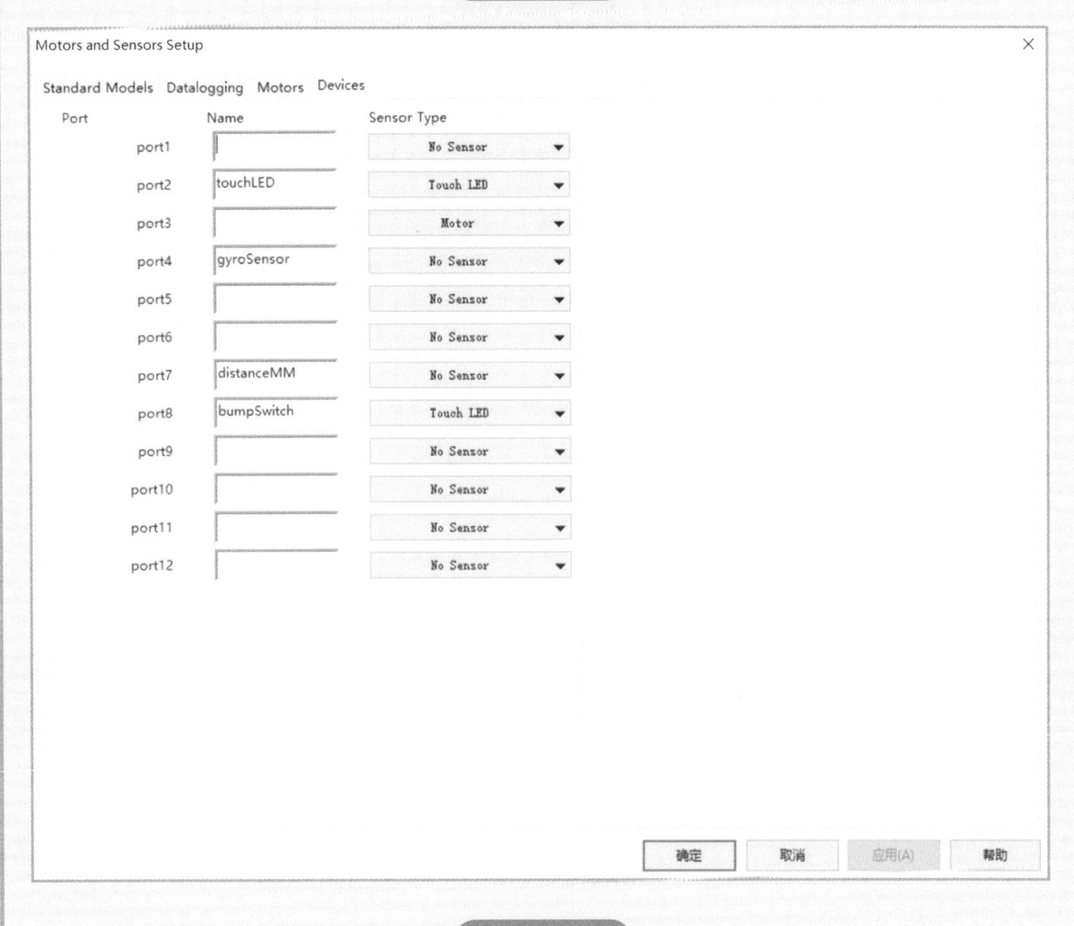

简单程序

```
1 repeat (forever ) {
2     setMotor ( motor3 , 50 );
3     setTouchLEDColor ( port2 , colorGreen );
4     setTouchLEDColor ( port8 , colorGreen );
5 }
6
```

程序编写

进阶程序

```
1  repeat (forever ) {
2      setMotor ( motor3 , 50 );
3      wait ( 2 , seconds );
4      repeat ( 4 ) {
5          setTouchLEDColor ( port2 , colorRed );
6          setTouchLEDColor ( port8 , colorRed );
7          playSound ( soundCarAlarm2 );
8          wait ( 1 , seconds );
9          setTouchLEDColor ( port2 , colorLimeGreen );
10         setTouchLEDColor ( port8 , colorLimeGreen );
11         playSound ( soundCarAlarm2 );
12         wait ( 1 , seconds );
13     }
14 }
15
```

5.4　漫步者

案例描述

模仿四条腿动物行走的机器人。

案例分析

智能电机：1 个。

结构设计

器材准备

序号	名称	图片	数量	序号	名称	图片	数量
1	连接销 1-1		33	9	金属轴 2		1
2	惰轮销 1-1		1	10	金属轴 10		1
3	单条梁 1-10		4	11	橡胶轴套 2		3
4	单条梁 1-8		4				
5	双条梁 2-16		2	12	齿轮 36		8
6	双条梁 2-4		2	13	主控器		1
7	支撑销 2		9	14	智能电机		1
8	角连接器 2-2		4	15	连接线		1

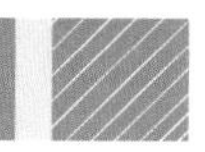

搭建过程

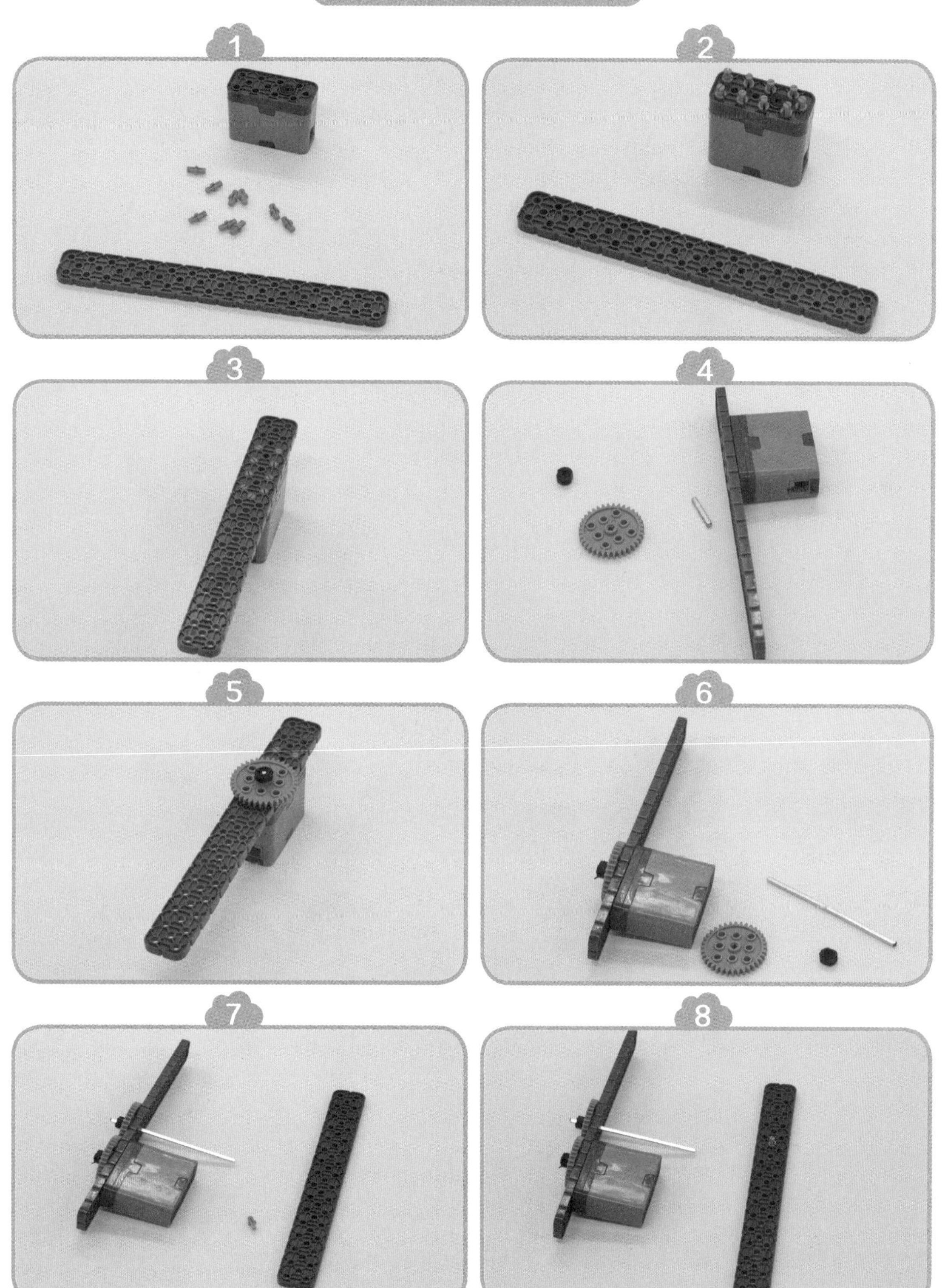

搭建过程

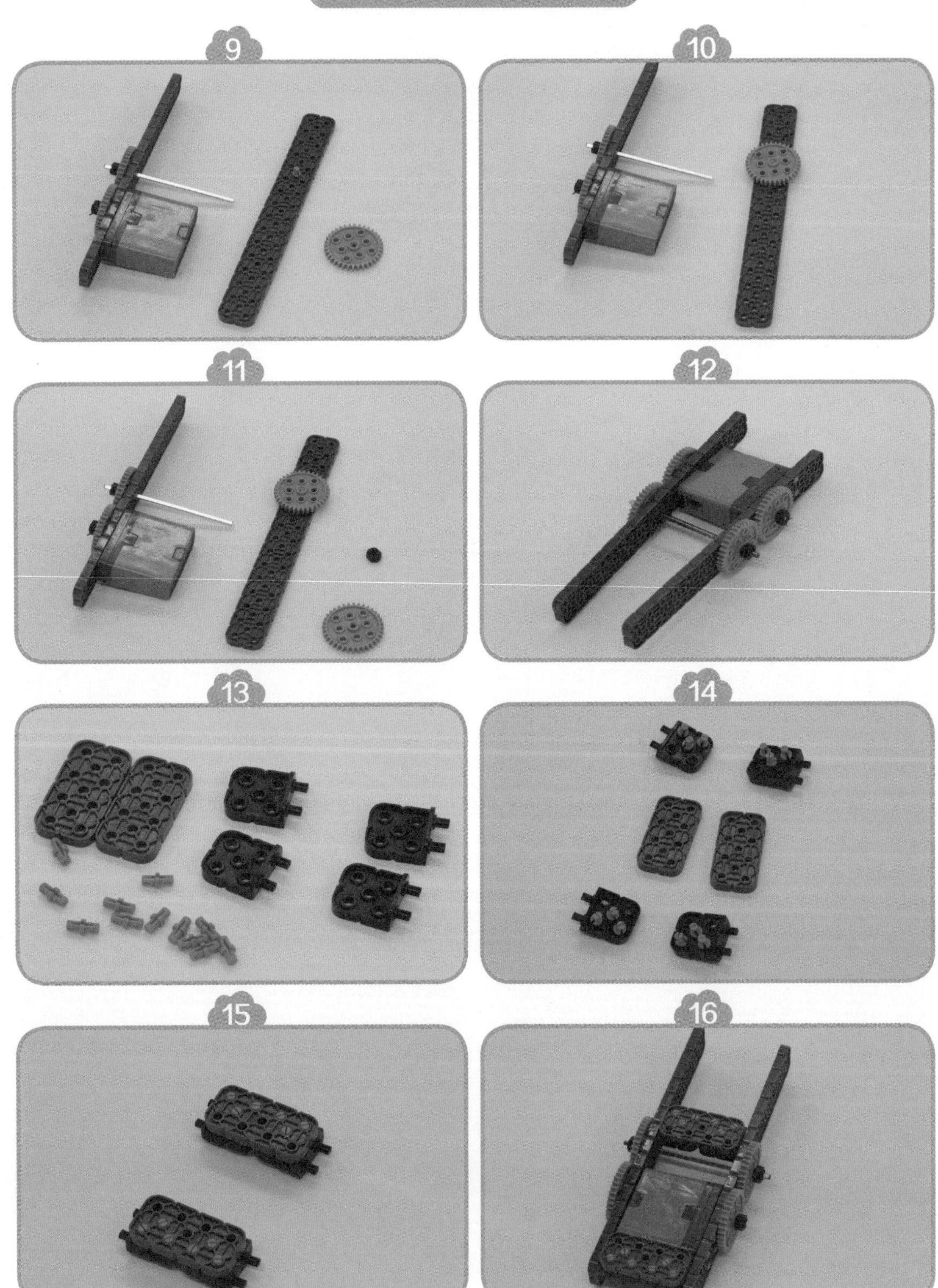

搭建过程

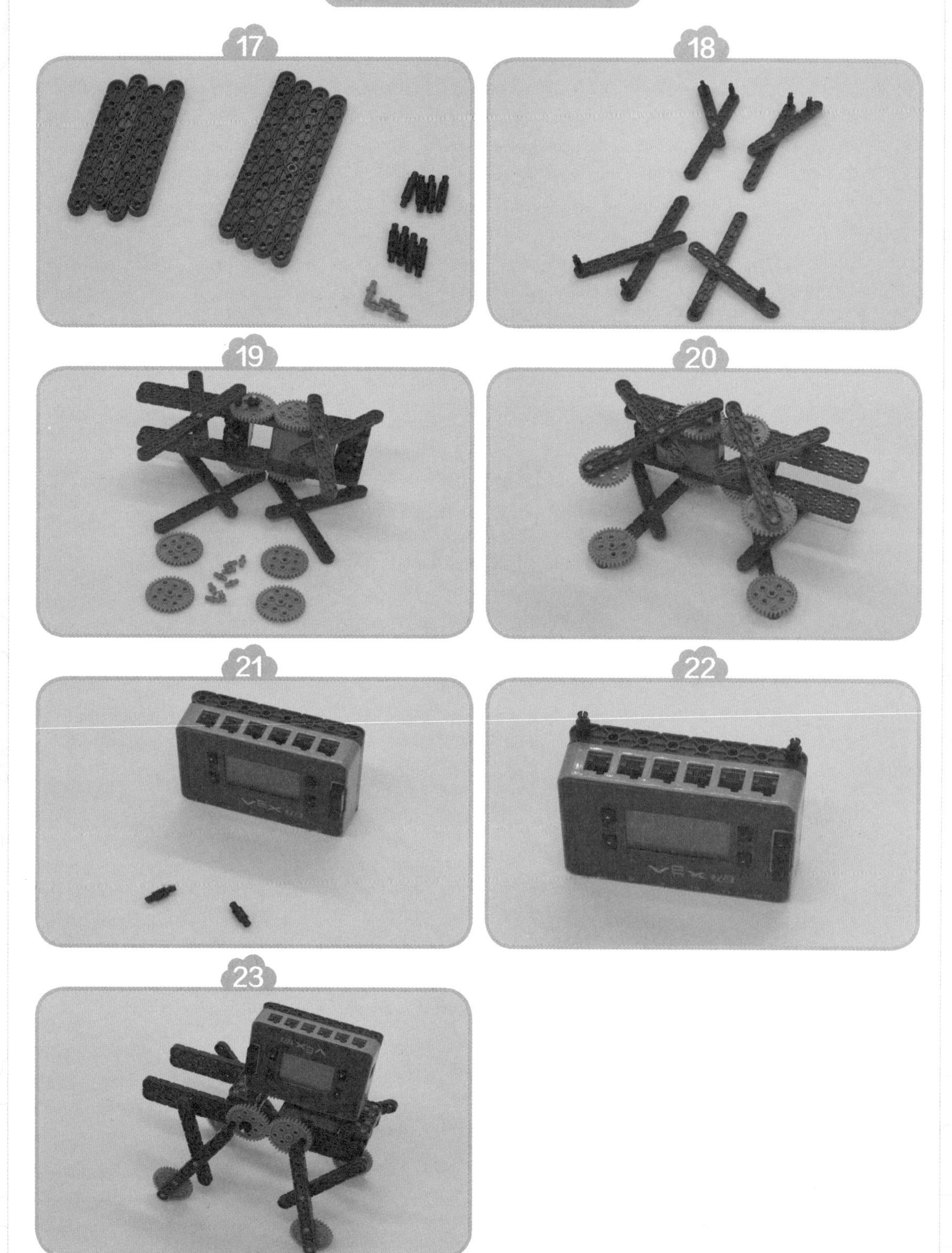

序号	主机端口	电机 / 传感器
1	1	智能电机

程序编写

设置端口

Motors and Sensors Setup

Standard Models | Datalogging | Motors | Devices

Port	Name	Type	Reversed	Drive Motor Side
motor1	leftMotor	VEX IQ Motor	☐	Left
motor2		No motor		
motor3		No motor		
motor4		No motor		
motor5		No motor		
motor6	rightMotor	No motor		
motor7		No motor		
motor8		No motor		
motor9		No motor		
motor10	armMotor	No motor		
motor11	clawMotor	No motor		
motor12		No motor		

确定 取消 应用(A) 帮助

程序编写

设置端口

Motors and Sensors Setup

Standard Models　Datalogging　Motors　Devices

Port	Name	Sensor Type
port1		Motor
port2	touchLED	No Sensor
port3	colorDetector	No Sensor
port4	gyroSensor	No Sensor
port5		No Sensor
port6		No Sensor
port7	distanceMM	No Sensor
port8	bumpSwitch	No Sensor
port9		No Sensor
port10		No Sensor
port11		No Sensor
port12		No Sensor

确定　取消　应用(A)　帮助

程　序

```
1 repeat (forever ) {
2     setMotor ( motor1 , 100 );
3 }
4
```

5.5 雨刷器

案例描述

下雨的时候，雨刷器左右摇摆，刷洗车窗玻璃。

案例分析

按下开关，雨刷器工作，再按下开关，雨刷器停止，可以重复开关。电机一个方向转，雨刷器左右摇摆，运用的是连杆机械原理。

触碰传感器：1 个。

智能电机：1 个。

结构设计

器材准备

序号	名称	图片	数量	序号	名称	图片	数量
1	连接销 1-1		37	10	橡胶轴套 1		2
2	单条梁 1-10		2	11	齿轮 60		1
3	单条梁 1-12		2				
4	双条梁 2-8		2	12	支撑销 2		6
5	双条梁 2-16		4	13	金属轴 4		1
6	双条梁 2-2		2	14	主控器		1
7	平板 4-8		1	15	智能电机		1
8	平板 4-12		1	16	触碰传感器		1
9	角连接器 2		7	17	连接线		2

搭建过程

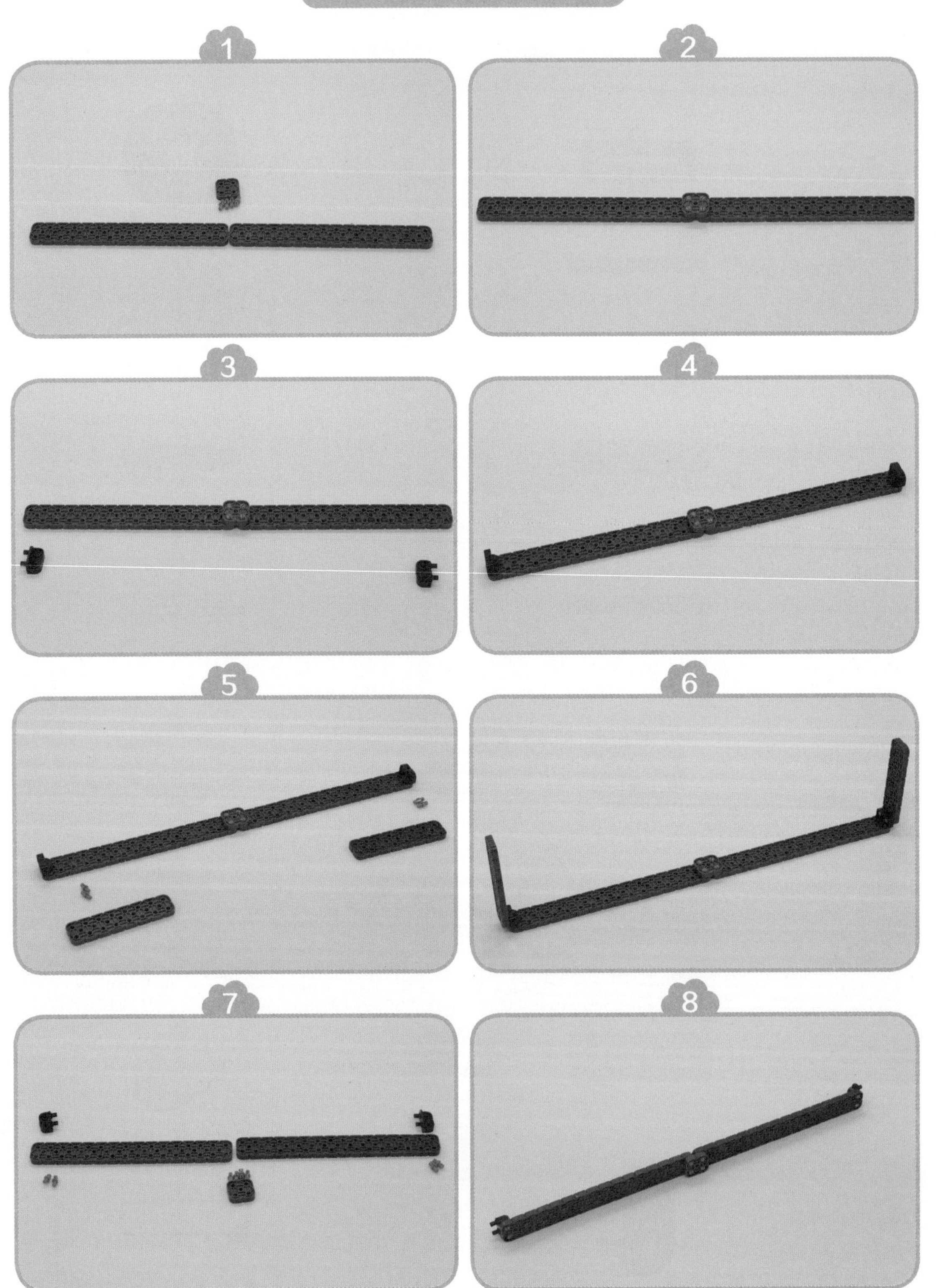

搭建过程

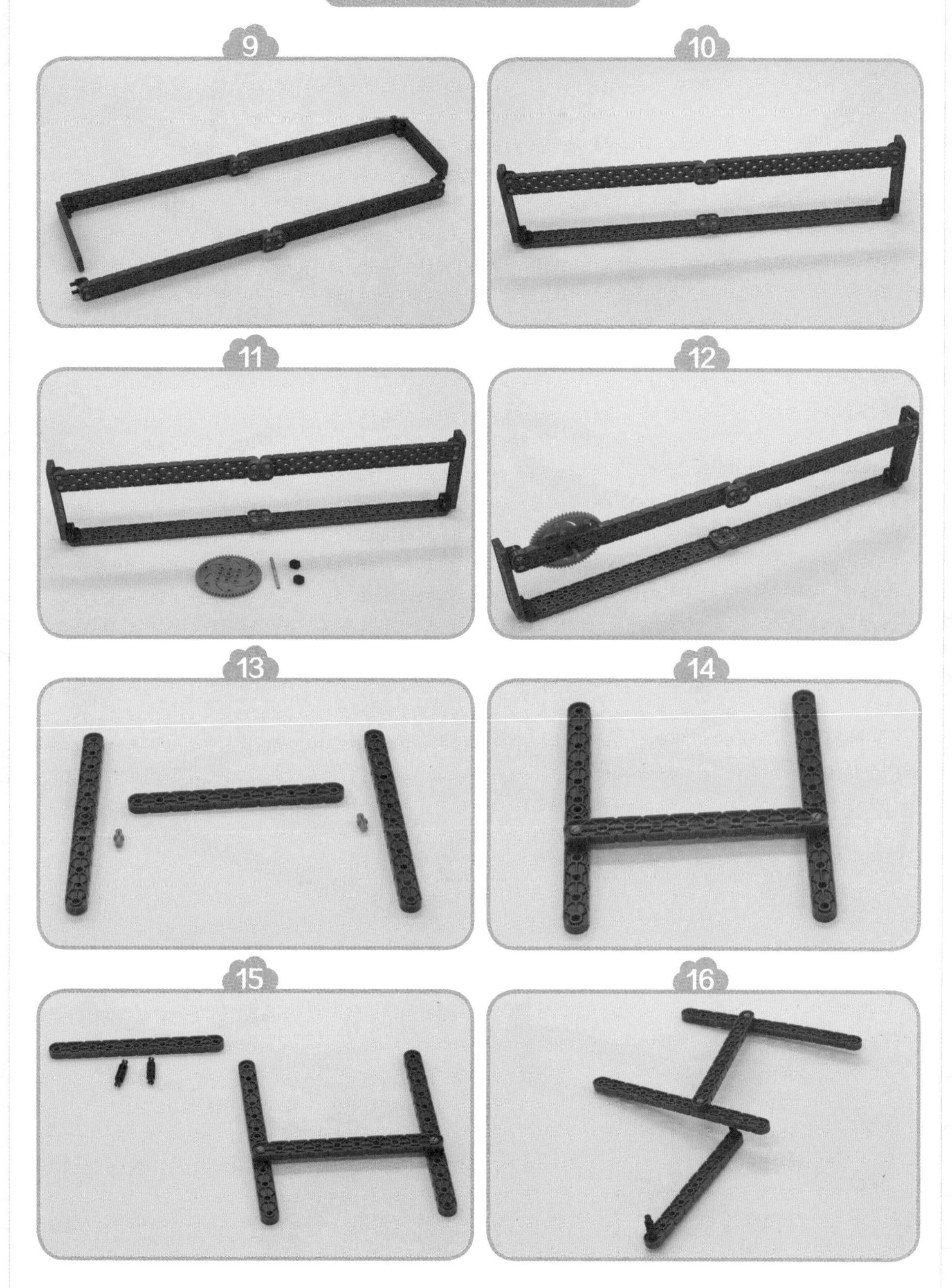

搭建过程

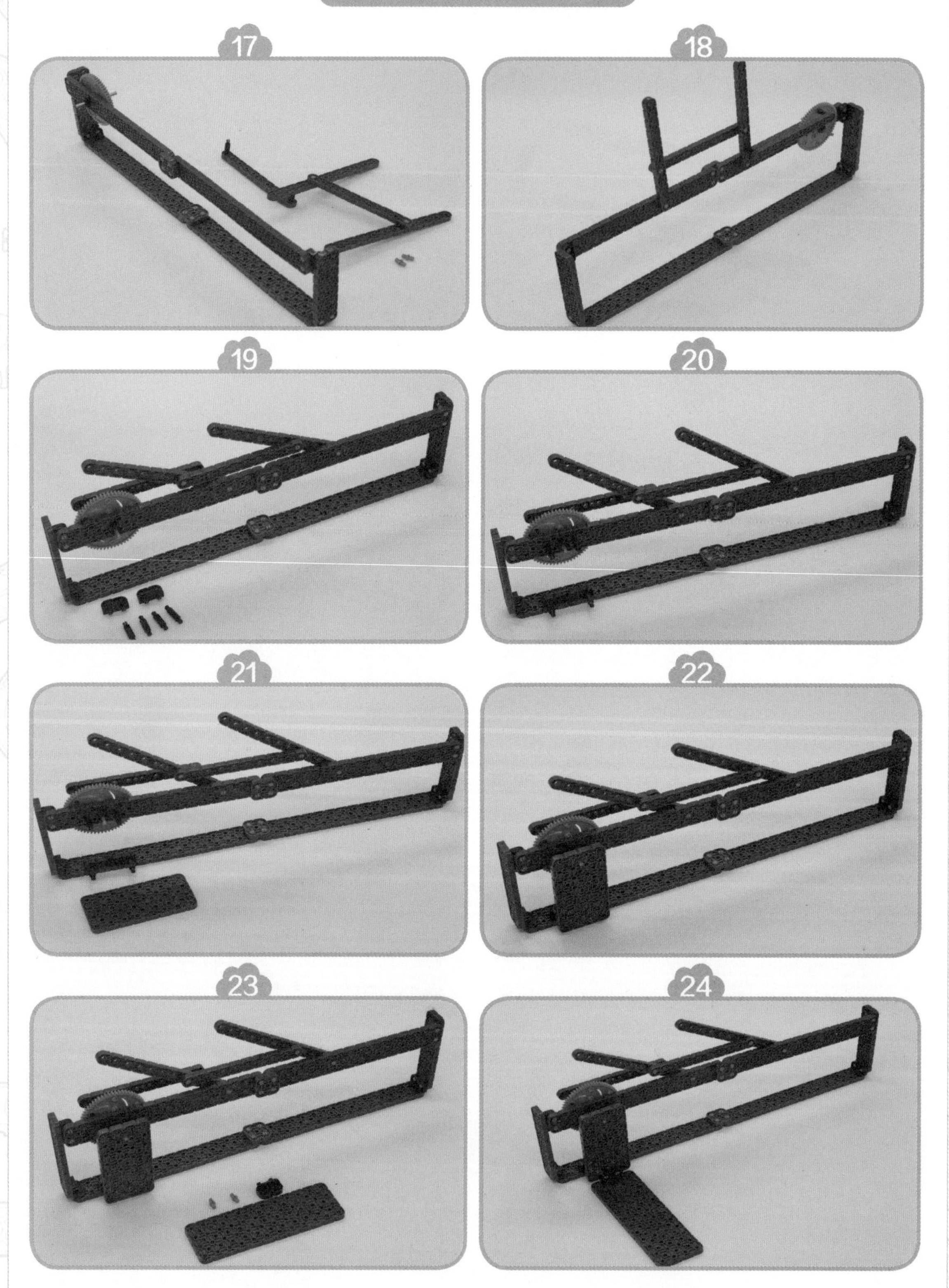

搭建过程

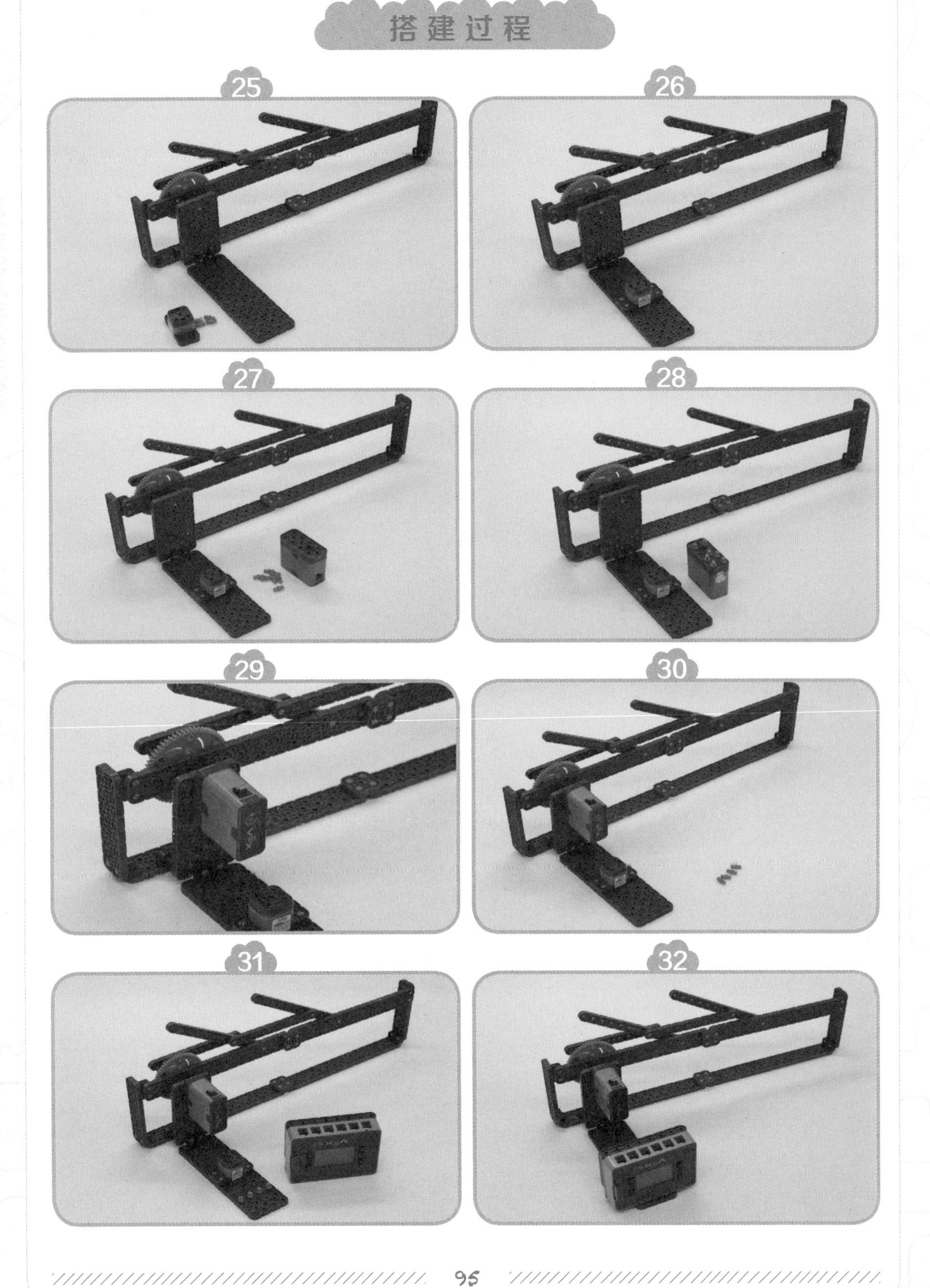
25
26
27
28
29
30
31
32

端口连接

序号	主机端口	电机 / 传感器
1	11	智能电机
2	8	触碰传感器

程序编写

设置端口

Motors and Sensors Setup

Standard Models Datalogging Motors Devices

Port	Name	Type	Reversed	Drive Motor Side
motor1	leftMotor	No motor		
motor2		No motor		
motor3		No motor		
motor4		No motor		
motor5		No motor		
motor6	rightMotor	No motor		
motor7		No motor		
motor8		No motor		
motor9		No motor		
motor10	armMotor	No motor		
motor11	clawMotor	VEX IQ Motor	☐	None
motor12		No motor		

确定 取消 应用(A) 帮助

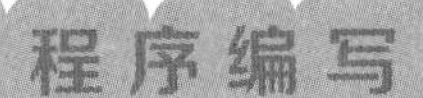

设置端口

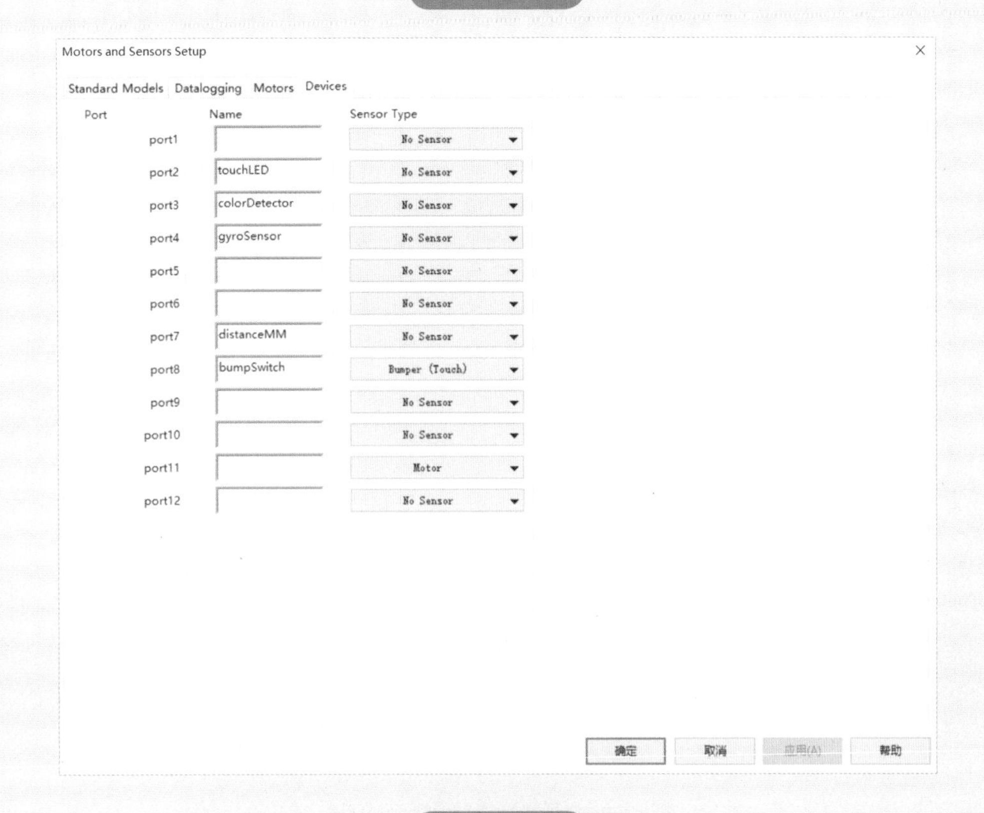

程　序

```
1  repeat (forever ) {
2      waitUntil ( getBumperValue(bumpSwitch) == 1 );
3      waitUntil ( getBumperValue(bumpSwitch) == 0 );
4      setMotor ( motor11 , 50 );
5      waitUntil ( getBumperValue(bumpSwitch) == 1 );
6      waitUntil ( getBumperValue(bumpSwitch) == 0 );
7      stopMotor ( motor11 );
8      wait ( 1 , seconds );
9  }
10
```

5.6 三轮车

案例描述

使用两个电机驱动、三个轮子的小车，实现前进 3s 后退 1s 的功能。

案例分析

智能电机：2 个。

结构设计

器材准备

序号	名称	图片	数量
1	连接销 1-1		31
2	连接销 1-2		8
3	特殊梁直角 3-5		4
4	双条梁 2-12		4
5	双条梁 2-8		3
6	双条梁 2-4		2
7	支撑销 2		8
8	支撑销 4		2
9	角连接器 2		6
10	角连接器 1-2		2
11	橡胶轴套 2		8
12	金属轴 4		3
13	轮毂		3
14	轮胎 200		2
15	主控器		1
16	智能电机		2
17	连接线		2

搭建过程

1

2

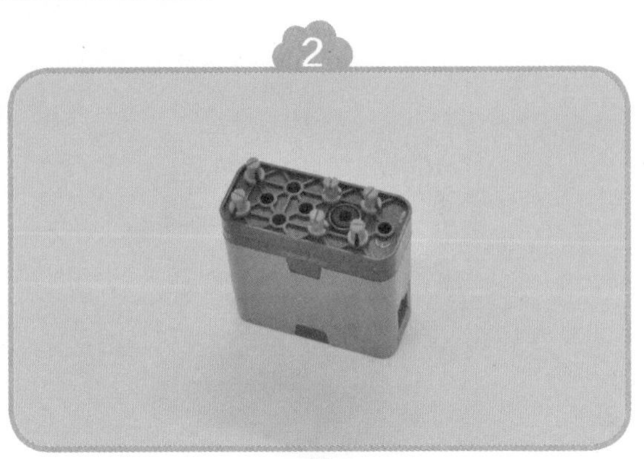

3

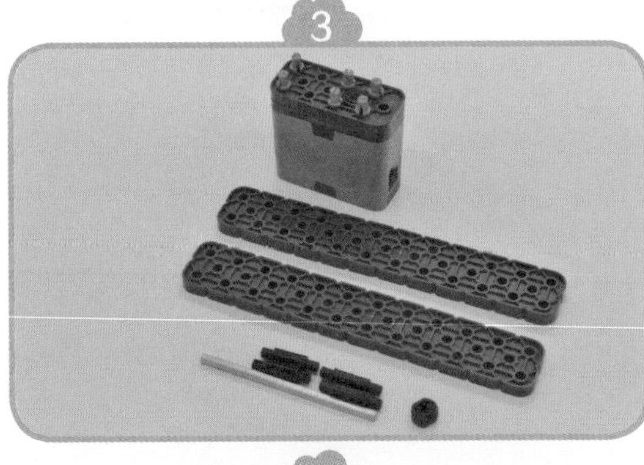

4

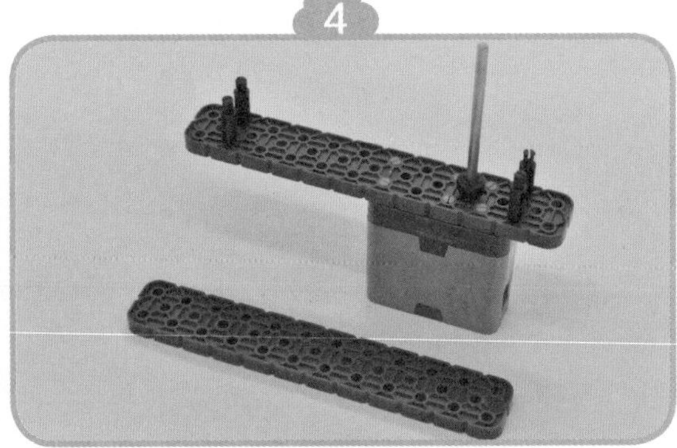

5

6

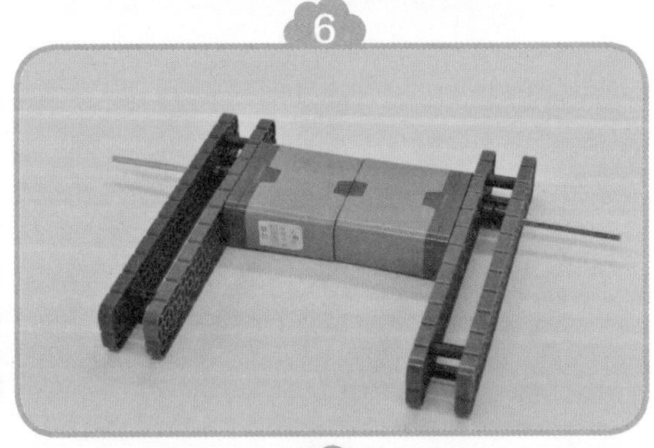

7

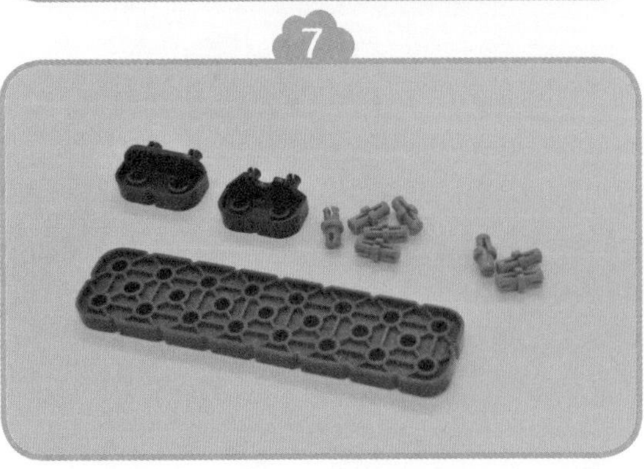

8

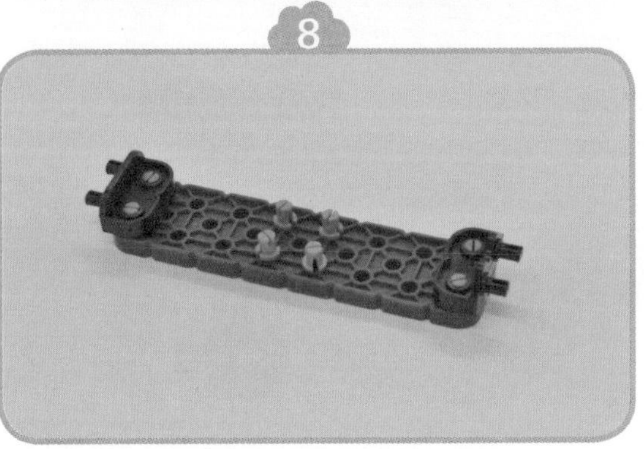

搭建过程

9

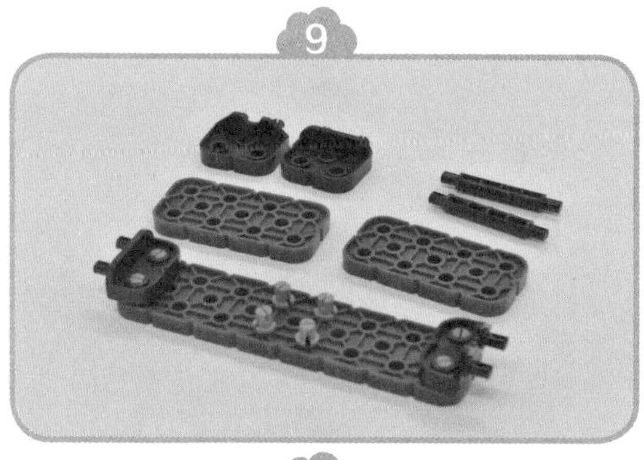

10

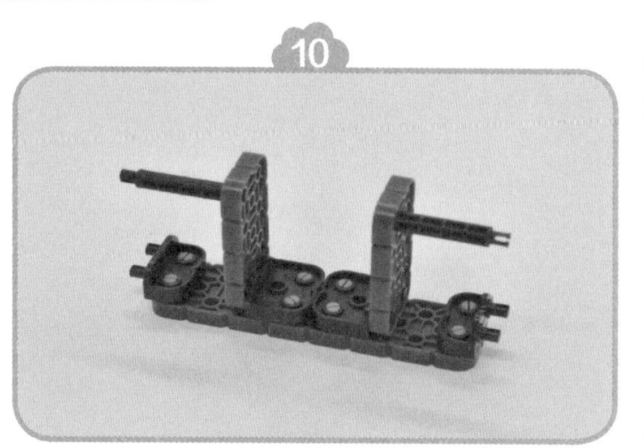

11

12

13

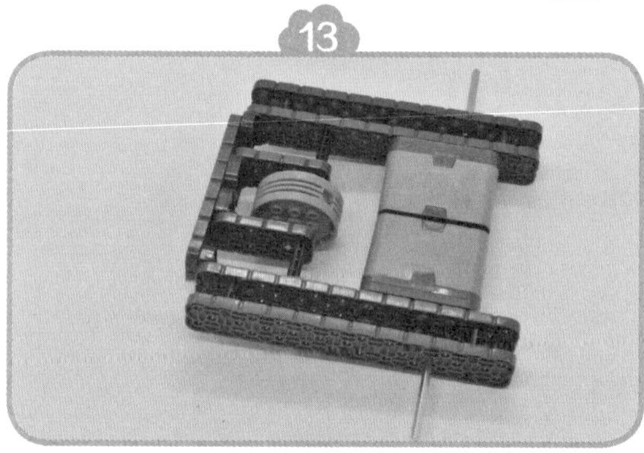

14

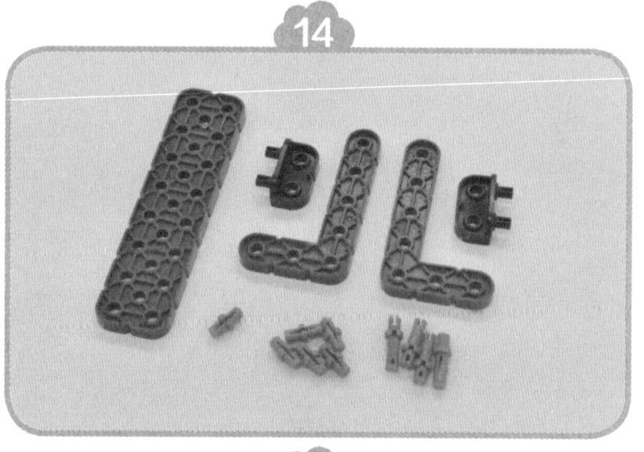

15

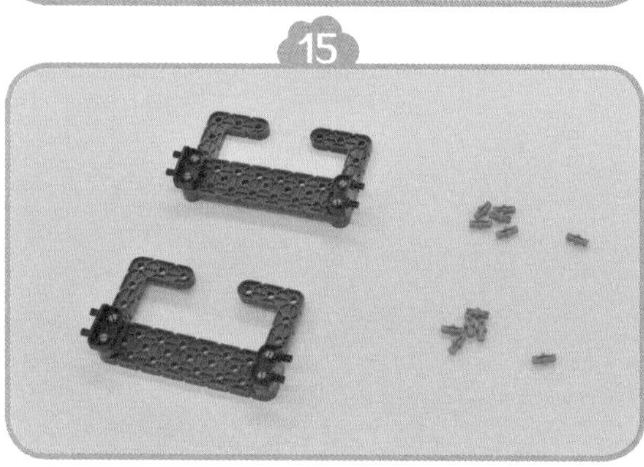

16

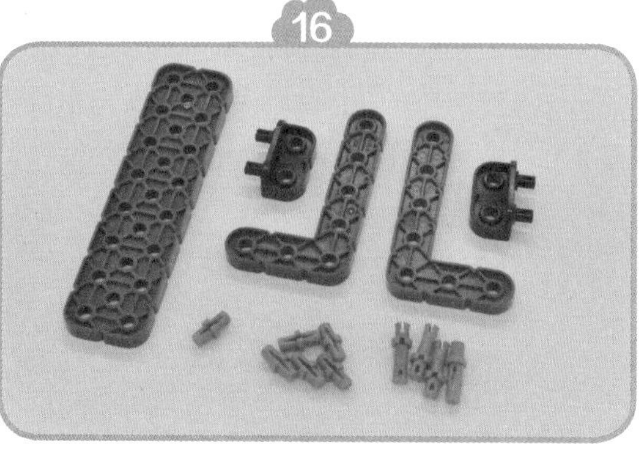

搭建过程

17

18

19

20

端口连接

序号	主机端口	电机 / 传感器
1	1	智能电机（左）
2	6	智能电机（右）

程序编写

设置端口

Motors and Sensors Setup

Standard Models　Datalogging　Motors　Devices

Port	Name	Type	Reversed	Drive Motor Side
motor1	leftMotor	VEX IQ Motor	☐	Left
motor2		No motor		
motor3		No motor		
motor4		No motor		
motor5		No motor		
motor6	rightMotor	VEX IQ Motor	☑	Right
motor7		No motor		
motor8		No motor		
motor9		No motor		
motor10	armMotor	No motor		
motor11	clawMotor	No motor		
motor12		No motor		

确定　取消　应用(A)　帮助

程序编写

设置端口

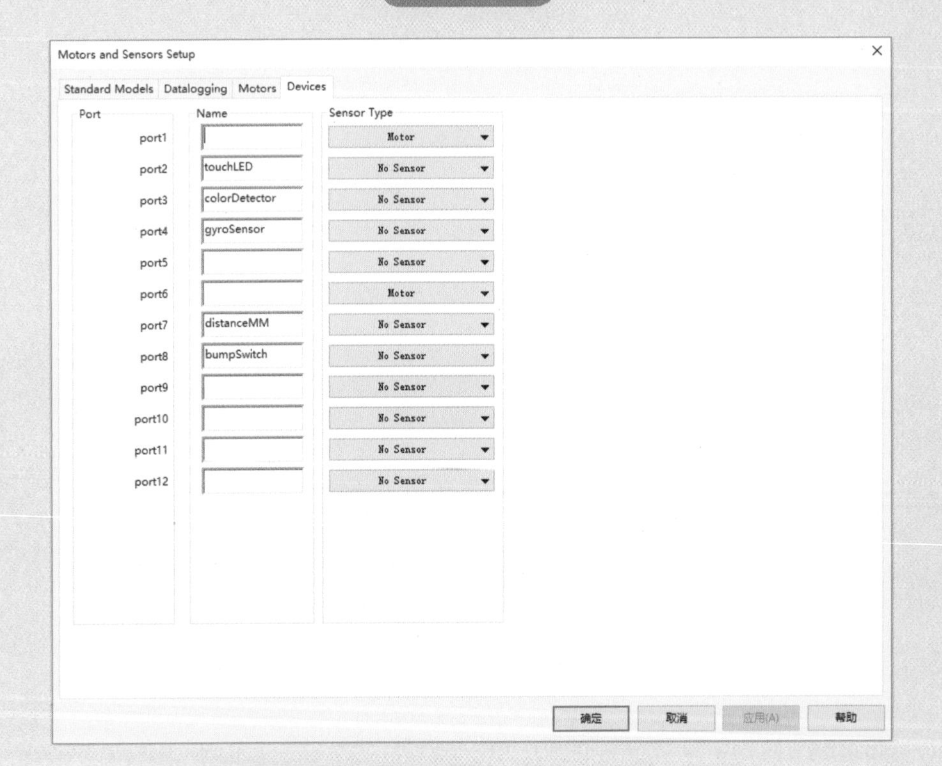

程序

```
1 repeat ( 3 ) {
2     forward ( 3 , seconds , 50 );
3     backward ( 1 , seconds , 50 );
4 }
5
```

5.7　格斗机器人

案例描述

格斗机器人模拟格斗时前进、出击的动作。

案例分析

智能电机：2 个。

结构设计

器材准备

序号	名称	图片	数量	序号	名称	图片	数量
1	连接销 1-1		50	10	平板 4-4		1
2	连接销 1-2		4	11	支撑销 1		2
3	连接销 2-2		4	12	角连接器 2		4
4	惰轮销 1-1		2	13	角连接器 2-2		3
5	轴锁定板 1-3		4	14	封闭型塑料轴 4		2
6	单条梁 1-8		2	15	齿轮 12		2
7	单条梁 1-10		2	16	主控器		1
8	双条梁 2-12		2	17	智能电机		2
9	双条梁 2-8		3	18	连接线		2

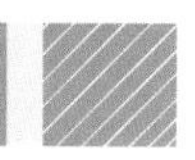

搭建过程

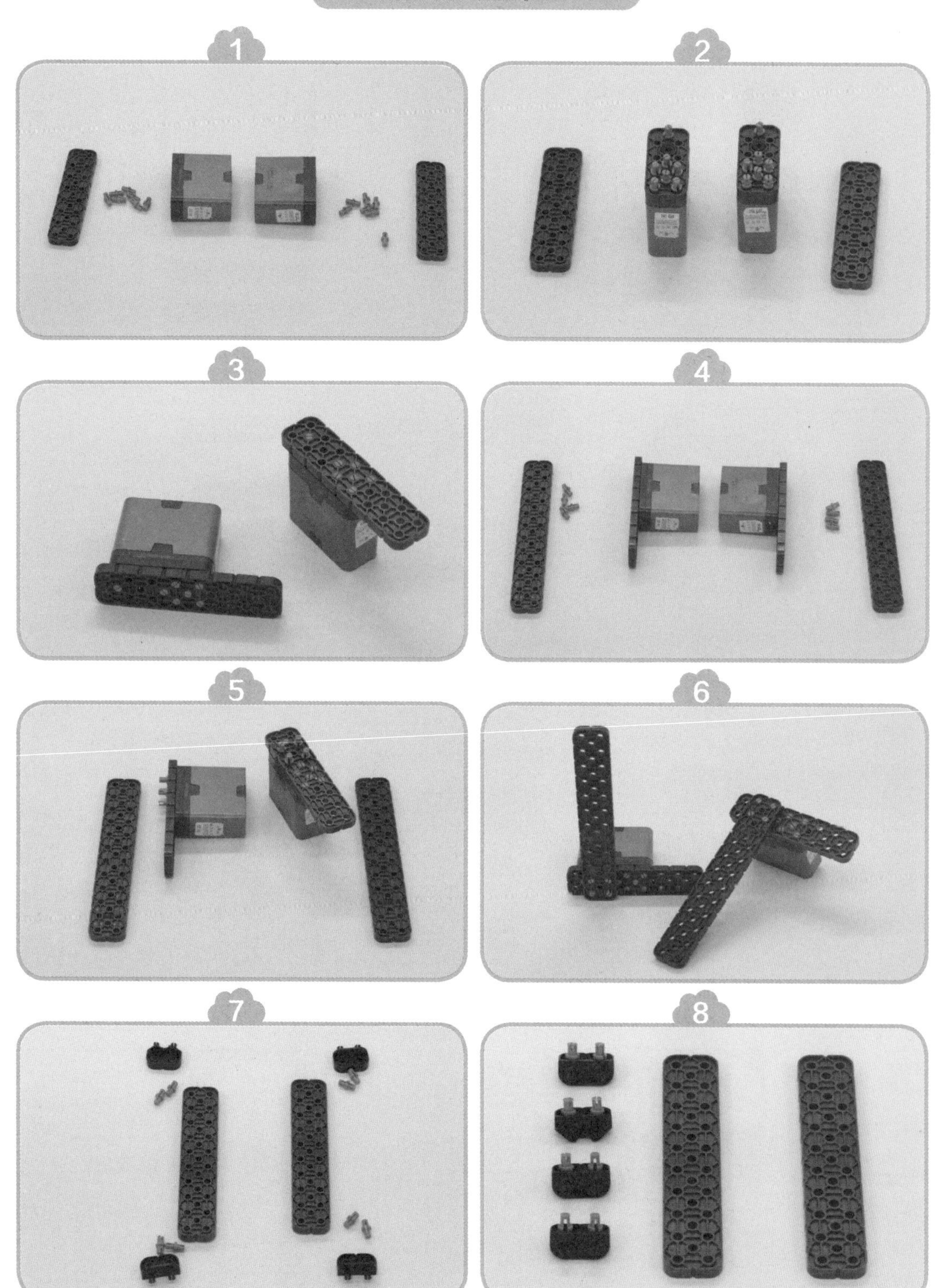

9

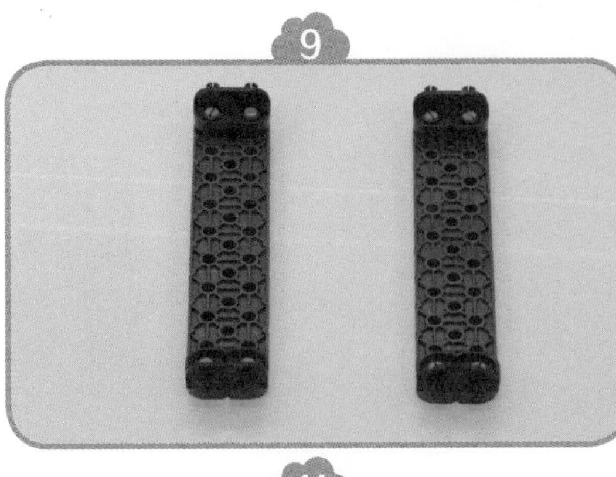

10

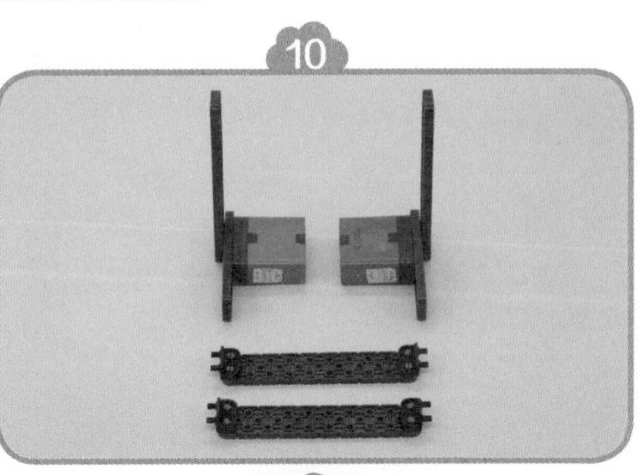

11

12

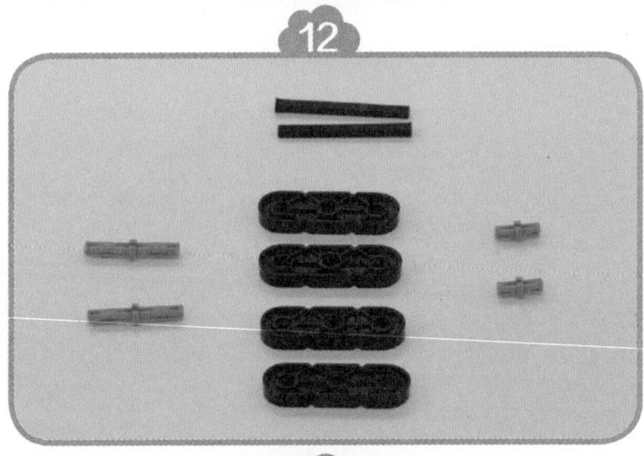

13

14

15

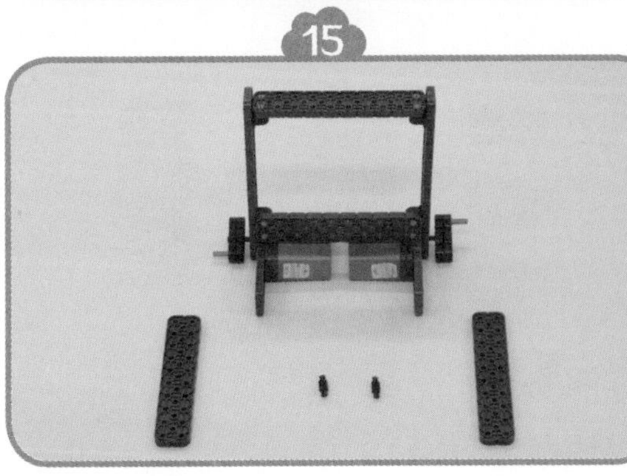

16

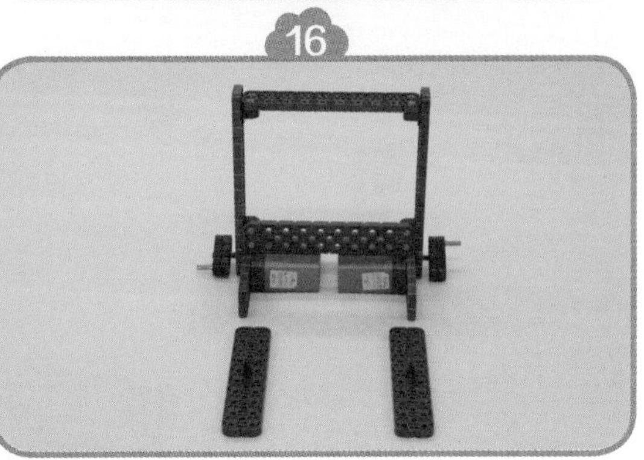

搭建过程

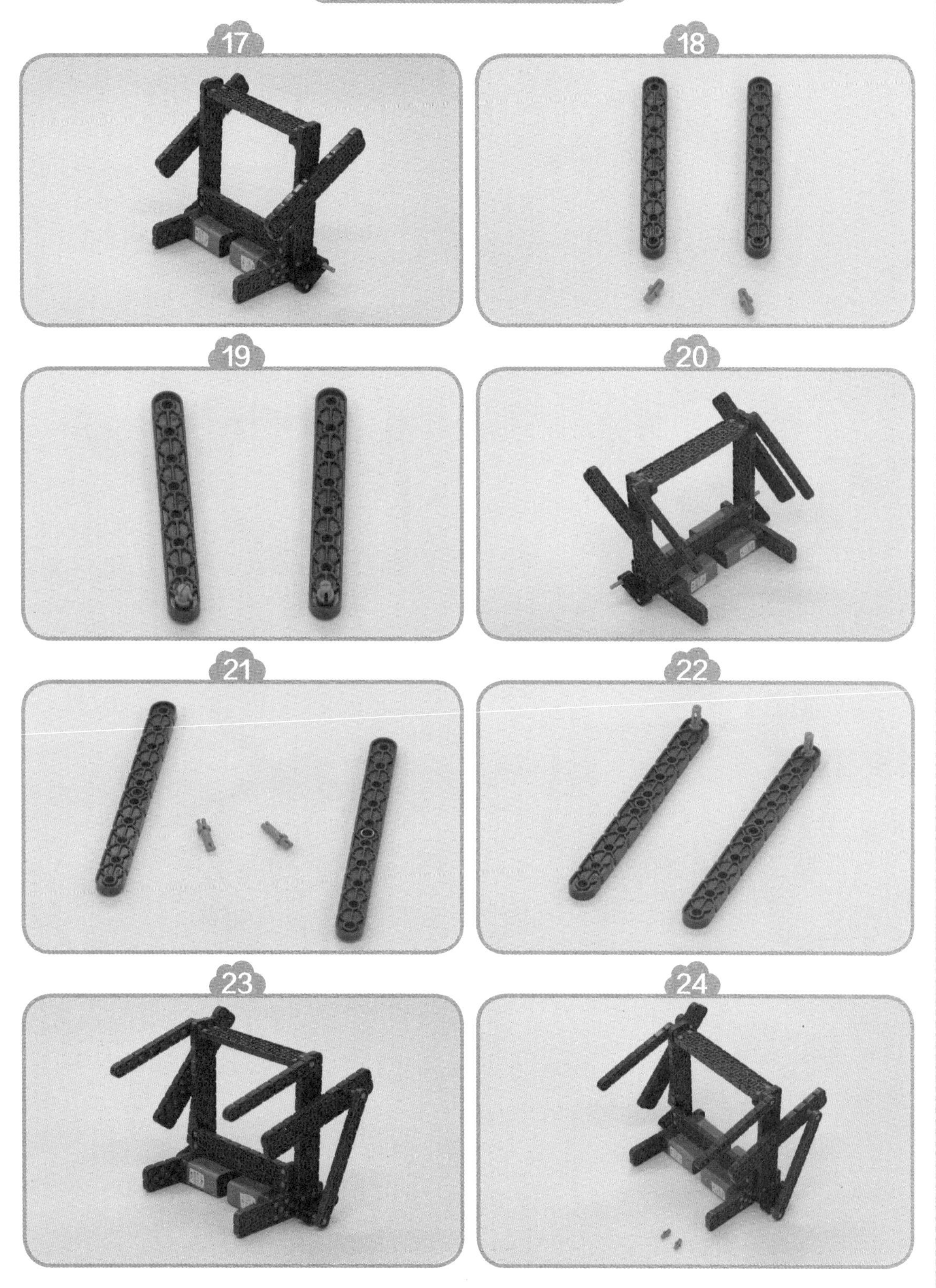
17
18
19
20
21
22
23
24

搭建过程

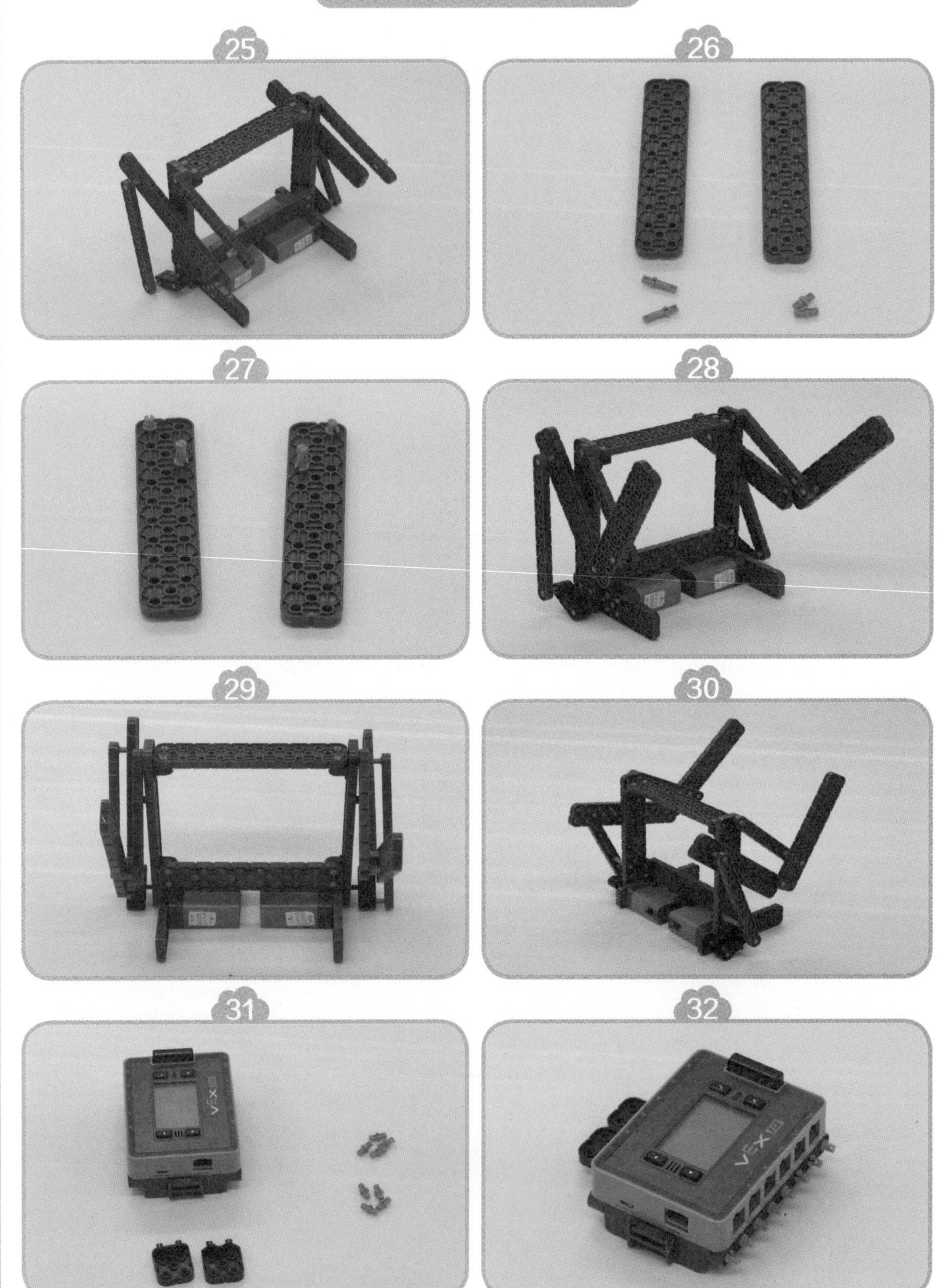

搭建过程

33

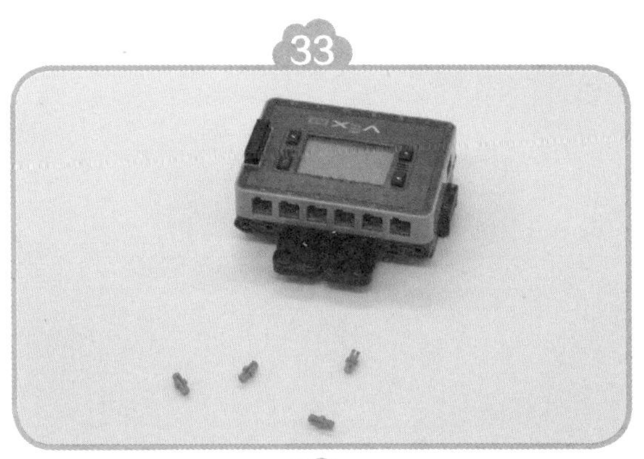

34

35

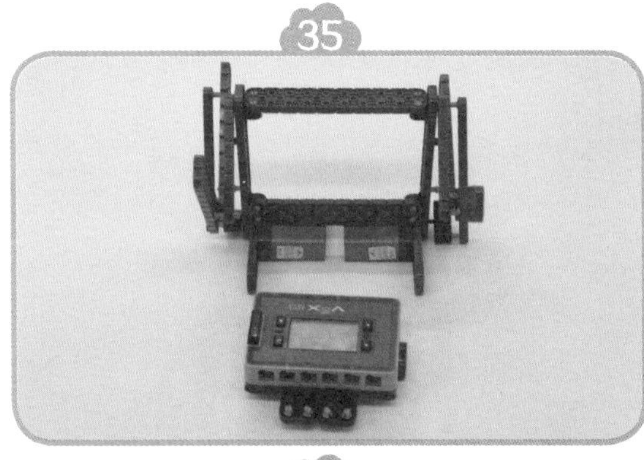

36

37

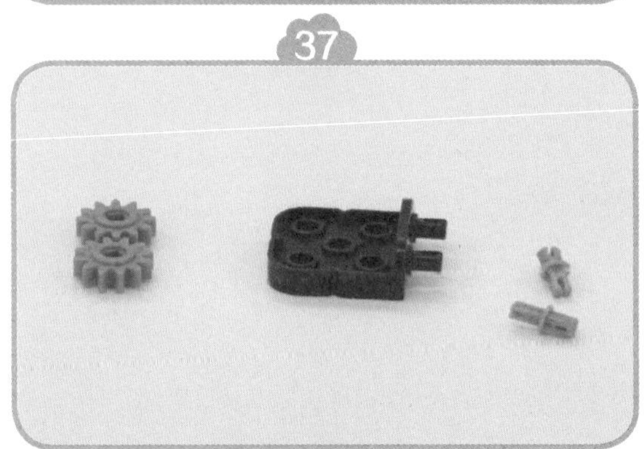

38

39

40

端口连接

序号	主机端口	电机 / 传感器
1	1	智能电机（左）
2	6	智能电机（右）

程序编写

设置端口

Motors and Sensors Setup

Standard Models | Datalogging | Motors | Devices

Port	Name	Type	Reversed	Drive Motor Side
motor1	leftMotor	VEX IQ Motor	☐	Left
motor2		No motor		
motor3		No motor		
motor4		No motor		
motor5		No motor		
motor6	rightMotor	VEX IQ Motor	☑	Right
motor7		No motor		
motor8		No motor		
motor9		No motor		
motor10	armMotor	No motor		
motor11	clawMotor	No motor		
motor12		No motor		

确定 取消 应用(A) 帮助

程序编写

设置端口

Motors and Sensors Setup

Standard Models　Datalogging　Motors　Devices

Port	Name	Sensor Type
port1		Motor
port2	touchLED	No Sensor
port3	colorDetector	No Sensor
port4	gyroSensor	No Sensor
port5		No Sensor
port6		Motor
port7	distanceMM	No Sensor
port8	bumpSwitch	No Sensor
port9		No Sensor
port10		No Sensor
port11		No Sensor
port12		No Sensor

确定　取消　应用(A)　帮助

程　序

```
1 repeat (forever ) {
2     forward ( 2 , seconds , 50 );
3     backward ( 1 , seconds , 50 );
4 }
5
```

5.8 爬虫

案例描述

自然界，有很多很多昆虫，下面我们来制作一个机器人爬虫。

案例分析

智能电机：2个。

结构设计

器材准备

序号	名称	图片	数量
1	连接销 1-1		46
2	特殊梁 30		4
3	特殊梁 直角 4-4		2
4	双条梁 2-16		4
5	双条梁 2-8		1
6	双条梁 2-4		1
7	支撑销 2		8
8	支撑销 8		3
9	角连接器 2		4
10	角连接器 2-3		2
11	轴锁定板 1-3		4
12	橡胶轴套 2		6
13	垫圈		14
14	金属轴 8		2
15	塑料轴 4		2
16	封闭型塑料 轴 4		2
17	齿轮 36		6
18	主控器		1
19	智能电机		2
20	超声波传感器		1
21	连接线		2

搭建过程

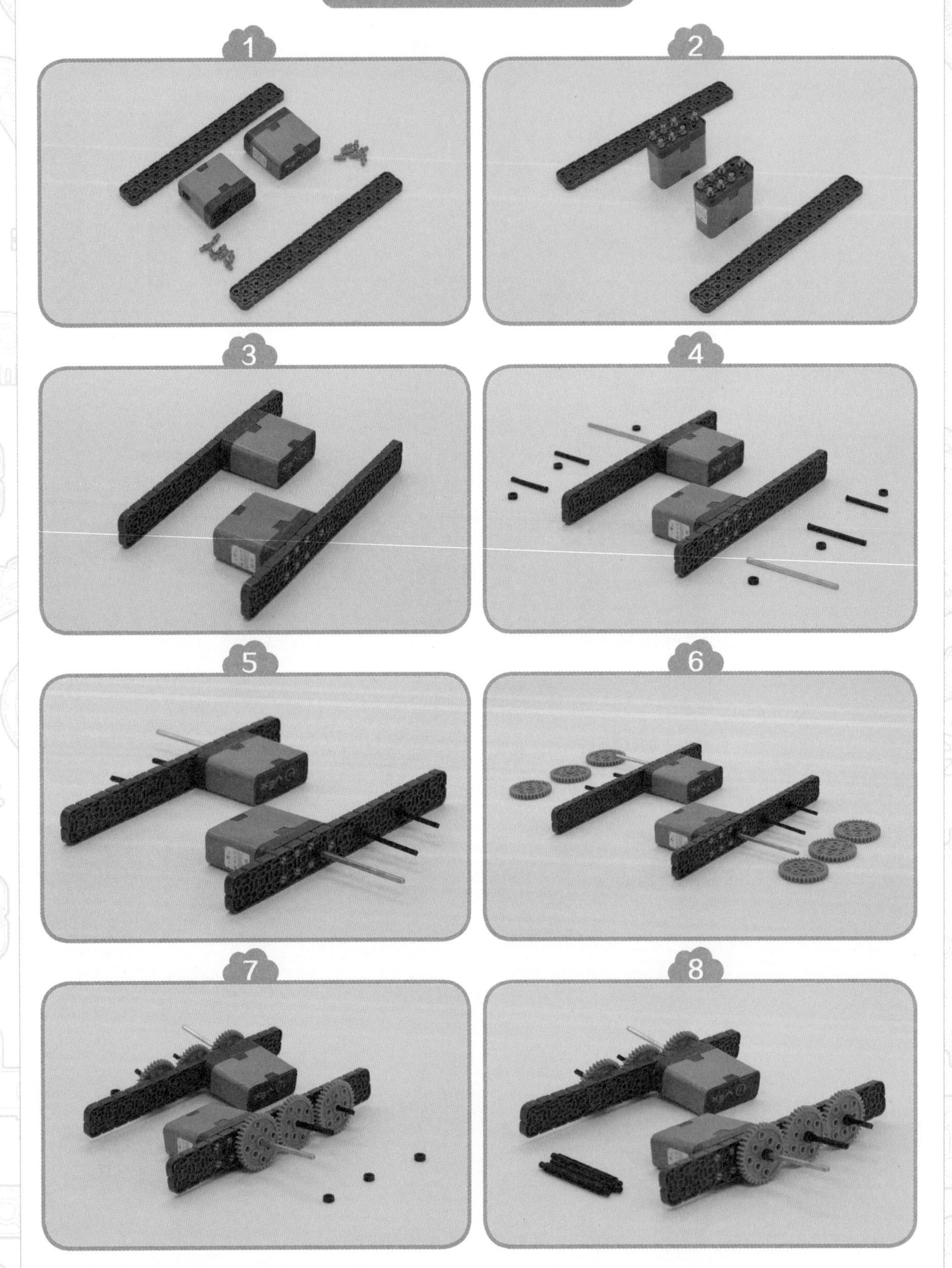

搭建过程

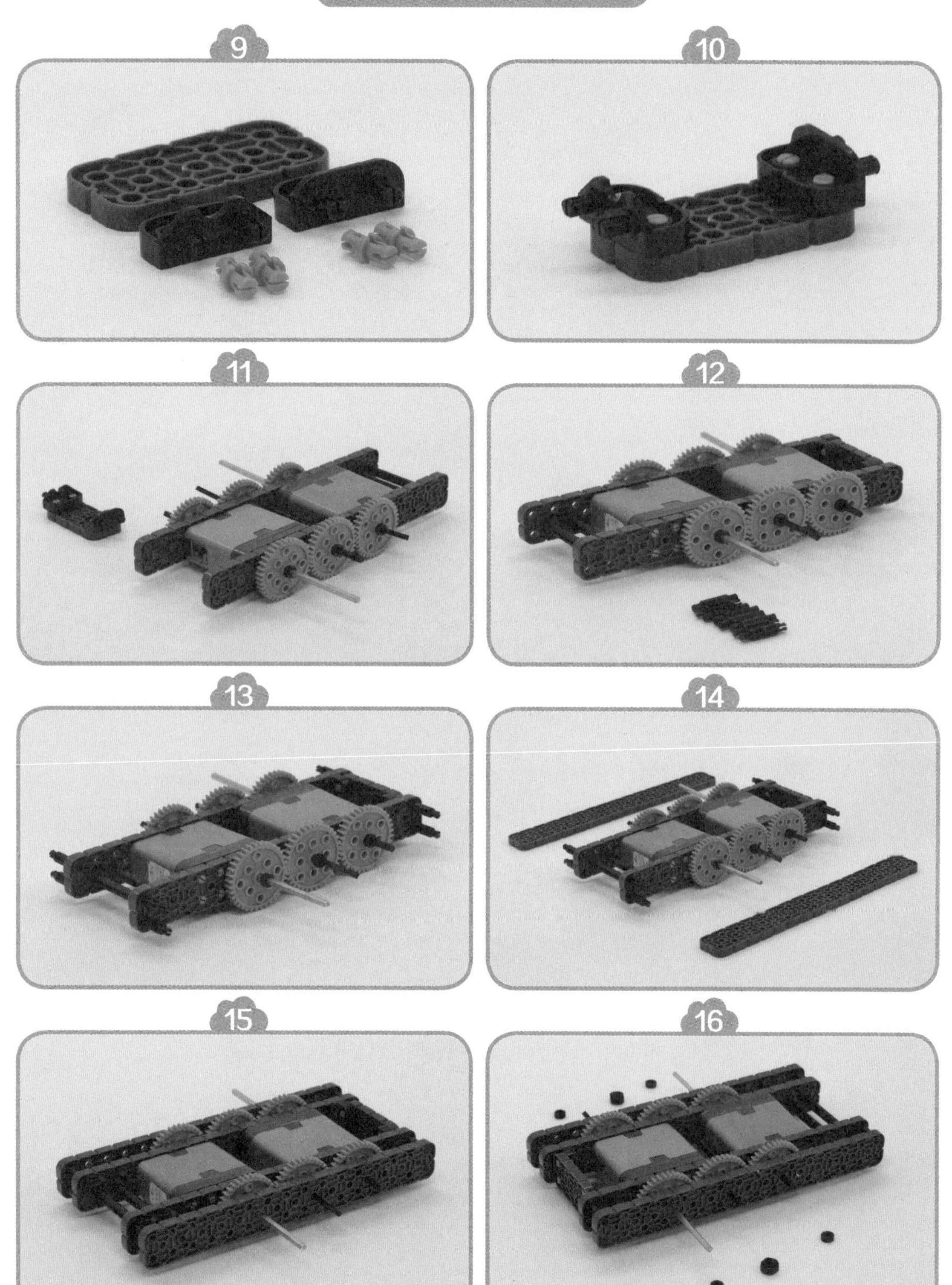

搭建过程

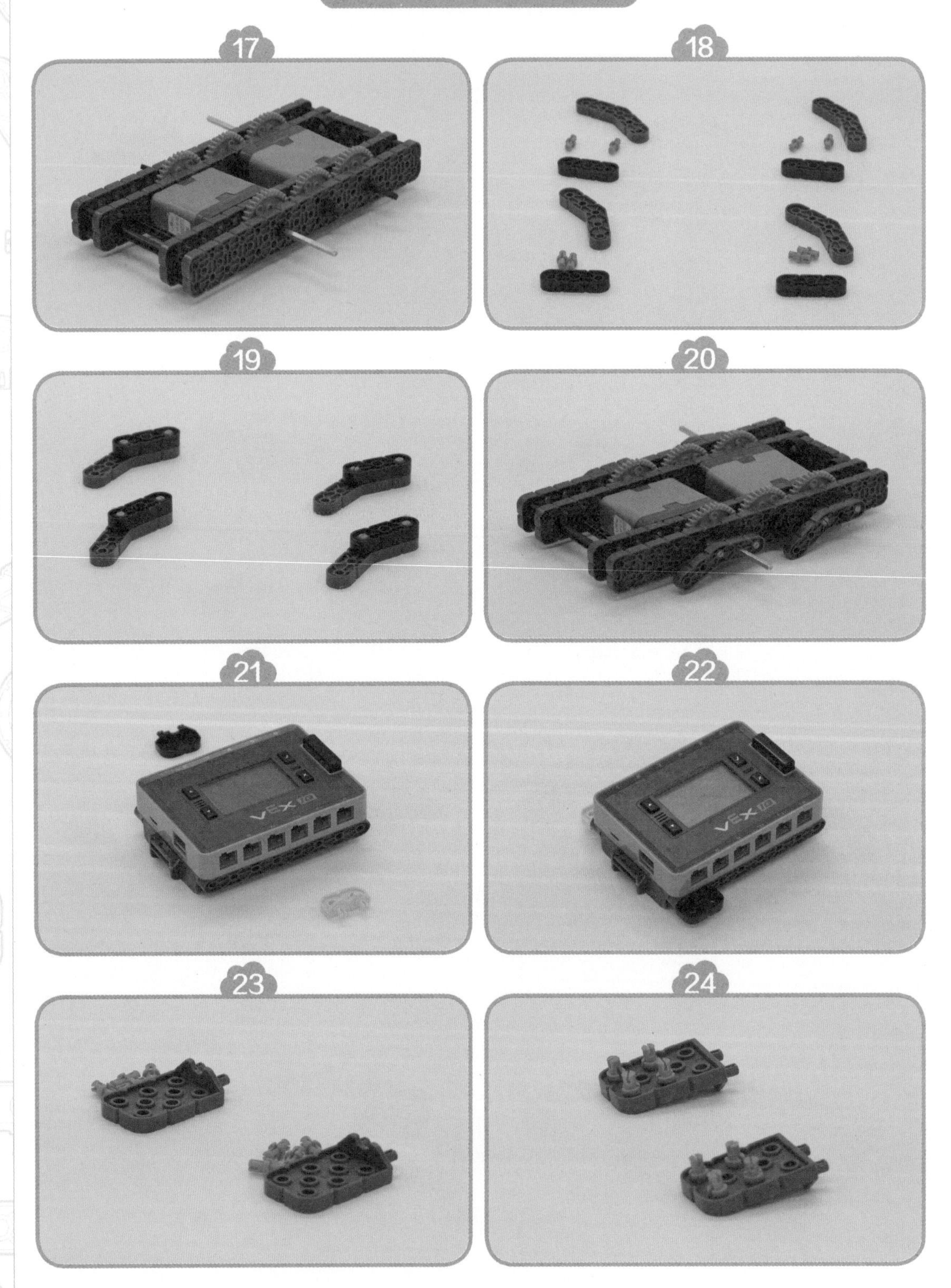

搭建过程

25

26

27

28

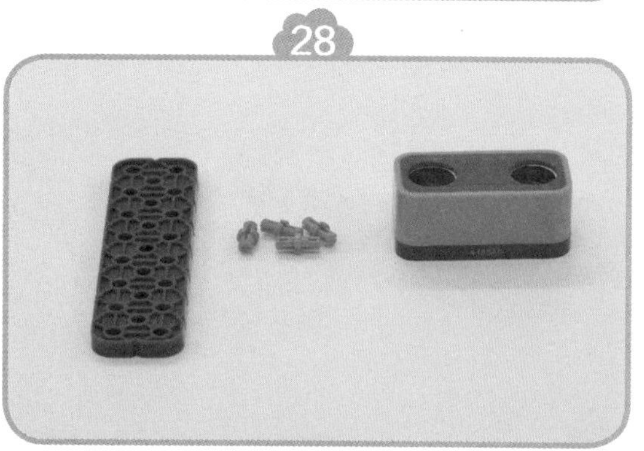

29

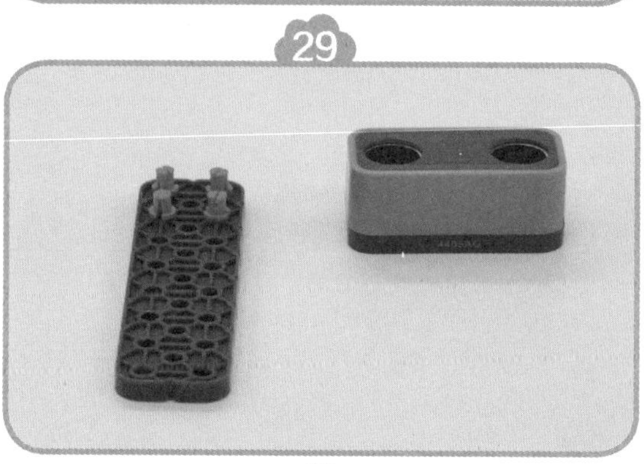

30

31

32

搭建过程

33

34

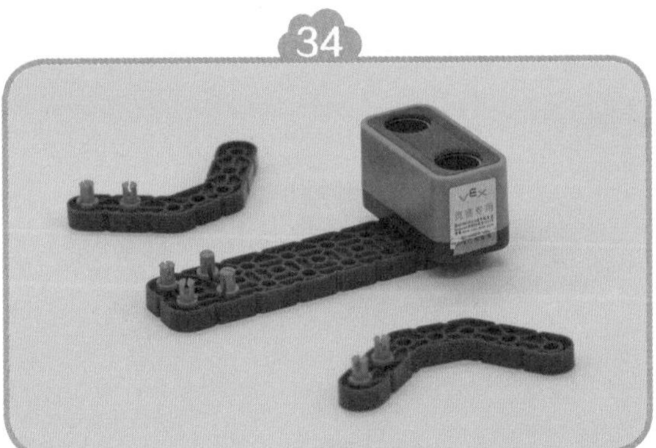

35

36

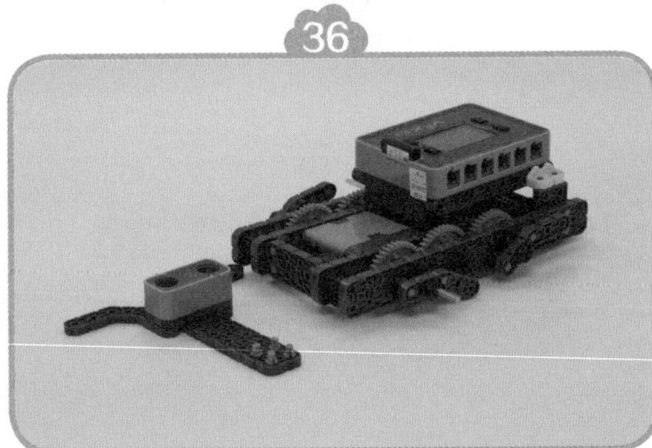

37

端口连接

序号	主机端口	电机 / 传感器
1	1	智能电机（左）
2	6	智能电机（右）

程 序 编 写

设置端口

Motors and Sensors Setup
Standard Models
Datalogging
Motors
Devices
Port
Name
Type
Reversed
Drive Motor Side
motor1
leftMotor
VEX IQ Motor
Left
motor2
No motor
motor3
No motor
motor4
No motor
motor5
No motor
motor6
rightMotor
VEX IQ Motor
Right
motor7
No motor
motor8
No motor
motor9
No motor
motor10
armMotor
No motor
motor11
clawMotor
No motor
motor12
No motor
确定
取消
应用(A)
帮助

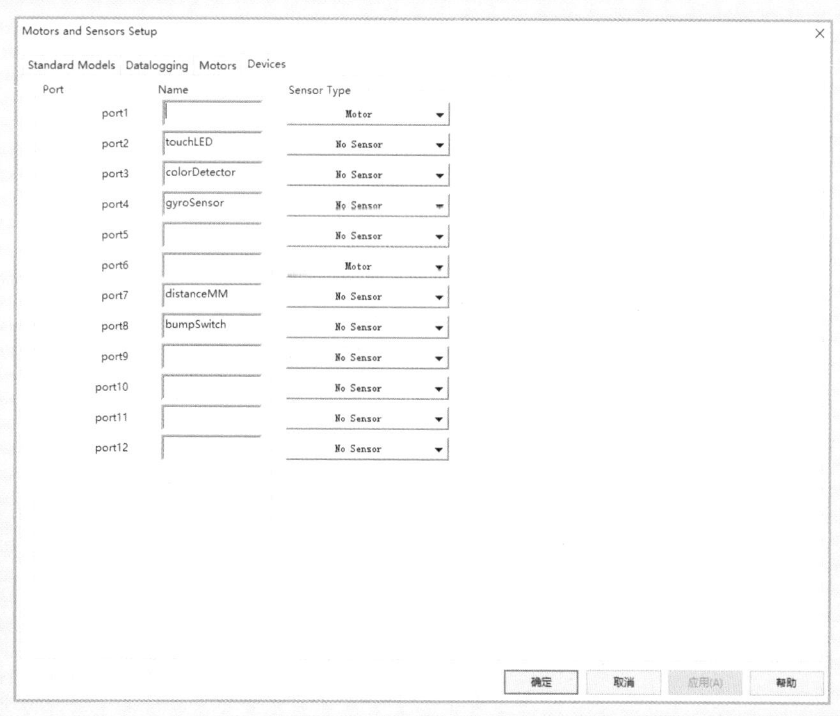
Motors and Sensors Setup
Standard Models
Datalogging
Motors
Devices
Port
Name
Sensor Type
port1
Motor
port2
touchLED
No Sensor
port3
colorDetector
No Sensor
port4
gyroSensor
No Sensor
port5
No Sensor
port6
Motor
port7
distanceMM
No Sensor
port8
bumpSwitch
No Sensor
port9
No Sensor
port10
No Sensor
port11
No Sensor
port12
No Sensor
确定
取消
应用(A)
帮助

程序编写

程 序

```
1 repeat (forever ) {
2     forward ( 1 , rotations , 50 );
3 }
4
```

5.9　双电机小车

案例描述

有两个电机的小车。本案例可实现走正方形的功能，可以作为学习各种传感器使用方法的基础小车。

案例分析

智能电机：2 个。

TouchLED：2 个，即左、右车灯。

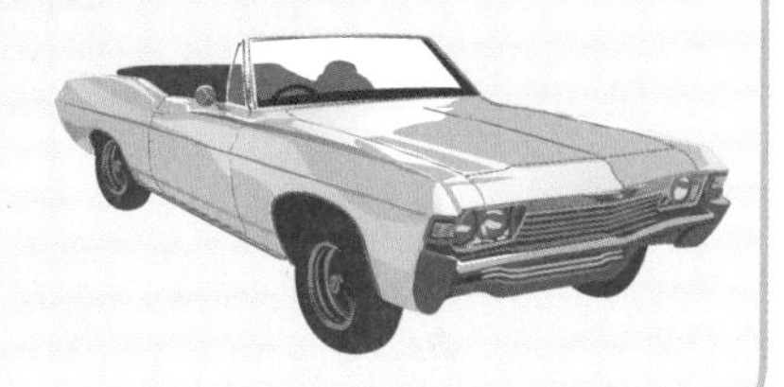

结构设计

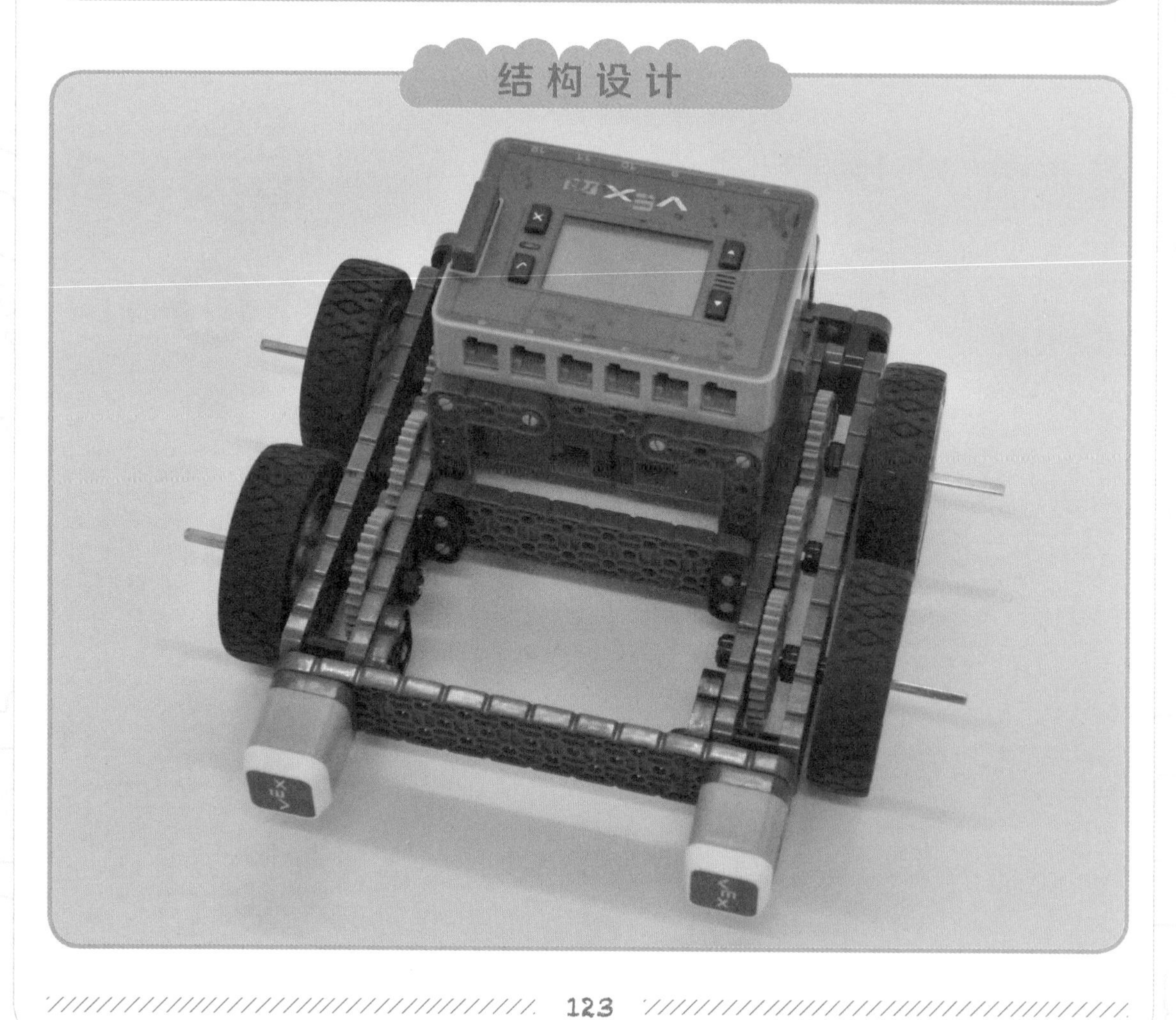

器材准备

序号	名称	图片	数量	序号	名称	图片	数量
1	连接销 1-1		24	12	橡胶轴套 2		12
2	连接销 1-2		4	13	垫圈		4
3	连接销 2-2		4	14	金属轴 2		2
4	特殊梁直角 3-5		4	15	金属轴 4		1
5	特殊梁直角 2-3		2	16	金属轴 6		3
6	双条梁 2-8		1	17	齿轮 36		6
7	双条梁 2-12		6	18	轮毂、轮胎		4
8	支撑销 2		4	19	主控器		1
9	角连接器 2		2	20	智能电机		2
10	角连接器 1-2		2	21	TouchLED		2
11	角连接器 2-2		2	22	连接线		4

1

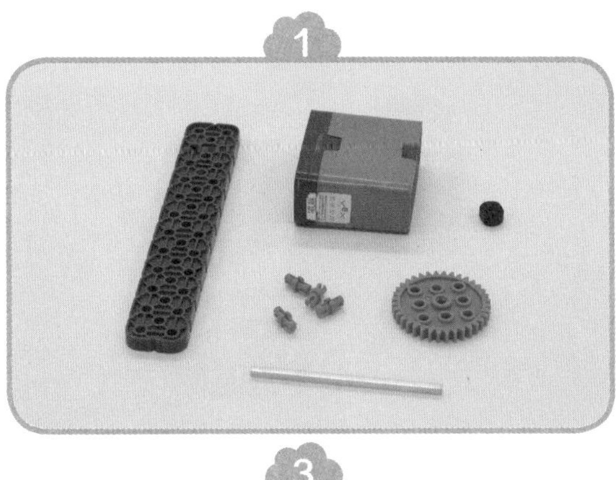

2

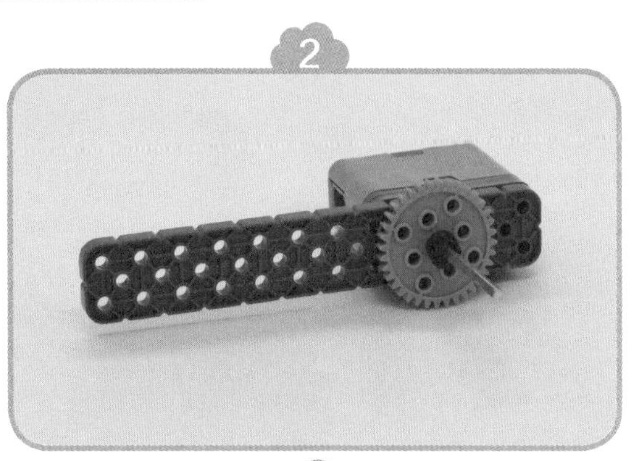

3

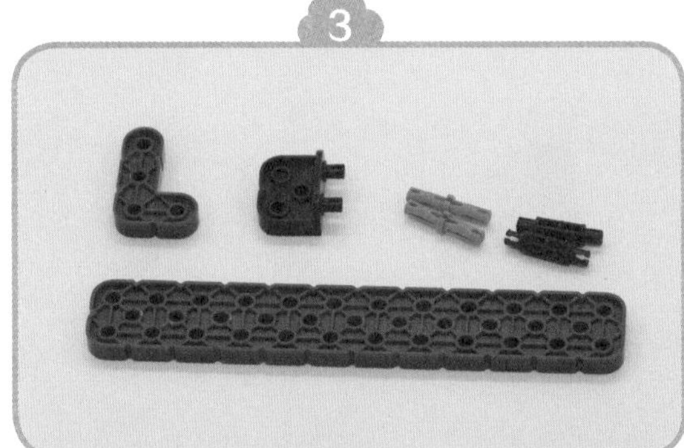

4

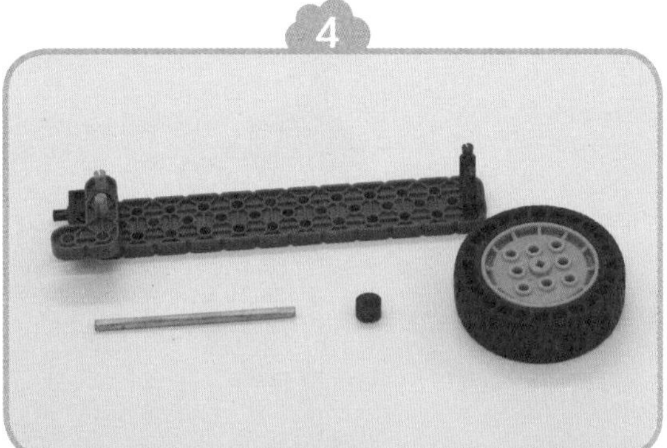

5

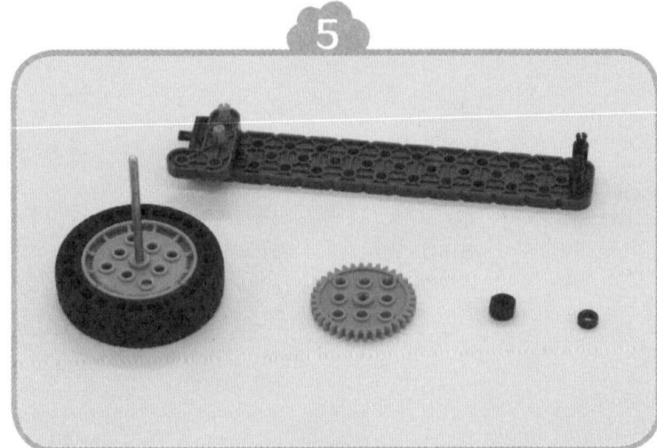

6

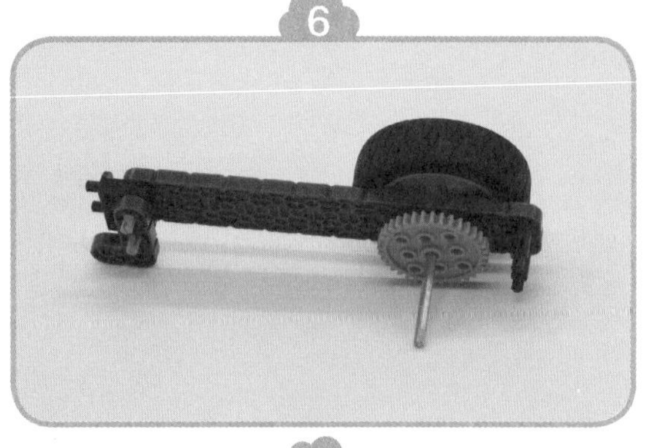

7

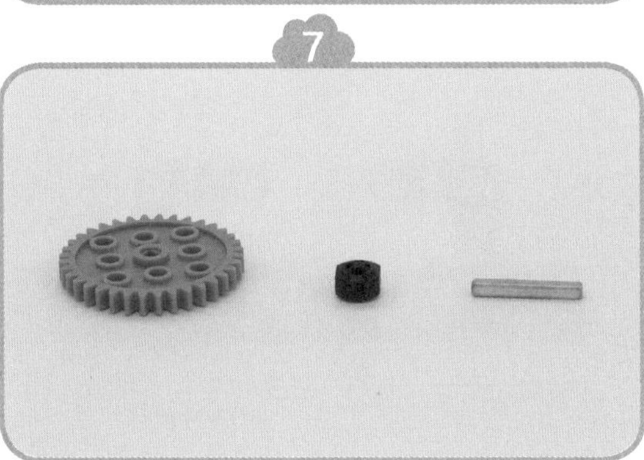

8

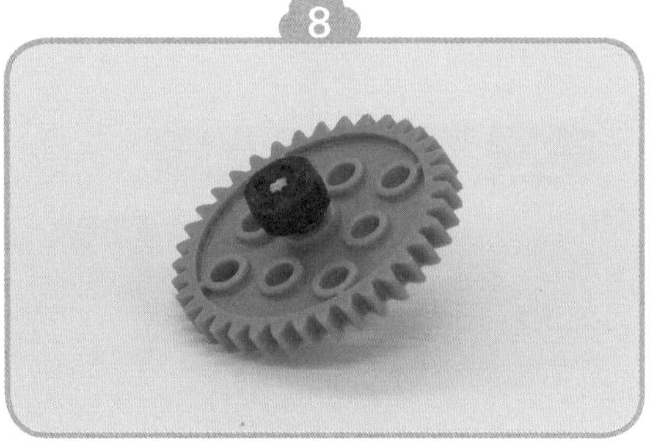

9

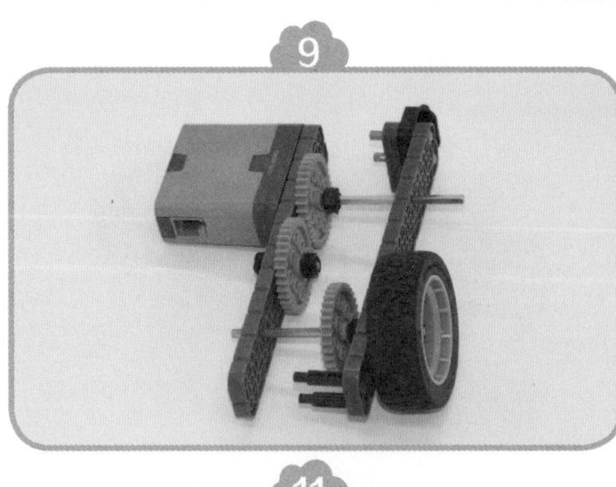

10

11

12

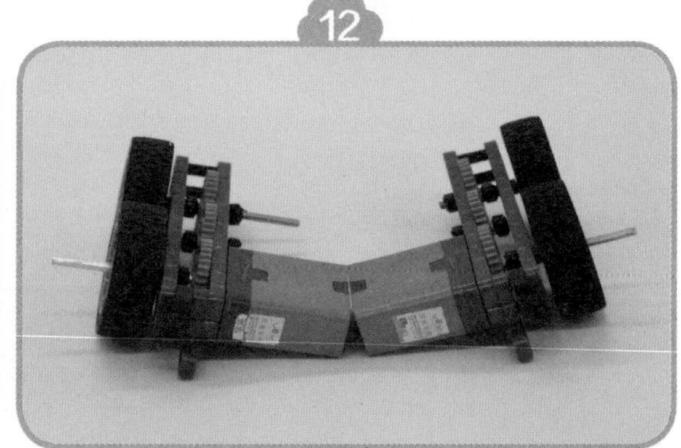

13

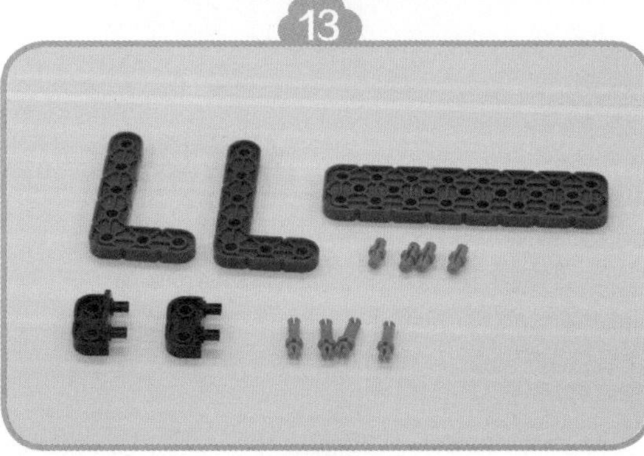

14

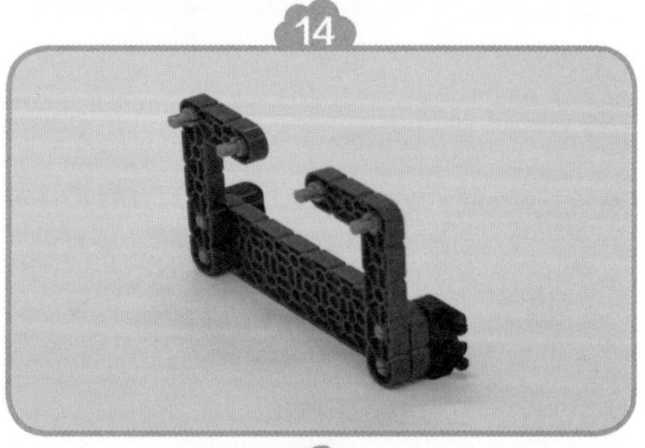

15

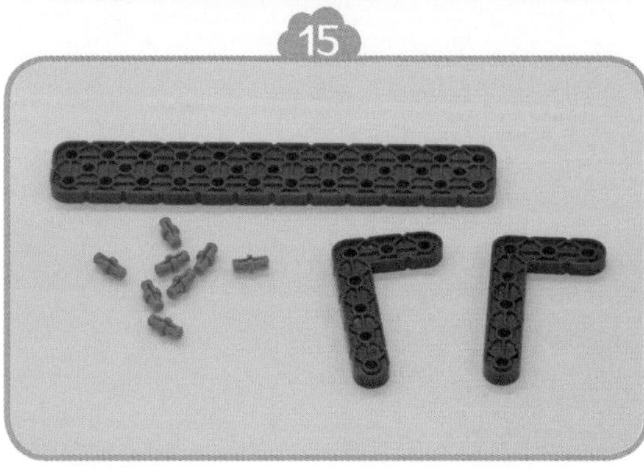

16

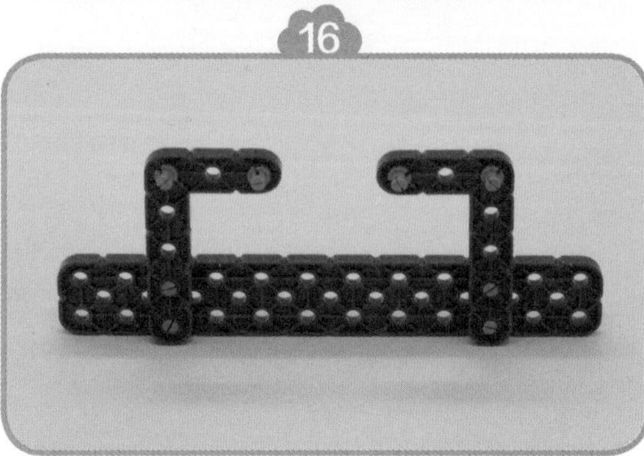

搭建过程

17

18

19

20

21

22

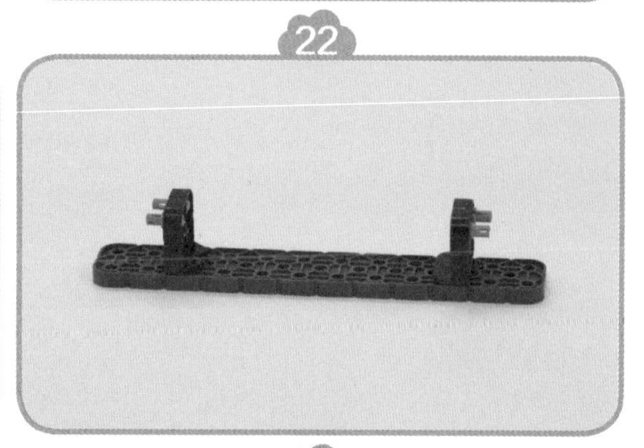

23

24

搭建过程

25

26

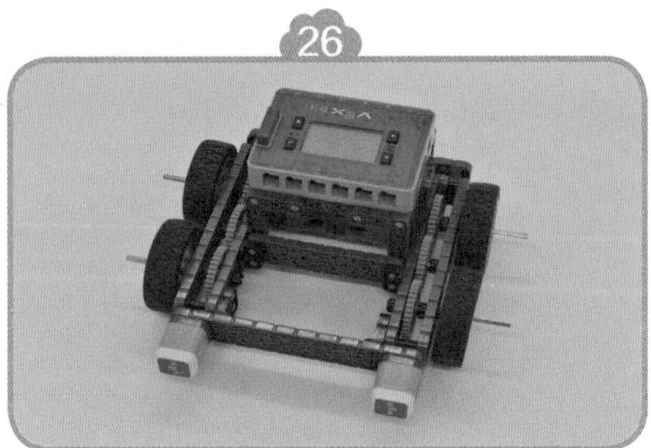

端口连接

序号	主机端口	电机 / 传感器
1	1	智能电机（左）
2	6	智能电机（右）
3	2	TouchLED（左）
4	3	TouchLED（右）

程序编写

设置端口

Motors and Sensors Setup

Standard Models　Datalogging　Motors　Devices

Port	Name	Type	Reversed	Drive Motor Side
motor1	leftMotor	VEX IQ Motor	☐	Left
motor2		No motor		
motor3		No motor		
motor4		No motor		
motor5		No motor		
motor6	rightMotor	VEX IQ Motor	☑	Right
motor7		No motor		
motor8		No motor		
motor9		No motor		
motor10	armMotor	No motor		
motor11	clawMotor	No motor		
motor12		No motor		

确定　取消　应用(A)　帮助

Motors and Sensors Setup

Standard Models　Datalogging　Motors　Devices

Port	Name	Sensor Type
port1		Motor
port2	touchLED	Touch LED
port3	colorDetector	Touch LED
port4	gyroSensor	No Sensor
port5		No Sensor
port6		Motor
port7	distanceMM	No Sensor
port8	bumpSwitch	No Sensor
port9		No Sensor
port10		No Sensor
port11		No Sensor
port12		No Sensor

确定　取消　应用(A)　帮助

程序编写

程 序

```
1  repeat ( 4 ) {
2      setMotor ( motor1 , 50 );
3      setMotor ( motor6 , 50 );
4      setTouchLEDColor ( port2 , colorNone );
5      setTouchLEDColor ( port3 , colorGreen );
6      wait ( 5 , seconds );
7      setMotor ( motor1 , -50 );
8      setMotor ( motor6 , 50 );
9      setTouchLEDColor ( port2 , colorRed );
10     setTouchLEDColor ( port3 , colorNone );
11     wait ( 1.5 , seconds );
12 }
13
```

5.10　碰碰车

案例描述

游乐场里，我们经常玩碰碰车，下面我们就制作一个碰碰车。

案例分析

智能电机：2 个。
触碰传感器：1 个。

结构设计

器材准备

序号	名称	图片	数量	序号	名称	图片	数量
1	连接销 1-1		38	11	垫圈		10
2	连接销 2-2		2	12	金属轴 4		2
3	单条梁 1-10		4	13	塑料轴 4		4
4	双条梁 2-16		4	14	齿轮 36		6
5	双条梁 2-8		2	15	轮毂、轮胎		4
6	双条梁 2-4		2	16	主控器		1
7	支撑销 2		8	17	智能电机		2
8	支撑销 8		3	18	触碰传感器		1
9	角连接器 2		2	19	连接线		3
10	橡胶轴套 2		10				

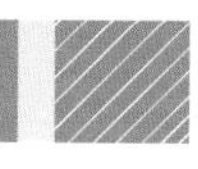

搭建过程

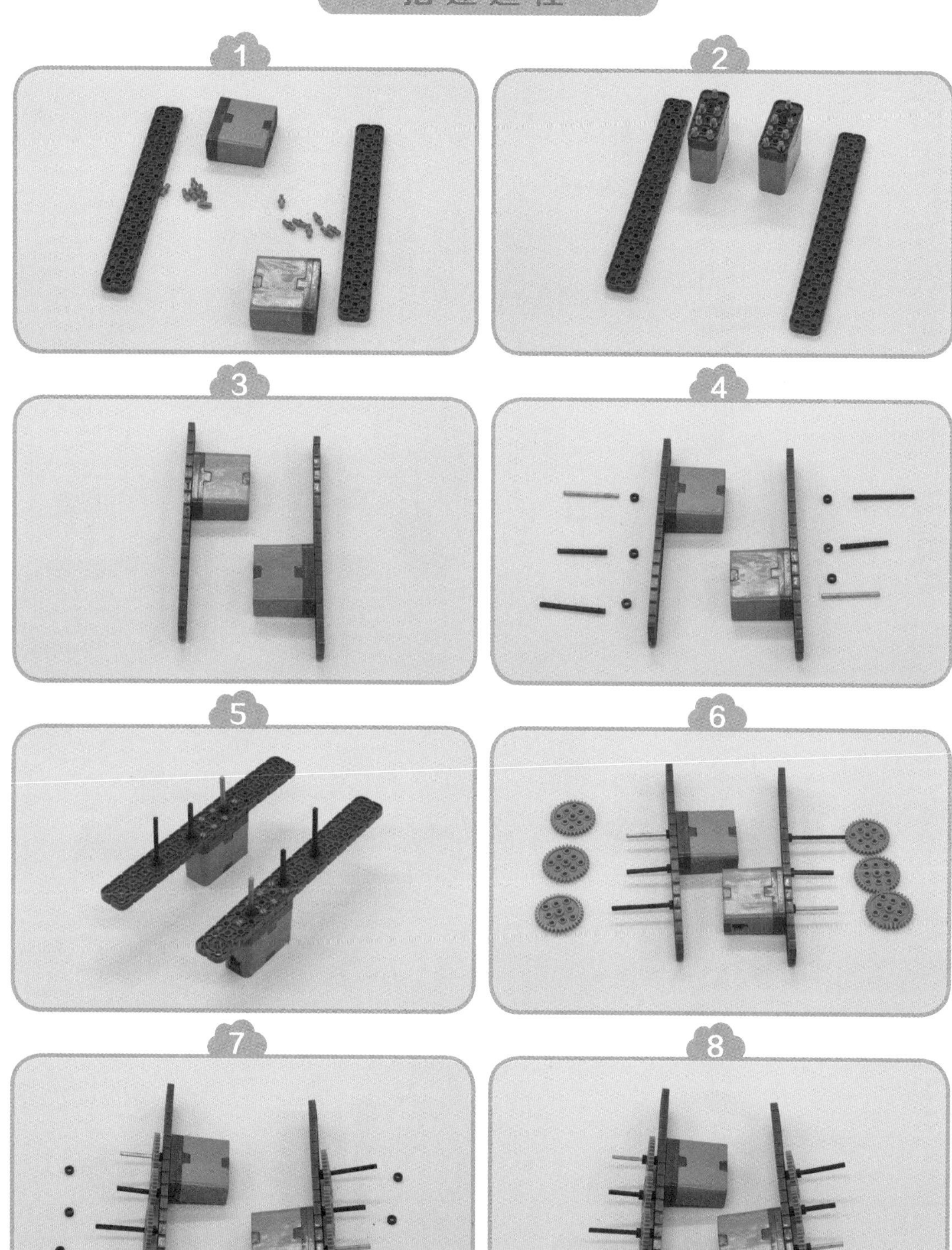

搭建过程

9

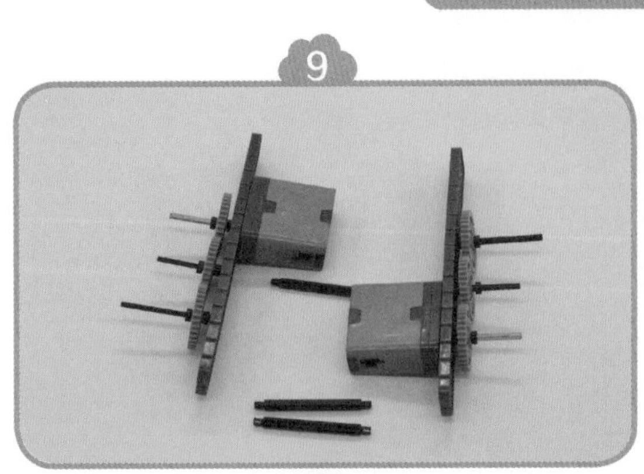

10

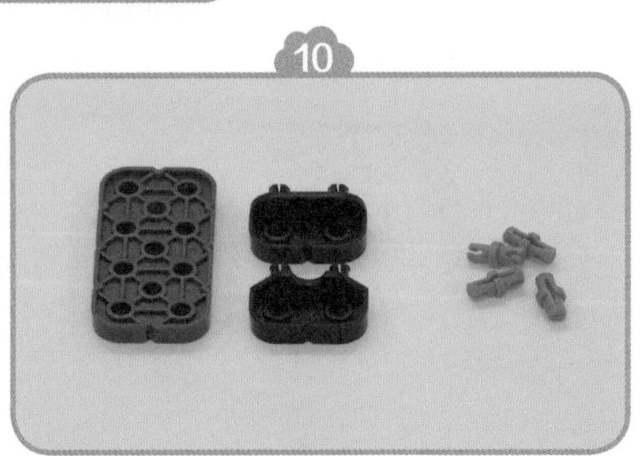

11

12

13

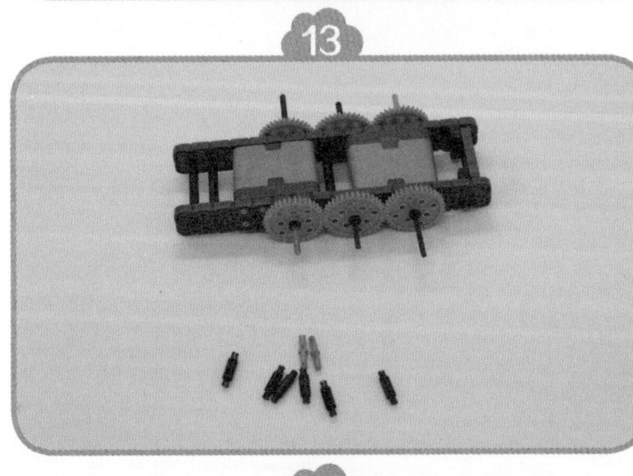

14

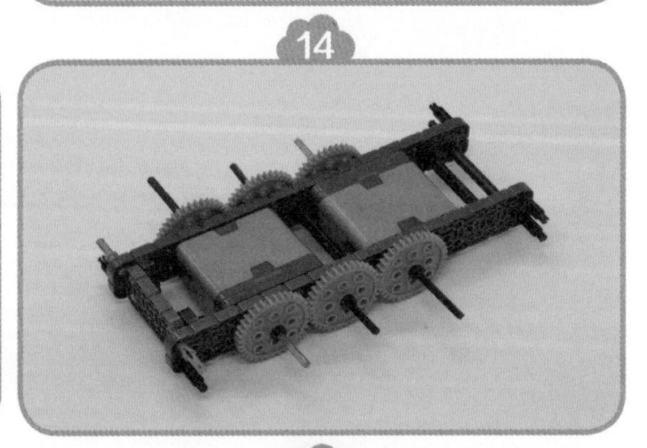

15

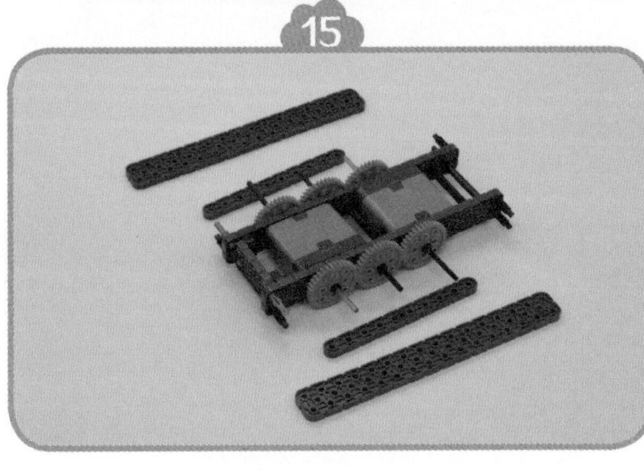

16

搭建过程

搭建过程

搭建过程

33

34

35

36

端口连接

序号	主机端口	电机 / 传感器
1	1	智能电机（左）
2	6	智能电机（右）
3	8	触碰传感器

程序编写

设置端口

Motors and Sensors Setup

Standard Models | Datalogging | Motors | Devices

Port	Name	Type	Reversed	Drive Motor Side
motor1	leftMotor	VEX IQ Motor	☐	Left
motor2		No motor		
motor3		No motor		
motor4		No motor		
motor5		No motor		
motor6	rightMotor	VEX IQ Motor	☑	Right
motor7		No motor		
motor8		No motor		
motor9		No motor		
motor10	armMotor	No motor		
motor11	clawMotor	No motor		
motor12		No motor		

确定 | 取消 | 应用(A) | 帮助

Motors and Sensors Setup

Standard Models | Datalogging | Motors | Devices

Port	Name	Sensor Type
port1		Motor
port2	touchLED	No Sensor
port3	colorDetector	No Sensor
port4	gyroSensor	No Sensor
port5		No Sensor
port6		Motor
port7	distanceMM	No Sensor
port8	bumpSwitch	Bumper (Touch)
port9		No Sensor
port10		No Sensor
port11		No Sensor
port12		No Sensor

确定 | 取消 | 应用(A) | 帮助

程序编写

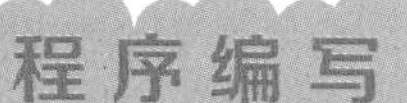

```
1  repeat (forever ) {
2      if ( getBumperValue(bumpSwitch) == 1 ) {
3          setMotor ( motor1, -50 );
4          setMotor ( motor6, -50 );
5          wait ( 2, seconds );
6      } else {
7          setMotor ( motor1, 50 );
8          setMotor ( motor6, 50 );
9      }
10 }
11
```

5.11 石油开采机

案例描述

抽油机是开采石油的一种机器设备，俗称“磕头机”。抽油机是有杆抽油系统中最主要举升设备。

案例分析

智能电机：1 个。

TouchLED：1 个，用作控制开关。

结构设计

器材准备

序号	名称	图片	数量	序号	名称	图片	数量
1	连接销 1-1		54	14	角连接器 2-2		7
2	单条梁 1-6		2	15	橡胶轴套 1		7
3	单条梁 1-8		2	16	垫圈		2
4	单条梁 1-10		1	17	金属轴 4		1
5	单条梁 1-12		1	18	金属轴 8		2
6	双条梁 2-6		2	19	齿轮 36		1
7	双条梁 2-8		2	20	链轮 16		1
8	双条梁 2-16		1	21	链轮 8		1
9	平板 4-12		4	22	链条		若干
10	支撑销 1		2	23	主控器		1
11	支撑销 8		2	24	智能电机		1
12	角连接器 - 单孔		1	25	TouchLED		1
13	角连接器 - 直角		1	26	连接线		2

1

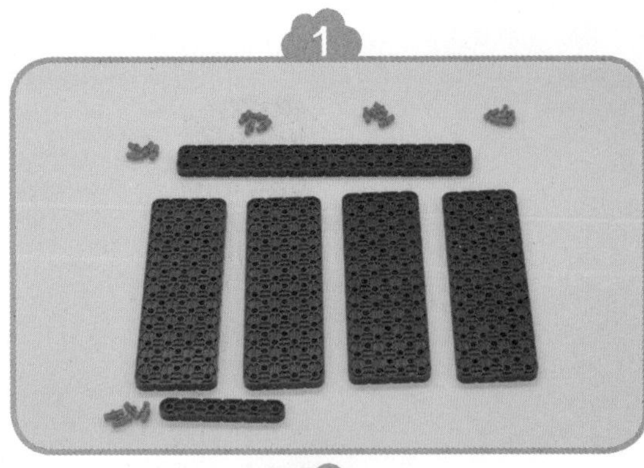

2

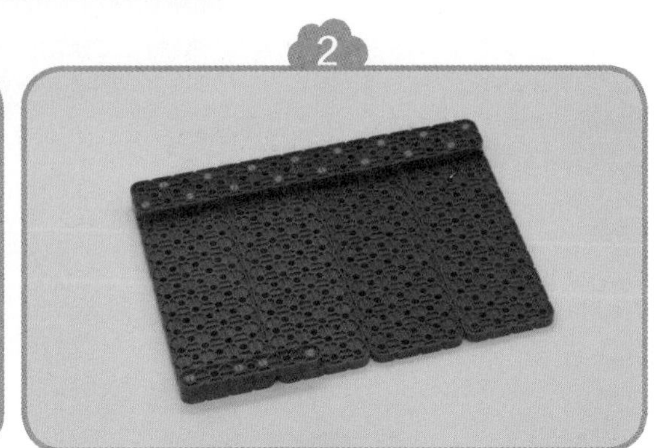

3

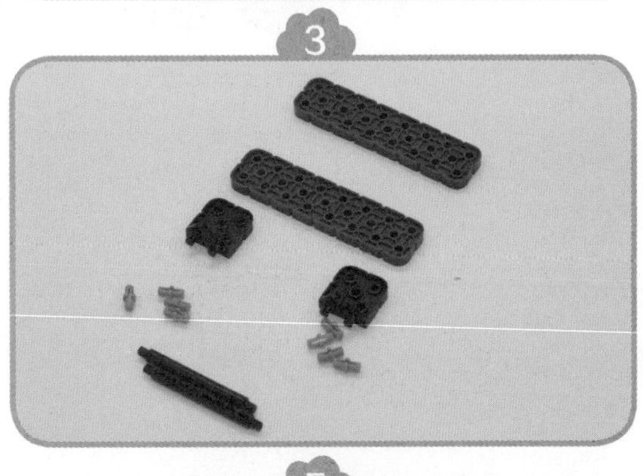

4

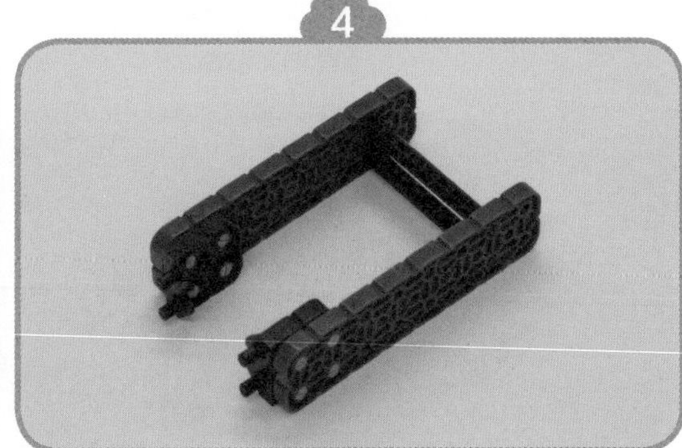

5

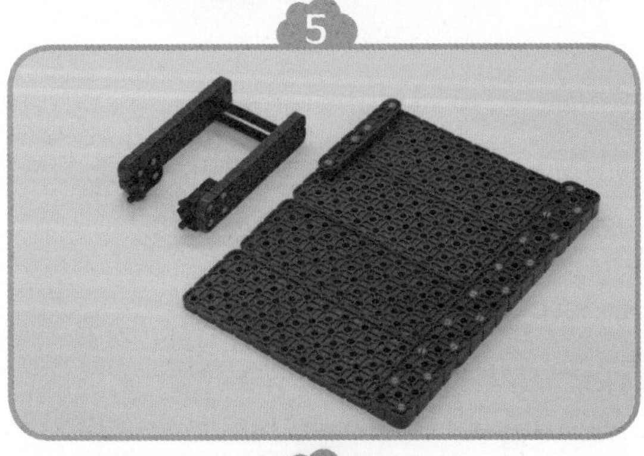

6

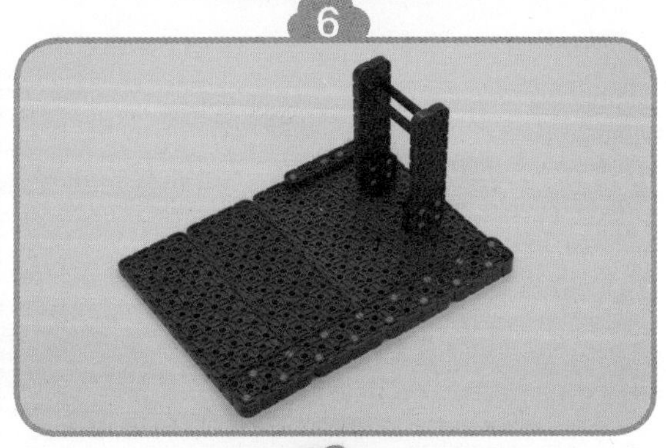

7

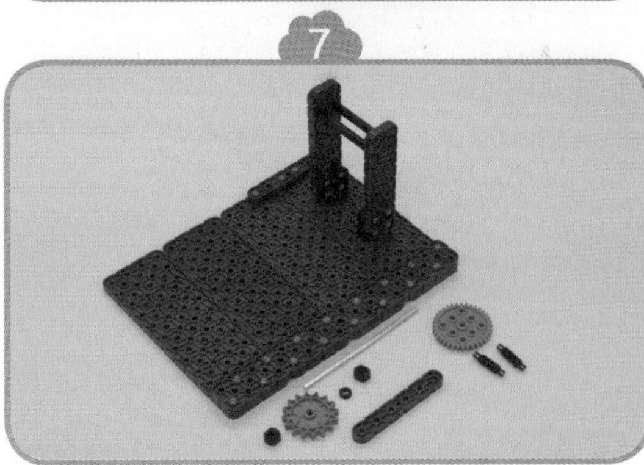

8

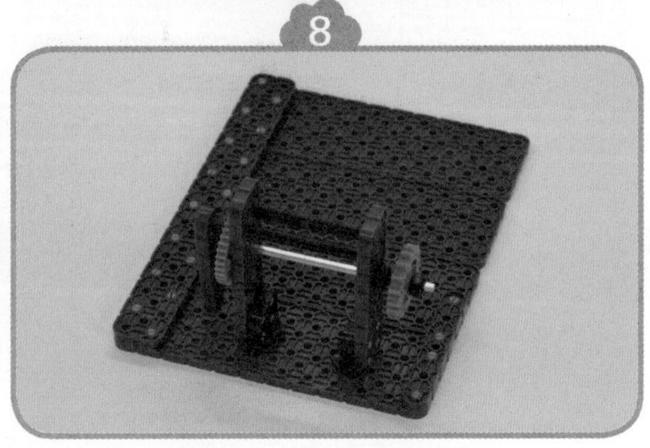

搭建过程

9

10

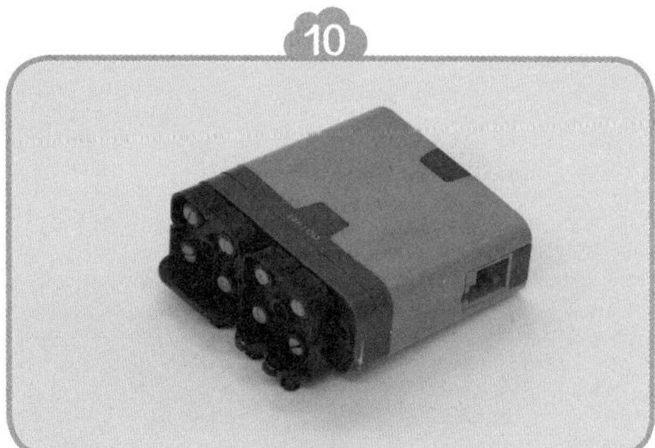

11

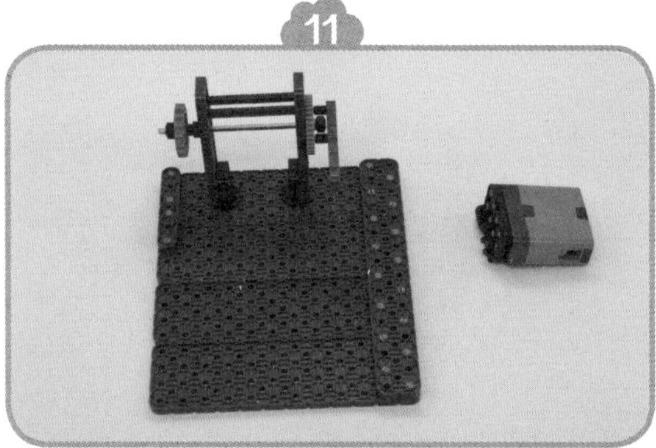

12

13

14

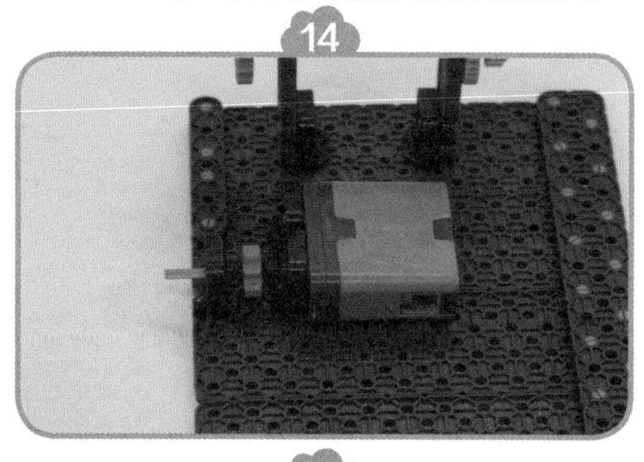

15

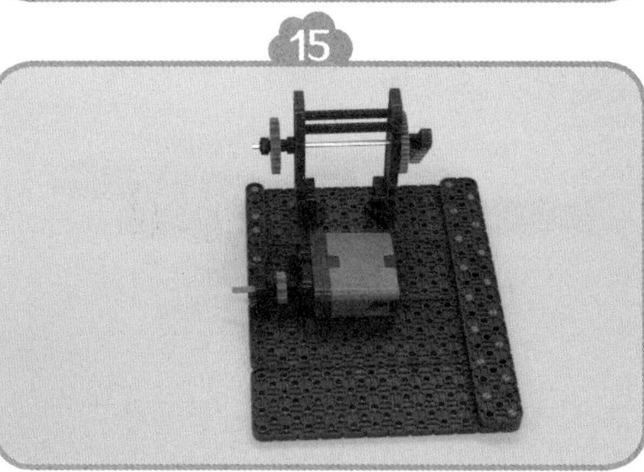

16

搭建过程

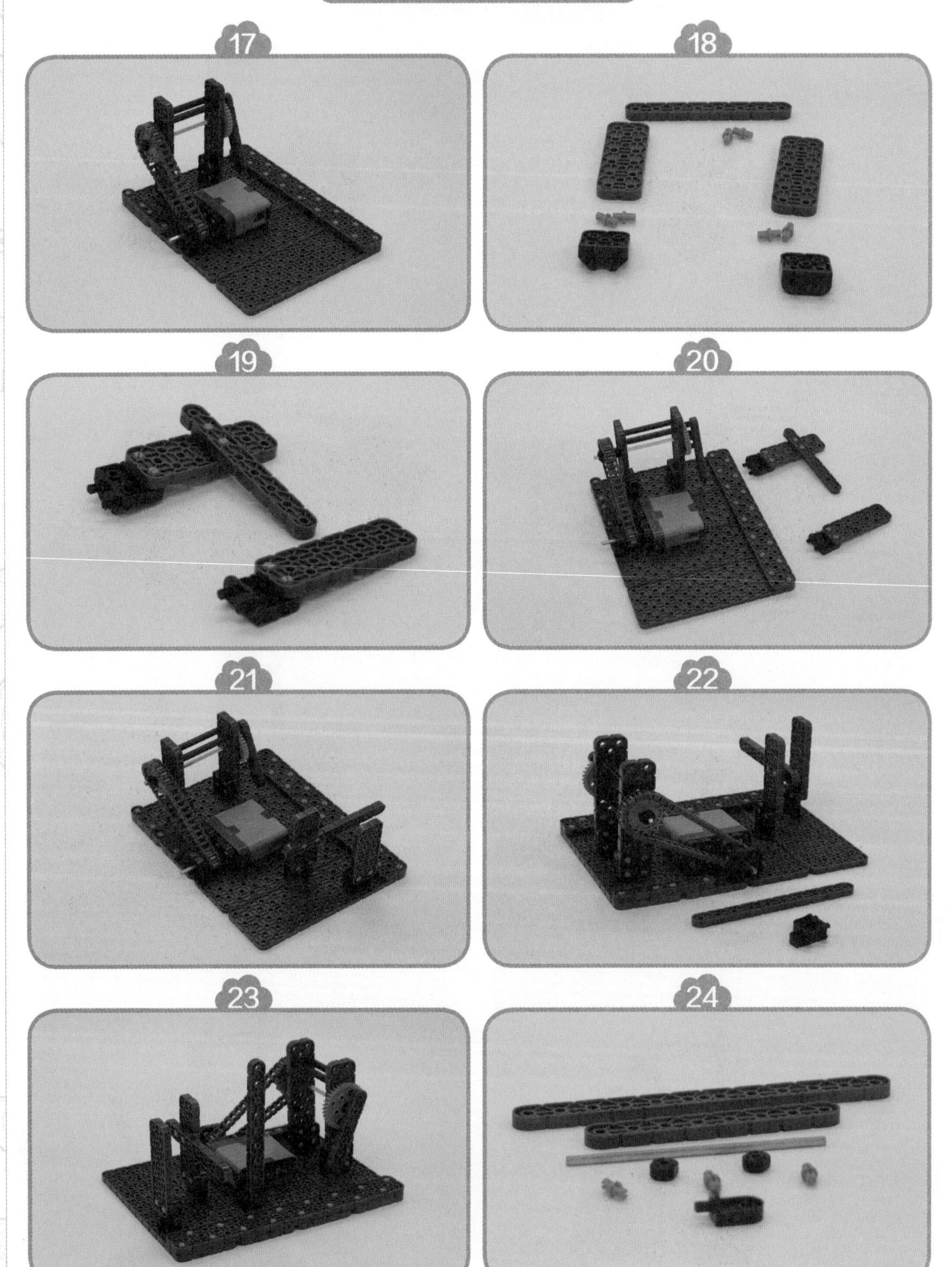

搭建过程

25

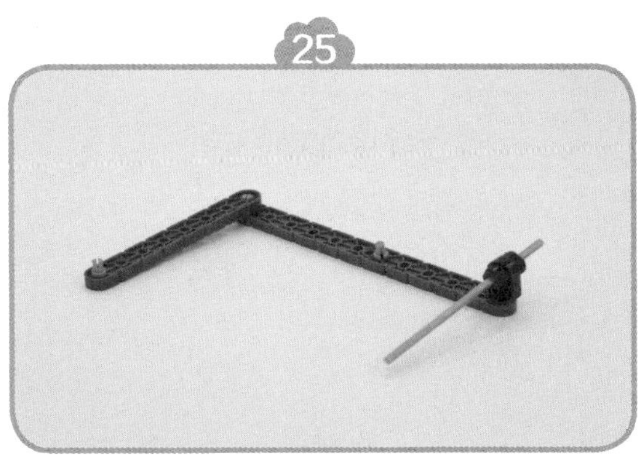

26

27

28

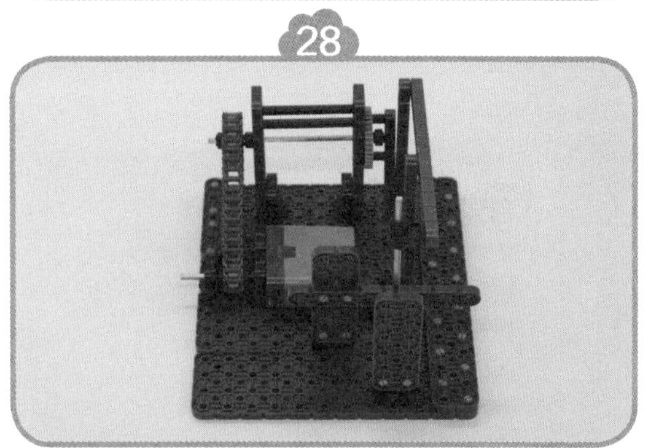

29

30

端口连接

序号	主机端口	电机 / 传感器
1	1	智能电机
2	2	TouchLED

程序编写

设置端口

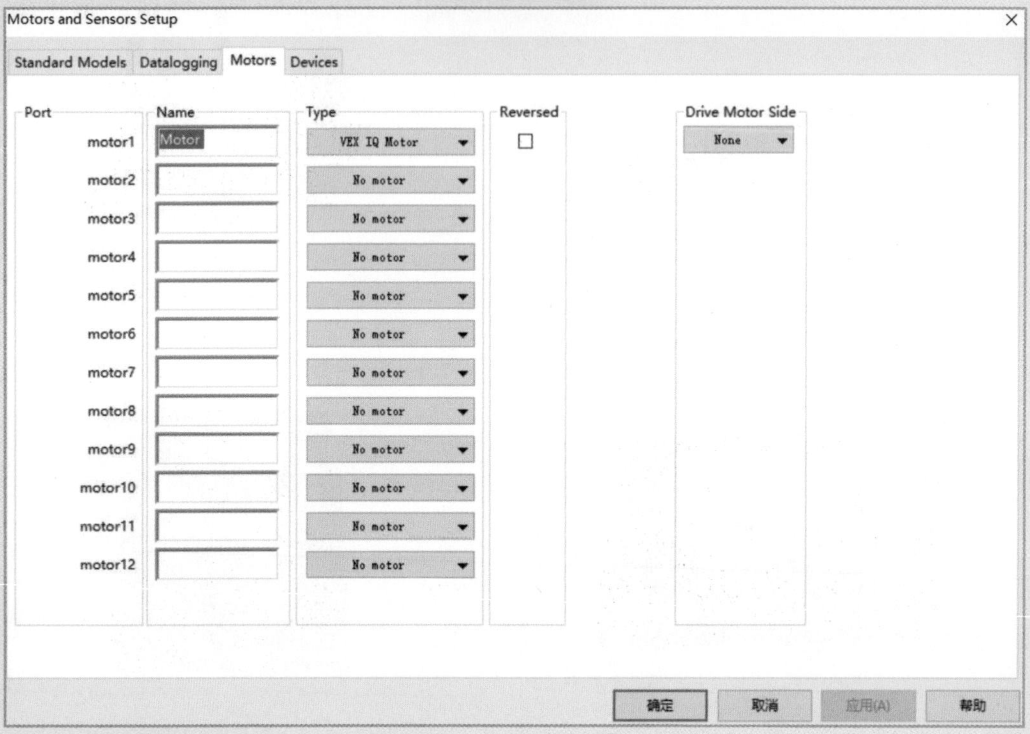

Motors and Sensors Setup

Standard Models | Datalogging | Motors | Devices

Port	Name	Type	Reversed	Drive Motor Side
motor1	Motor	VEX IQ Motor	☐	None
motor2		No motor		
motor3		No motor		
motor4		No motor		
motor5		No motor		
motor6		No motor		
motor7		No motor		
motor8		No motor		
motor9		No motor		
motor10		No motor		
motor11		No motor		
motor12		No motor		

确定 取消 应用(A) 帮助

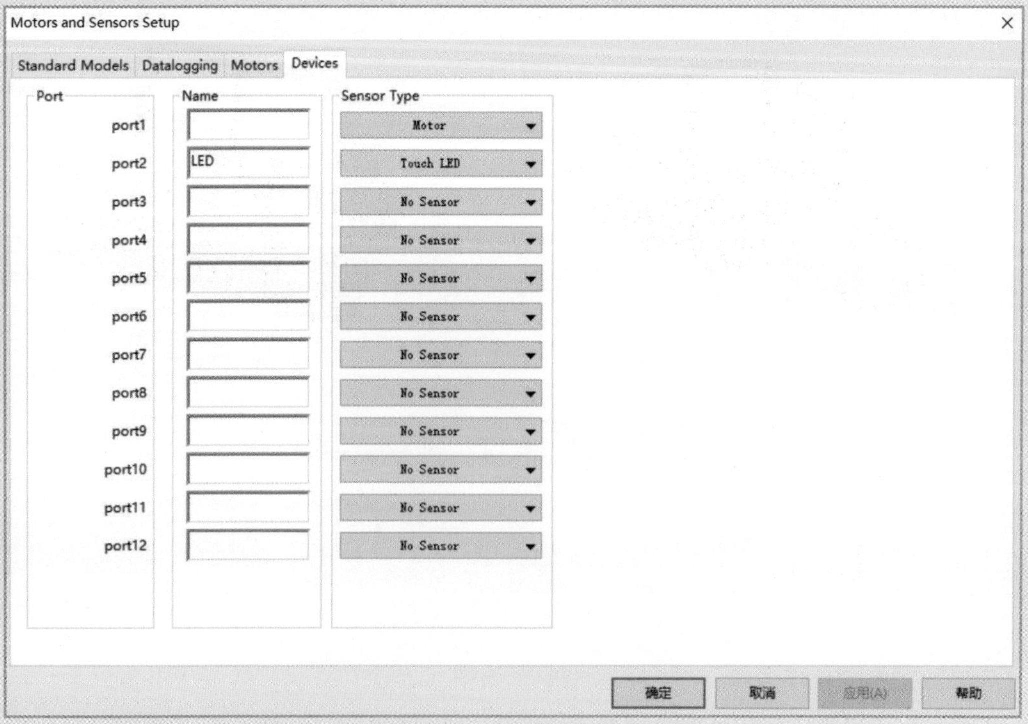

Motors and Sensors Setup

Standard Models | Datalogging | Motors | Devices

Port	Name	Sensor Type
port1		Motor
port2	LED	Touch LED
port3		No Sensor
port4		No Sensor
port5		No Sensor
port6		No Sensor
port7		No Sensor
port8		No Sensor
port9		No Sensor
port10		No Sensor
port11		No Sensor
port12		No Sensor

确定 取消 应用(A) 帮助

程　序

```
1  setTouchLEDColor ( LED, colorRed );
2  repeat (forever ) {
3      waitUntil ( getTouchLEDValue(LED) == 1 );
4      waitUntil ( getTouchLEDValue(LED) == 0 );
5      setTouchLEDColor ( LED, colorGreen );
6      setMotor ( Motor, 50 );
7      waitUntil ( getTouchLEDValue(LED) == true );
8      waitUntil ( getTouchLEDValue(LED) == false );
9      setTouchLEDColor ( LED, colorRed );
10     stopAllMotors ( );
11 }
12
```

5.12　小区自动门

案例描述

小区自动门是指当车辆靠近门，通过门时，传感器信号触发自动门控制器实现门自动开启和关闭。

案例分析

需要传感器感应到车辆，然后控制栅栏门抬起，车辆通过后，控制栅栏门落下。

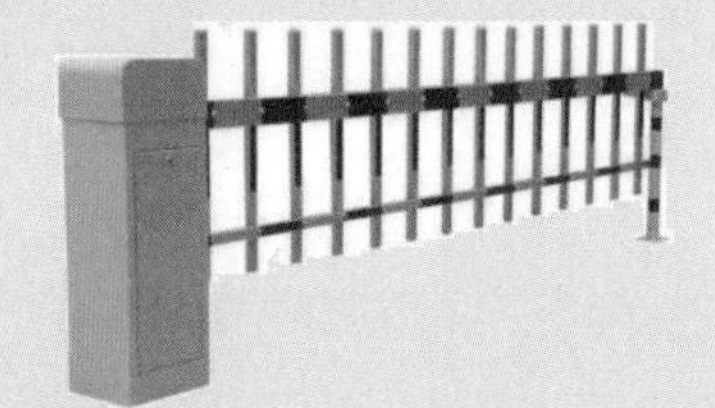

超声波传感器：1 个。

智能电机：1 个。

结构设计

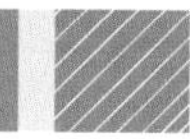

器材准备

序号	名称	图片	数量	序号	名称	图片	数量
1	连接销 1-1		34	12	双头支撑销连接器 2		1
2	单条梁 1-8		5	13	橡胶轴套 1		5
3	单条梁 1-12		4	14	垫圈		2
4	单条梁 1-4		2	15	金属轴 8		1
5	单条梁 1-6		1	16	金属轴 6		1
6	单条梁 1-3		1	17	齿轮 36		1
7	轴锁定板 1-3		1	18	齿轮 12		1
8	双条梁 2-12		1	19	主控器		1
9	平板 4-12		1	20	智能电机		1
10	支撑销 1		1	21	超声波传感器		1
11	支撑销 4		3	22	连接线		2

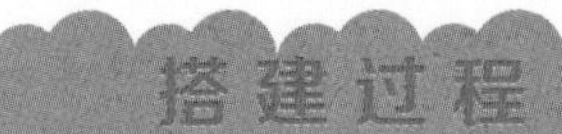
搭建过程

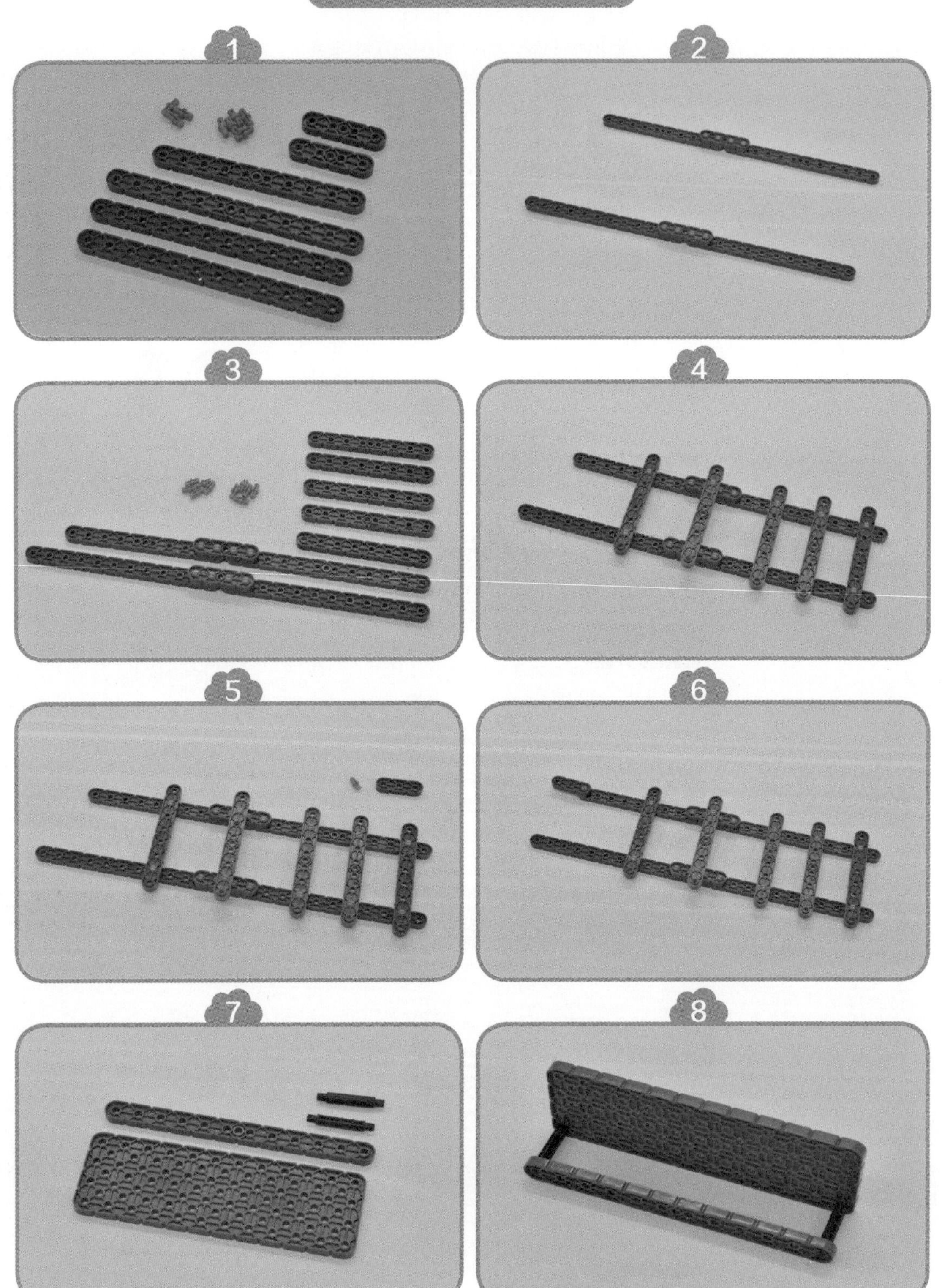
1
2
3
4
5
6
7
8

搭建过程

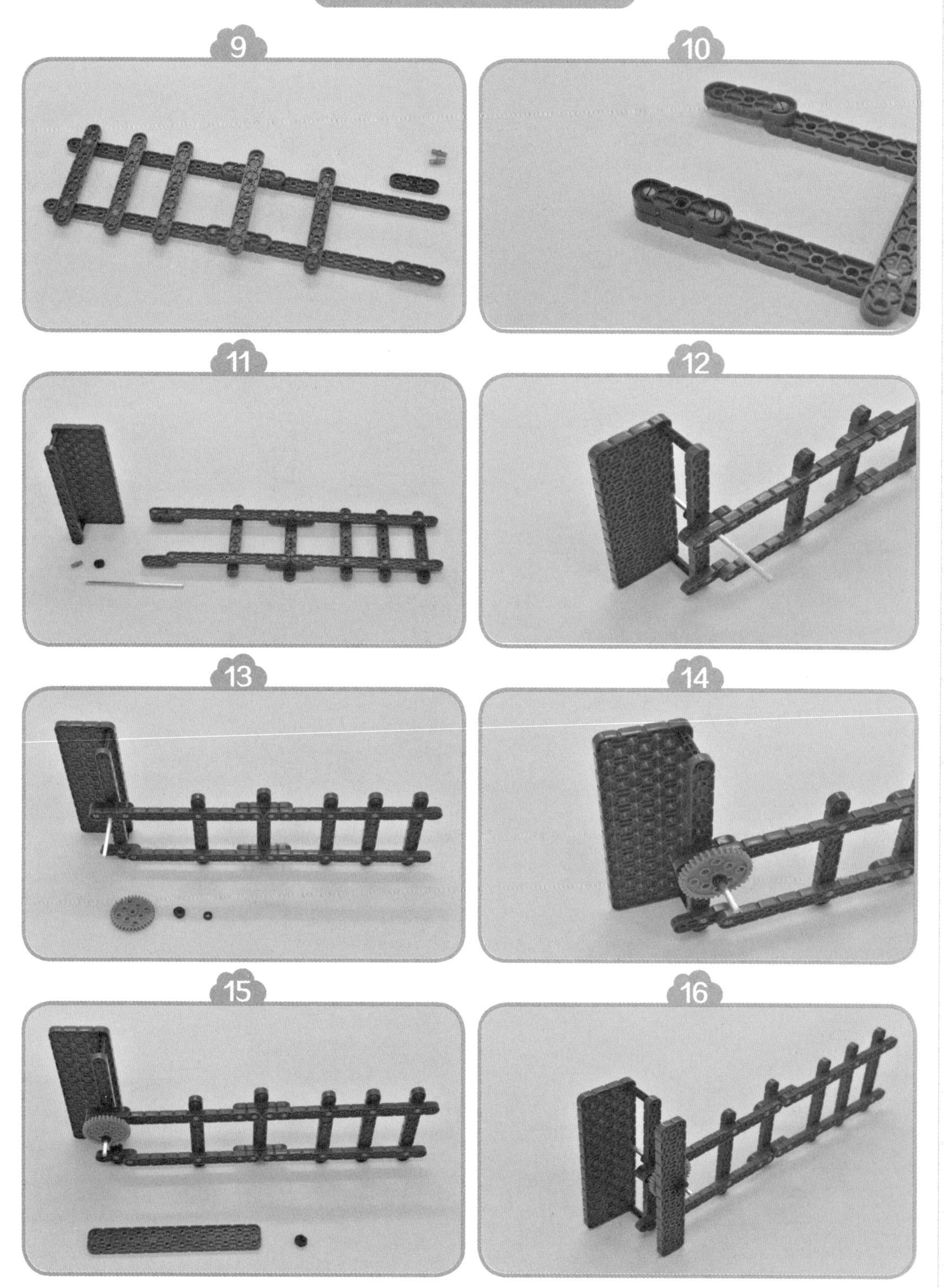

搭建过程

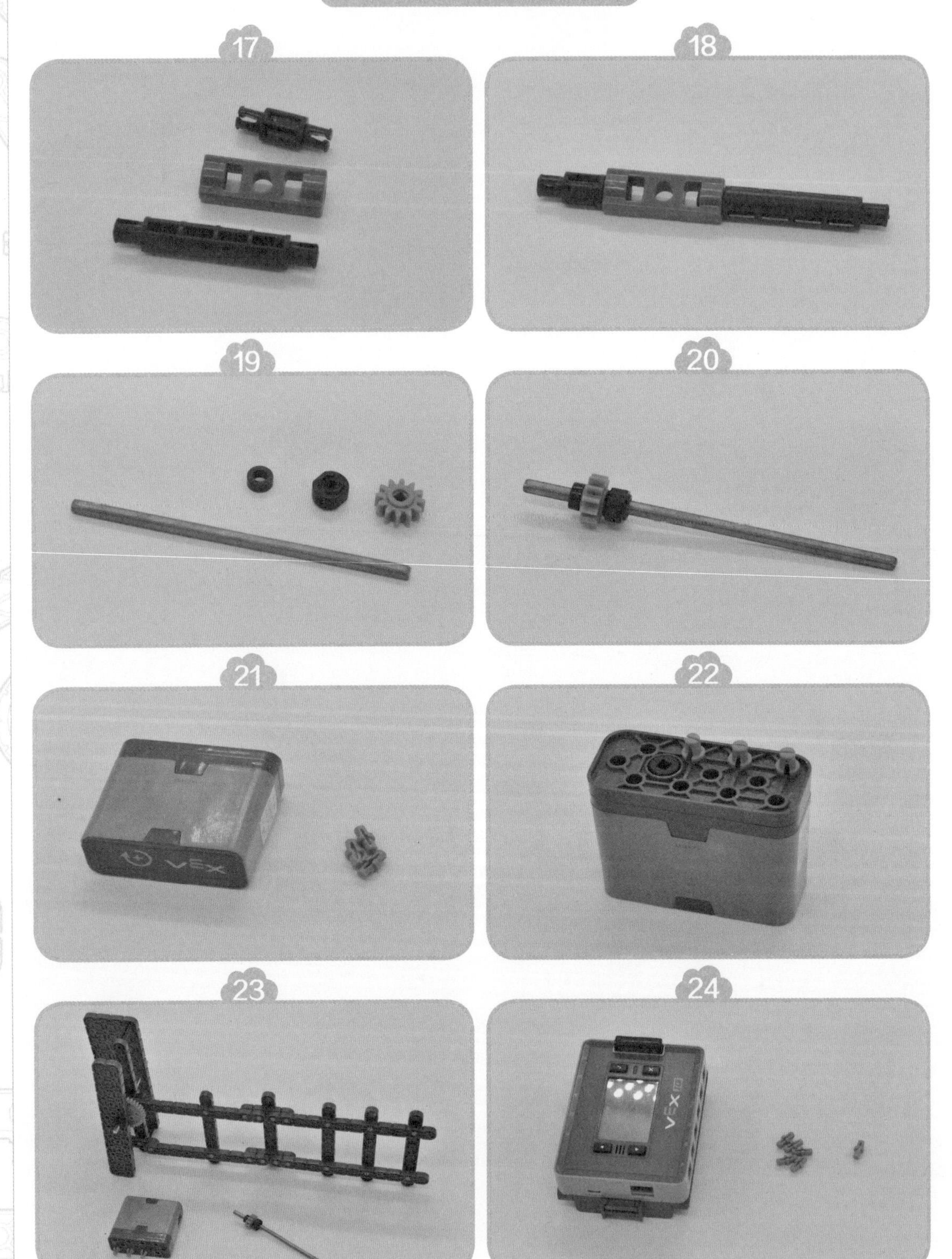
17
18
19
20
21
22
23
24

搭建过程

25

26

27

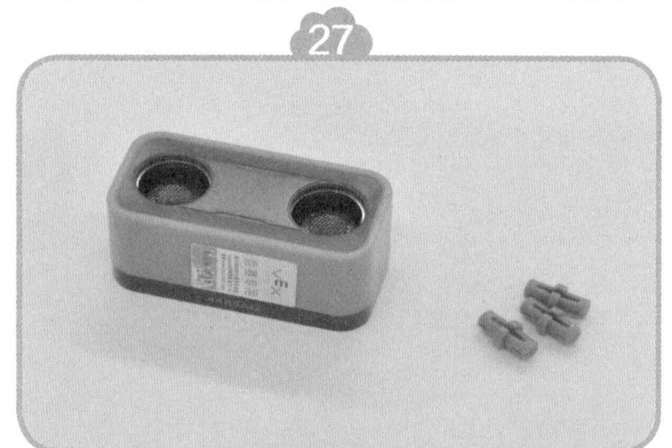

28

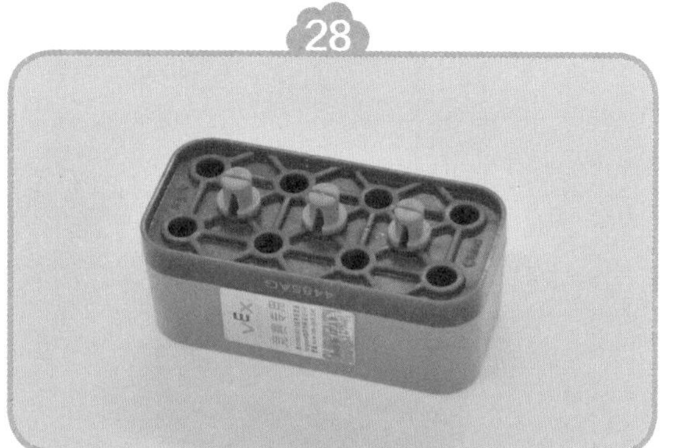

29

30

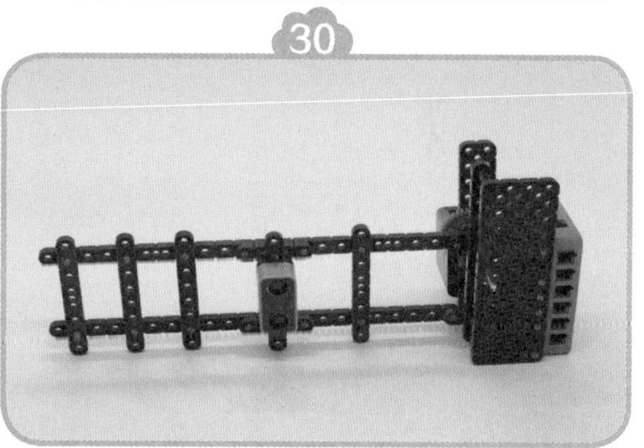

端口连接

序号	主机端口	电机 / 传感器
1	1	智能电机
2	7	超声波传感器

程序编写

设置端口

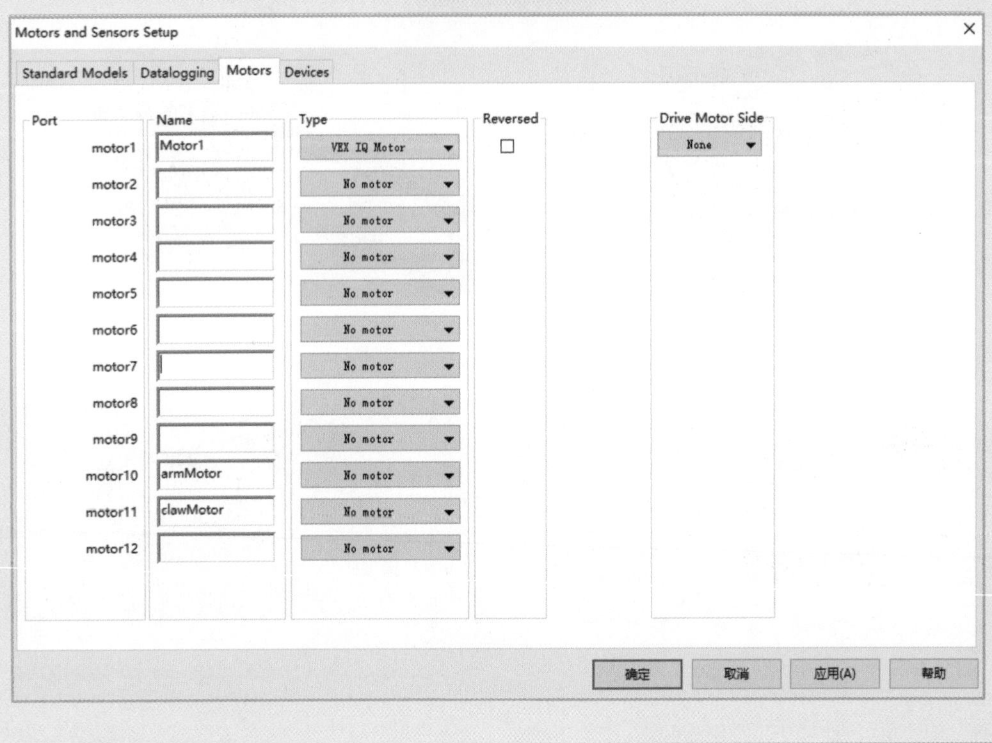
Motors and Sensors Setup
Standard Models
Datalogging
Motors
Devices
Port
Name
Type
Reversed
Drive Motor Side
motor1
Motor1
VEX IQ Motor
None
motor2
No motor
motor3
motor4
motor5
motor6
motor7
motor8
motor9
motor10
armMotor
motor11
clawMotor
motor12
确定
取消
应用(A)
帮助

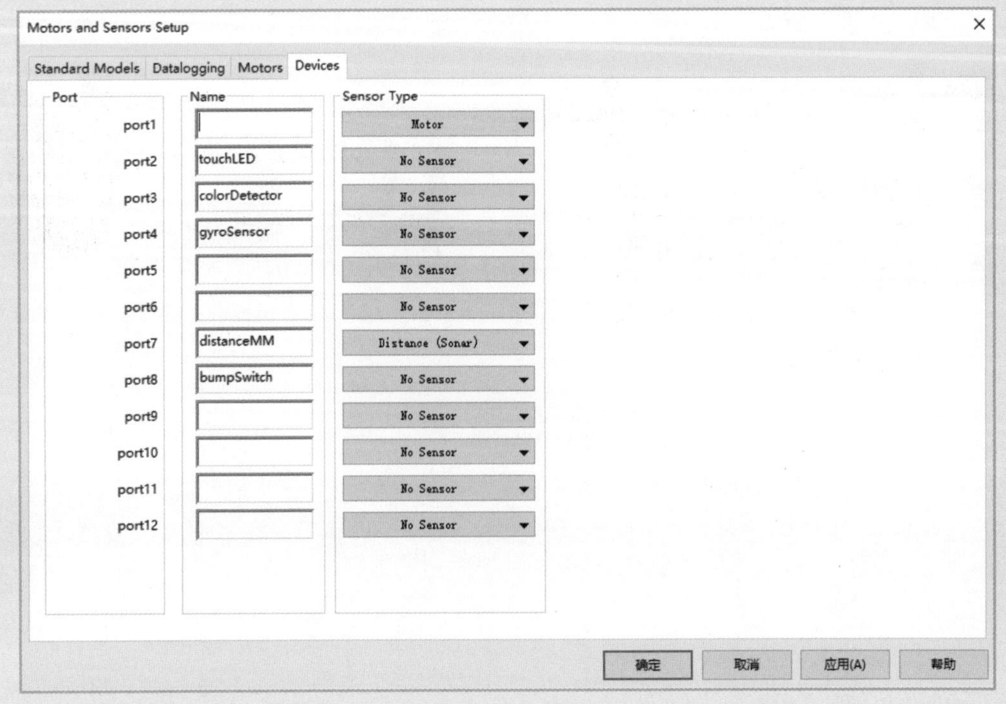
Motors and Sensors Setup
Standard Models
Datalogging
Motors
Devices
Port
Name
Sensor Type
port1
Motor
port2
touchLED
No Sensor
port3
colorDetector
port4
gyroSensor
port5
port6
port7
distanceMM
Distance (Sonar)
port8
bumpSwitch
port9
port10
port11
port12
确定
取消
应用(A)
帮助

程序编写

程　序

```
1  repeat (forever ) {
2      if ( getDistanceValue(distanceMM) <= 150 ) {
3          setMotor ( motor1 , 50 );
4          wait ( 0.6 , seconds );
5          setMotor ( motor1 , 0 );
6          wait ( 2 , seconds );
7          setMotor ( motor1 , -50 );
8          wait ( 0.6 , seconds );
9          setMotor ( motor1 , 0 );
10     }
11 }
12
```

5.13 可控人行横道交通灯

案例描述

交通灯没被按下时，红灯亮；按下按钮，交通灯就会红、黄灯闪烁，绿灯亮；待行人通过后，绿、黄灯闪烁，红灯亮。

案例分析

TouchLED：3 个。

结构设计

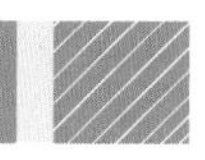

器材准备

序号	名称	图片	数量	序号	名称	图片	数量
1	连接销 1-1		20	7	双头支撑销连接器		2
2	双条梁 2-20		2	8	角连接器 1-2		2
3	双条梁 2-8		1	9	主控器		1
4	平板 4-12		1	10	TouchLED		3
5	支撑销 1		4	11	触碰传感器		1
6	支撑销 2		2	12	连接线		4

搭建过程

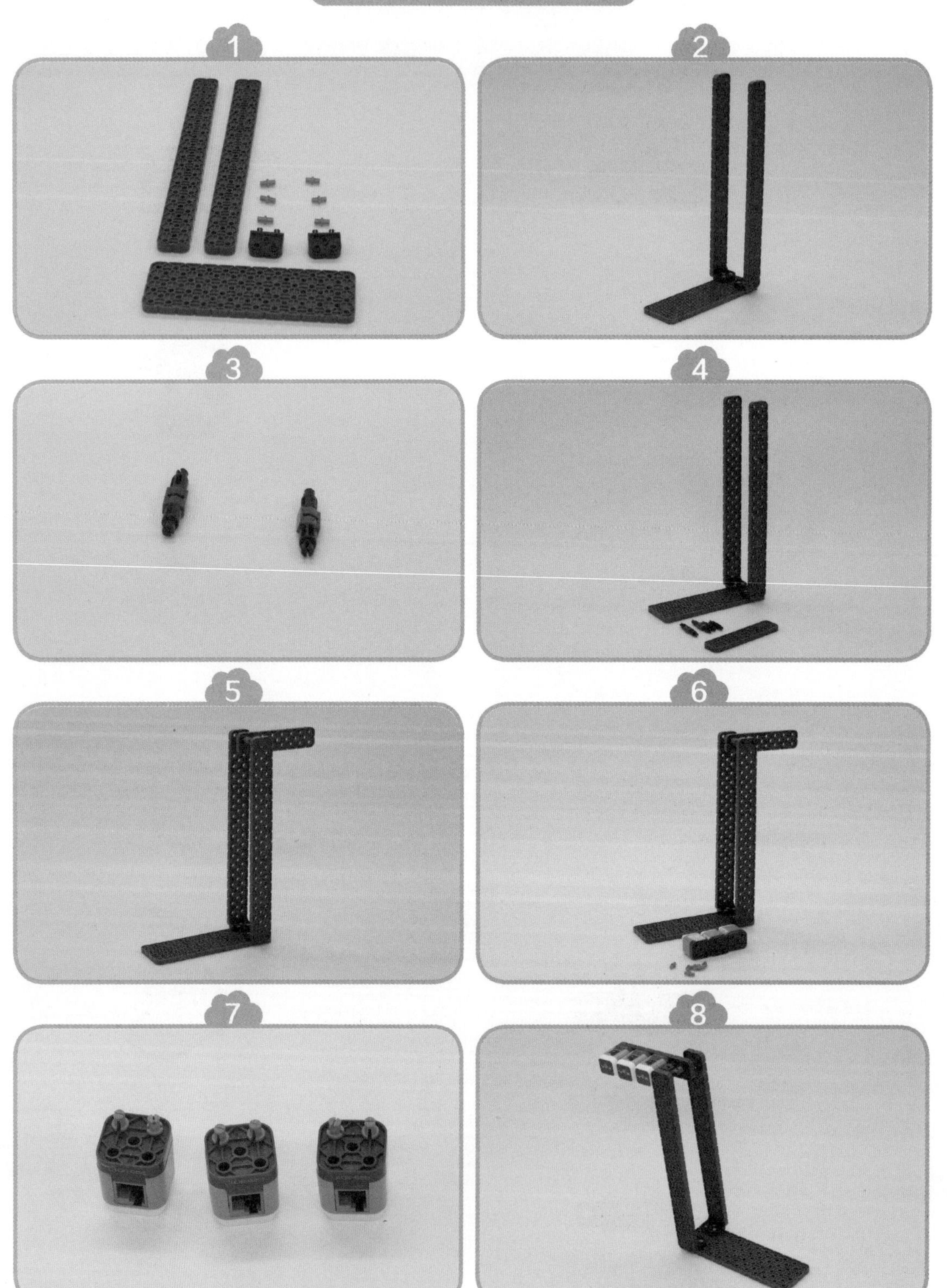

搭建过程

9

10

11

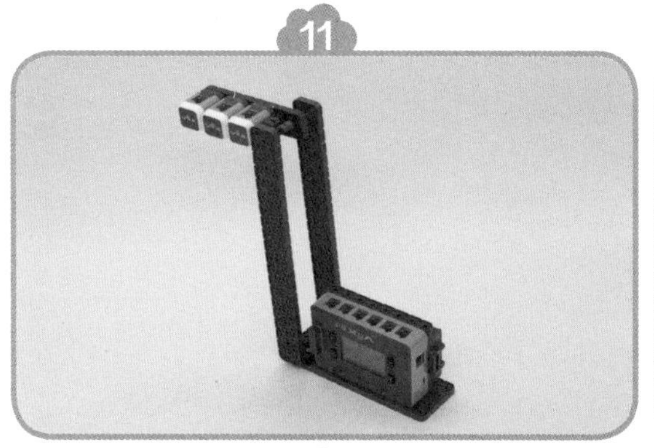

12

13

14

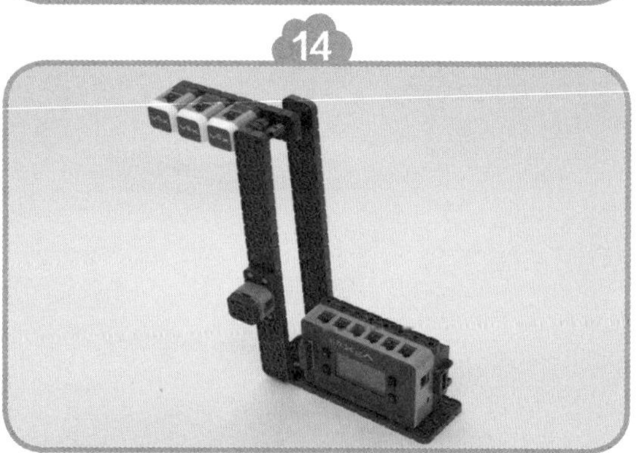

端口连接

序号	主机端口	电机 / 传感器
1	7	TouchLED
2	8	TouchLED
3	9	TouchLED
4	10	触碰传感器

程序编写

设置端口

Motors and Sensors Setup

Standard Models | Datalogging | Motors | Devices

Port	Name	Type	Reversed	Drive Motor Side
motor1	leftMotor	No motor		
motor2		No motor		
motor3		No motor		
motor4		No motor		
motor5		No motor		
motor6	rightMotor	No motor		
motor7		No motor		
motor8		No motor		
motor9		No motor		
motor10	armMotor	No motor		
motor11	clawMotor	No motor		
motor12		No motor		

确定 | 取消 | 应用(A) | 帮助

Motors and Sensors Setup

Standard Models | Datalogging | Motors | Devices

Port	Name	Sensor Type
port1		No Sensor
port2	touchLED	No Sensor
port3	colorDetector	No Sensor
port4	gyroSensor	No Sensor
port5		No Sensor
port6		No Sensor
port7	distanceMM	Touch LED
port8	bumpSwitch	Touch LED
port9		Touch LED
port10		Bumper (Touch)
port11		No Sensor
port12		No Sensor

确定 | 取消 | 应用(A) | 帮助

程序编写

程　序

```
1  repeat (forever) {
2    if ( getBumperValue(port10) == 1 ) {
3      repeat ( 3 ) {
4        setTouchLEDColor ( port7 , colorRed );
5        wait ( 0.5 , seconds );
6        setTouchLEDColor ( port7 , colorNone );
7        wait ( 0.5 , seconds );
8      }
9      setTouchLEDColor ( port8 , colorDarkYellow );
10     wait ( 1 , seconds );
11     setTouchLEDColor ( port8 , colorNone );
12     setTouchLEDColor ( port9 , colorGreen );
13     wait ( 5 , seconds );
14     repeat ( 3 ) {
15       setTouchLEDColor ( port9 , colorGreen );
16       wait ( 0.5 , seconds );
17       setTouchLEDColor ( port9 , colorNone );
18       wait ( 0.5 , seconds );
19     }
20     setTouchLEDColor ( port8 , colorDarkYellow );
21     wait ( 1 , seconds );
22     setTouchLEDColor ( port8 , colorNone );
23   } else {
24     setTouchLEDColor ( port7 , colorRed );
25   }
26 }
27
```

5.14　智能书桌

案例描述

人工智能已经越来越多地进入了我们的生活，例如当人坐在书桌旁，灯和风扇就会自动开启，当人离开时，灯和风扇就会自动关闭。

案例分析

传感器感应是否有人坐在书桌前。

超声波传感器：1 个。

TouchLED：1 个，用作灯。

智能电机：1 个，转动风扇。

结构设计

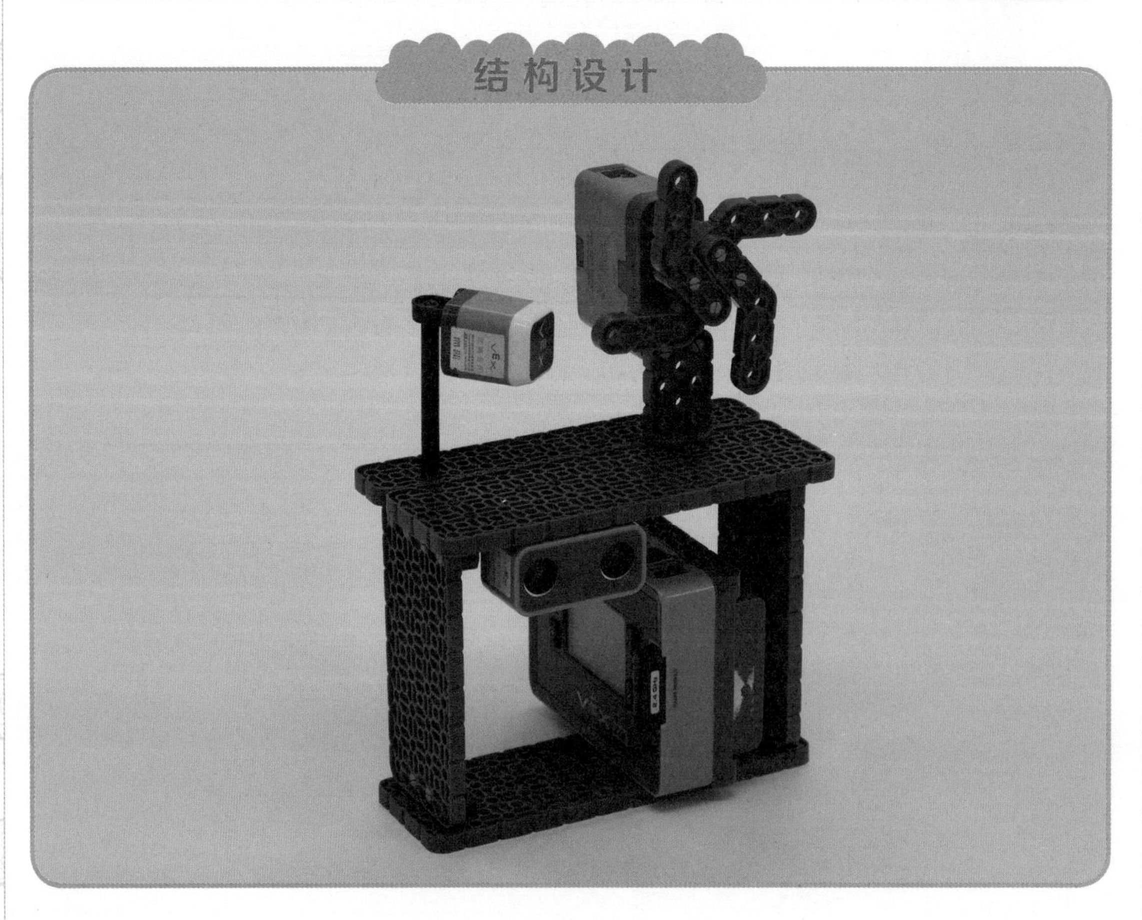

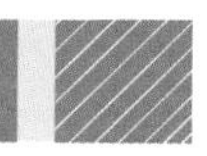

器材准备

序号	名称	图片	数量	序号	名称	图片	数量
1	连接销 1-1		10	10	角连接器单孔		1
2	连接销 1-2		4	11	角连接器 2-3		1
3	双条梁 2-12		1	12	封闭型塑料轴 4		1
4	平板 4-8		2	13	主控器		1
5	平板 4-12		1	14	智能电机		1
6	支撑销 1		2	15	TouchLED		1
7	特殊梁 45		4	16	超声波传感器		1
8	支撑销 8		1	17	连接线		3
9	角连接器 2		8				

搭建过程

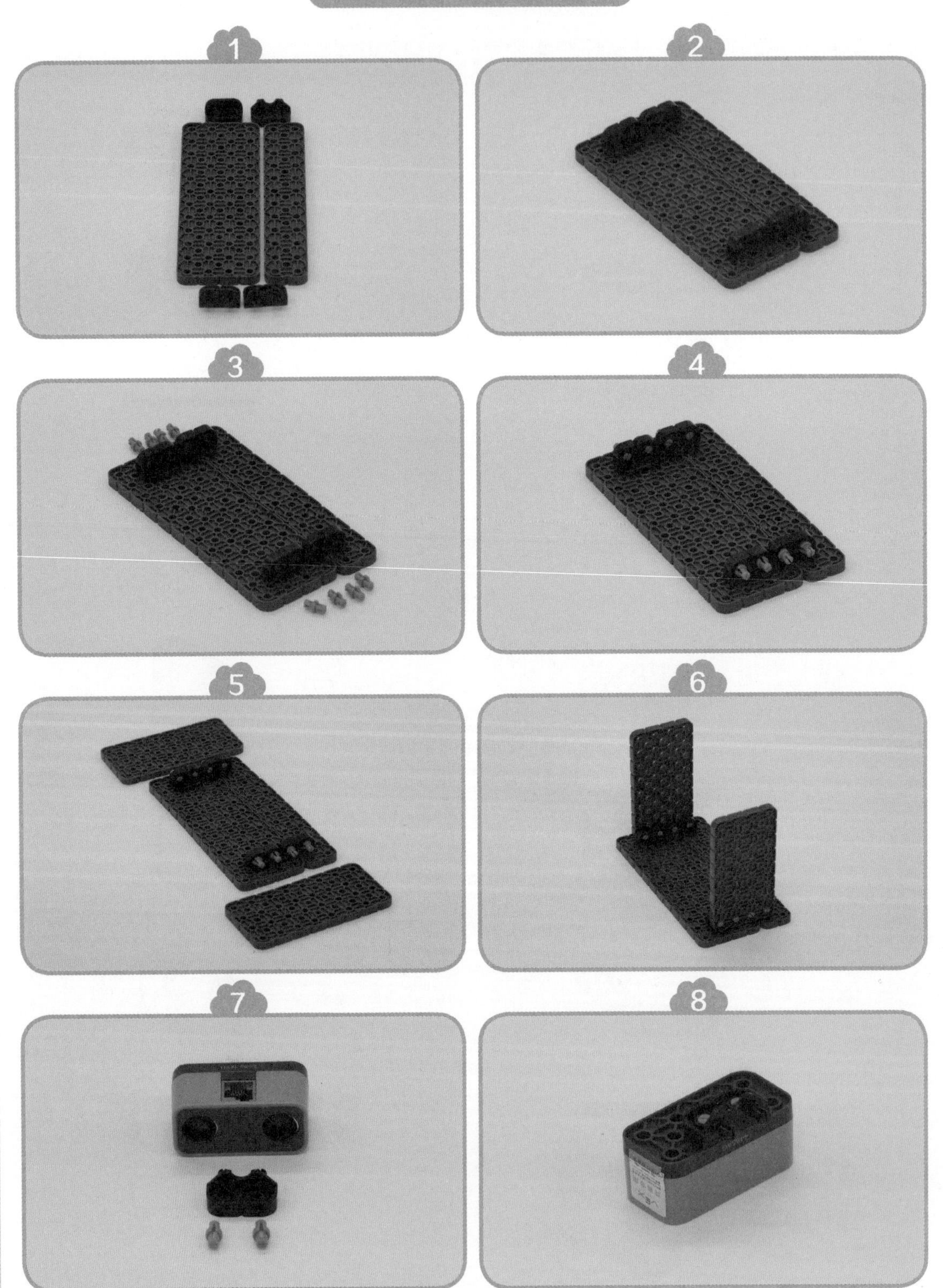

搭建过程

9

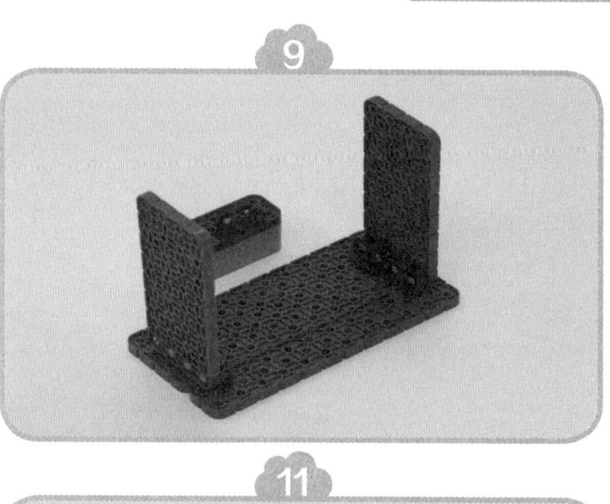

10

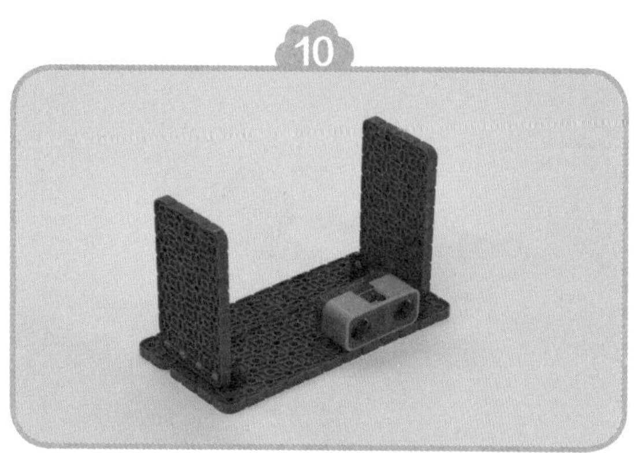

11

12

13

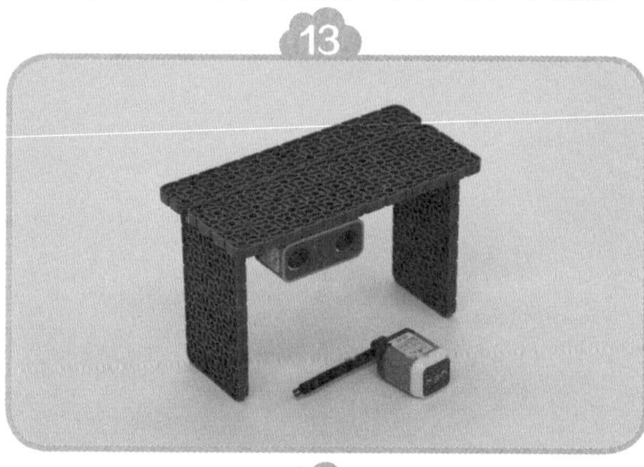

14

15

16

17

18

19

20

21

22

23

24

搭建过程

25

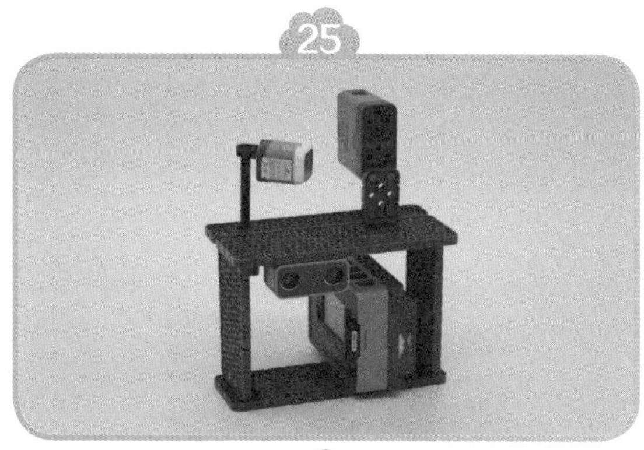

26

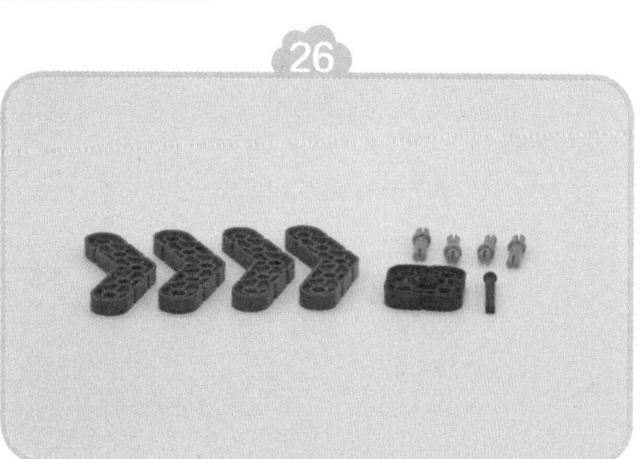

27

28

29

端口连接

序号	主机端口	电机 / 传感器
1	7	超声波传感器
2	8	TouchLED
3	10	智能电机

程序编写

设置端口

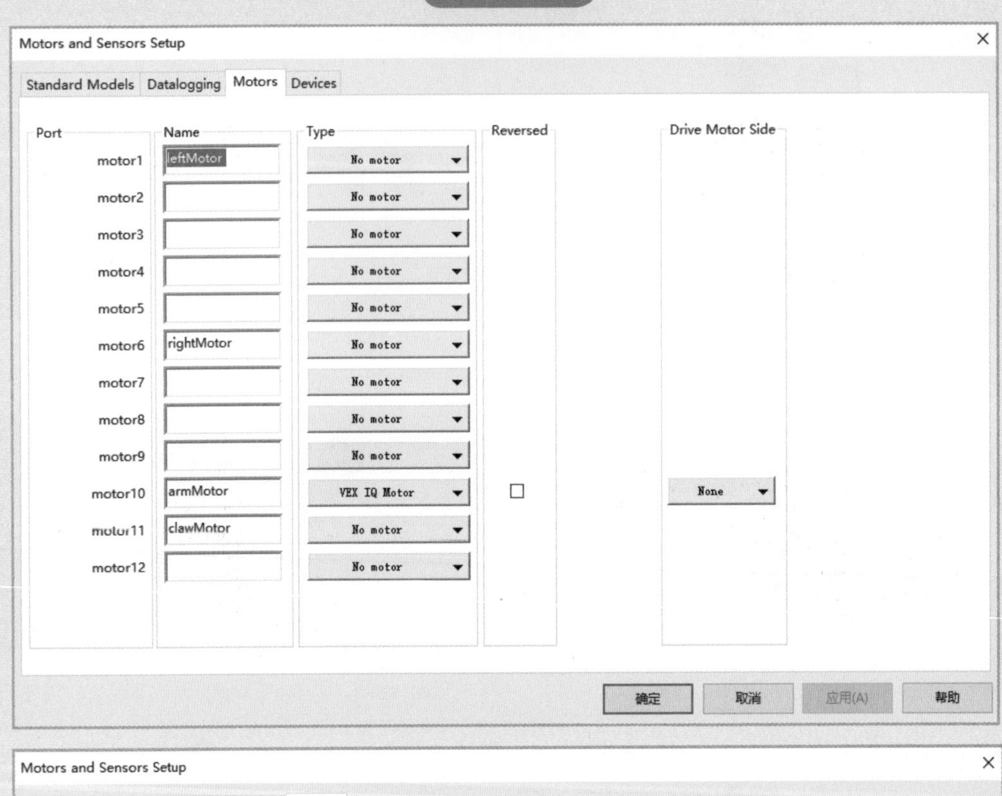

Motors and Sensors Setup

Standard Models | Datalogging | Motors | Devices

Port	Name	Sensor Type
port1		No Sensor
port2		No Sensor
port3	colorDetector	No Sensor
port4	gyroSensor	No Sensor
port5		No Sensor
port6		No Sensor
port7	distanceMM	Distance (Sonar)
port8	touchLED	Touch LED
port9		No Sensor
port10		Motor
port11		No Sensor
port12		No Sensor

确定 取消 应用(A) 帮助

程序编写

程　序

```
1  repeat (forever ) {
2      if ( getDistanceValue(distanceMM) <= 50 ) {
3          setMotor ( motor1 , 50 );
4          setTouchLEDColor ( port8 , colorYellow );
5      } else {
6          setMotor ( motor1 , 0 );
7          setTouchLEDColor ( port8 , colorNone );
8      }
9  }
10
```

5.15 摇头电风扇

案例描述

摇头电风扇不仅扇叶转动，而且风扇头也可以转动。

案例分析

传感器控制电风扇开关。
触碰传感器：1 个。
智能电机：2 个，一个控制扇叶转动，另一个控制风扇头转动。

结构设计

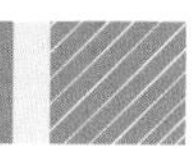

器材准备

序号	名称	图片	数量	序号	名称	图片	数量
1	连接销 1 1		24	12	垫圈		7
2	连接销 1-2		4	13	金属轴 4		4
3	轴锁定板 2-2		1	14	封闭型塑料轴 4		1
4	特殊梁 4-4		4	15	齿轮 60		3
5	双条梁 2-16		2	16	齿轮 36		3
6	平板 4-12		3	17	齿轮 12		1
7	平板 4-4		1	18	主控器		1
8	支撑销 2		2	19	智能电机		2
9	支撑销 8		4	20	触碰传感器		1
10	角连接器 2		2	21	连接线		3
11	橡皮轴套 1		9				

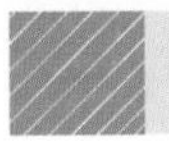

搭建过程

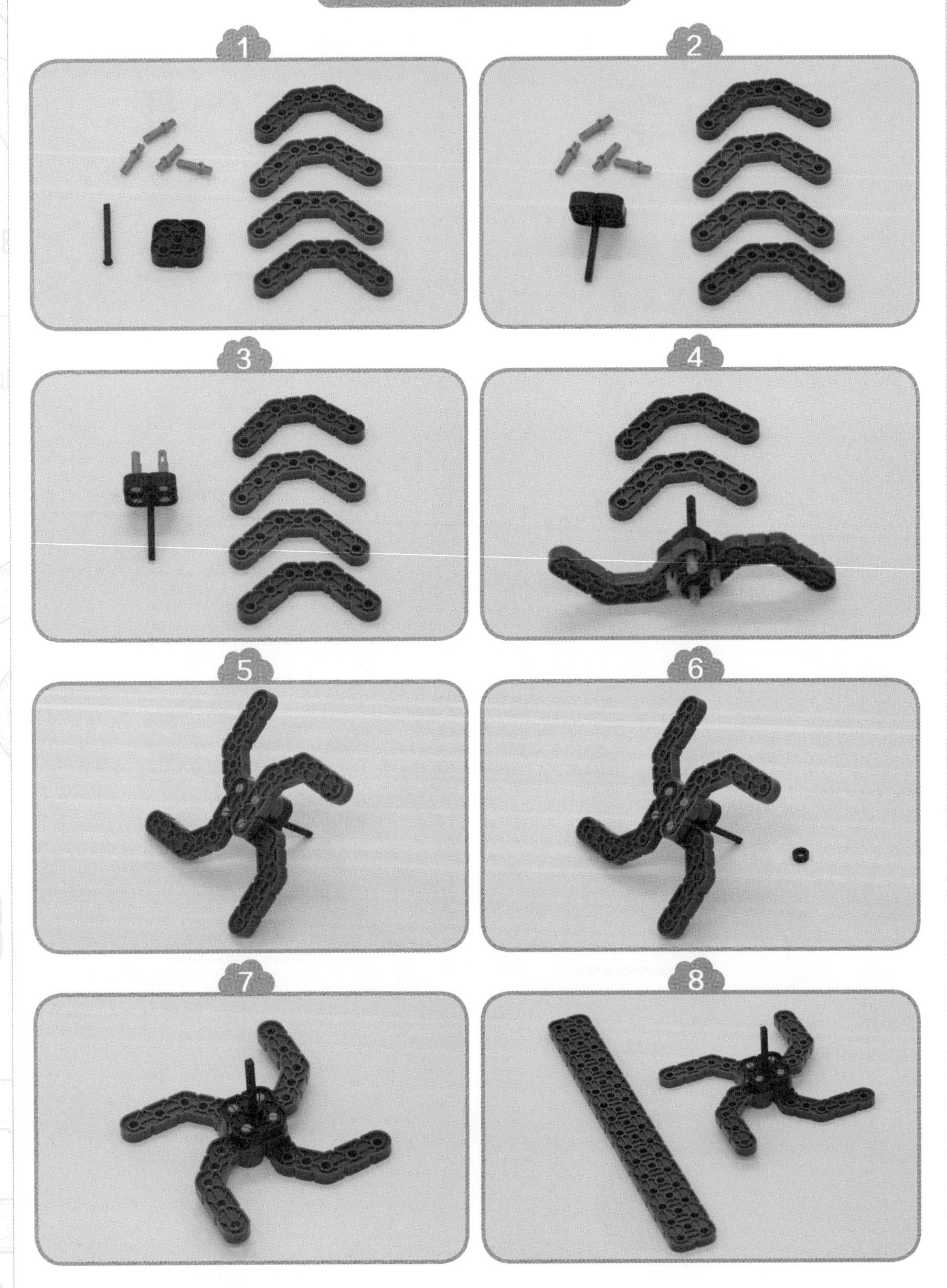

搭建过程

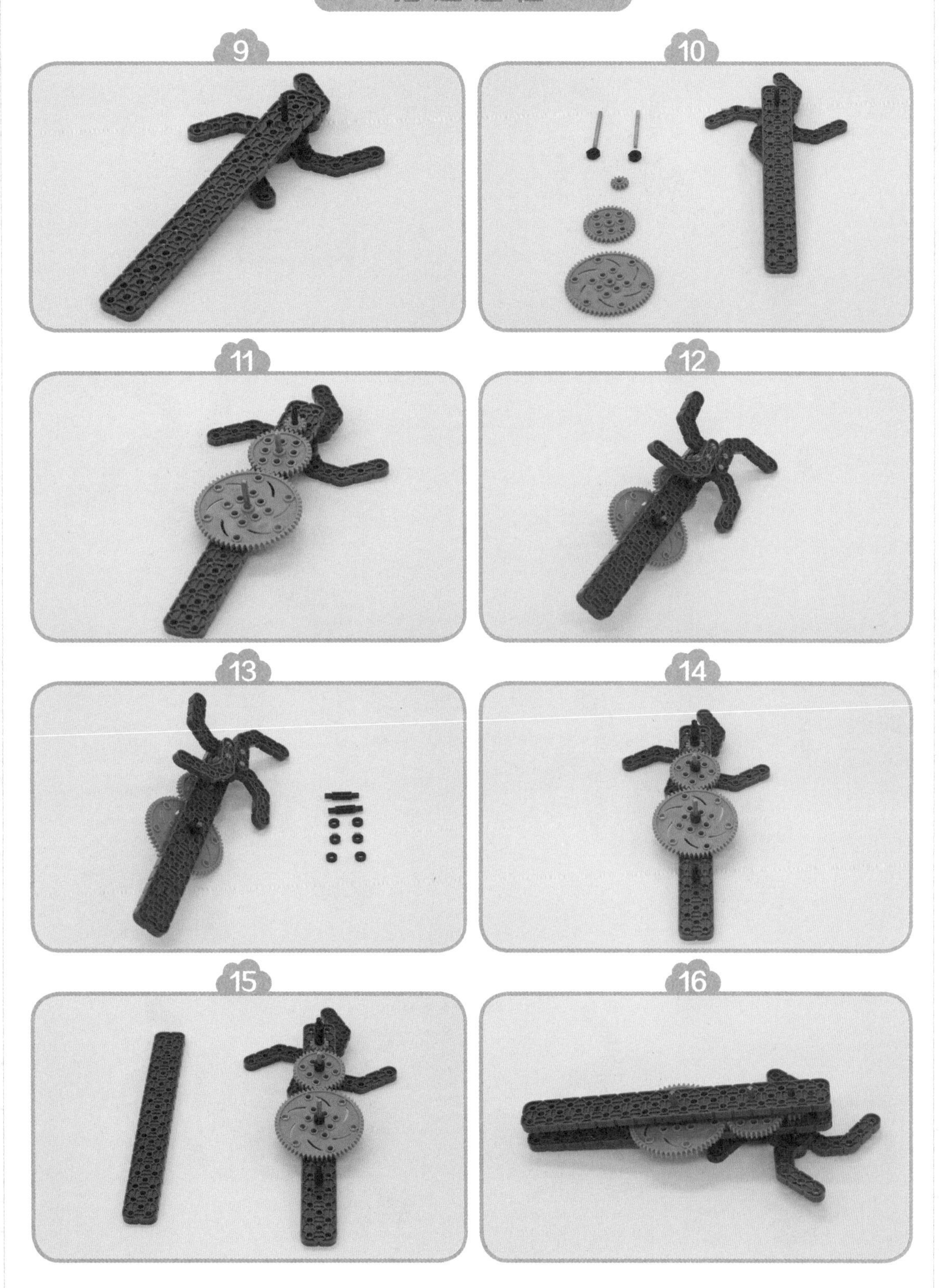

搭建过程

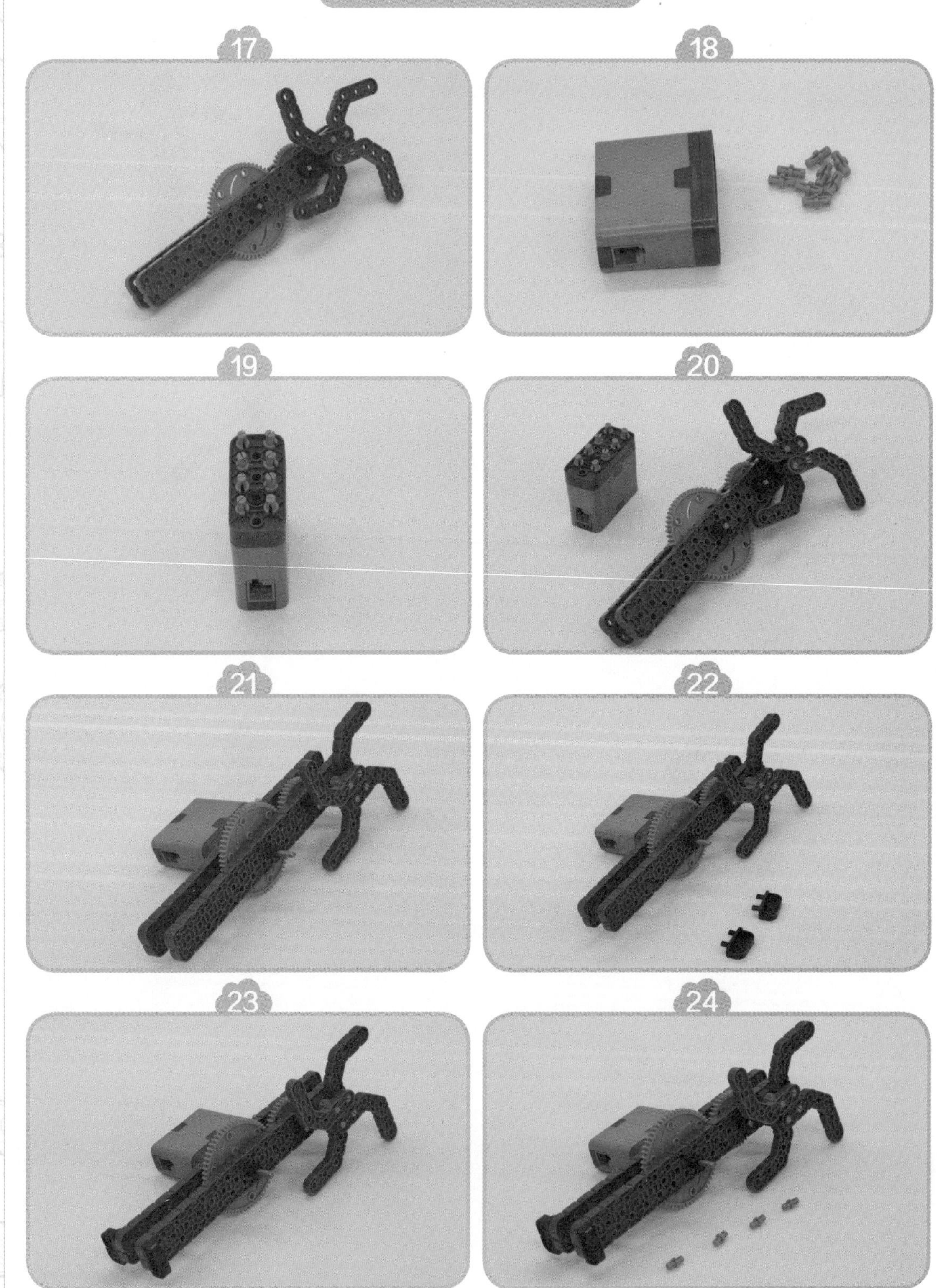

搭建过程

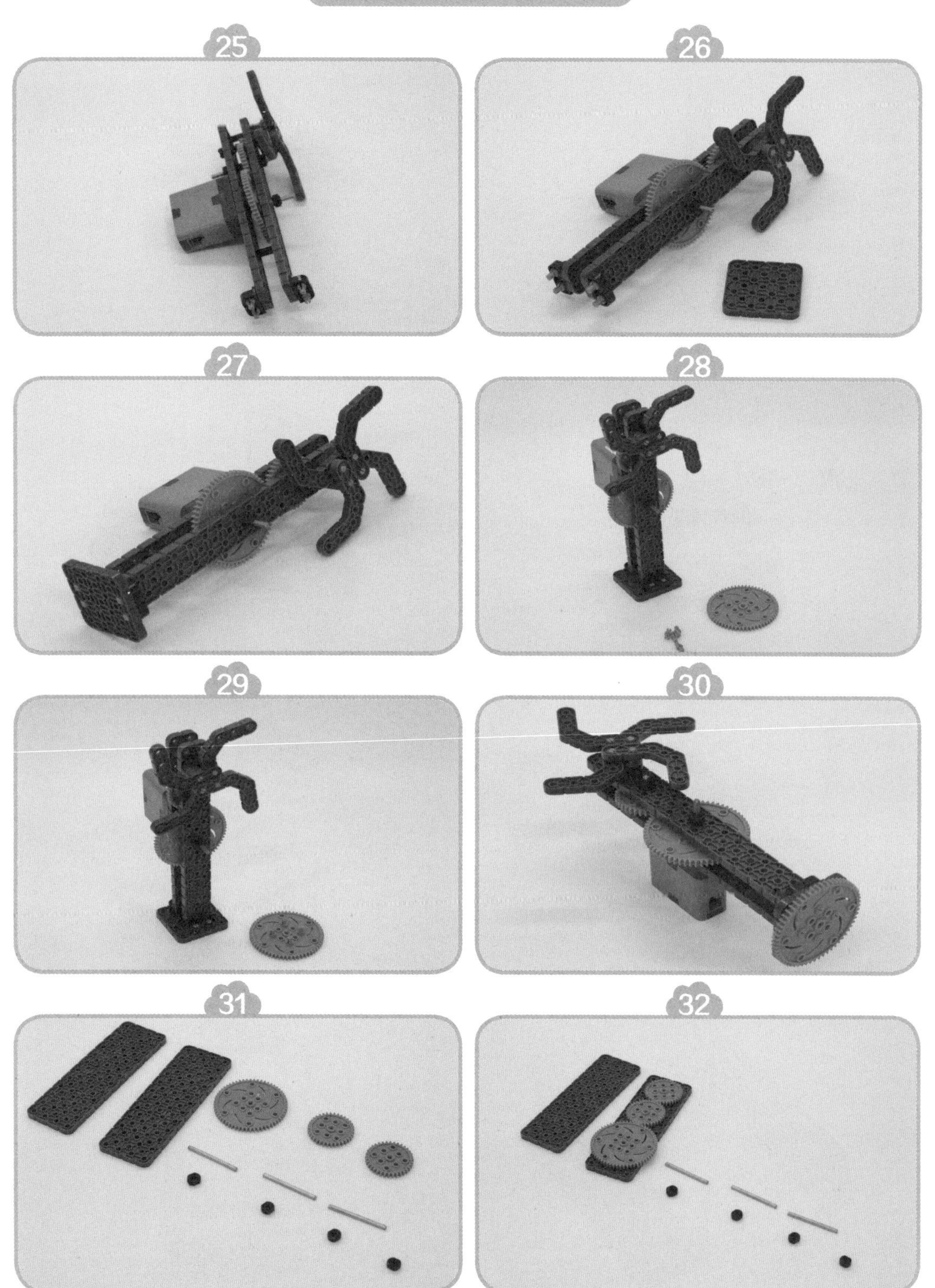

搭建过程

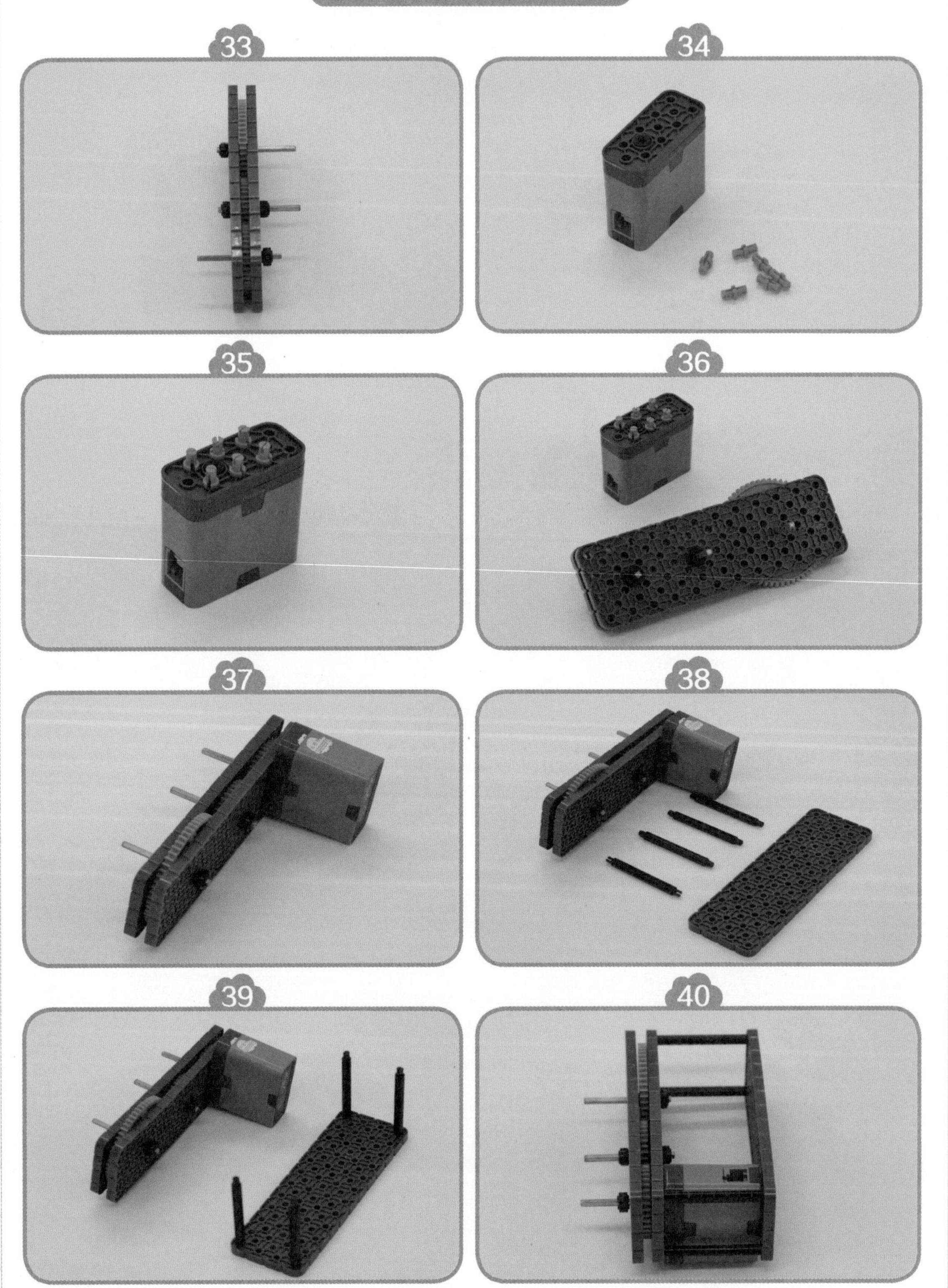

搭建过程

41

42

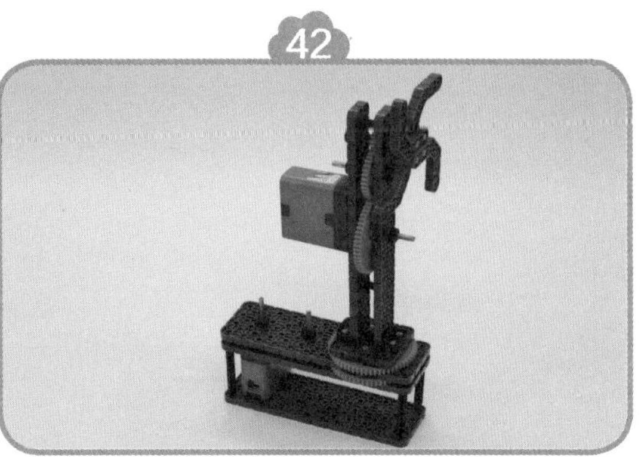

43

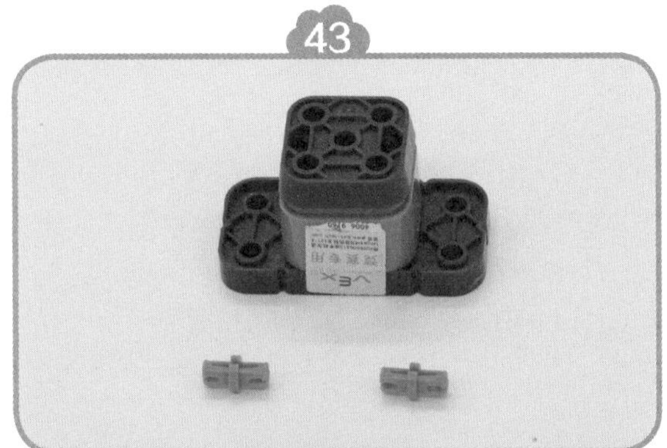

44

45

端口连接

序号	主机端口	电机 / 传感器
1	1	智能电机（扇叶）
2	6	智能电机（摇头）
3	8	触碰传感器

程序编写

设置端口

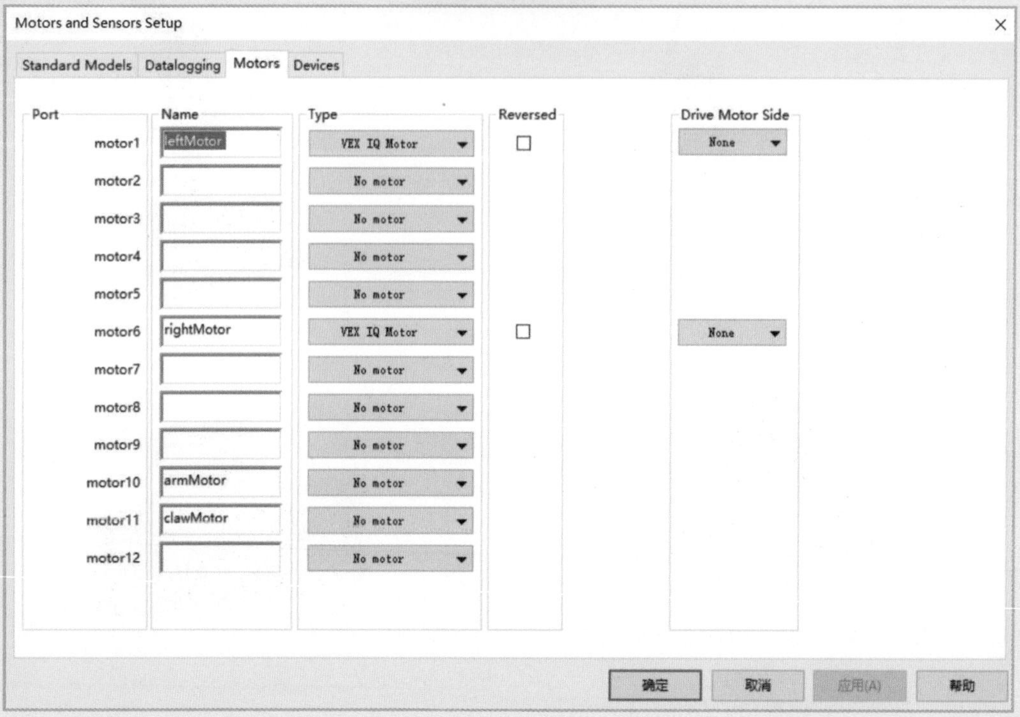

Motors and Sensors Setup

Standard Models | Datalogging | Motors | Devices

Port	Name	Type	Reversed	Drive Motor Side
motor1	leftMotor	VEX IQ Motor	☐	None
motor2		No motor		
motor3		No motor		
motor4		No motor		
motor5		No motor		
motor6	rightMotor	VEX IQ Motor	☐	None
motor7		No motor		
motor8		No motor		
motor9		No motor		
motor10	armMotor	No motor		
motor11	clawMotor	No motor		
motor12		No motor		

确定 取消 应用(A) 帮助

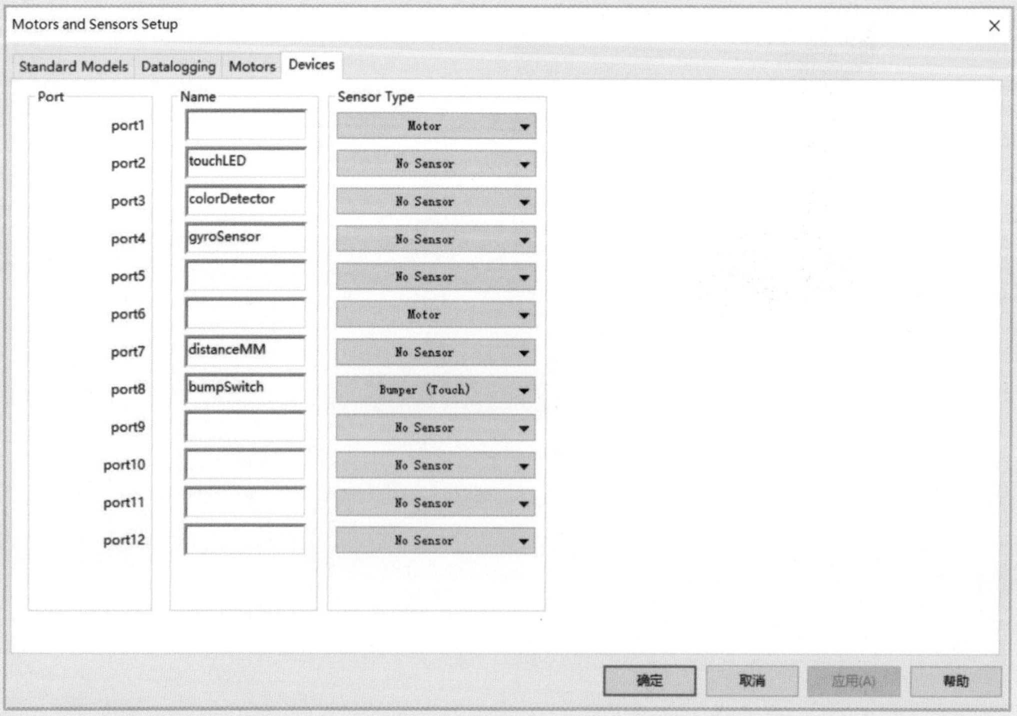

Motors and Sensors Setup

Standard Models | Datalogging | Motors | Devices

Port	Name	Sensor Type
port1		Motor
port2	touchLED	No Sensor
port3	colorDetector	No Sensor
port4	gyroSensor	No Sensor
port5		No Sensor
port6		Motor
port7	distanceMM	No Sensor
port8	bumpSwitch	Bumper (Touch)
port9		No Sensor
port10		No Sensor
port11		No Sensor
port12		No Sensor

确定 取消 应用(A) 帮助

程序编写

程　序

```
1  waitUntil ( getBumperValue(bumpSwitch) == 1 );
2  setMotor ( motor1 , 50 );
3  setMotor ( motor6 , 20 );
4  wait ( 1 , seconds );
5  setMotor ( motor1 , 50 );
6  setMotor ( motor6 , -20 );
7  wait ( 1 , seconds );
8  repeatUntil ( getBumperValue(bumpSwitch) == 1 ) {
9      setMotor ( motor1 , 50 );
10     setMotor ( motor6 , 20 );
11     wait ( 1 , seconds );
12     setMotor ( motor1 , 50 );
13     setMotor ( motor6 , -20 );
14     wait ( 1 , seconds );
15 }
16
```

5.16 预防近视护目镜

案例描述

越来越多的同学们近视了，都戴上了厚厚的眼镜，因此我们设计一款保护视力的“预防近视护目镜”，带上“预防近视护目镜”，只要看书的时候与书的距离太近，就会启动保护眼睛的装置，挡住眼睛。

案例分析

传感器感应到与书的距离太近，就会启动保护眼睛的装置。

超声波传感器：1 个。

智能电机：2 个。

结构设计

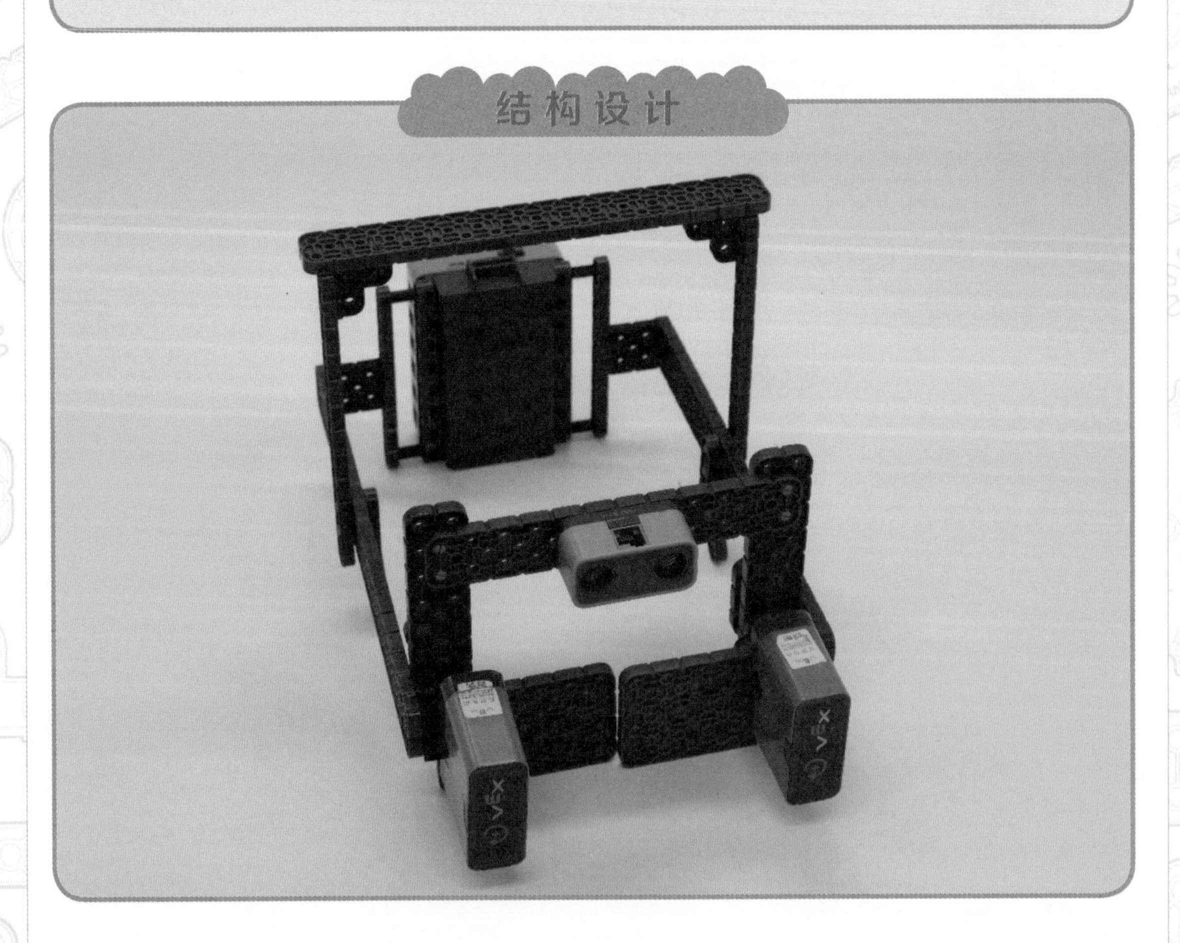

器材准备

序号	名称	图片	数量	序号	名称	图片	数量
1	连接销 1-1		21	12	角连接器 2-2 双向		2
2	连接销 1-2		4	13	角连接器 - 直角	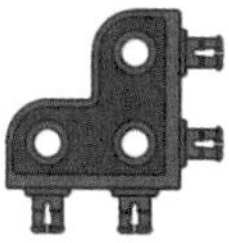	2
3	特殊梁 45		2	14	平板 4-6	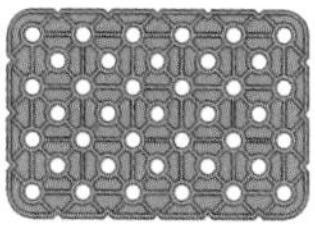	2
4	特殊梁直角 2-3		2	15	轴锁定板 2-2		2
5	单条梁 1-8		2	16	支撑销 -1		4
6	单条梁 1-12		2	17	齿轮 12		4
7	双条梁 2-20		2	18	金属轴 4		2
8	双条梁 2-16		1	19	主控器	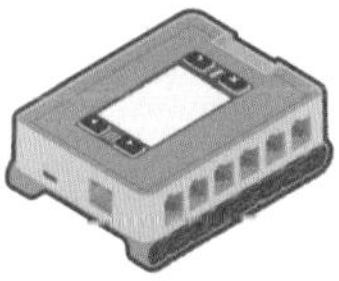	1
9	双条梁 2-12		1	20	智能电机		2
10	双条梁 2-8	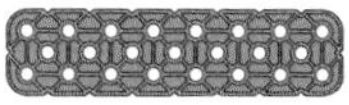	2	21	超声波传感器		1
11	角连接器 2-2	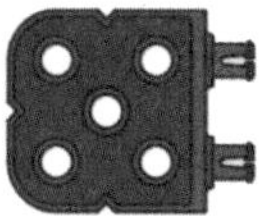	4	22	连接线	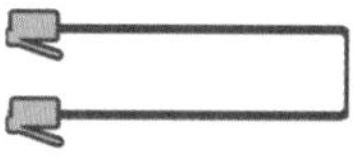	3

搭建过程

1

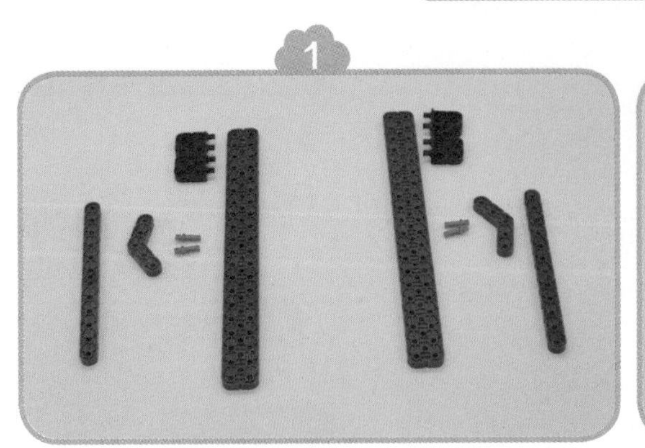

2

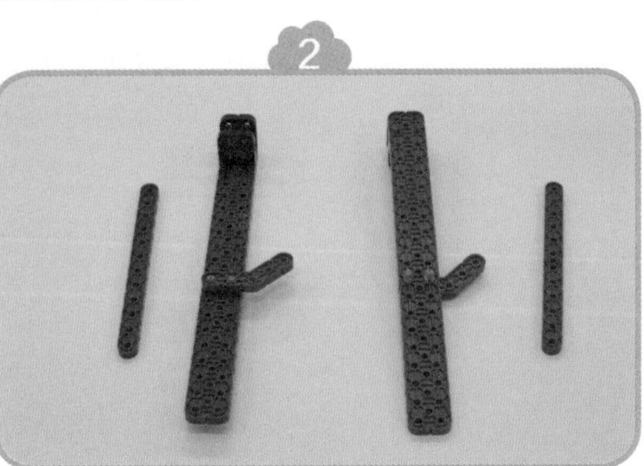

3

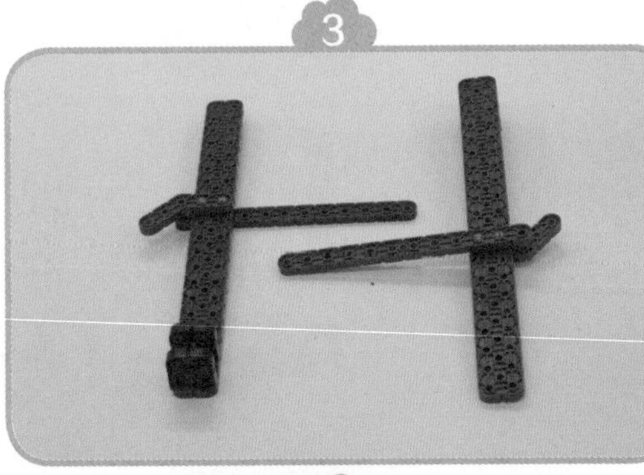

4

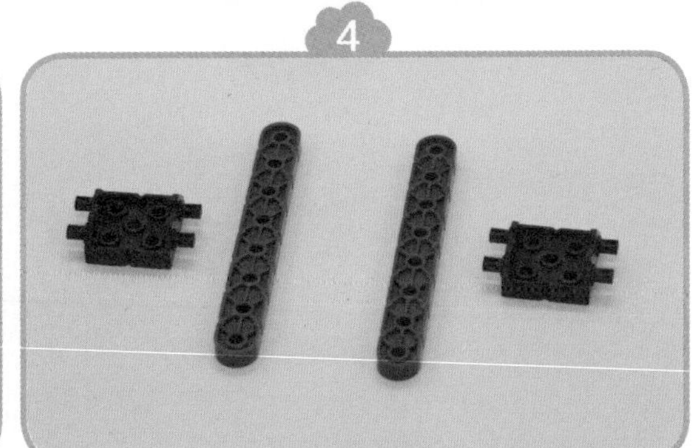

5

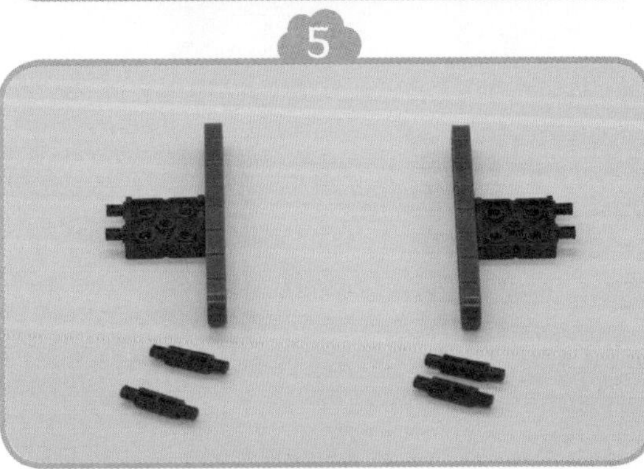

6

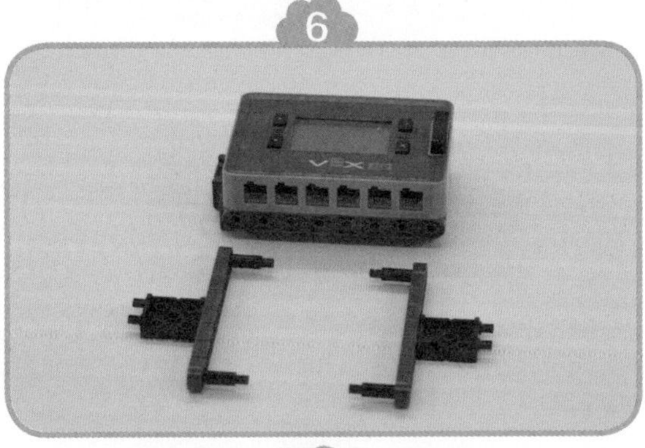

7

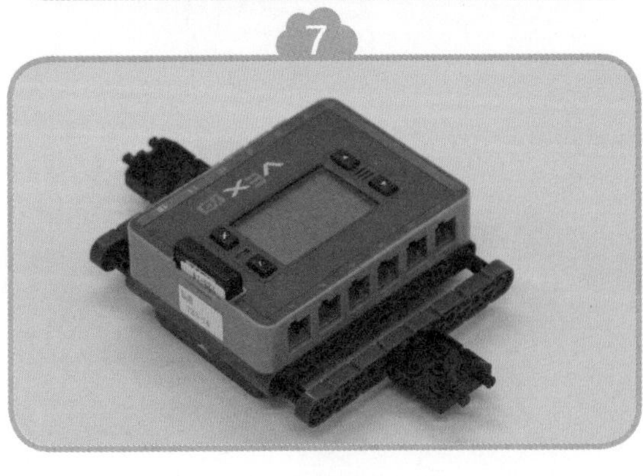

8

搭建过程

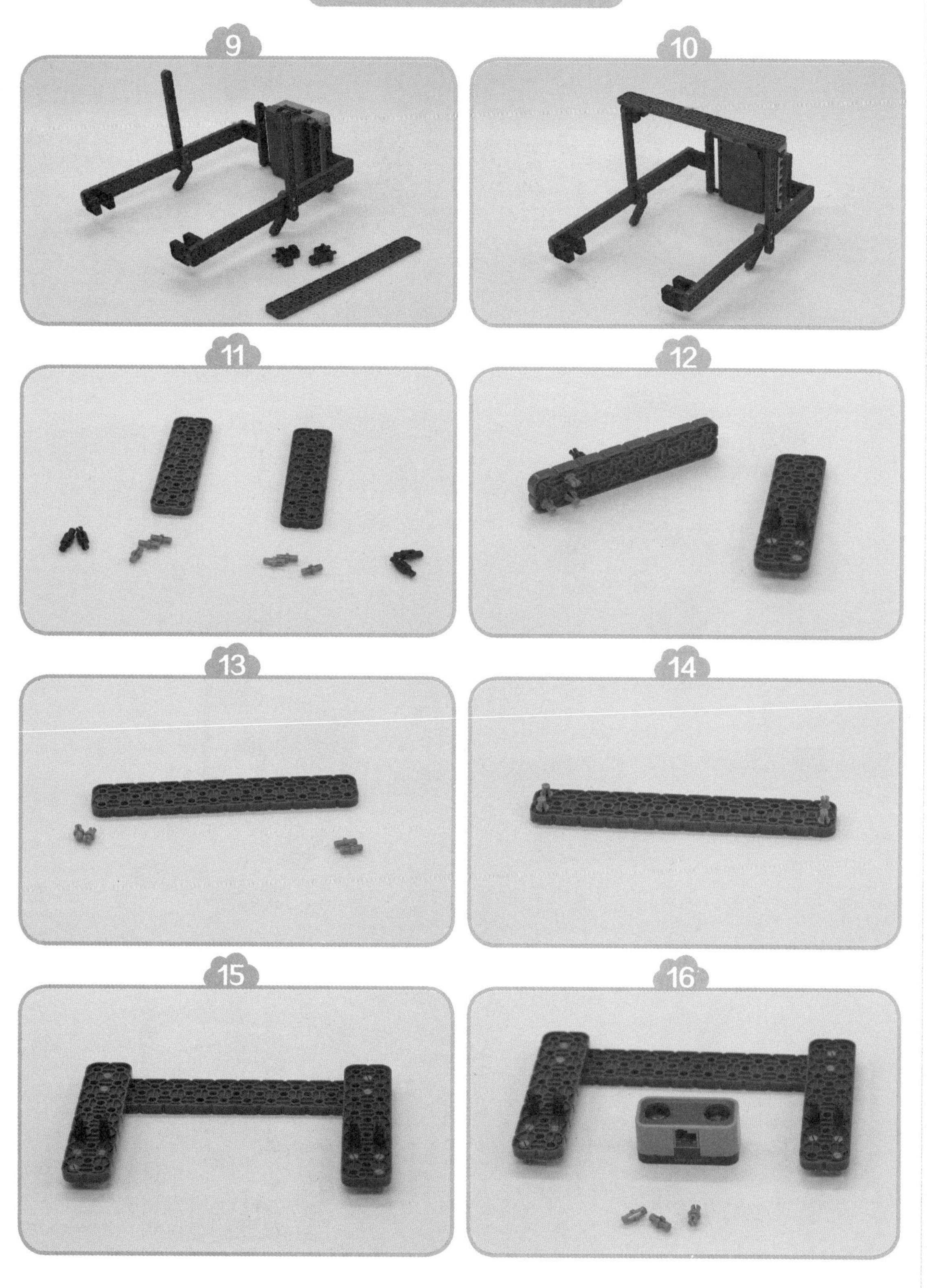

搭建过程

17

18

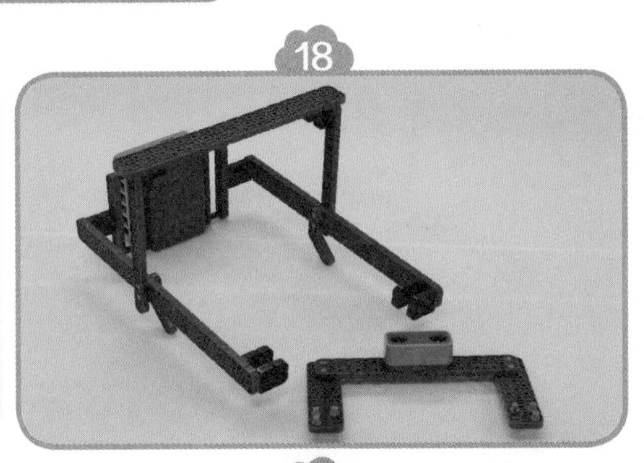

19

20

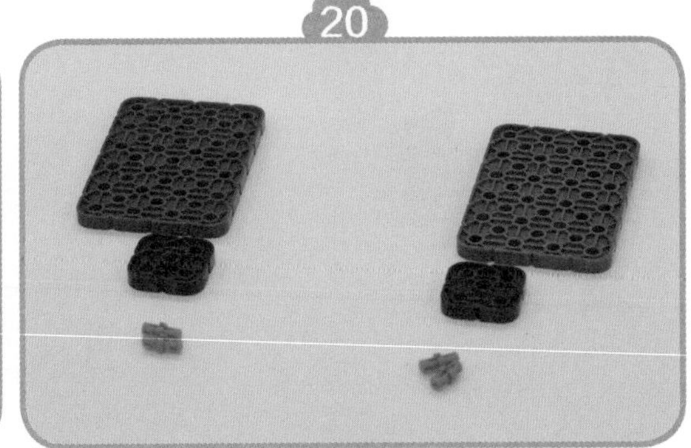

21

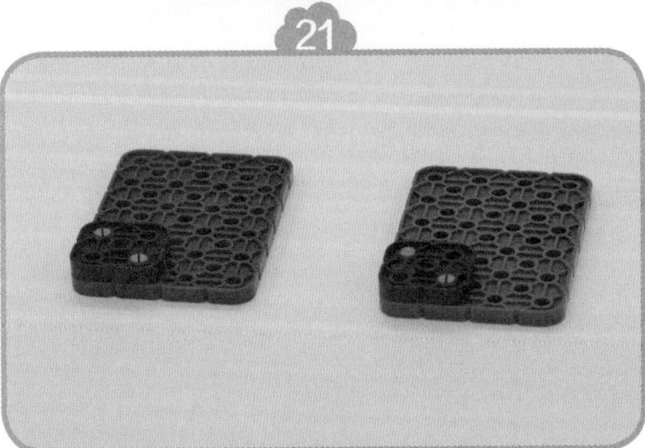

22

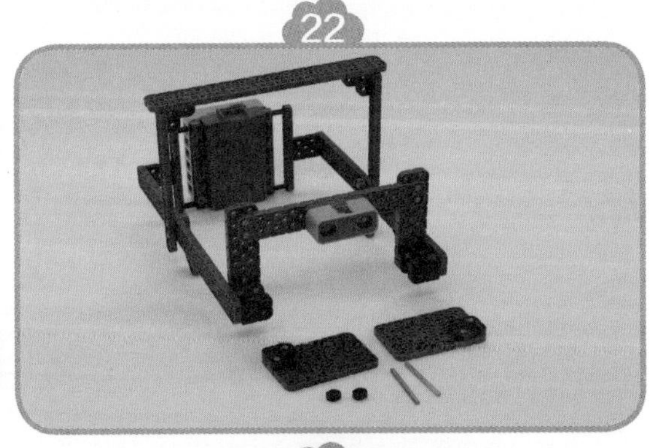

23

24

搭建过程

25

26

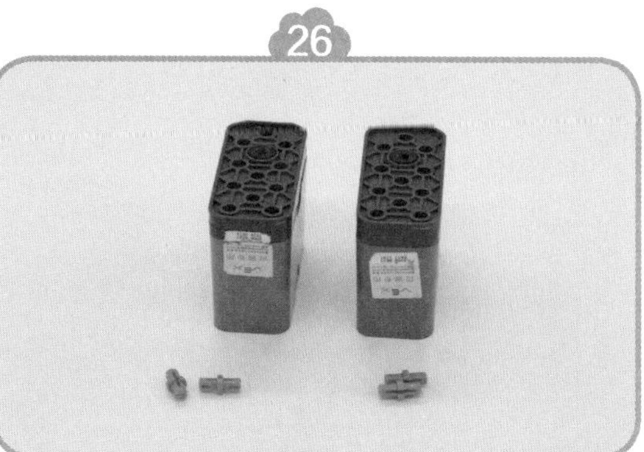

27

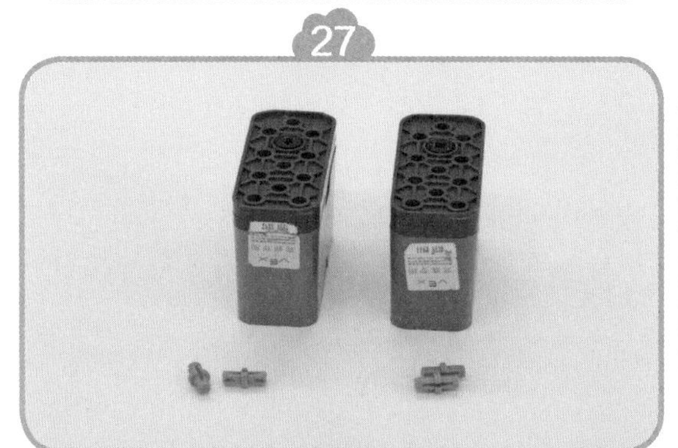

28

29

端口连接

序号	主机端口	电机 / 传感器
1	1	电机（左）
2	6	电机（右）
3	7	超声波传感器

程序编写

设置端口

Motors and Sensors Setup

Standard Models | Datalogging | Motors | Devices

Port	Name	Type	Reversed	Drive Motor Side
motor1	l	VEX IQ Motor	☑	Left
motor2		No motor		
motor3		No motor		
motor4		No motor		
motor5		No motor		
motor6	r	VEX IQ Motor	☐	Right
motor7		No motor		
motor8		No motor		
motor9		No motor		
motor10	armMotor	No motor		
motor11	clawMotor	No motor		
motor12		No motor		

确定 取消 应用(A) 帮助

Motors and Sensors Setup

Standard Models | Datalogging | Motors | Devices

Port	Name	Sensor Type
port1		Motor
port2		No Sensor
port3		No Sensor
port4		No Sensor
port5		No Sensor
port6		Motor
port7	distanceMM	Distance (Sonar)
port8		No Sensor
port9		No Sensor
port10		No Sensor
port11		No Sensor
port12		No Sensor

确定 取消 应用(A) 帮助

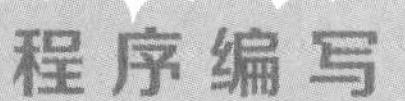

程　序

```
1  repeat (forever ) {
2      waitUntil ( getDistanceValue(distanceMM) >= 300 );
3      forward ( 90 , degrees , 50 );
4      waitUntil ( getDistanceValue(distanceMM) <= 300 );
5      backward ( 90 , degrees , 50 );
6  }
7
```

5.17 悬崖勒马

案例描述

悬崖勒马，成语，意思是在高高的山崖边上勒住马。比喻到了危险的边缘及时清醒回头。出自《阅微草堂笔记》。下面就用机器人来模拟悬崖勒马。

案例分析

传感器感应前方悬崖。
颜色传感器：1 个。
智能电机：2 个。

结构设计

器材准备

序号	名称	图片	数量	序号	名称	图片	数量
1	连接销 1-1		106	8	金属轴 4		4
2	双条梁 2-6		3	9	橡胶轴套 2		6
3	双条梁 2-12		1	10	轮毂、轮胎		4
4	平板 4-4		6	11	颜色传感器		1
5	平板 4-12		2	12	主控器		1
6	角连接器 2		7	13	智能电机		2
7	角连接器 2-2		16	14	连接线		3

搭建过程

1

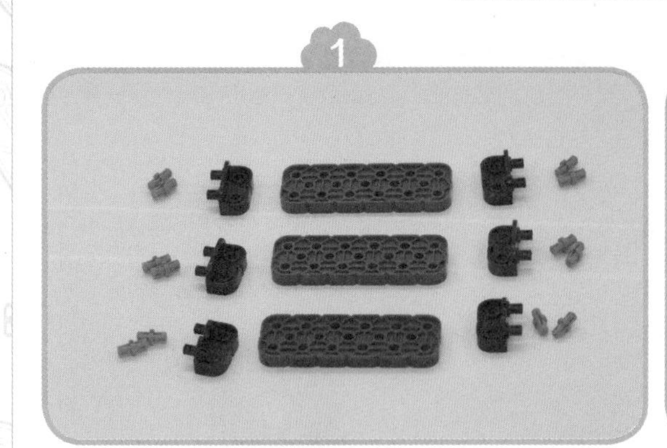

2

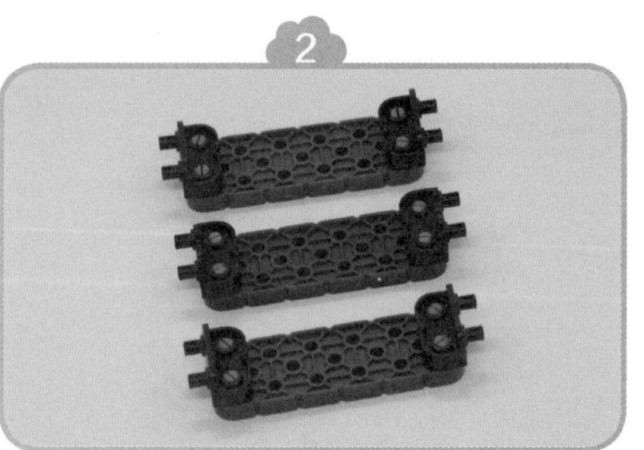

3

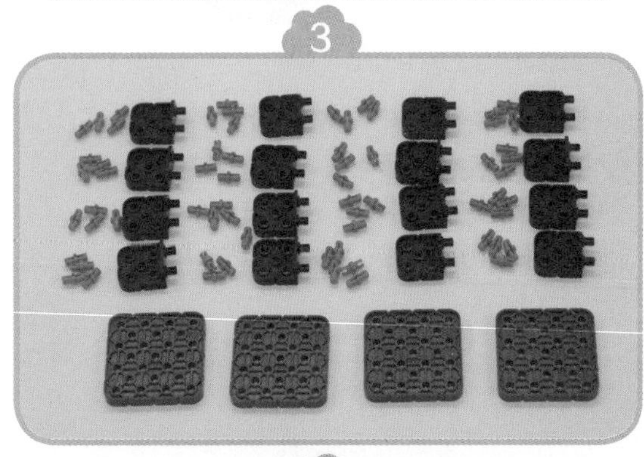

4

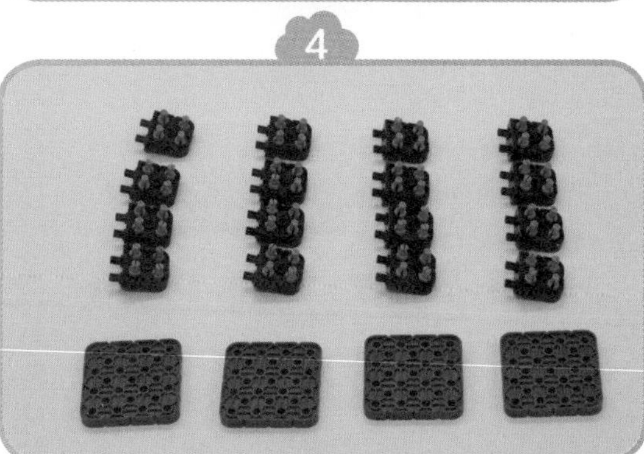

5

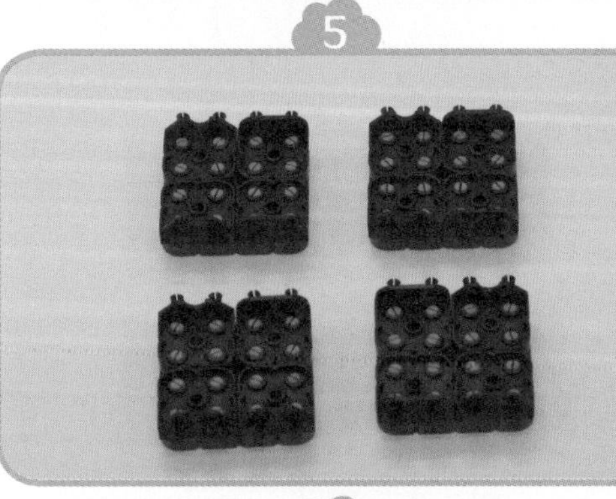

6

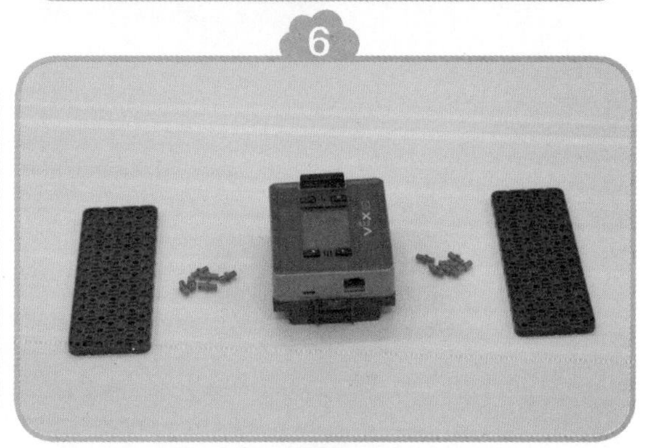

7

8

搭建过程

搭建过程

17
18
19
20
21
22
23

端口连接

序号	主机端口	电机 / 传感器
1	1	智能电机（左）
2	3	颜色传感器
3	6	智能电机（右）

程序编写

设置端口

Motors and Sensors Setup

Standard Models　Datalogging　Motors　Devices

Port	Name	Type	Reversed	Drive Motor Side
motor1	leftMotor	VEX IQ Motor	☐	Left
motor2		No motor		
motor3		No motor		
motor4		No motor		
motor5		No motor		
motor6	rightMotor	VEX IQ Motor	☑	Right
motor7		No motor		
motor8		No motor		
motor9		No motor		
motor10	armMotor	No motor		
motor11	clawMotor	No motor		
motor12		No motor		

确定　取消　应用(A)　帮助

程序编写

设置端口

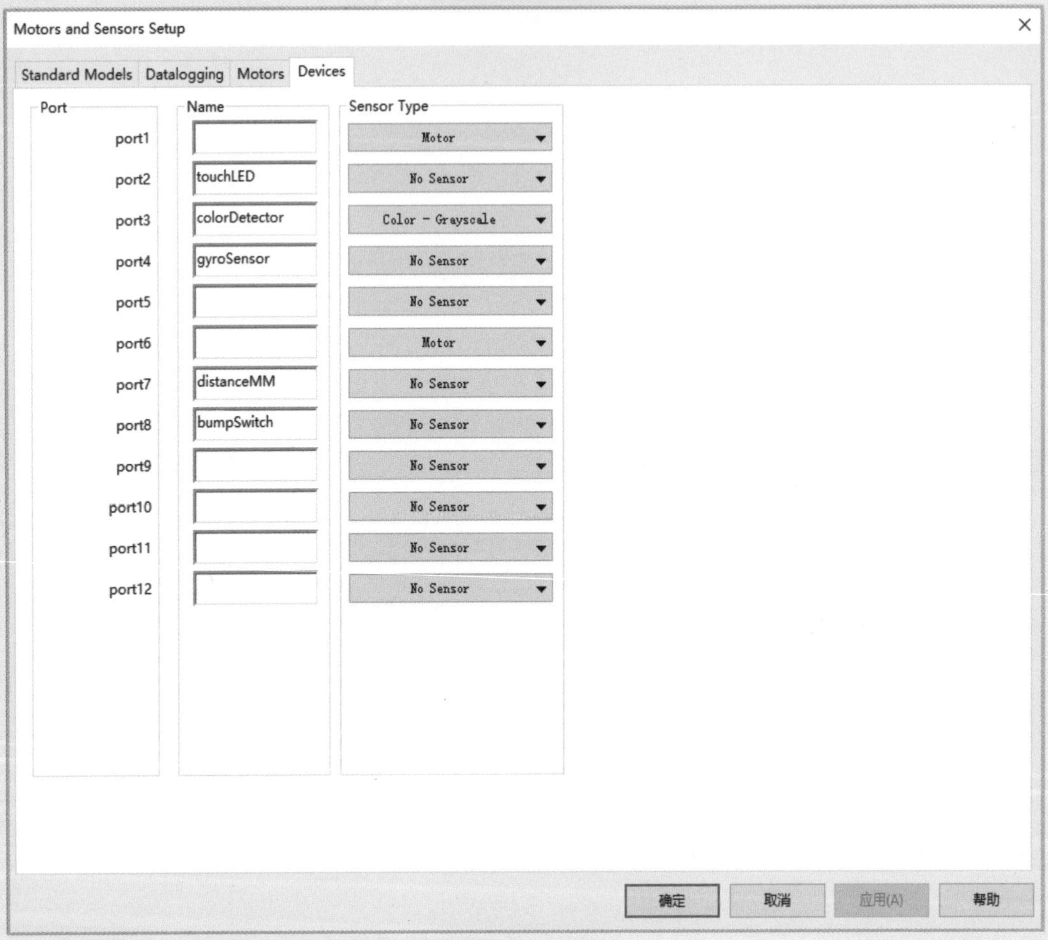

Motors and Sensors Setup

Standard Models | Datalogging | Motors | Devices

Port	Name	Sensor Type
port1		Motor
port2	touchLED	No Sensor
port3	colorDetector	Color - Grayscale
port4	gyroSensor	No Sensor
port5		No Sensor
port6		Motor
port7	distanceMM	No Sensor
port8	bumpSwitch	No Sensor
port9		No Sensor
port10		No Sensor
port11		No Sensor
port12		No Sensor

确定 取消 应用(A) 帮助

程序

```
1  forward ( 1 , seconds , 50 );
2  repeat (forever ) {
3      setMotor ( motor1 , 50 );
4      setMotor ( motor6 , 50 );
5      waitUntil ( getColorGrayscale(colorDetector) <= 80 );
6      backward ( 2 , seconds , 50 );
7  }
8
```

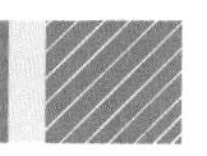

5.18　指挥棒

案例描述

根据指挥棒左右指挥，转盘随之转动。

案例分析

陀螺仪：1 个。
智能电机：1 个。

结构设计

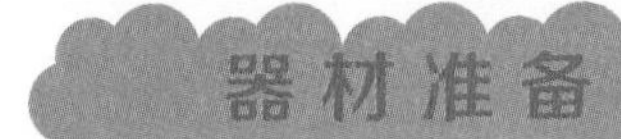

序号	名称	图片	数量	序号	名称	图片	数量
1	连接销 1-1		33	10	金属轴 4		1
2	连接销 1-2		4	11	电机塑料轴 4		1
3	轴锁定板 2-2		4	12	齿轮 48		1
4	单条梁 1-10		8	13	齿轮 36		2
5	双条梁 2-12		3	14	齿轮 8		2
6	双条梁 2-8		2	15	主控器		1
7	双条梁 2-6		4	16	智能电机		1
8	橡胶轴套 1		6	17	陀螺仪		1
9	角连接器 2		2	18	连接线		2

搭建过程

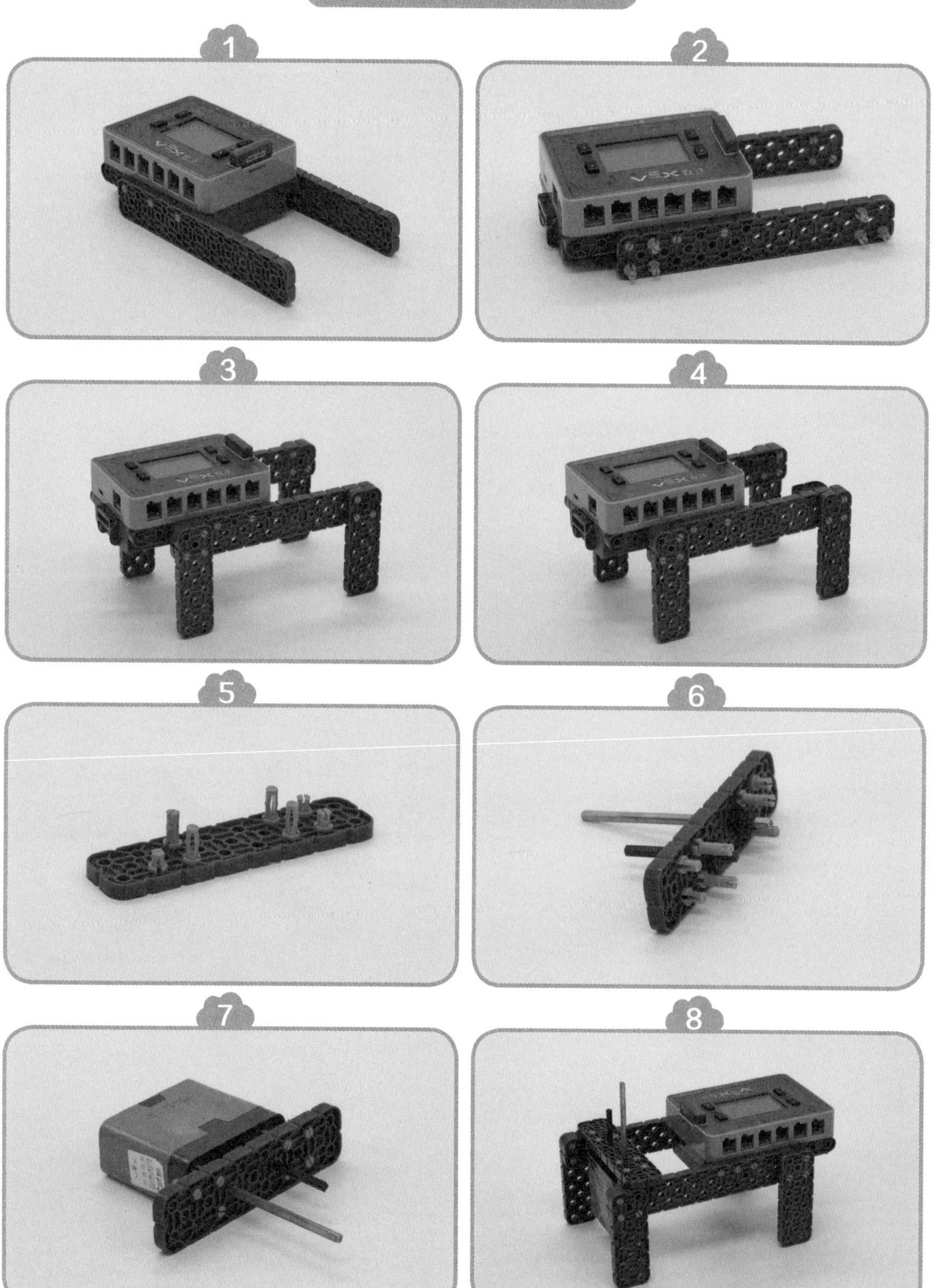

搭建过程

9

10

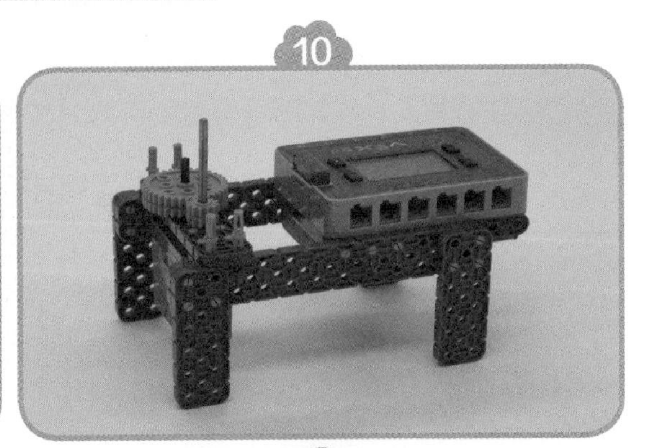

11

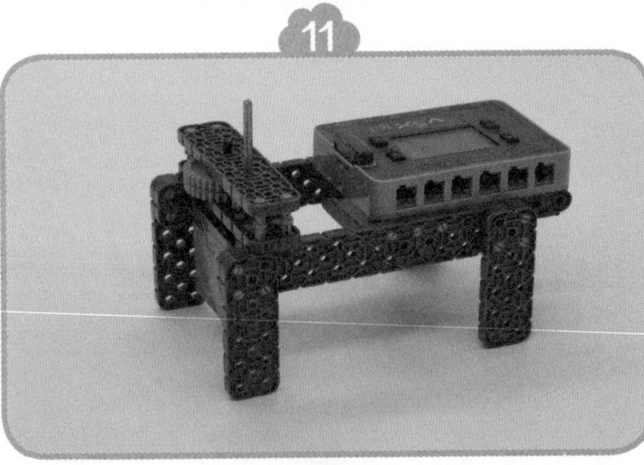

12

13

14

15

16

搭建过程

17

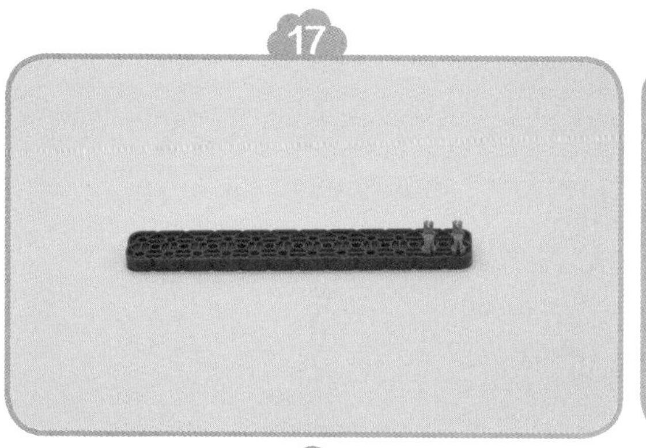

18

19

端口连接

序号	主机端口	电机 / 传感器
1	1	陀螺仪
2	7	智能电机

程序编写

设置端口

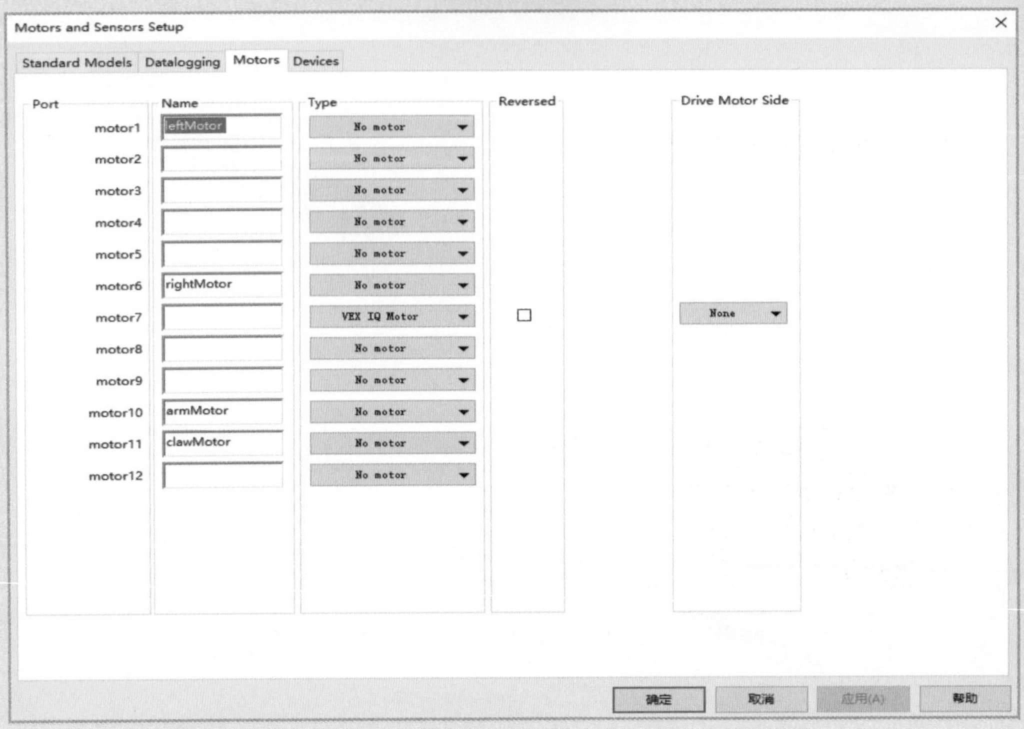

Motors and Sensors Setup ×

Standard Models | Datalogging | Motors | Devices

Port	Name	Type	Reversed	Drive Motor Side
motor1	leftMotor	No motor		
motor2		No motor		
motor3		No motor		
motor4		No motor		
motor5		No motor		
motor6	rightMotor	No motor		
motor7		VEX IQ Motor	☐	None
motor8		No motor		
motor9		No motor		
motor10	armMotor	No motor		
motor11	clawMotor	No motor		
motor12		No motor		

确定 取消 应用(A) 帮助

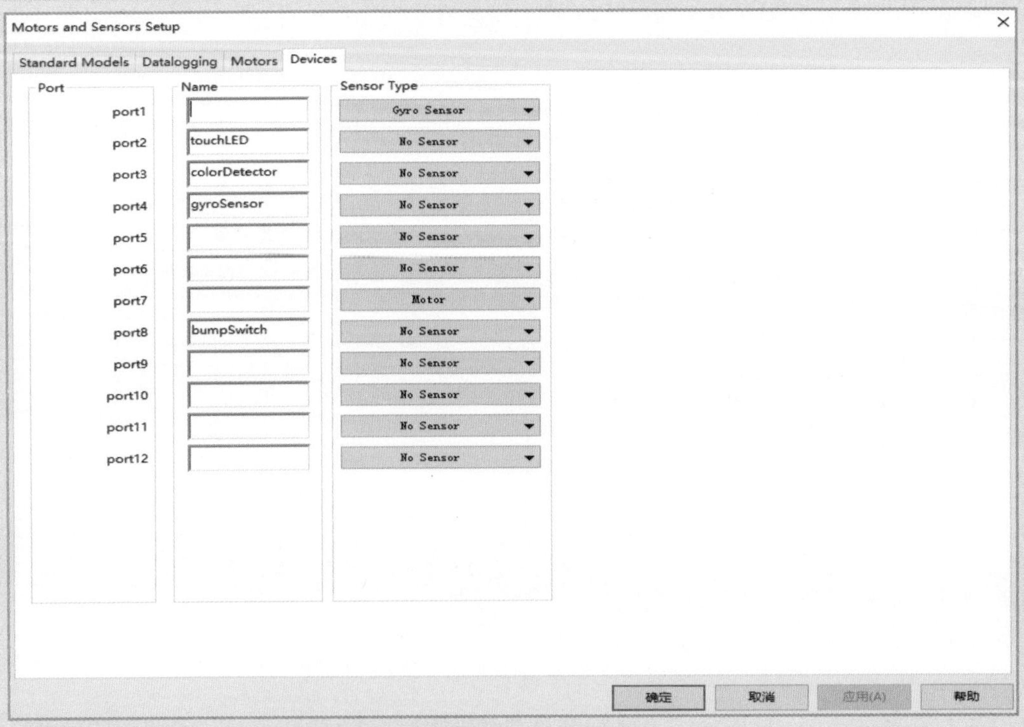

Motors and Sensors Setup ×

Standard Models | Datalogging | Motors | Devices

Port	Name	Sensor Type
port1		Gyro Sensor
port2	touchLED	No Sensor
port3	colorDetector	No Sensor
port4	gyroSensor	No Sensor
port5		No Sensor
port6		No Sensor
port7		Motor
port8	bumpSwitch	No Sensor
port9		No Sensor
port10		No Sensor
port11		No Sensor
port12		No Sensor

确定 取消 应用(A) 帮助

程序编写

程　序

```
1  XX = 0;
2  repeat (forever ) {
3      XX = getGyroDegrees(port1) + 0;
4      setMotor ( motor7 , XX );
5  }
6
```

5.19 扫地机器人

案例描述

扫地机器人能够自动在房间内完成地板清理工作，本案例模仿其制作扫地机器人。

案例分析

超声波传感器：1 个，实现避障。
智能电机：3 个。

结构设计

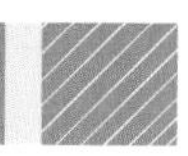

器材准备

序号	名称	图片	数量	序号	名称	图片	数量
1	连接销 1-1		42	10	齿轮 36		9
2	双条梁 2-16		4	11	链轮 24		2
3	双条梁 2-8		2	12	金属轴 12		2
4	双条梁 2-4		1	13	金属轴 4		7
5	平板 4-8		1	14	轮毂、轮胎		4
6	支撑销 4		6	15	主控器		1
7	角连接器 2		7	16	智能电机		3
8	角连接器 2-2		3	17	超声波传感器		1
9	橡胶轴套 2		19	18	连接线		4

搭建过程

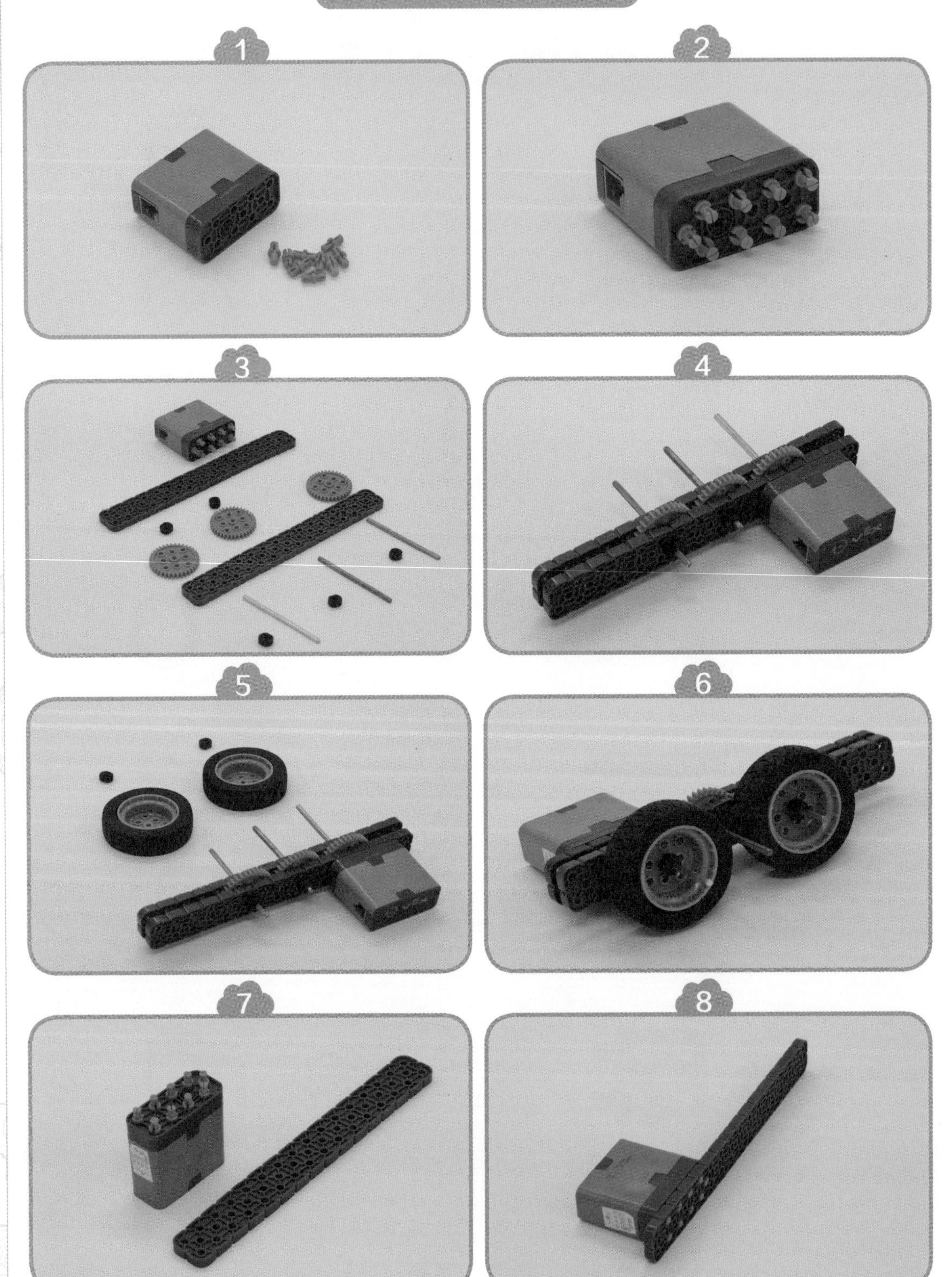

搭建过程

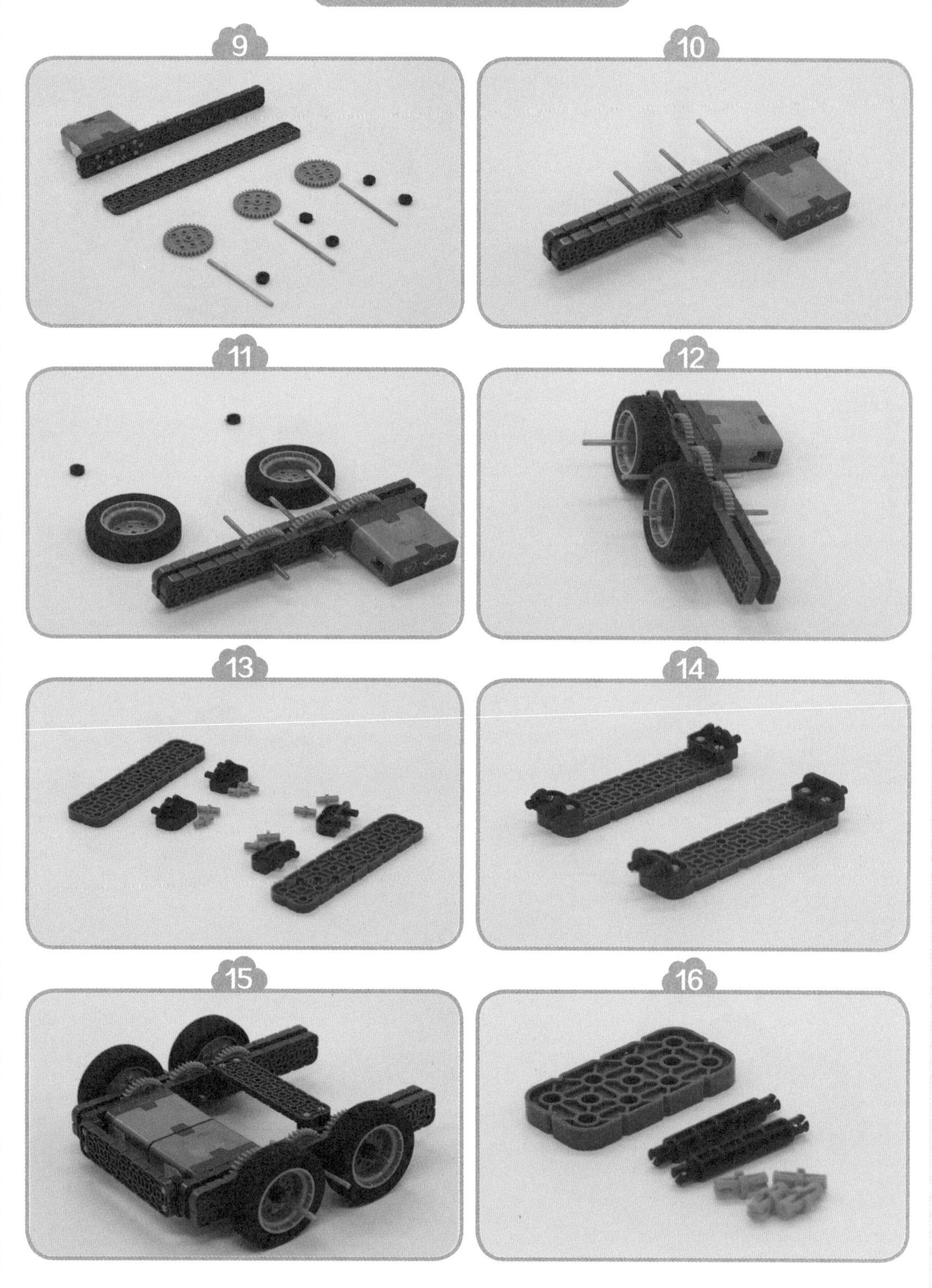

搭建过程

17

18

19

20

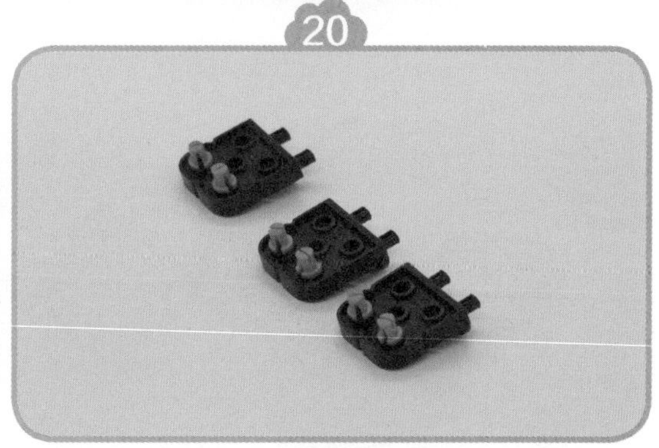

21

22

23

24

搭建过程

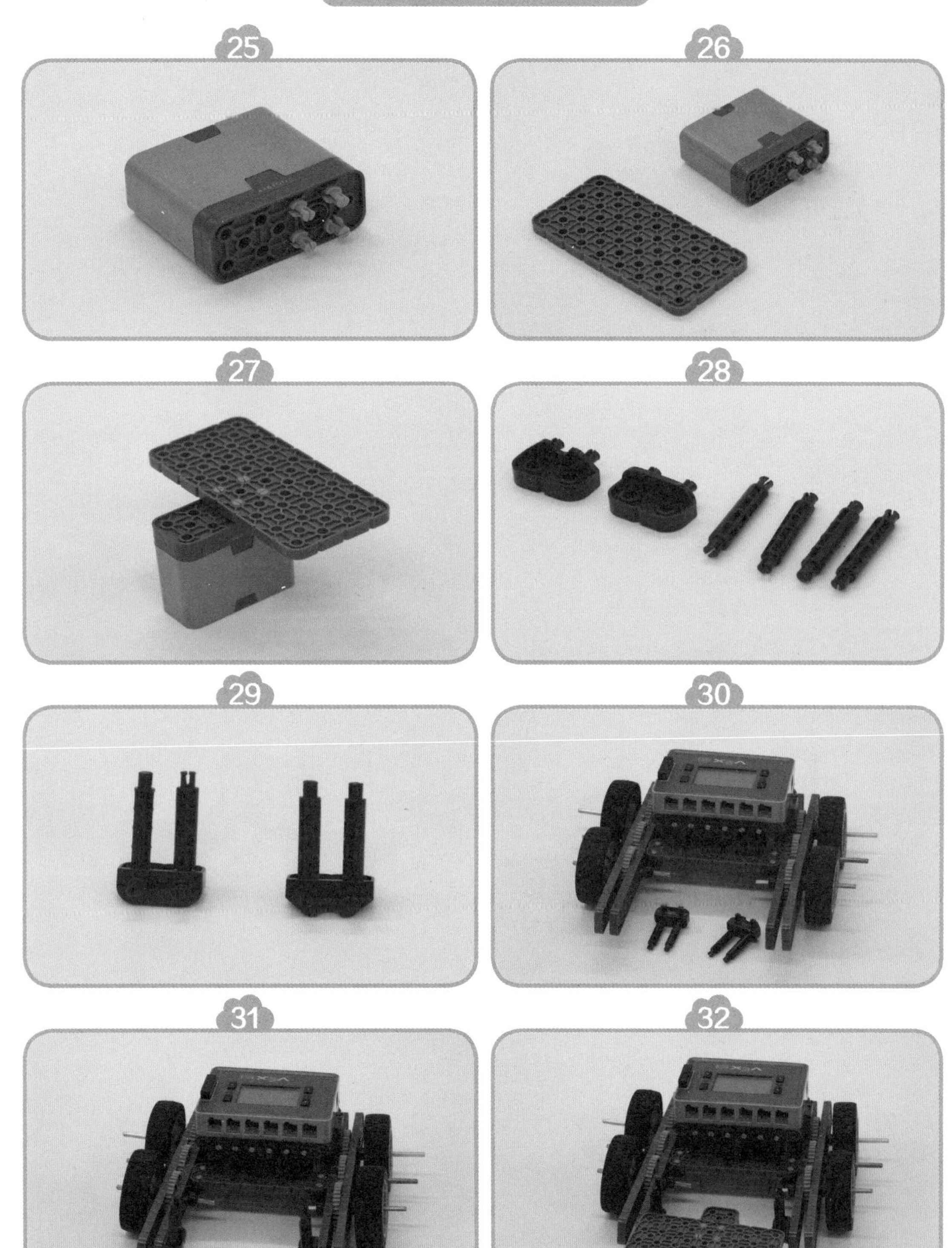

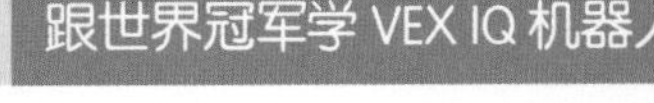

搭建过程

33

34

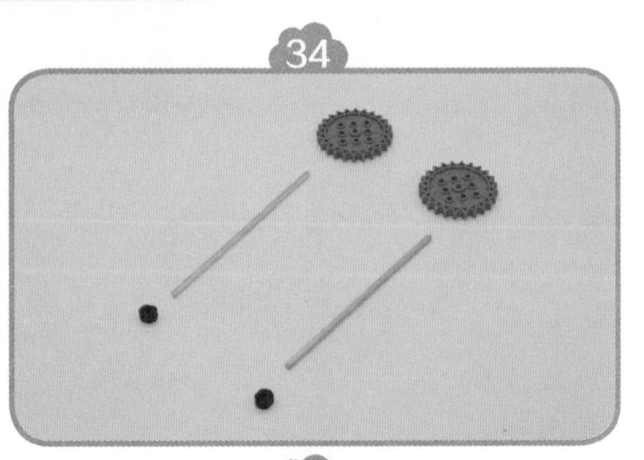

35

36

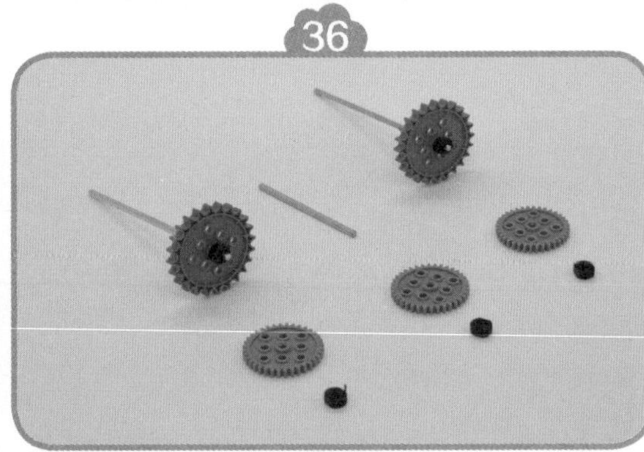

37

38

39

40

搭建过程

41

端口连接

序号	主机端口	电机 / 传感器
1	1	智能电机（左）
2	6	智能电机（右）
3	5	智能电机（扫地）
4	7	超声波传感器

程序编写

设置端口

Motors and Sensors Setup

Standard Models | Datalogging | Motors | Devices

Port	Name	Type	Reversed	Drive Motor Side
motor1	leftMotor	VEX IQ Motor	☐	Left
motor2		No motor		
motor3		No motor		
motor4		No motor		
motor5		VEX IQ Motor	☐	None
motor6	rightMotor	VEX IQ Motor	☑	Right
motor7		No motor		
motor8		No motor		
motor9		No motor		
motor10	armMotor	No motor		
motor11	clawMotor	No motor		
motor12		No motor		

确定 取消 应用(A) 帮助

Motors and Sensors Setup

Standard Models | Datalogging | Motors | Devices

Port	Name	Sensor Type
port1		Motor
port2	touchLED	No Sensor
port3	colorDetector	No Sensor
port4	gyroSensor	No Sensor
port5		Motor
port6		Motor
port7	distanceMM	Distance (Sonar)
port8	bumpSwitch	No Sensor
port9		No Sensor
port10		No Sensor
port11		No Sensor
port12		No Sensor

确定 取消 应用(A) 帮助

程　序

```
1  repeat (forever ) {
2      if ( getDistanceValue(distanceMM) <= 150 ) {
3          setMotor ( motor5 , 50 );
4          setMotor ( motor1 , -50 );
5          setMotor ( motor6 , -50 );
6          wait ( 1 , seconds );
7          setMotor ( motor5 , 50 );
8          setMotor ( motor1 , 50 );
9          setMotor ( motor6 , -50 );
10         wait ( 1 , seconds );
11     } else {
12         setMotor ( motor5 , 50 );
13         setMotor ( motor1 , 50 );
14         setMotor ( motor6 , 50 );
15     }
16 }
17
```

5.20 旺财狗

案例描述

旺财狗一边走，一边左右摇头。

案例分析

智能电机：3 个，两个电机控制底盘，另一个控制左右摇头。

结构设计

器材准备

序号	名称	图片	数量	序号	名称	图片	数量
1	连接销 1-1		24	11	橡皮轴套 1		9
2	惰轮销 1-1		4	12	金属轴 4		7
3	特殊梁直角 4-4	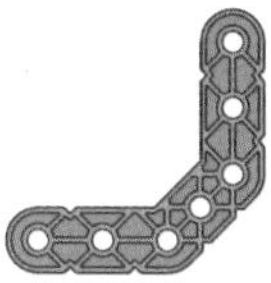	1	13	齿轮 60		4
4	双条梁 2-8	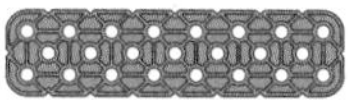	4	14	齿轮 36		1
5	双条梁 2-16		2	15	齿轮 12		3
6	平板 4-4	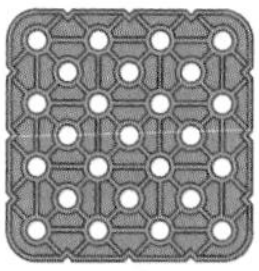	3	16	皮带轮 30	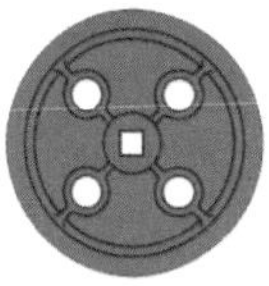	3
7	平板 4-6	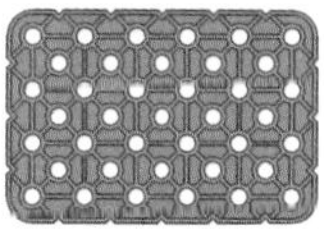	1	17	轮毂、轮胎	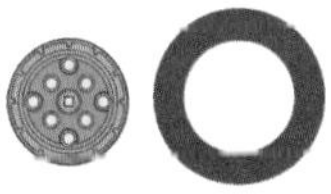	1
8	支撑销 2		2	18	主控器		1
9	角连接器 - 直角	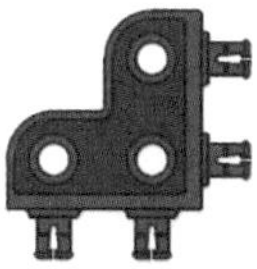	4	19	智能电机		3
10	角连接器 2-2	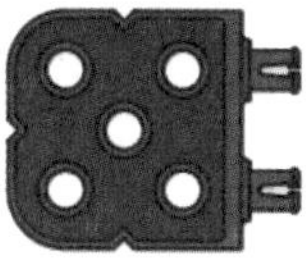	2	20	连接线	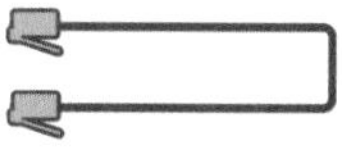	3

搭建过程

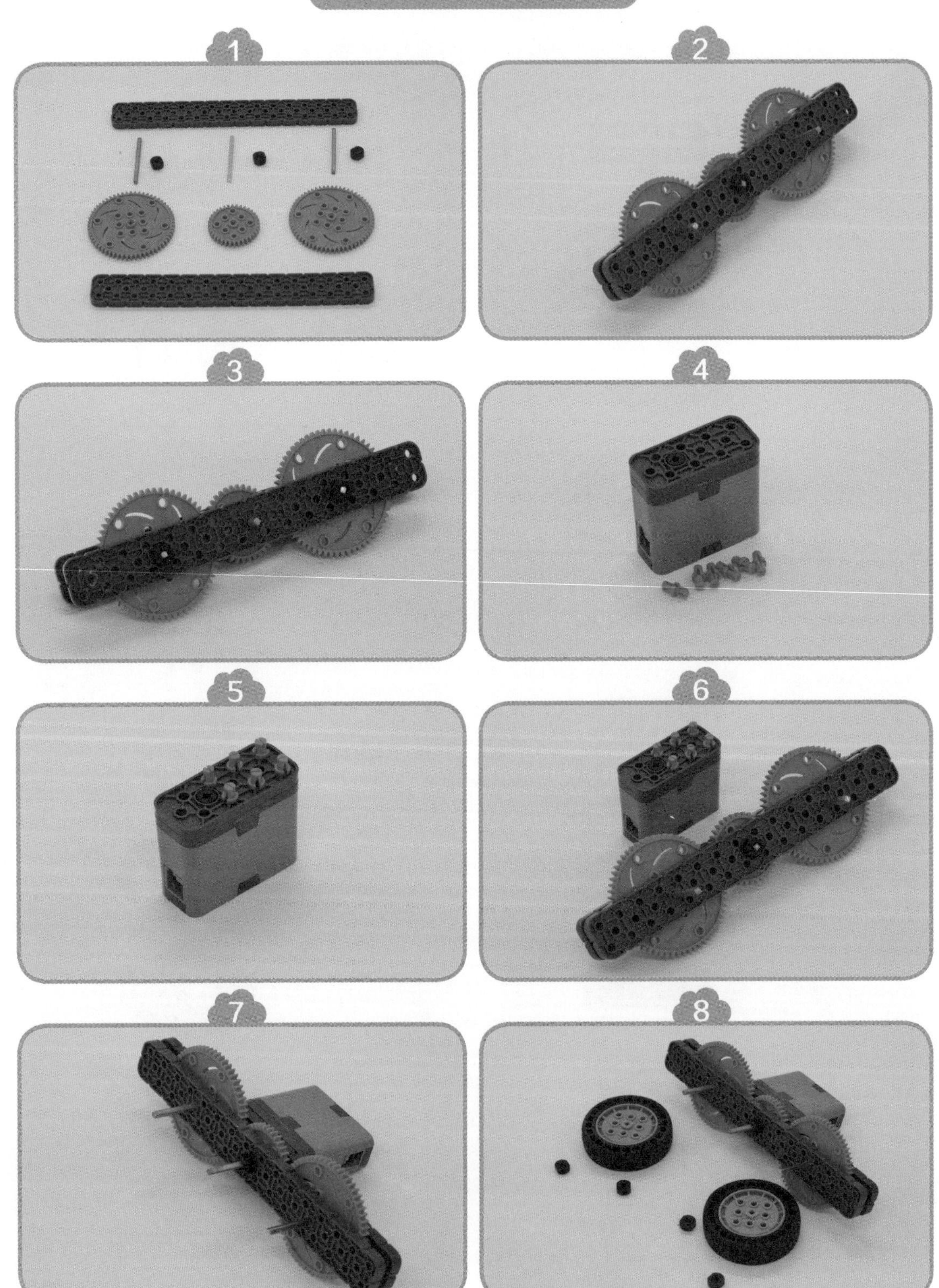

搭建过程

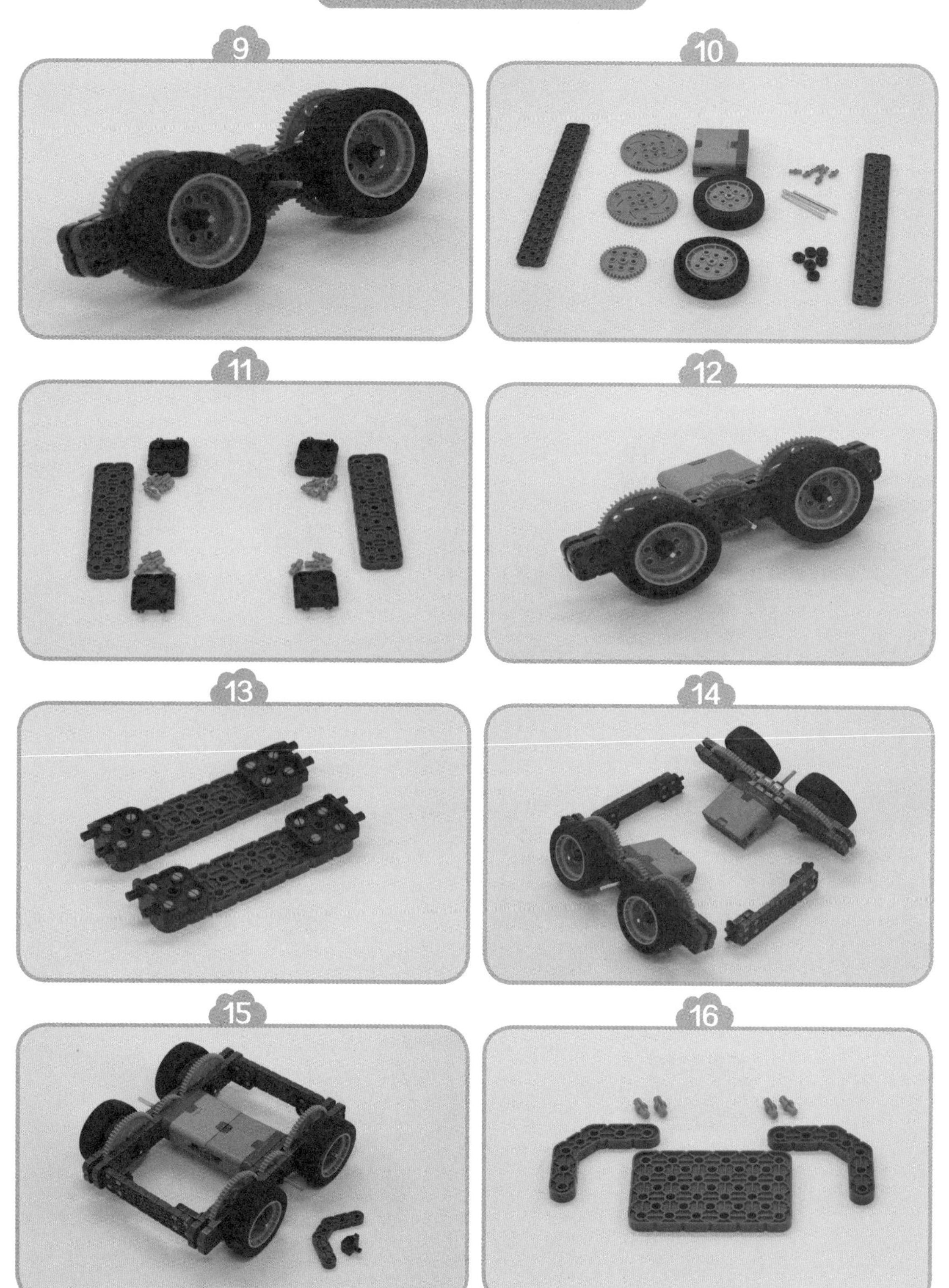

搭建过程

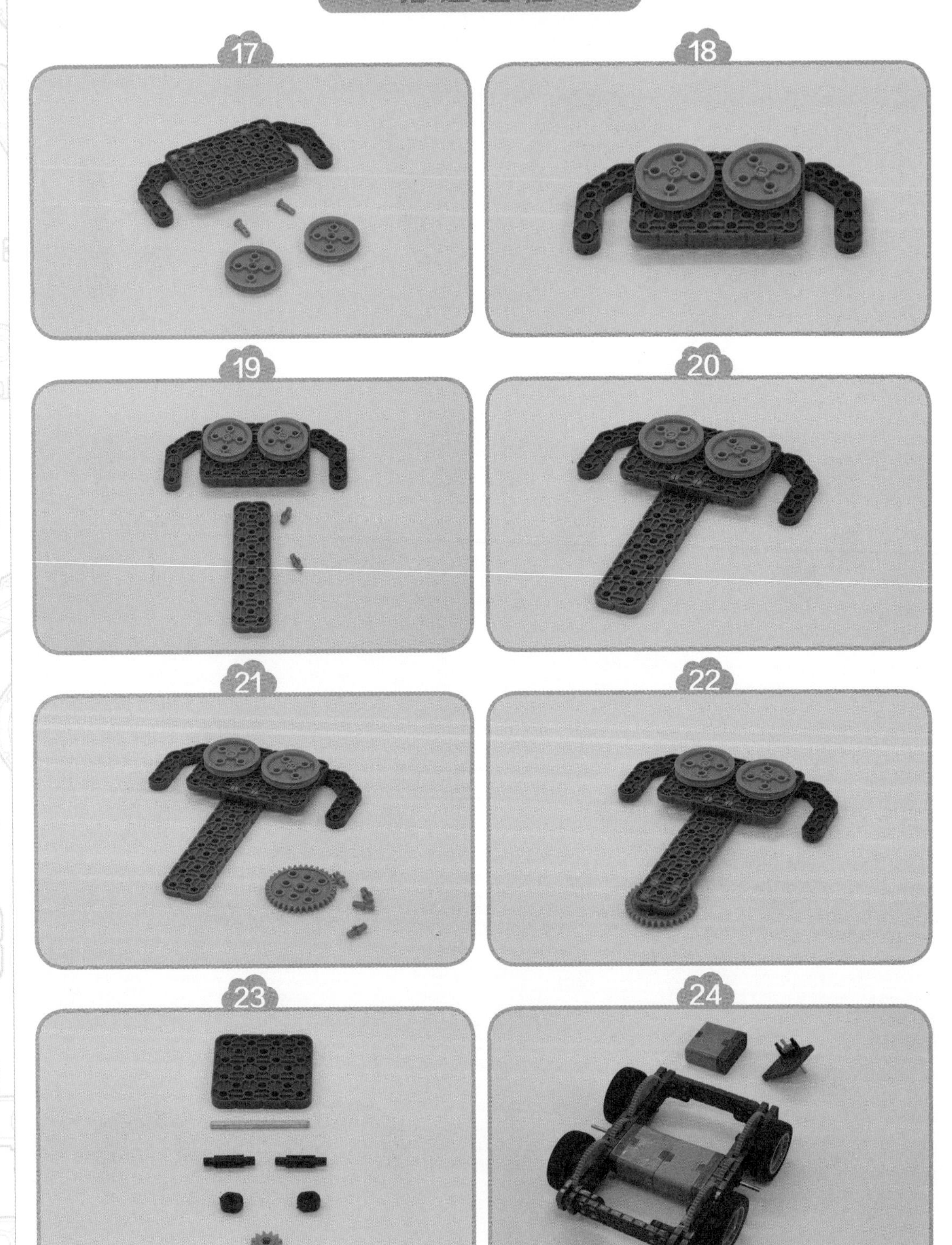
17
18
19
20
21
22
23
24

搭建过程

25

26

27

28

端口连接

序号	主机端口	电机 / 传感器
1	1	智能电机（左轮）
2	6	智能电机（右轮）
3	10	智能电机（控制左右摇头）

程序编写

设置端口

Motors and Sensors Setup

Standard Models | Datalogging | Motors | Devices

Port	Name	Type	Reversed	Drive Motor Side
motor1	leftMotor	VEX IQ Motor	☑	Left
motor2		No motor		
motor3		No motor		
motor4		No motor		
motor5		No motor		
motor6	rightMotor	VEX IQ Motor	☐	Right
motor7		No motor		
motor8		No motor		
motor9		No motor		
motor10	armMotor	VEX IQ Motor	☐	None
motor11	clawMotor	No motor		
motor12		No motor		

确定 取消 应用(A) 帮助

Motors and Sensors Setup

Standard Models | Datalogging | Motors | Devices

Port	Name	Sensor Type
port1		Motor
port2	touchLED	No Sensor
port3	colorDetector	No Sensor
port4	gyroSensor	No Sensor
port5		No Sensor
port6		Motor
port7	distanceMM	No Sensor
port8	bumpSwitch	No Sensor
port9		No Sensor
port10		Motor
port11		No Sensor
port12		No Sensor

确定 取消 应用(A) 帮助

程序编写

程　序

```
1  repeat ( 5 ) {
2      forward ( 1.5 , seconds , 50 );
3      repeat ( 2 ) {
4          moveMotor ( motor10 , 80 , degrees , 50 );
5          moveMotor ( motor10 , -160 , degrees , 50 );
6          moveMotor ( motor10 , 160 , degrees , 50 );
7          moveMotor ( motor10 , -160 , degrees , 50 );
8          moveMotor ( motor10 , 80 , degrees , 50 );
9      }
10 }
11
```

5.21　夹杯子机器人

案例描述

机器人自动感应到杯子，然后夹住杯子并推开。

案例分析

传感器感应纸杯。
超声波传感器：1 个。
智能电机：3 个。

结构设计

器材准备

序号	名称	图片	数量	序号	名称	图片	数量
1	连接销 1-1		51	14	金属轴 4		2
2	特殊梁 60		2	15	橡胶轴套 2		6
3	单条梁 1-8		4	16	垫圈		2
4	双条梁 2-8		4	17	金属轴 10		1
5	双条梁 2-4		2	18	轮胎 100		1
6	特殊梁 T		1	19	皮带轮 20		1
7	平板 4-6		1	20	齿轮 36		2
8	支撑销 2		2	21	轮毂、轮胎		2
9	角连接器 1-2		2	22	超声波传感器		1
10	角连接器双孔（长）		1	23	主控器		1
11	角连接器 2		4	24	智能电机		3
12	角连接器 - 直角		4	25	连接线		4
13	金属轴 2		2				

搭建过程

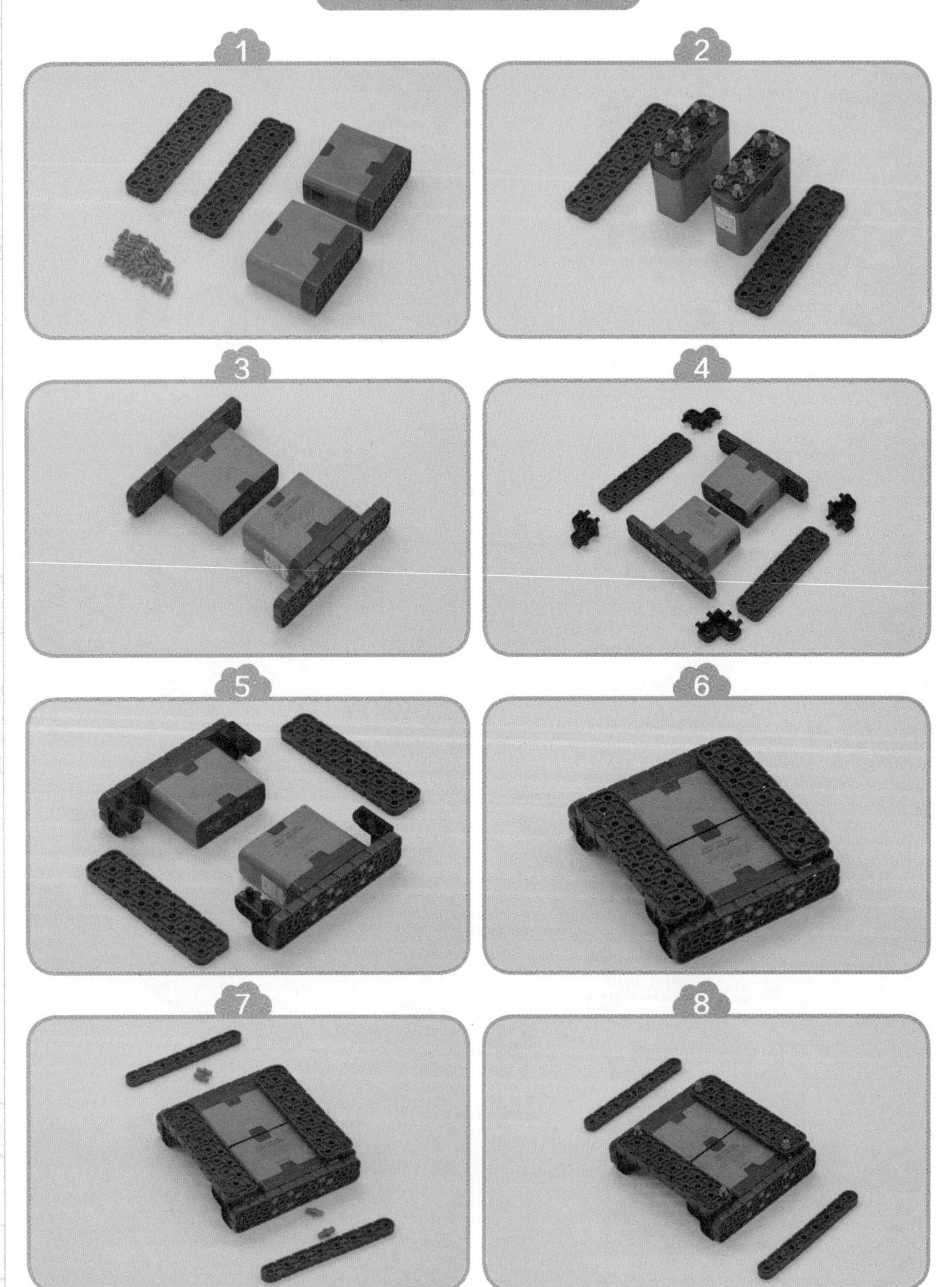

搭建过程

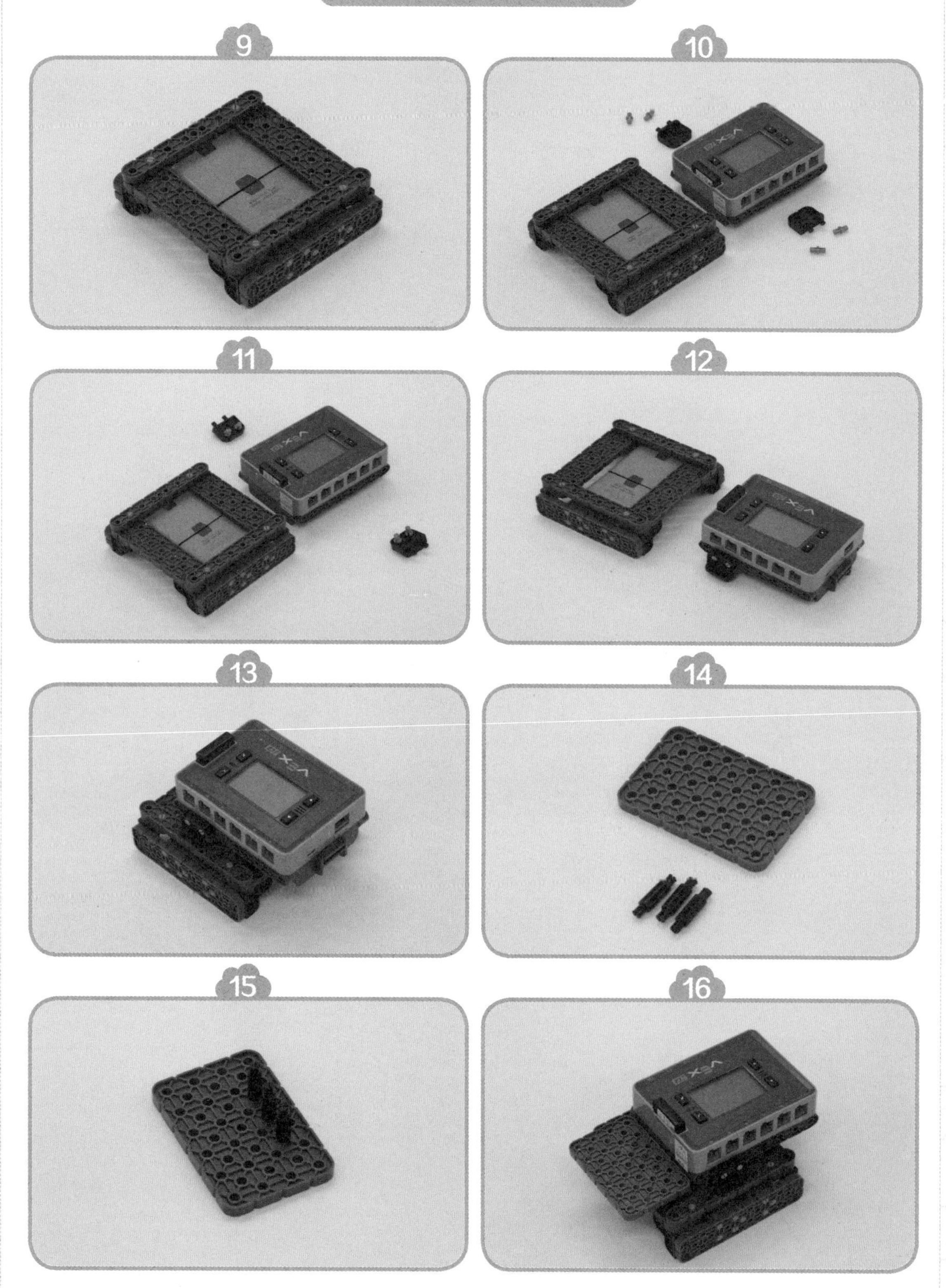

搭建过程

搭建过程

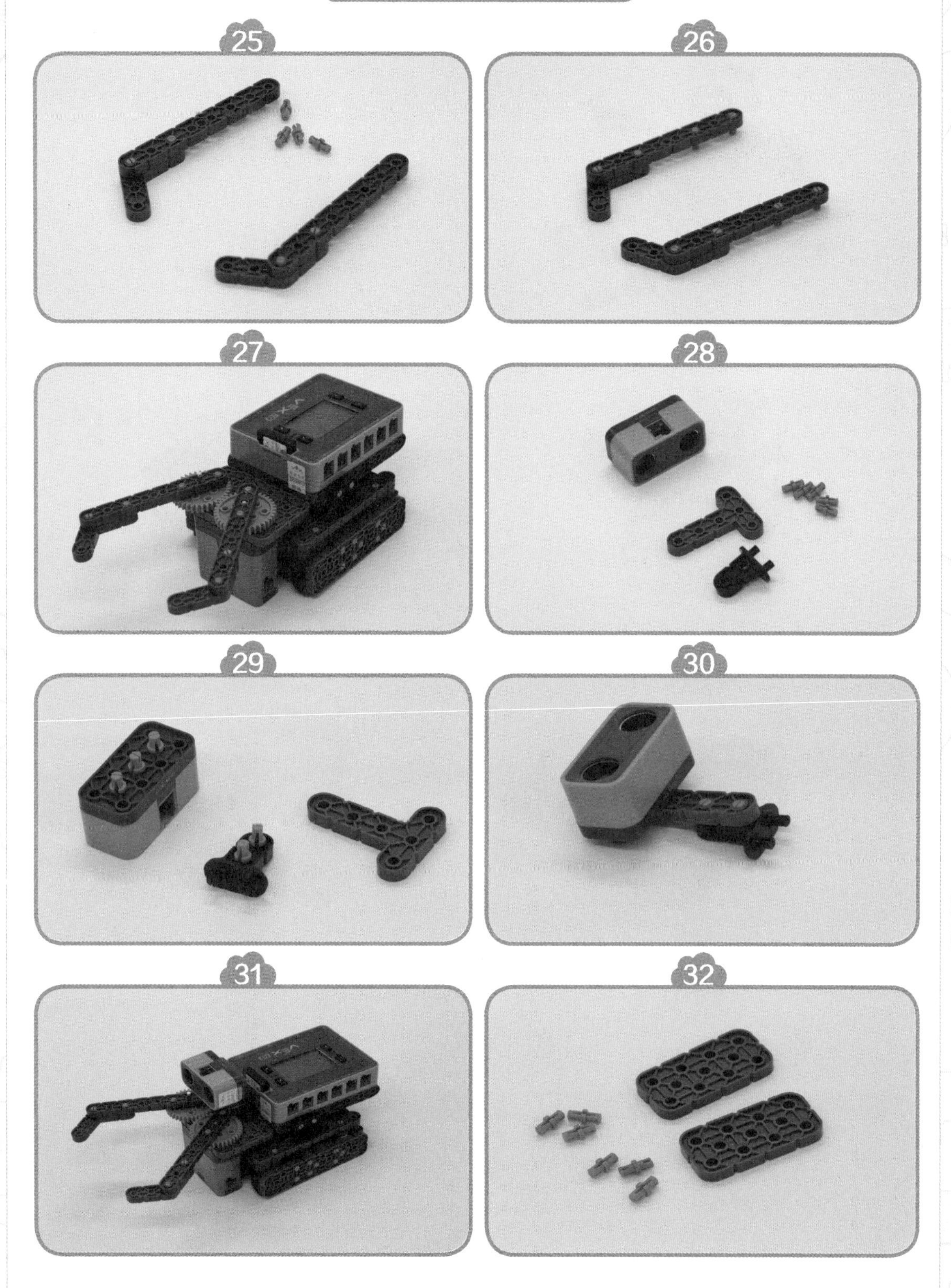
25
26
27
28
29
30
31
32

搭建过程

33

34

35

36

37

38

端口连接

序号	主机端口	电机 / 传感器
1	1	智能电机（左轮）
2	6	智能电机（右轮）
3	10	智能电机（控制夹子）
4	7	超声波传感器

程序编写

设置端口

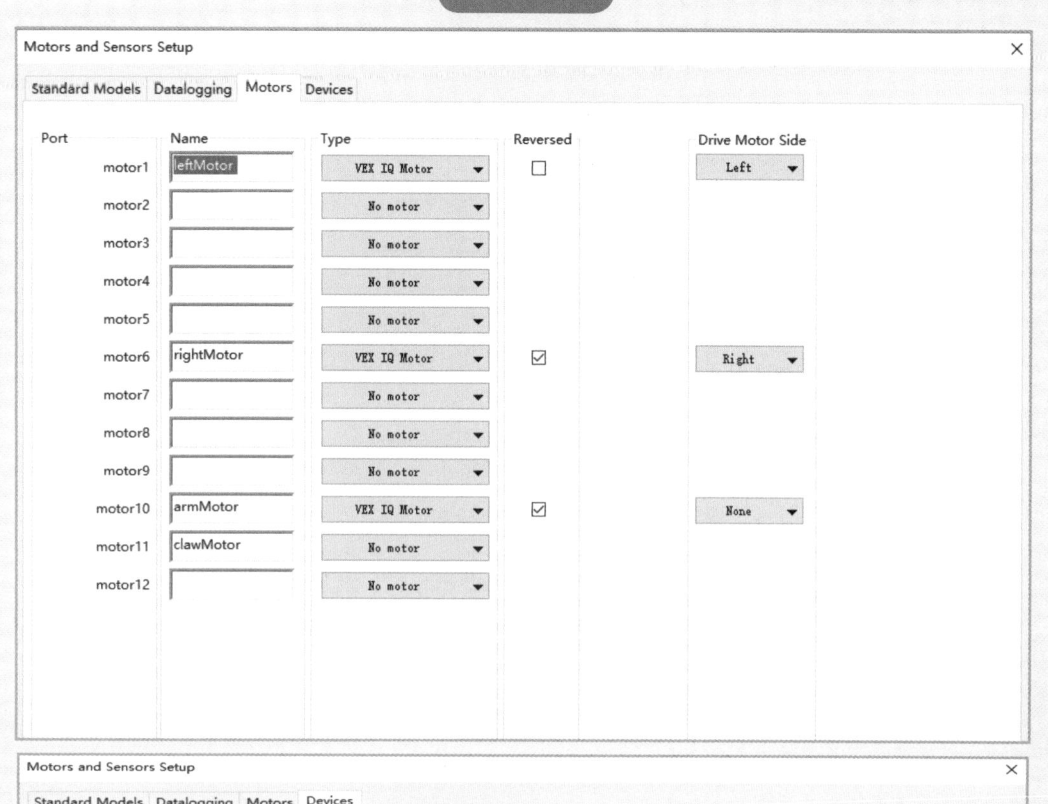
Motors and Sensors Setup
Standard Models
Datalogging
Motors
Devices
Port
Name
Type
Reversed
Drive Motor Side
motor1
leftMotor
VEX IQ Motor
Left
motor2
No motor
motor3
No motor
motor4
No motor
motor5
No motor
motor6
rightMotor
VEX IQ Motor
Right
motor7
No motor
motor8
No motor
motor9
No motor
motor10
armMotor
VEX IQ Motor
None
motor11
clawMotor
No motor
motor12
No motor

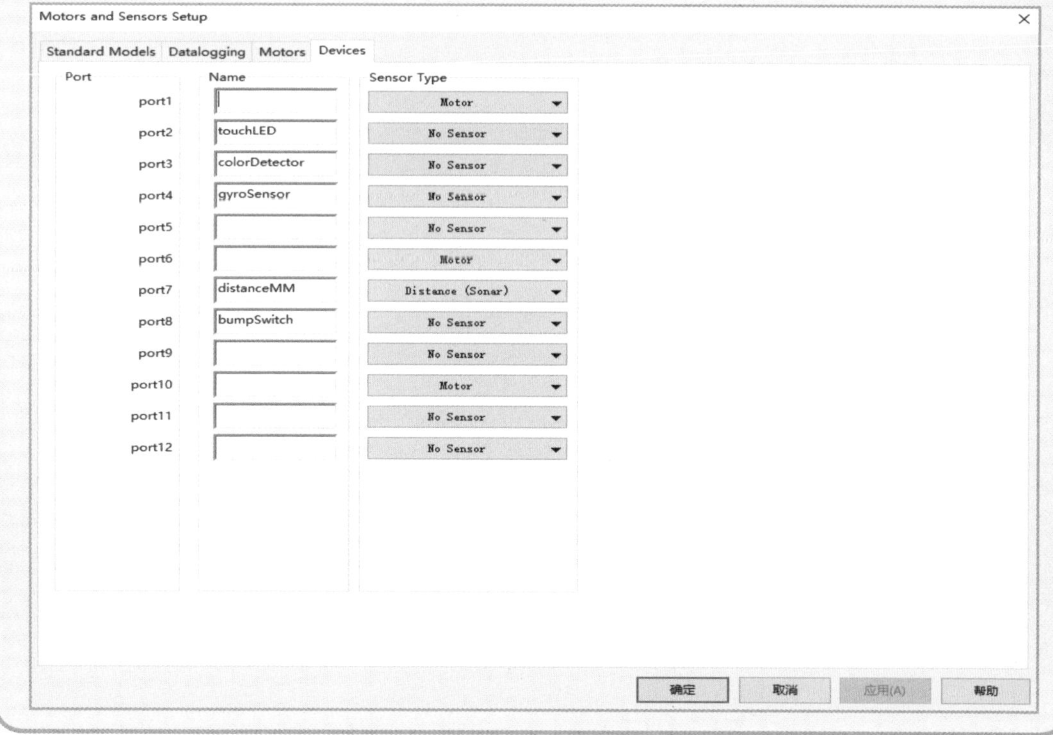
Motors and Sensors Setup
Standard Models
Datalogging
Motors
Devices
Port
Name
Sensor Type
port1
Motor
port2
touchLED
No Sensor
port3
colorDetector
No Sensor
port4
gyroSensor
No Sensor
port5
No Sensor
port6
Motor
port7
distanceMM
Distance (Sonar)
port8
bumpSwitch
No Sensor
port9
No Sensor
port10
Motor
port11
No Sensor
port12
No Sensor
确定
取消
应用(A)
帮助

程序编写

程　序

```
1  repeatUntil ( getDistanceValue(distanceMM) <= 80 ) {
2      setMotor ( motor1 , 50 );
3      setMotor ( motor6 , 50 );
4  }
5  setMotor ( motor10 , 50 );
6  wait ( 1 , seconds );
7  turnLeft ( 0.5 , seconds , 50 );
8  forward ( 2 , seconds , 50 );
9  setMotor ( motor10 , -50 );
10 backward ( 1 , seconds , 50 );
11
```

5.22　爬行怪

案例描述

模仿爬行动物的机器人，在前方 15cm 处有障碍物时，就会左转 90°躲避障碍。

案例分析

超声波传感器：1 个，感知障碍。
陀螺仪：1 个，控制角度转向。
智能电机：2 个。

结构设计

器材准备

序号	名称	图片	数量	序号	名称	图片	数量
1	连接销 1-1		56	15	角连接器 2		4
2	连接销 1-2		16	16	角连接器 2-2		4
3	连接销 2-2		2	17	金属轴 2		6
4	特殊梁 60		2	18	封闭型塑料轴 3		1
5	单条梁 1-6		4	19	封闭型塑料轴 5		1
6	单条梁 1-8		4	20	橡胶轴套 2		10
7	双条梁 2-16		4	21	齿轮 36		6
8	双条梁 2-10		1	22	皮带轮 20		2
9	双条梁 2-8		5	23	轮胎 100		2
10	双条梁 2-6		4	24	超声波传感器		1
11	双条梁 2-2		8	25	陀螺仪		1
12	支撑销 1		6	26	主控器		1
13	支撑销 2		2	27	智能电机		2
14	支撑销 16		3	28	连接线		4

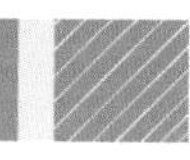

搭建过程

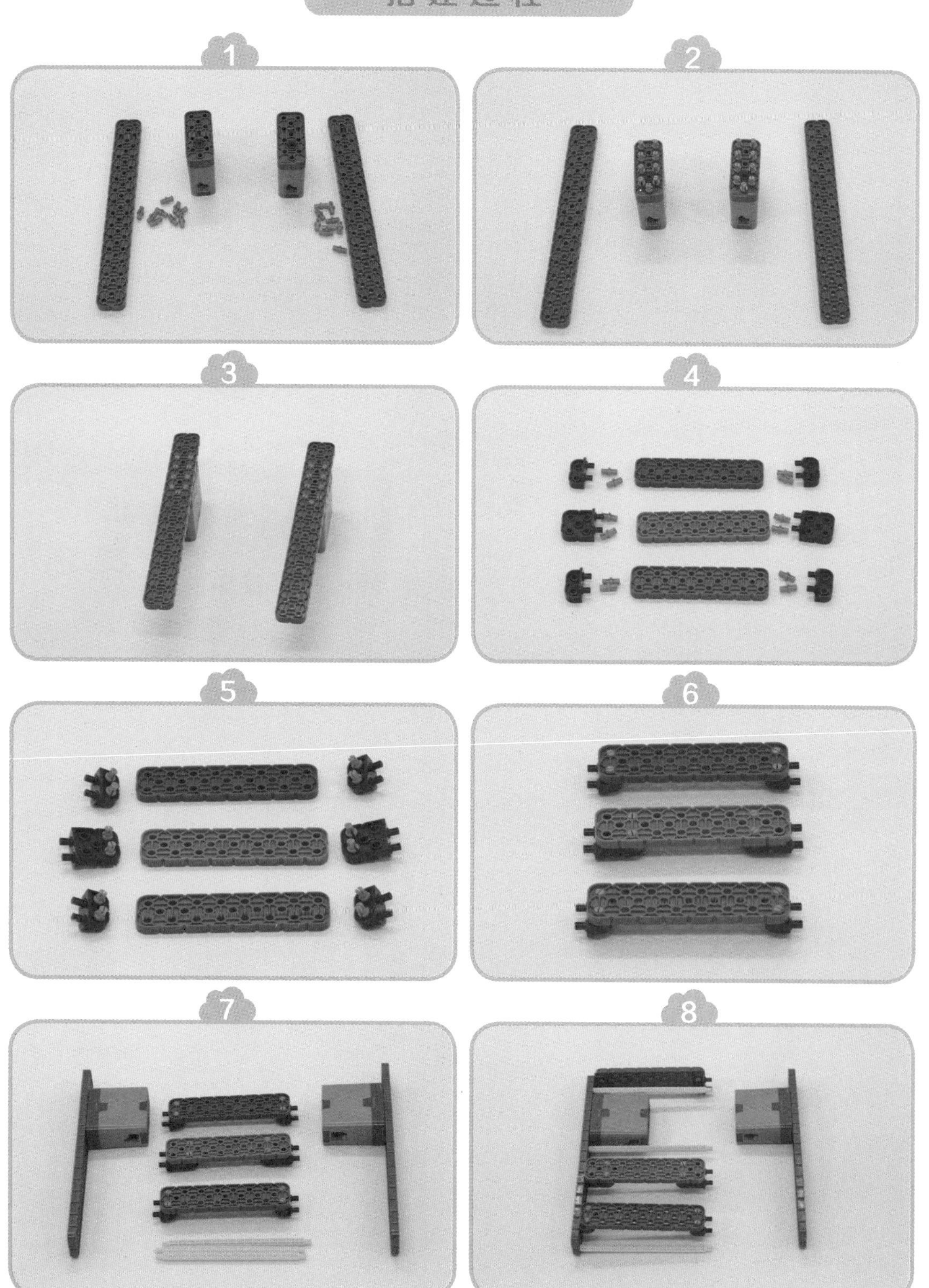

搭建过程

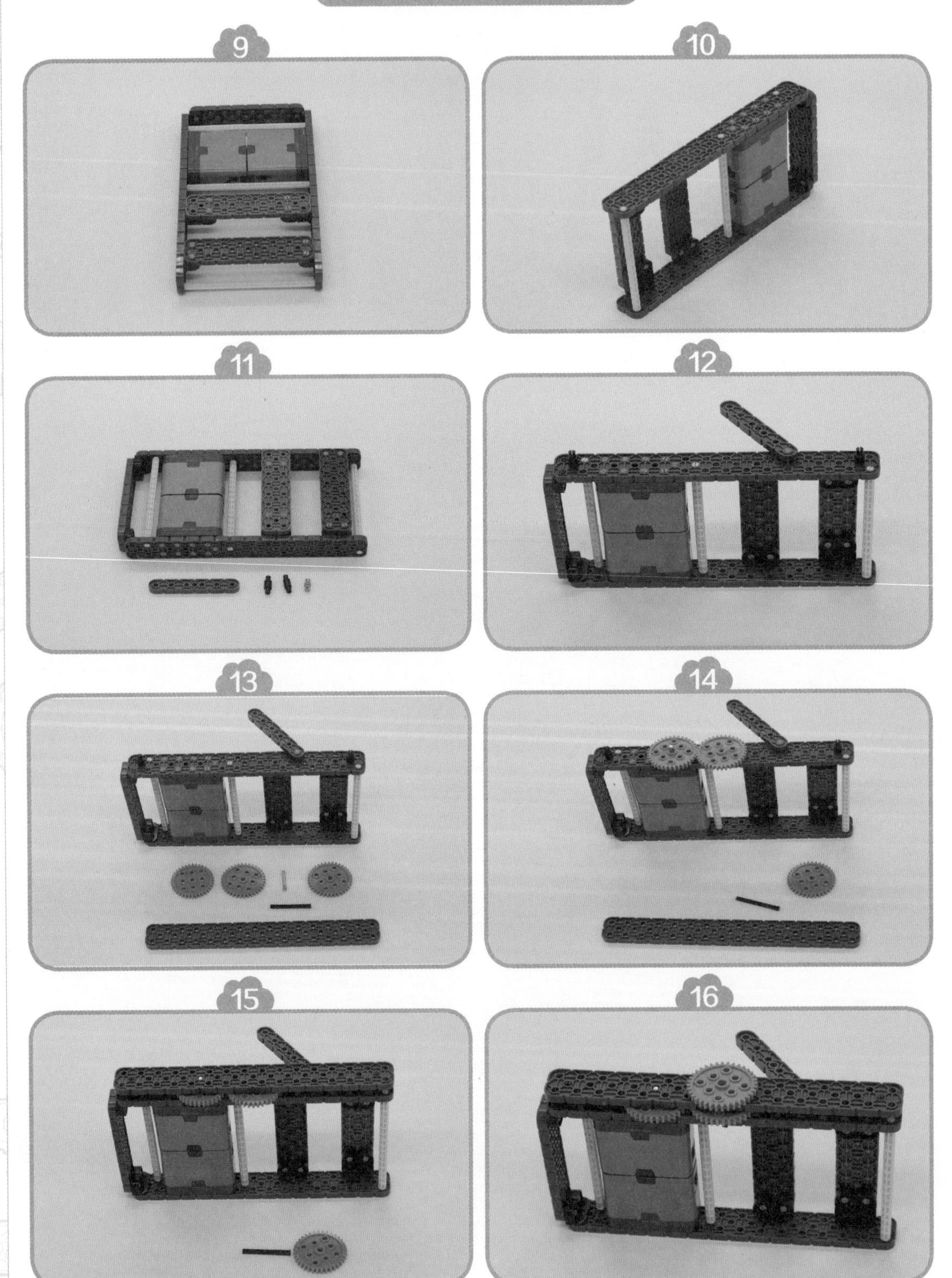
9
10
11
12
13
14
15
16

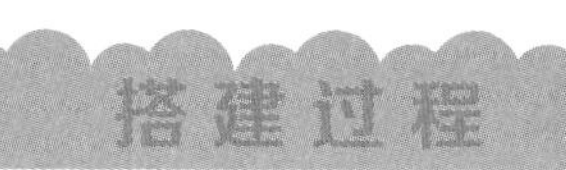
搭建过程

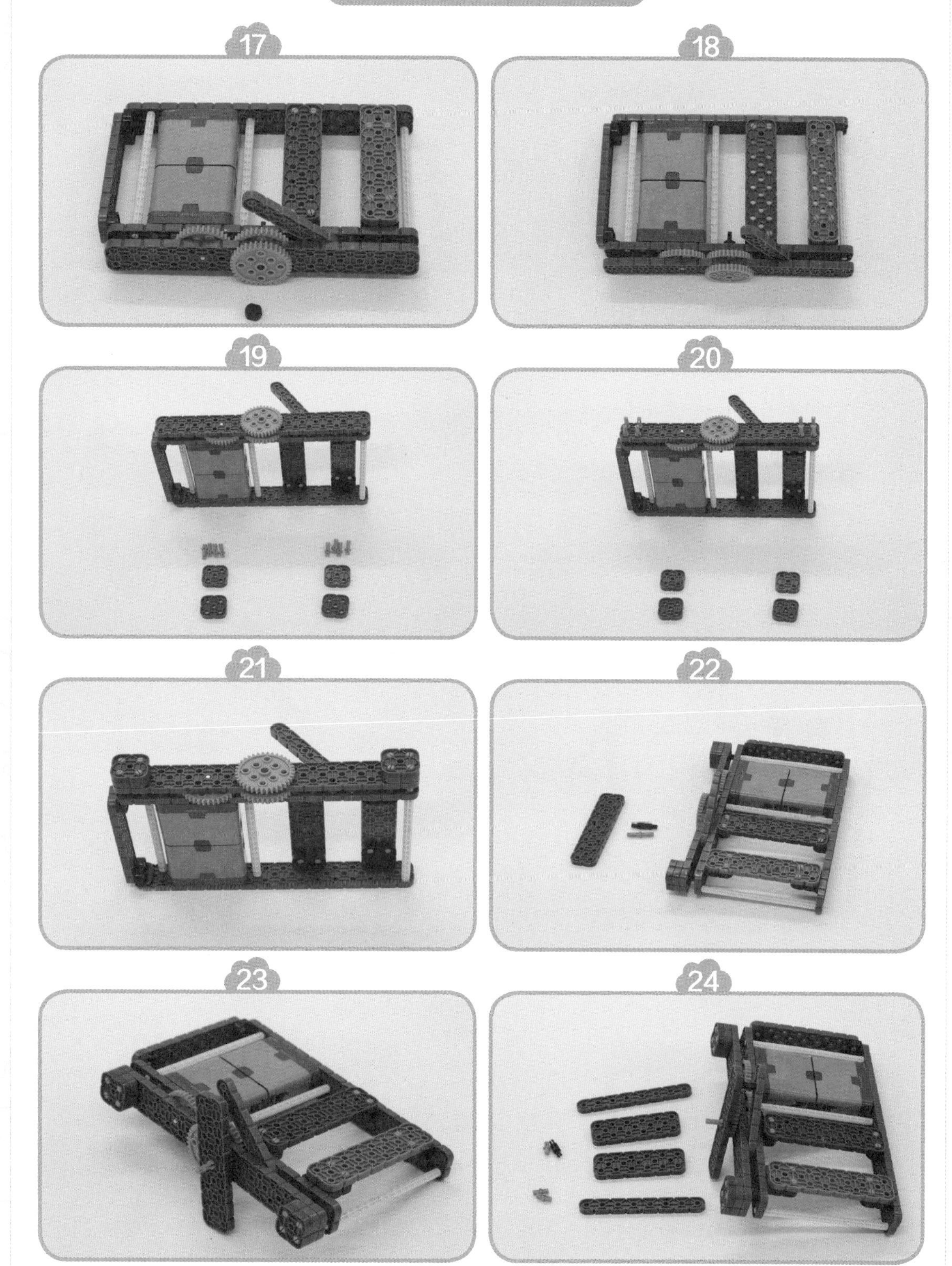
17
18
19
20
21
22
23
24

搭建过程

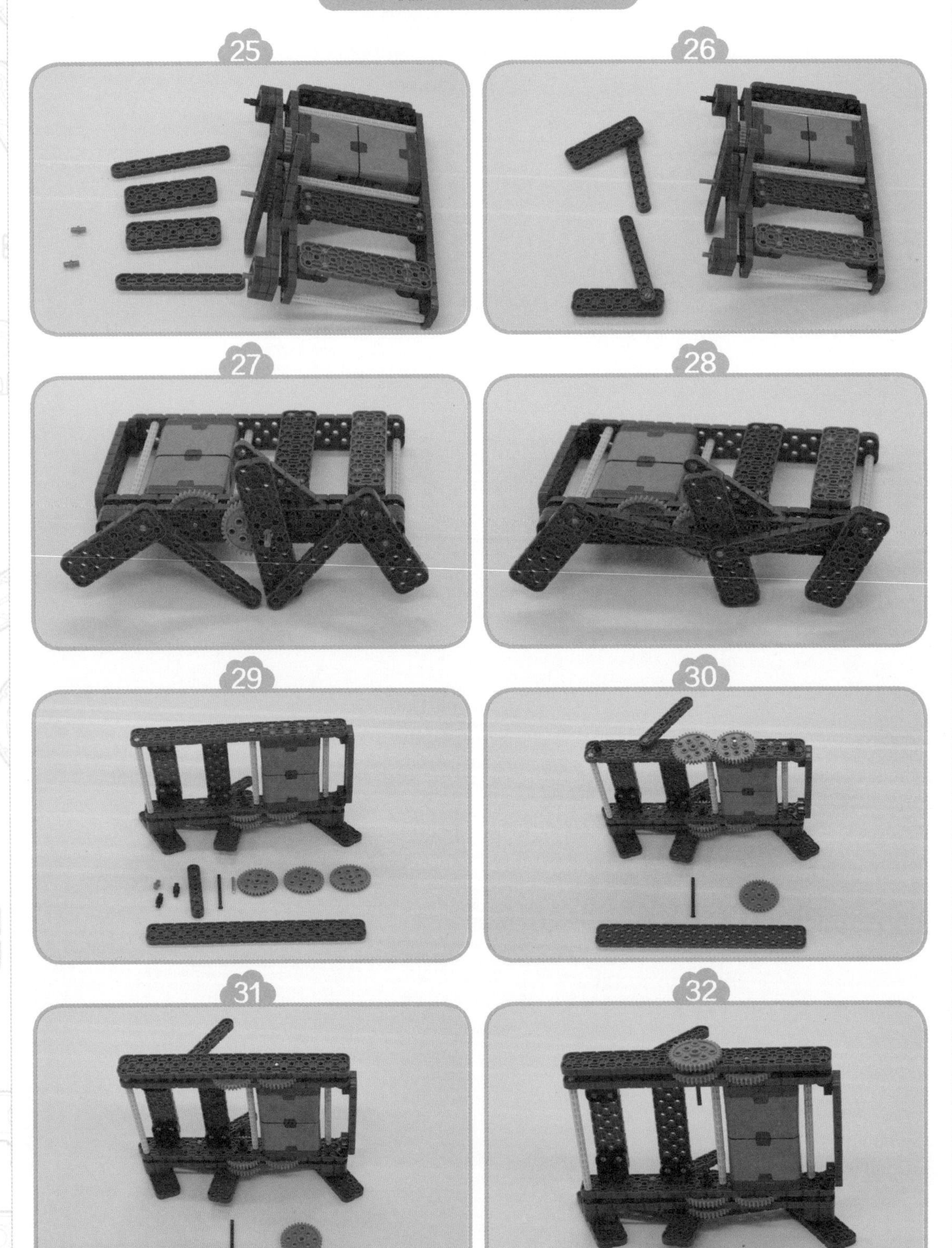

搭建过程

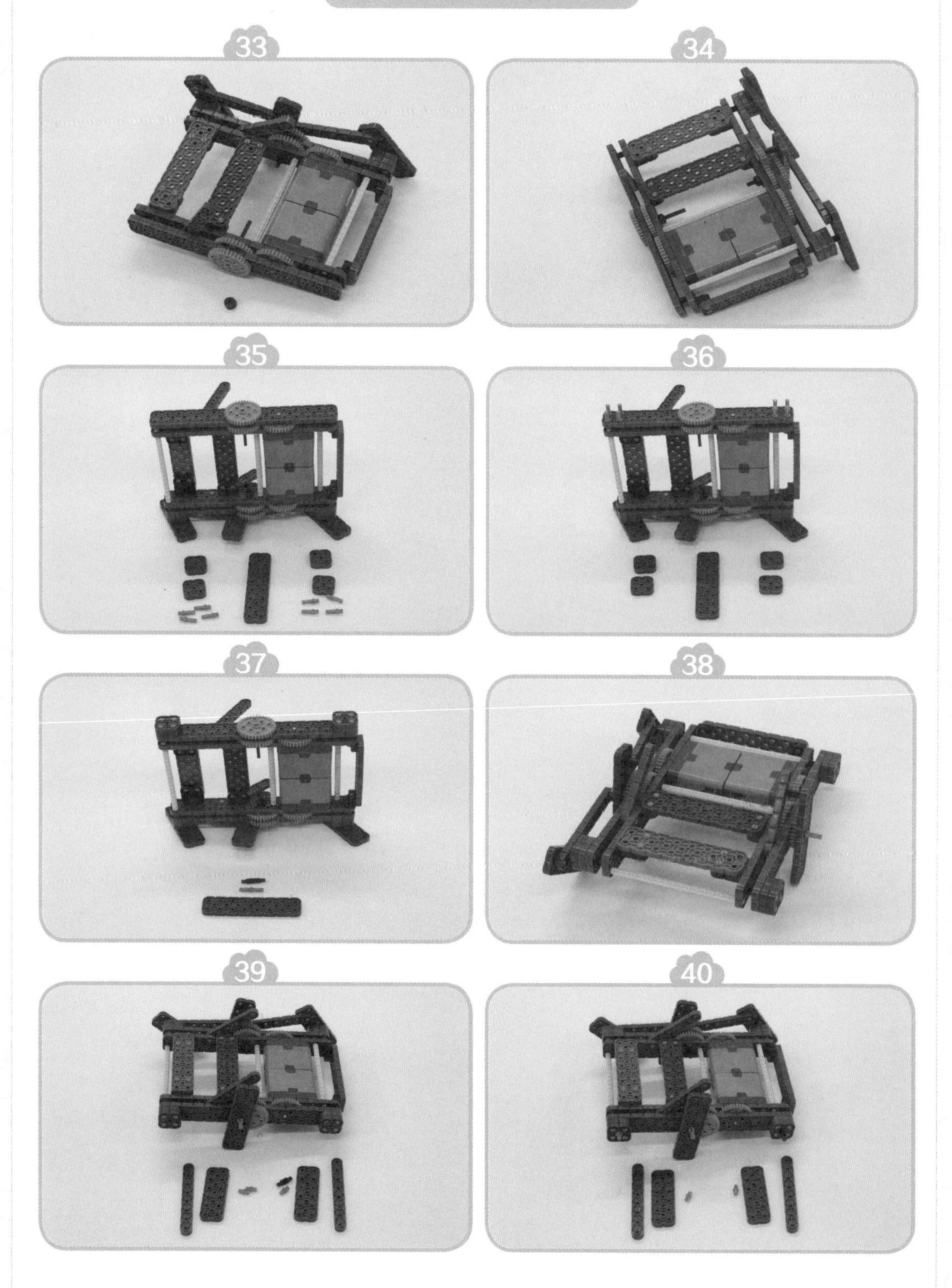

搭建过程

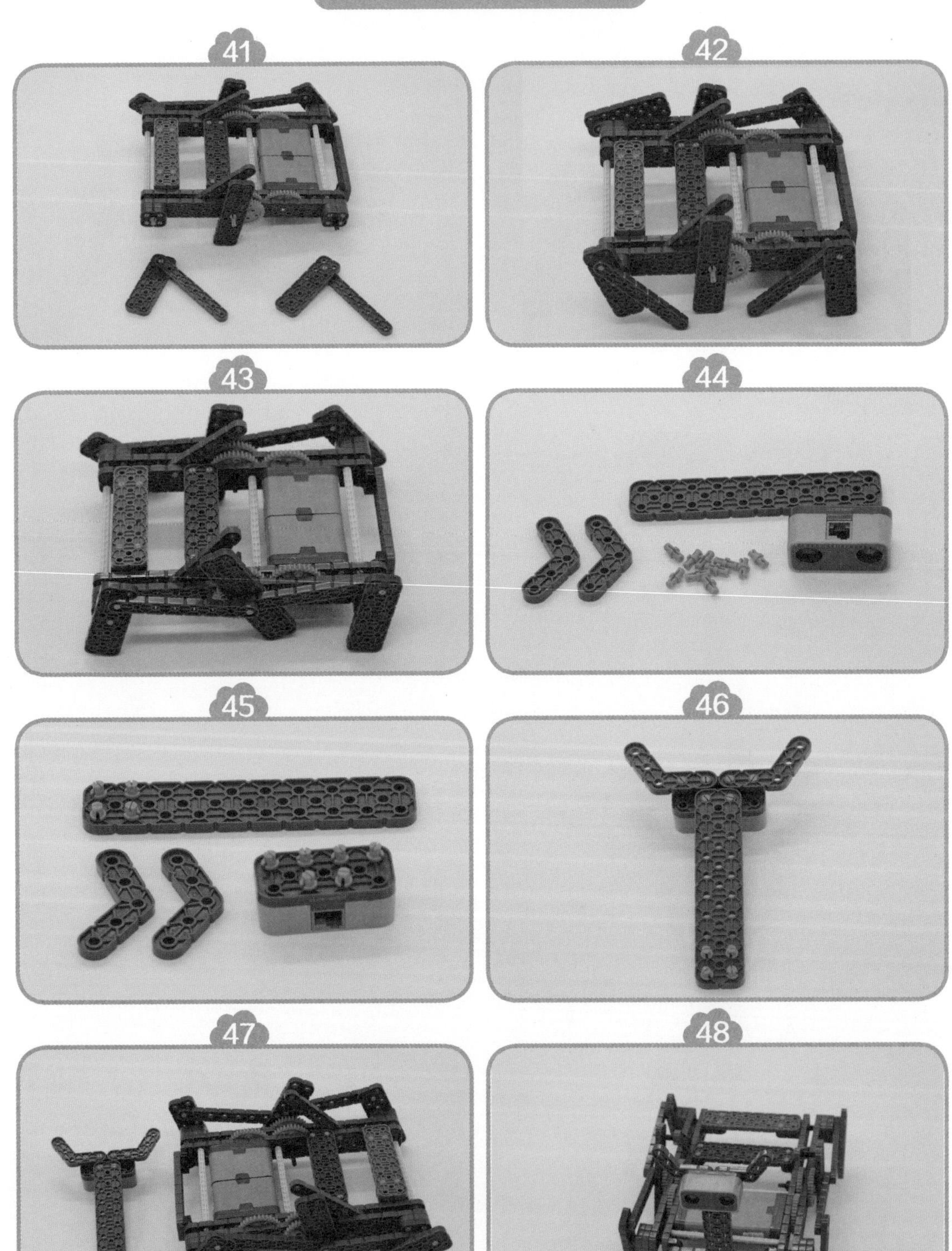

搭建过程

49

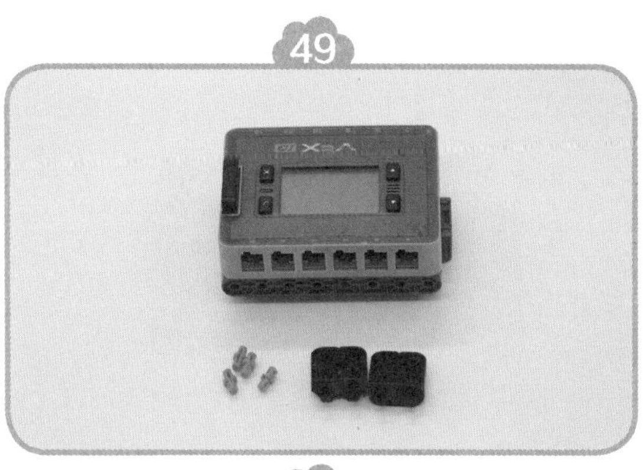

50

51

52

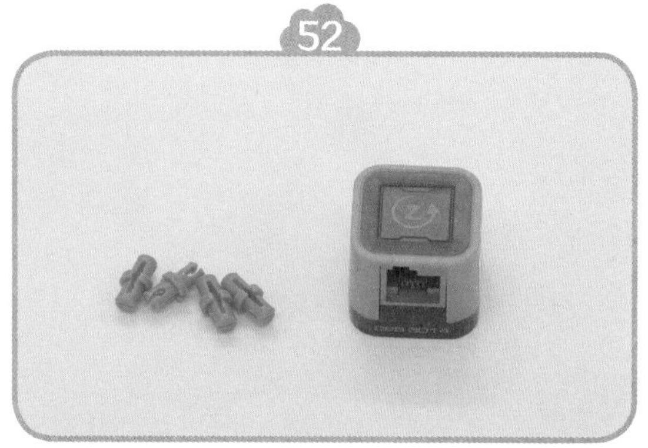

53

54

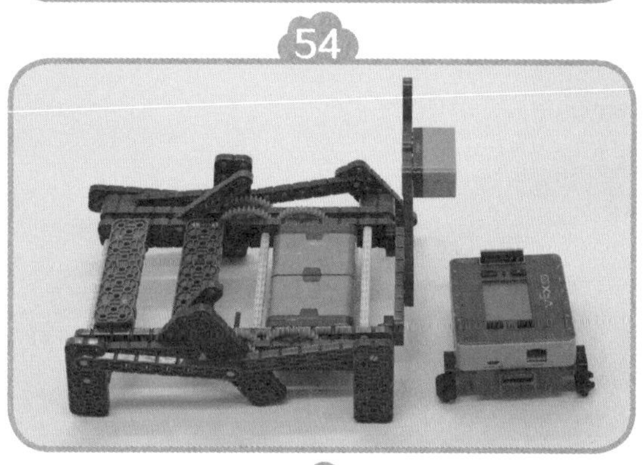

55

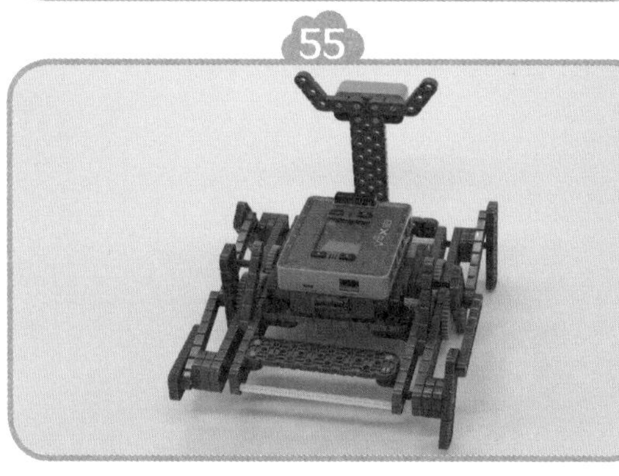

56

搭建过程

57

58

59

60

端口连接

序号	主机端口	电机 / 传感器接口
1	1	智能电机（左）
2	6	智能电机（右）
3	4	陀螺仪
4	7	超声波传感器

程序编写

设置端口

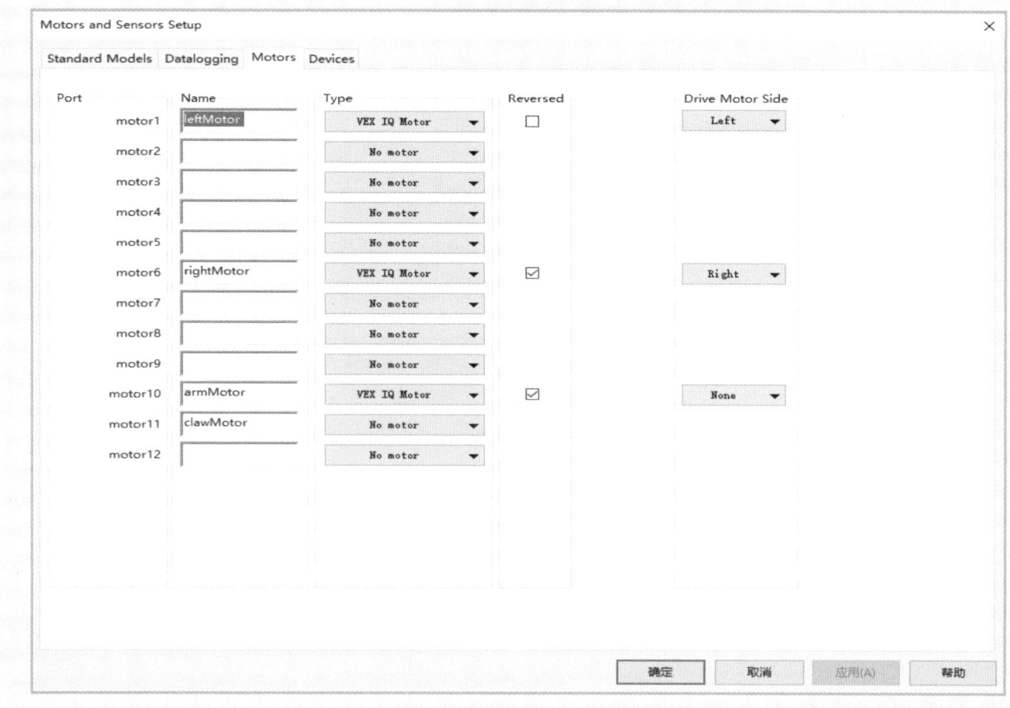
Motors and Sensors Setup
Standard Models
Datalogging
Motors
Devices
Port
Name
Type
Reversed
Drive Motor Side
motor1
leftMotor
VEX IQ Motor
Left
motor2
motor3
motor4
motor5
No motor
motor6
rightMotor
VEX IQ Motor
Right
motor7
motor8
motor9
motor10
armMotor
VEX IQ Motor
None
motor11
clawMotor
motor12
确定
取消
应用(A)
帮助

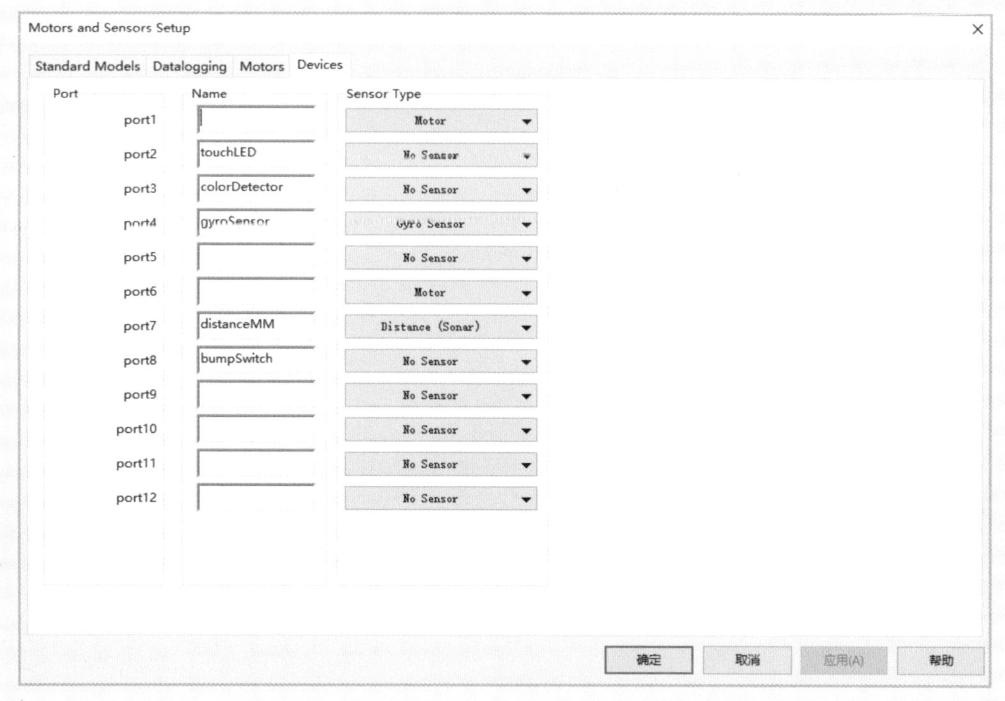
Motors and Sensors Setup
Standard Models
Datalogging
Motors
Devices
Port
Name
Sensor Type
port1
Motor
port2
touchLED
No Sensor
port3
colorDetector
No Sensor
port4
gyroSensor
Gyro Sensor
port5
No Sensor
port6
Motor
port7
distanceMM
Distance (Sonar)
port8
bumpSwitch
No Sensor
port9
port10
port11
port12
确定
取消
应用(A)
帮助

程序编写

程　序

```
1  repeat (forever ) {
2      if ( getDistanceValue(distanceMM) <= 150 ) {
3          stopAllMotors ( );
4          resetGyro ( gyroSensor );
5          setMotor ( motor1 , -50 );
6          setMotor ( motor6 , 50 );
7          waitUntil ( getGyroDegrees(gyroSensor) >= 90 );
8      } else {
9          setMotor ( motor1 , 50 );
10         setMotor ( motor6 , 50 );
11     }
12 }
13
```

5.23　坦克

案例描述

坦克是现代陆上作战的主要武器，是具有直射火力、越野能力和装甲防护力的履带式装甲战斗车辆，是陆战武器中重要性唯一高于轮式装甲车的武器，主要执行与对方坦克或其他装甲车辆作战的任务，也可以压制、消灭反坦克武器、摧毁工事、歼灭敌方陆上力量。今天的案例就是制作坦克。

案例分析

智能电机：3 个。

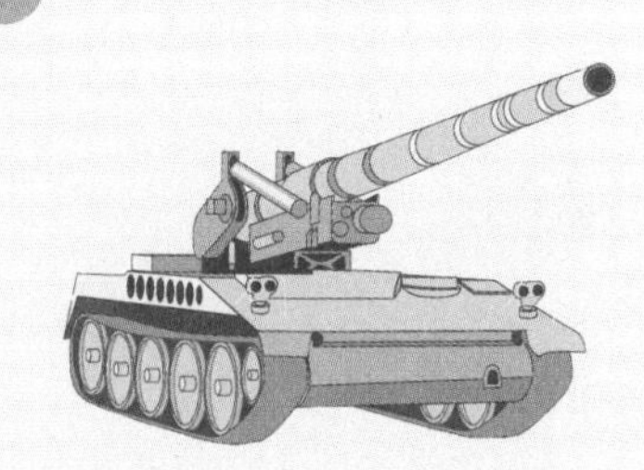

结构设计

器材准备

序号	名称	图片	数量	序号	名称	图片	数量
1	连接销 1-1		111	10	双条梁 2-6		3
2	连接销 2-2		12	11	双条梁 2-4		1
3	单条梁 1-12		2	12	双条梁 2-2		2
4	单条梁 1-8		2	13	平板 4-12		3
5	单条梁 1-6		2	14	平板 4-4		5
6	特殊梁直角 4-4		4	15	支撑销 8		2
7	双条梁 2-16		4	16	角连接器 2		12
8	双条梁 2-10		3	17	角连接器 2-2		2
9	双条梁 2-8		2	18	角连接器双孔（长）		1

器材准备

（续）

序号	名称	图片	数量	序号	名称	图片	数量
19	角连接器双孔（短）	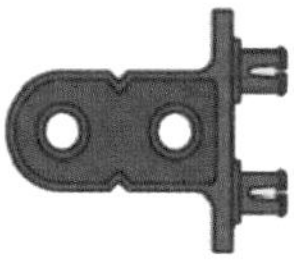	1	27	齿轮 32		1
20	角连接器单孔双向		4	28	皮带轮 40	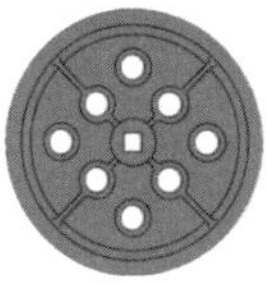	1
21	双头支撑销连接器	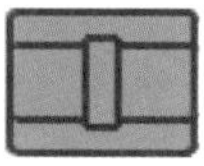	20	29	冠轮		1
22	橡胶轴套 2		22	30	链轮 24		8
23	金属轴 6		1	31	链条		若干
24	金属轴 4		7	32	主控器		1
25	封闭型塑料轴 3		2	33	智能电机		3
26	电机塑料轴 3		1	34	连接线	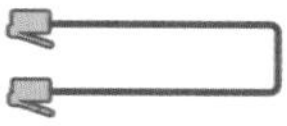	3

1

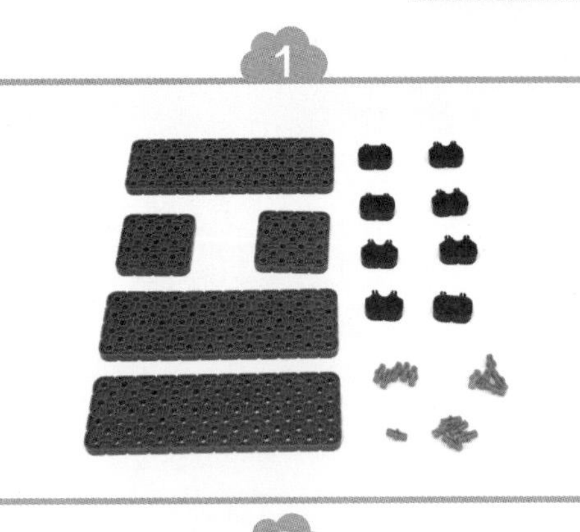

2

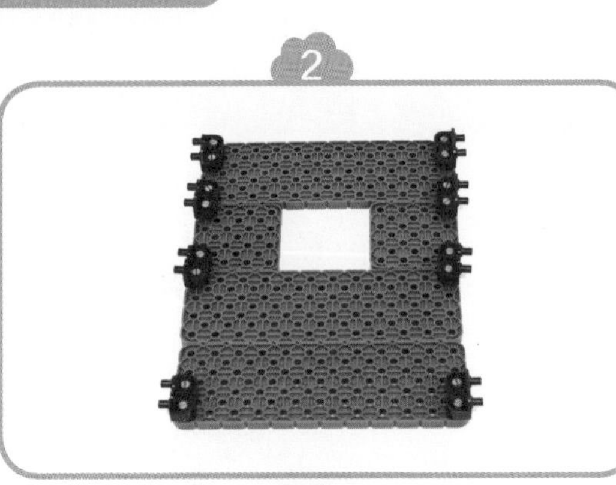

3

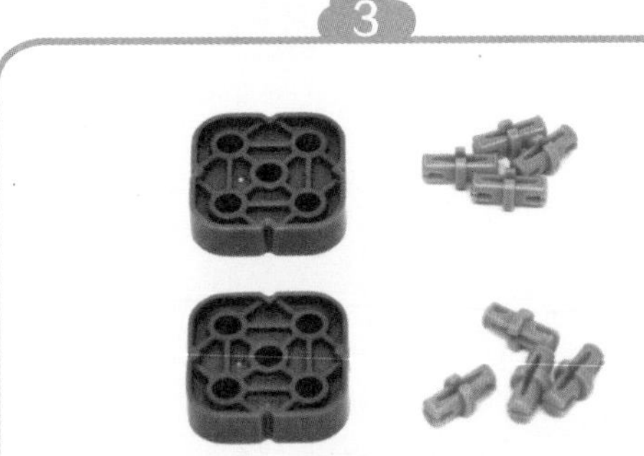

4

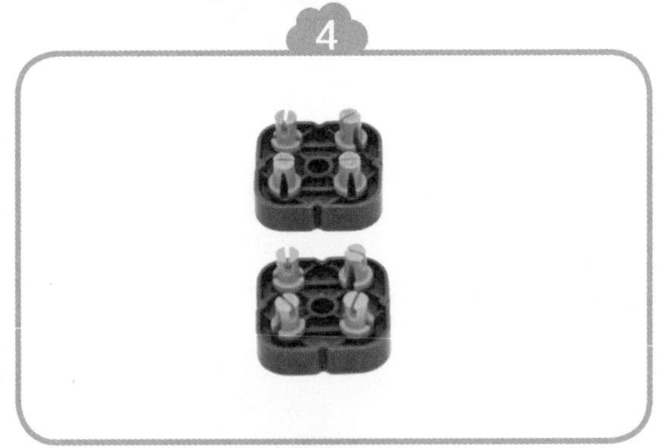

5

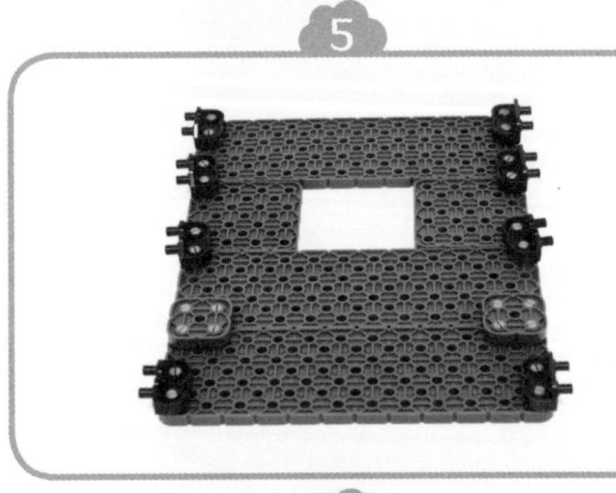

6

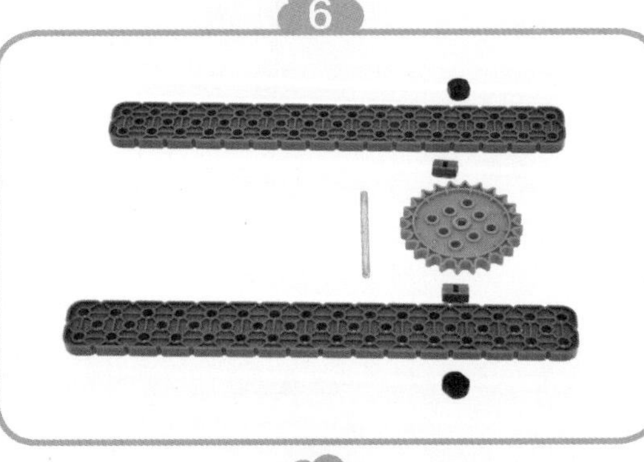

7

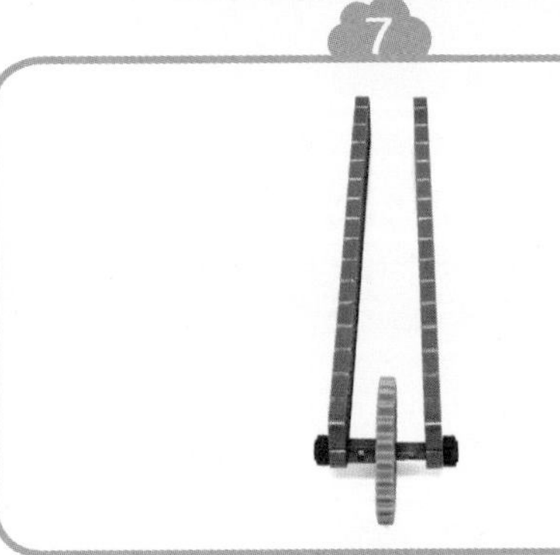

8

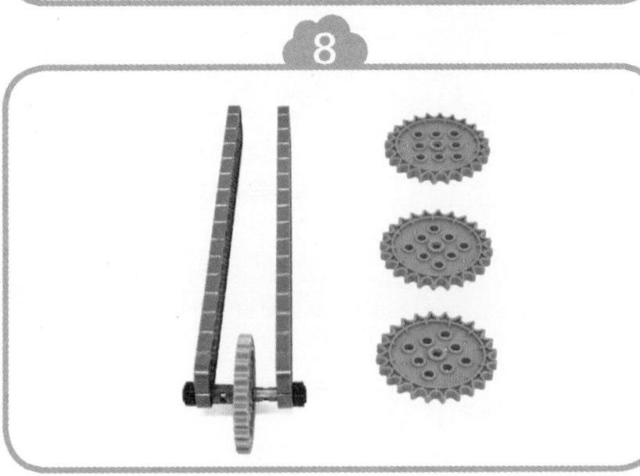

搭建过程

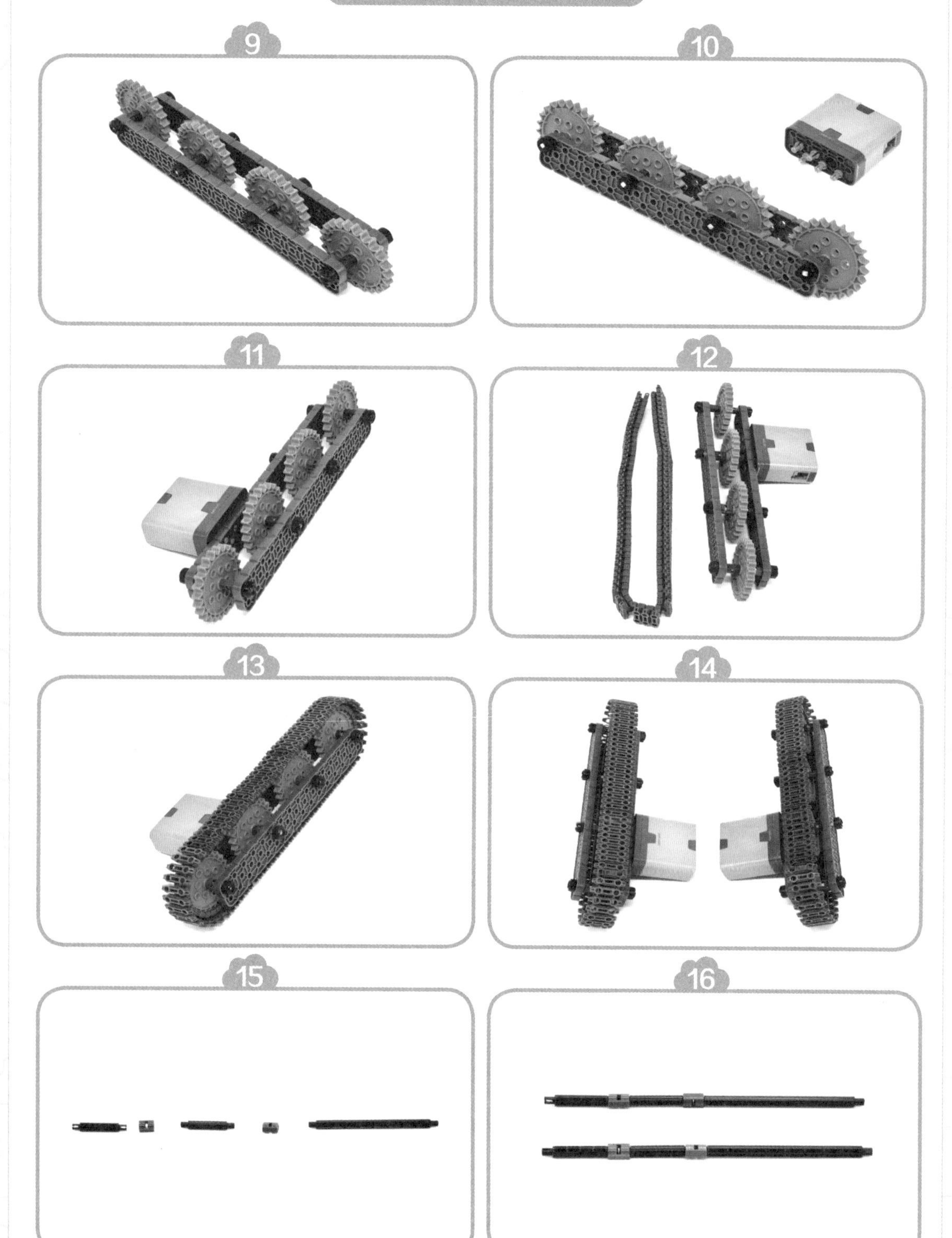
9
10
11
12
13
14
15
16

搭建过程

17

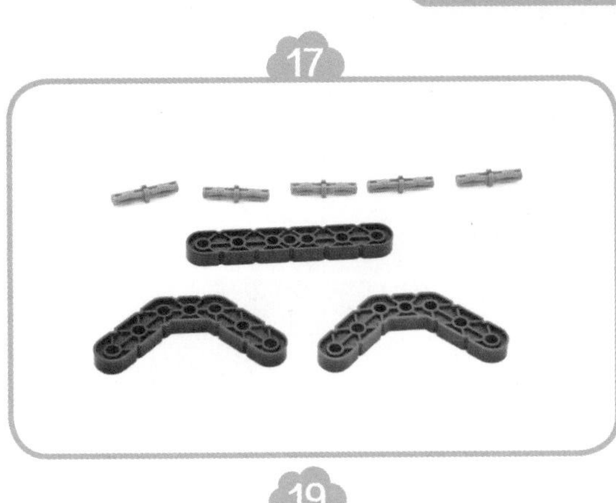

18

19

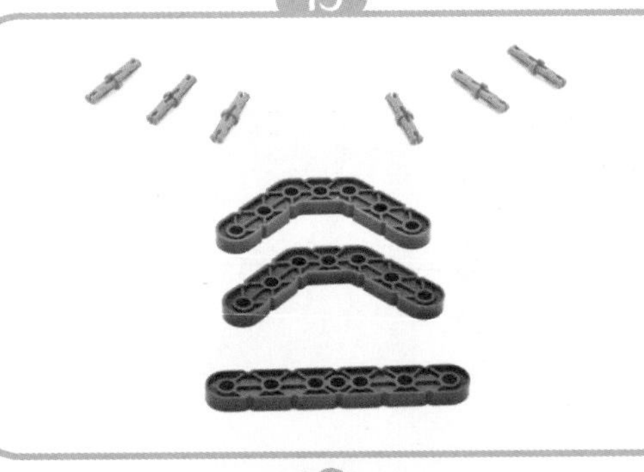

20

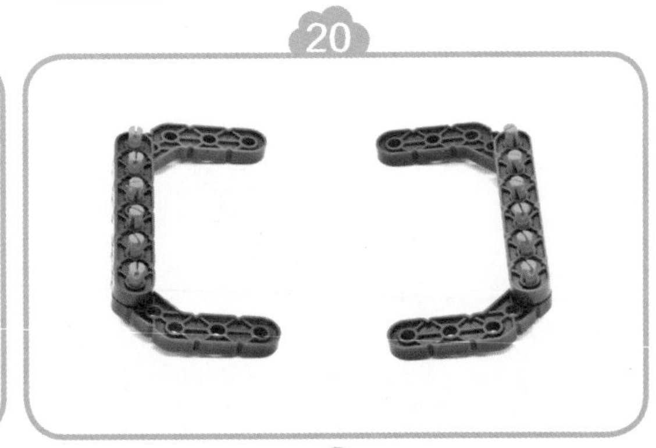

21

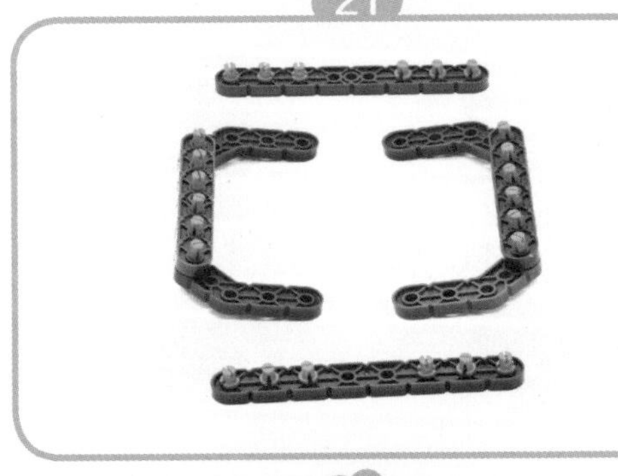

22

23

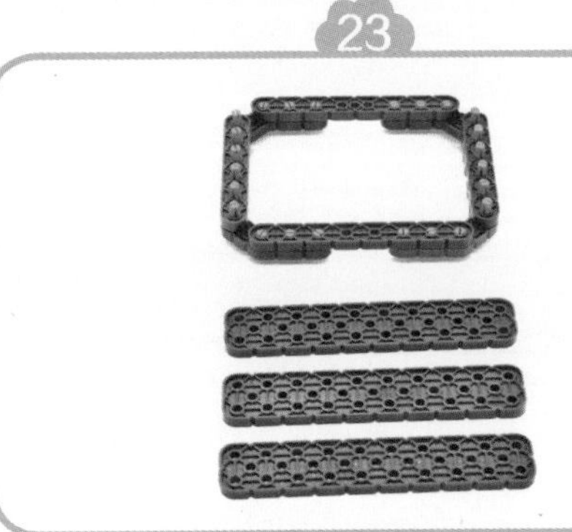

24

搭建过程

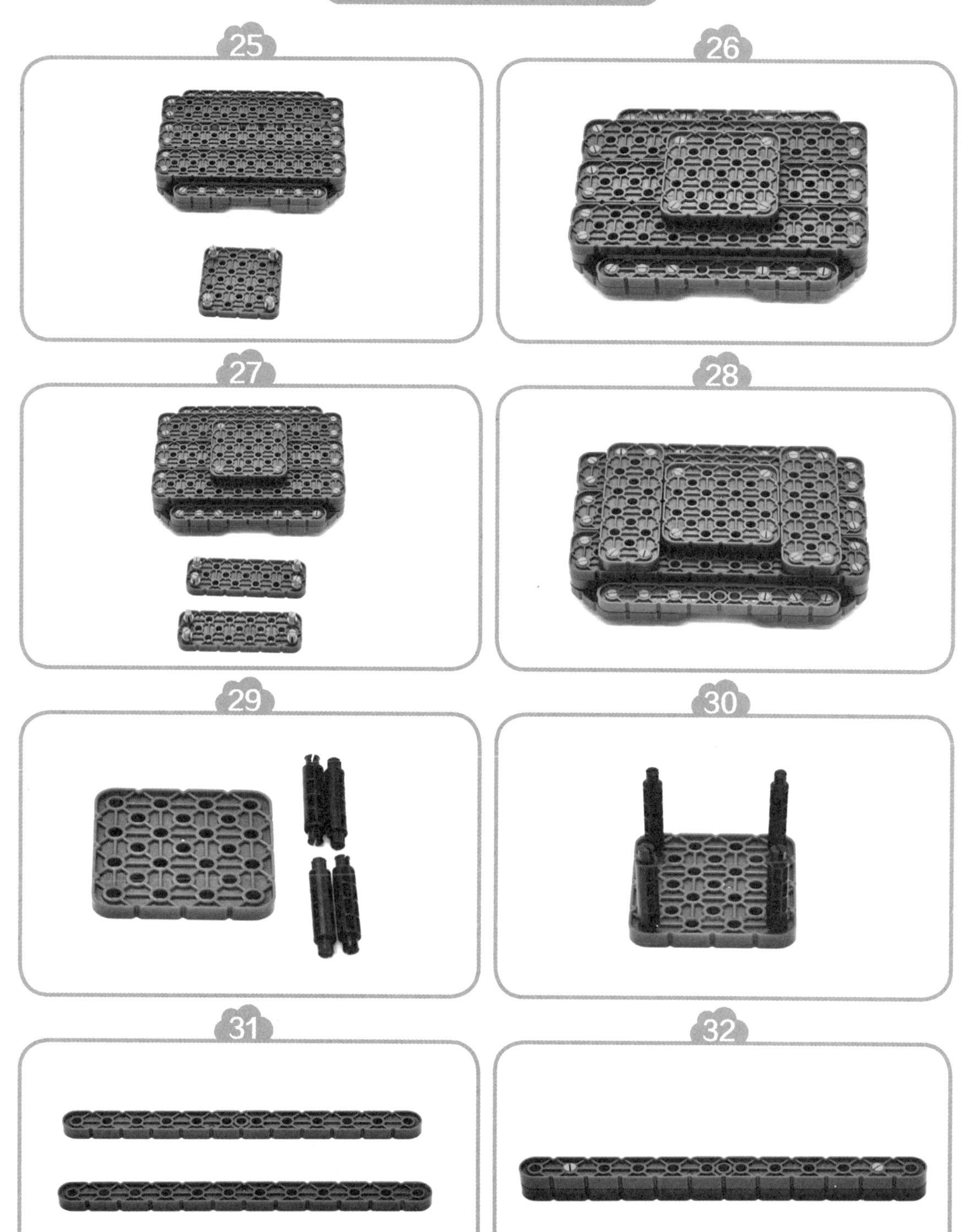
25
26
27
28
29
30
31
32

搭建过程

33

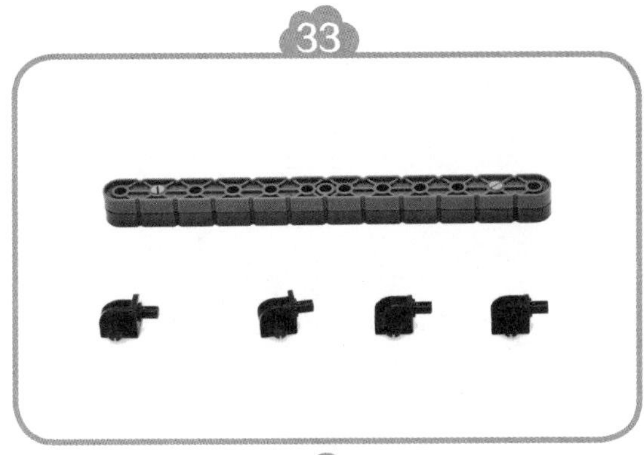

34

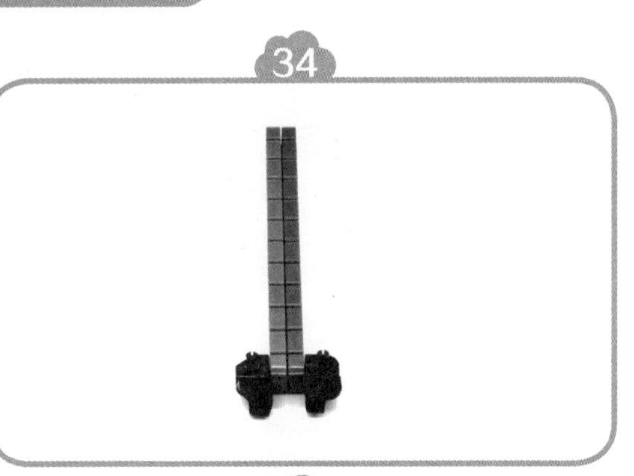

35

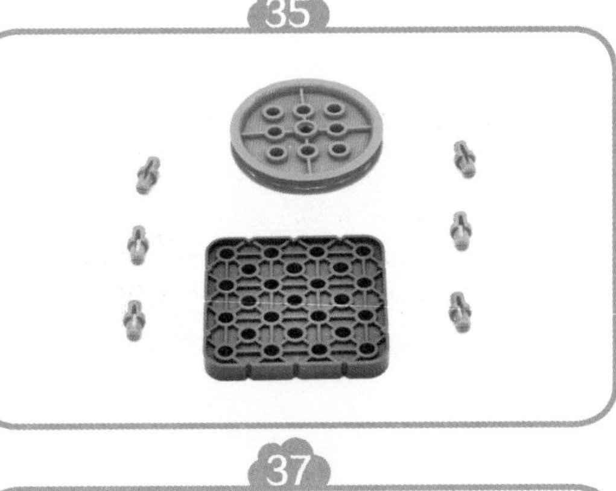

36

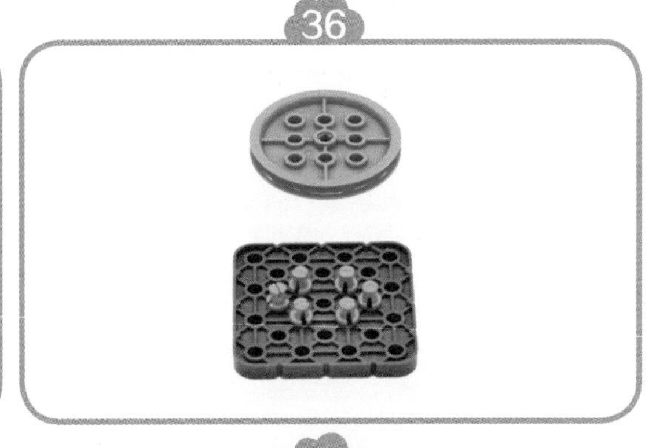

37

38

39

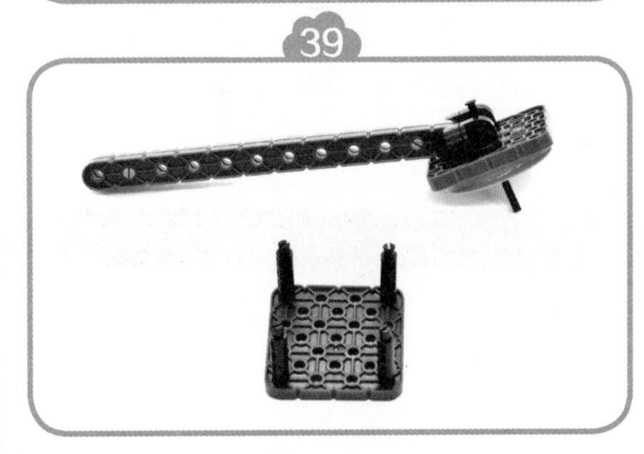

40

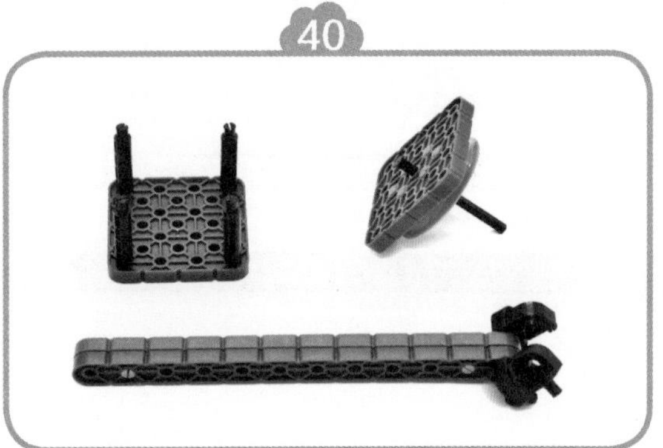

搭建过程

41

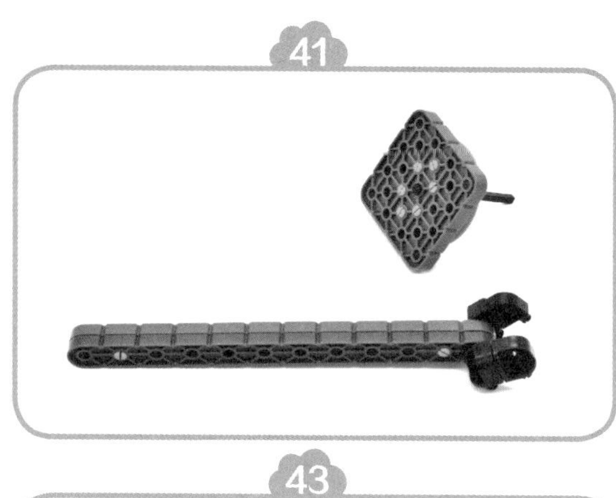

42

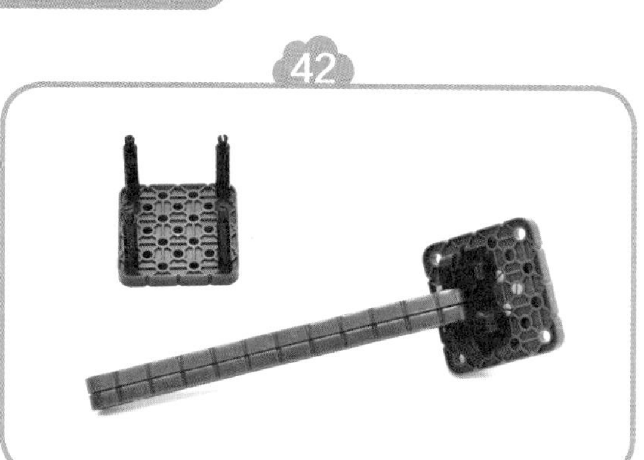

43

44

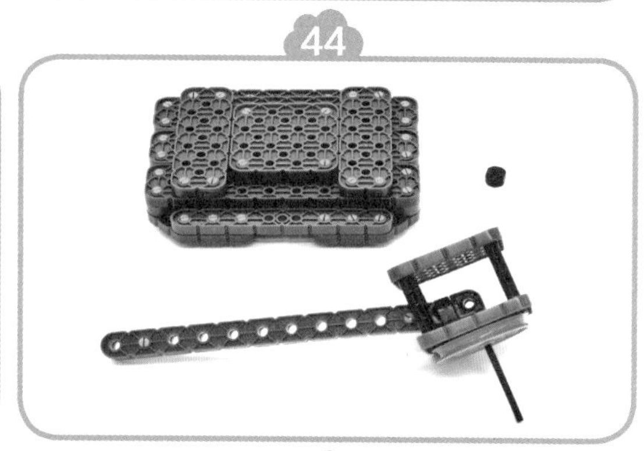

45

46

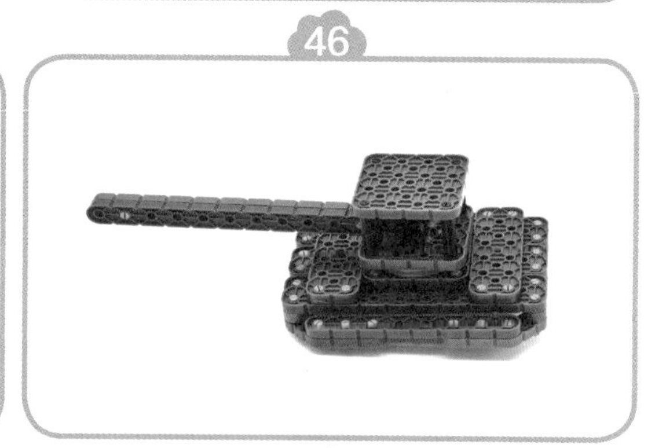

47

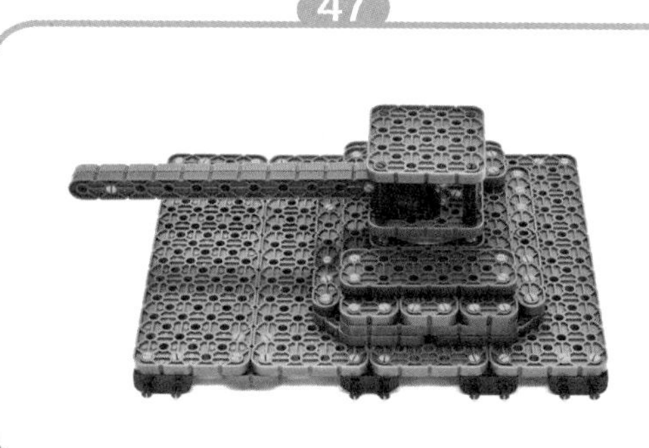

48

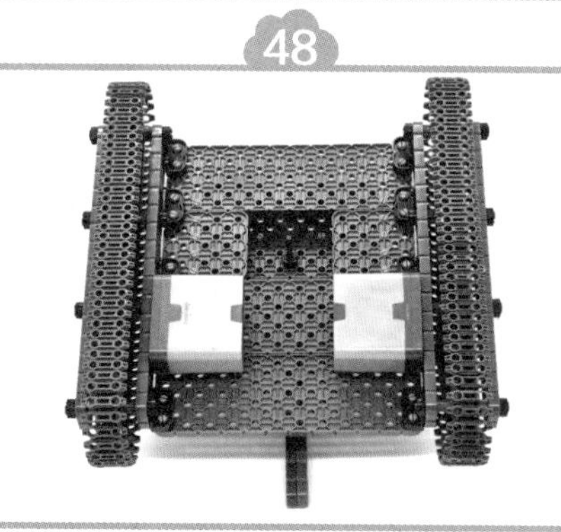

搭建过程

49

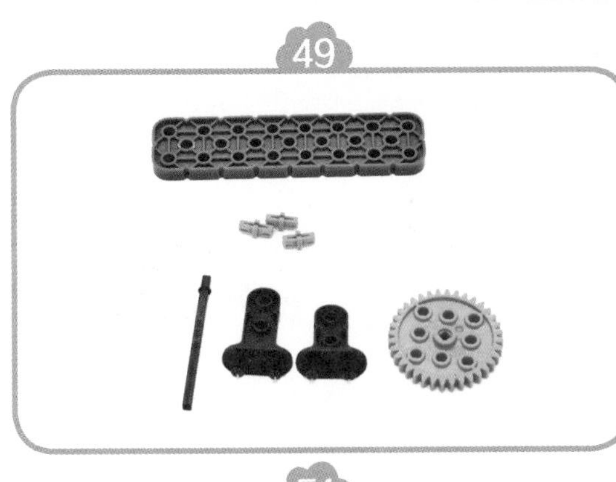

50

51

52

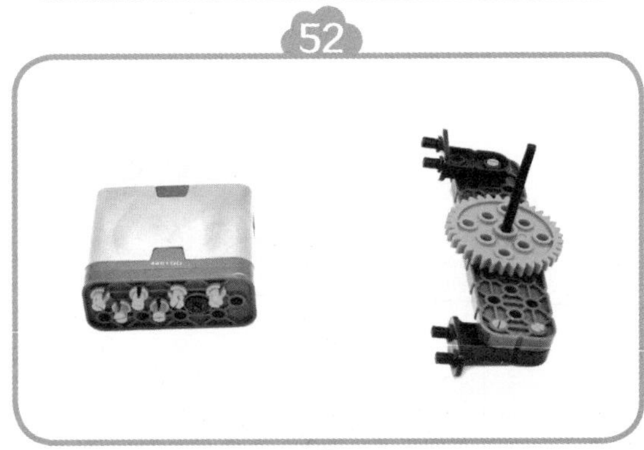

53

54

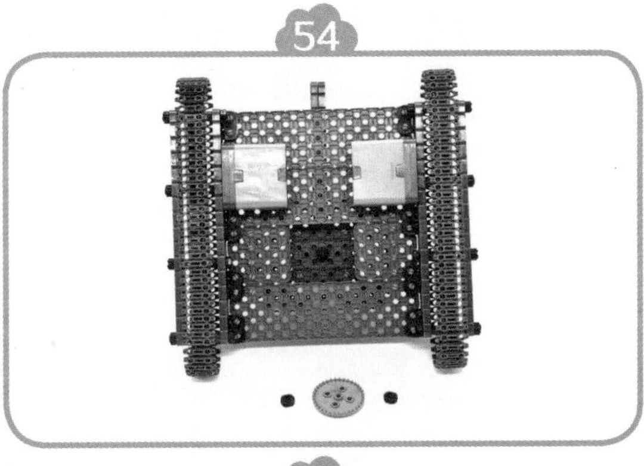

55

56

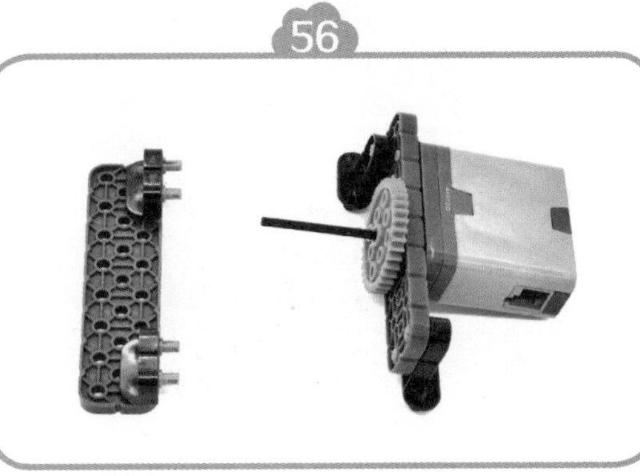

搭建过程

57

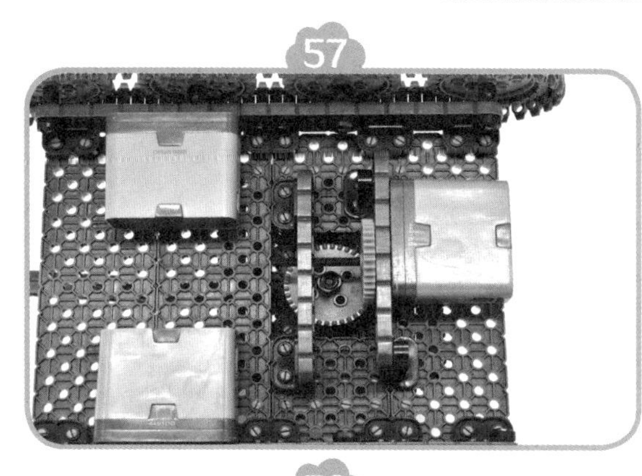

58

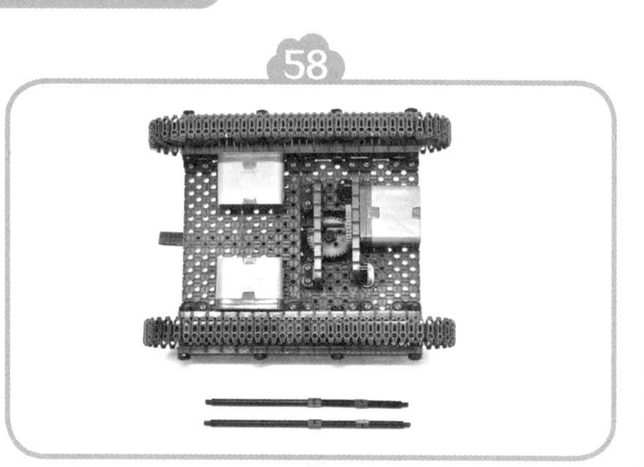

59

60

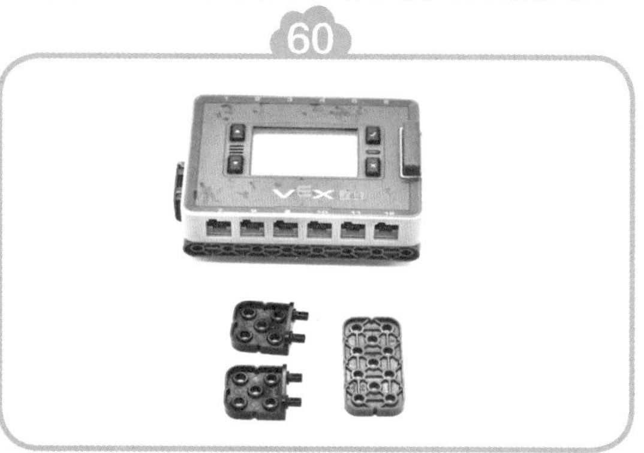

61

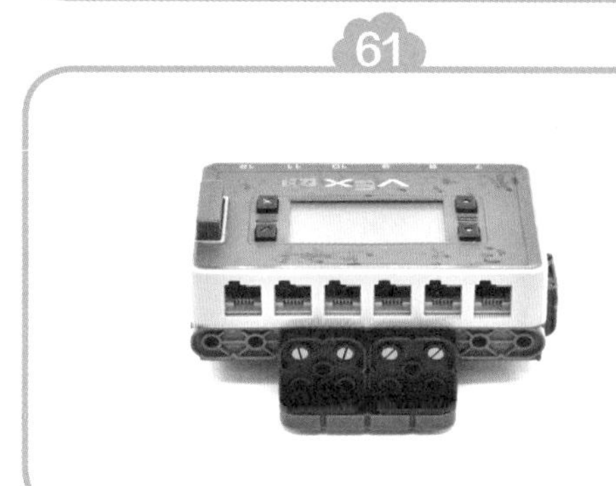

62

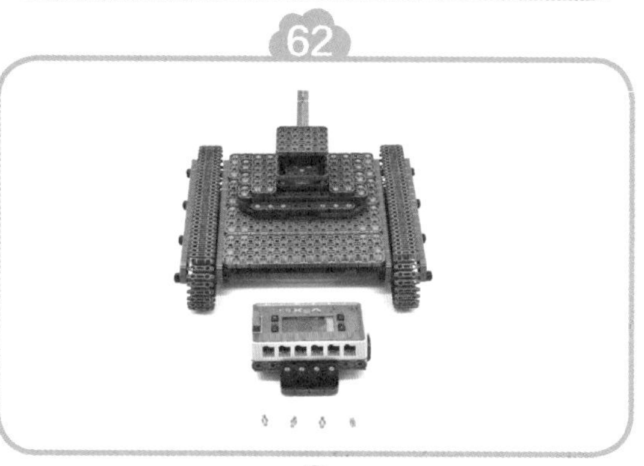

63

64

端口连接

序号	主机端口	电机 / 传感器
1	1	智能电机（左）
2	6	智能电机（右）
3	10	智能电机（炮台）

程序编写

设置端口

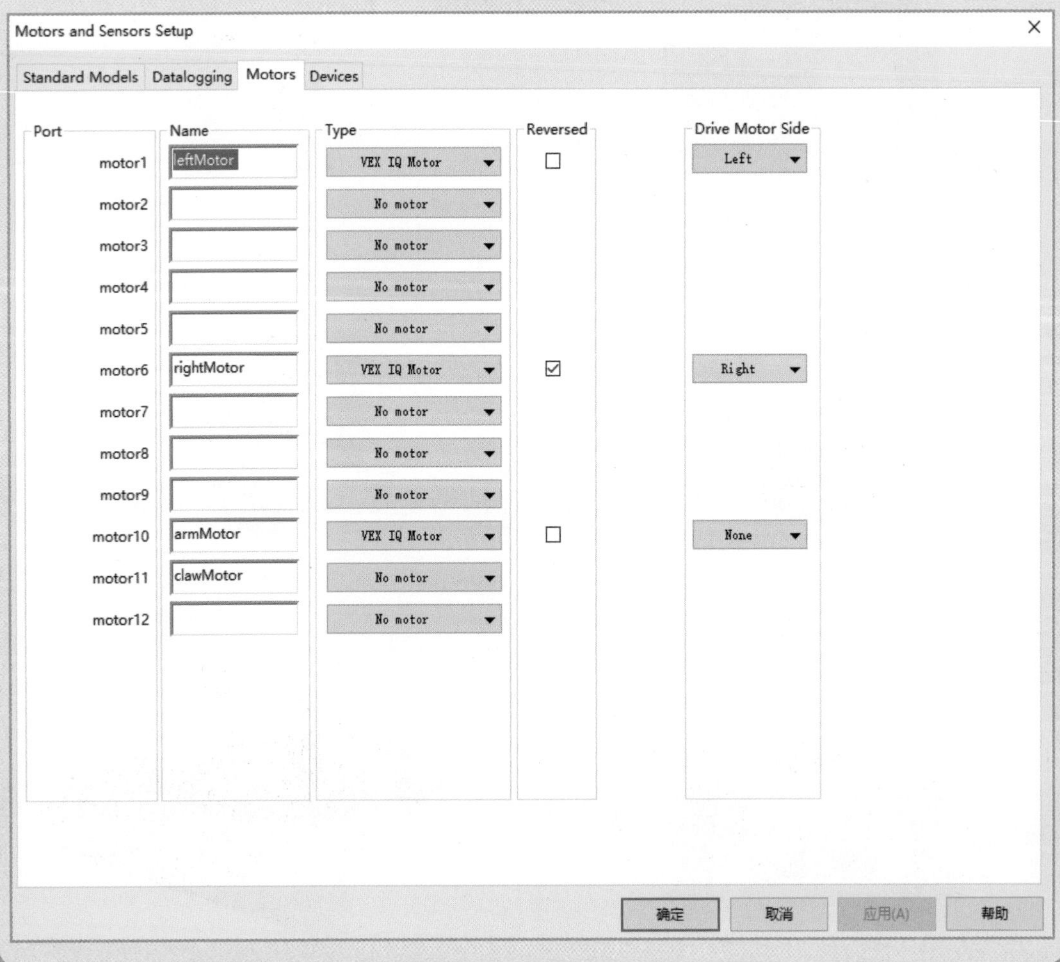

Motors and Sensors Setup

Standard Models | Datalogging | Motors | Devices

Port	Name	Type	Reversed	Drive Motor Side
motor1	leftMotor	VEX IQ Motor	☐	Left
motor2		No motor		
motor3		No motor		
motor4		No motor		
motor5		No motor		
motor6	rightMotor	VEX IQ Motor	☑	Right
motor7		No motor		
motor8		No motor		
motor9		No motor		
motor10	armMotor	VEX IQ Motor	☐	None
motor11	clawMotor	No motor		
motor12		No motor		

确定 取消 应用(A) 帮助

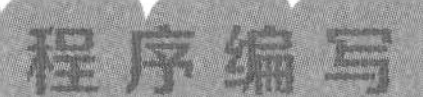

程序编写

设置端口

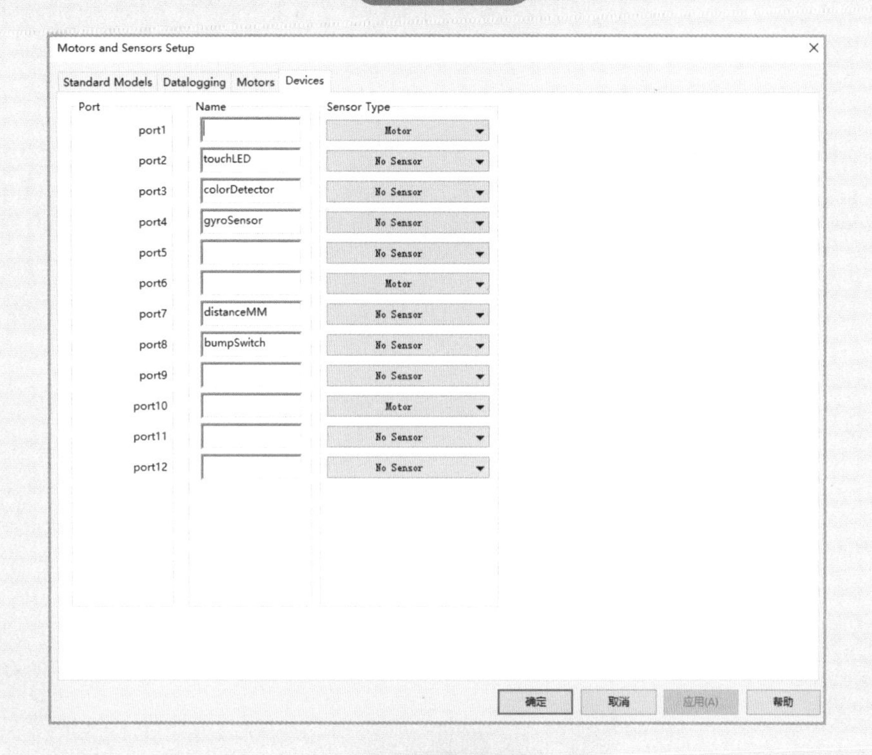

程　序

```
1  repeat ( 3 ) {
2      setMotor ( motor1 , 50 );
3      setMotor ( motor6 , 50 );
4      setMotor ( motor10 , 10 );
5      wait ( 1 , seconds );
6      setMotor ( motor1 , 50 );
7      setMotor ( motor6 , 50 );
8      setMotor ( motor10 , -10 );
9      wait ( 1.5 , seconds );
10     setMotor ( motor1 , 50 );
11     setMotor ( motor6 , 50 );
12     setMotor ( motor10 , 10 );
13     wait ( 0.4 , seconds );
14 }
15
```

5.24 招财猫

案例描述

在喜庆的节日里，经常会看到一些商家摆放的招财猫，下面就用 VEX IQ 来制作一个吧。

案例分析

智能电机：2 个，一个电机控制底盘，另一个控制前后摆手。

TouchLED：1 个，控制开关。

超声波传感器：1 个，感应到有物体，就会前进，并摆手。

结构设计

器材准备

序号	名称	图片	数量	序号	名称	图片	数量
1	连接销 1-1		80	10	单条梁 1-3		1
2	连接销 1-2		14	11	特殊梁 直角 2-3		1
3	惰轮销 1-1		5	12	双条梁 2-8		1
4	特殊梁 30		4	13	双条梁 2-6		4
5	特殊梁 45		2	14	双条梁 2-4		1
6	特殊梁 60		1	15	平板 4-4		3
7	单条梁 1-8		5	16	平板 4-6		1
8	单条梁 1-6		1	17	平板 4-12		4
9	单条梁 1-4		1	18	支撑销 2		2

器材准备

（续）

序号	名称	图片	数量	序号	名称	图片	数量
19	角连接器 1-2		1	28	金属轴 8		2
				29	齿轮 24		2
20	角连接器 2-2		4	30	齿轮 48		1
21	支撑销 2		8	31	齿轮 12		1
22	双头支撑销连接器		2	32	万向轮		3
23	轴锁定板 2-2		3	33	超声波传感器		1
24	轴锁定板 1-3		5	34	TouchLED		1
25	橡皮轴套 1		7	35	主控器		1
26	垫片		2	36	智能电机		2
27	电机塑料轴 3		2	37	连接线		4

搭建过程

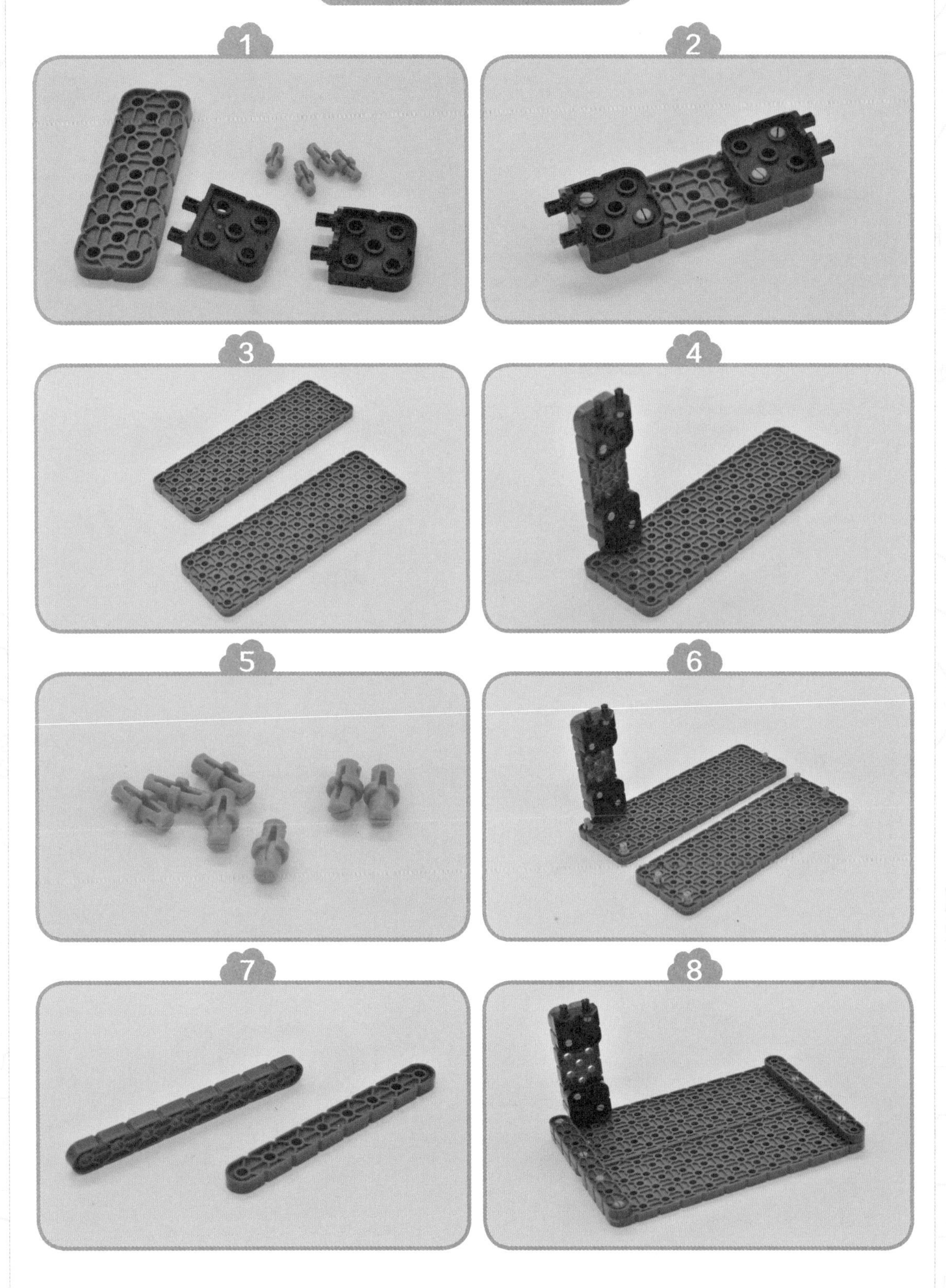
1
2
3
4
5
6
7
8

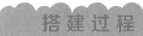

搭建过程

9

10

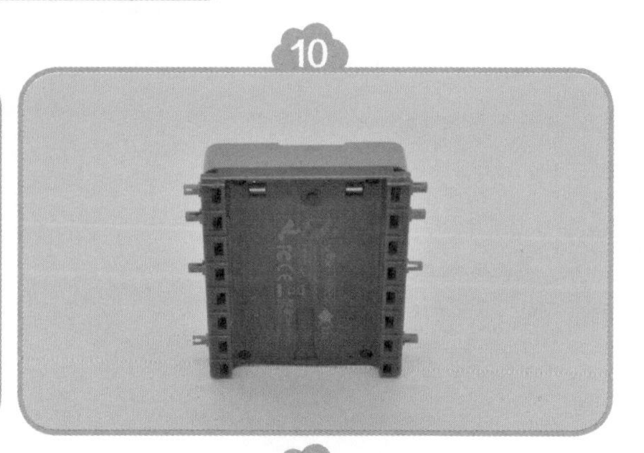

11

12

13

14

15

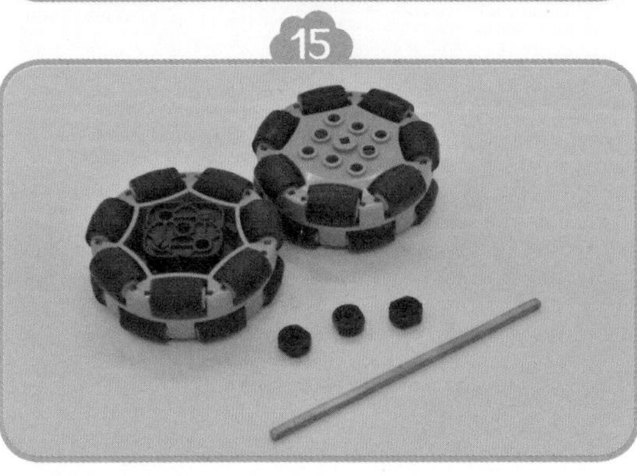

16

搭建过程

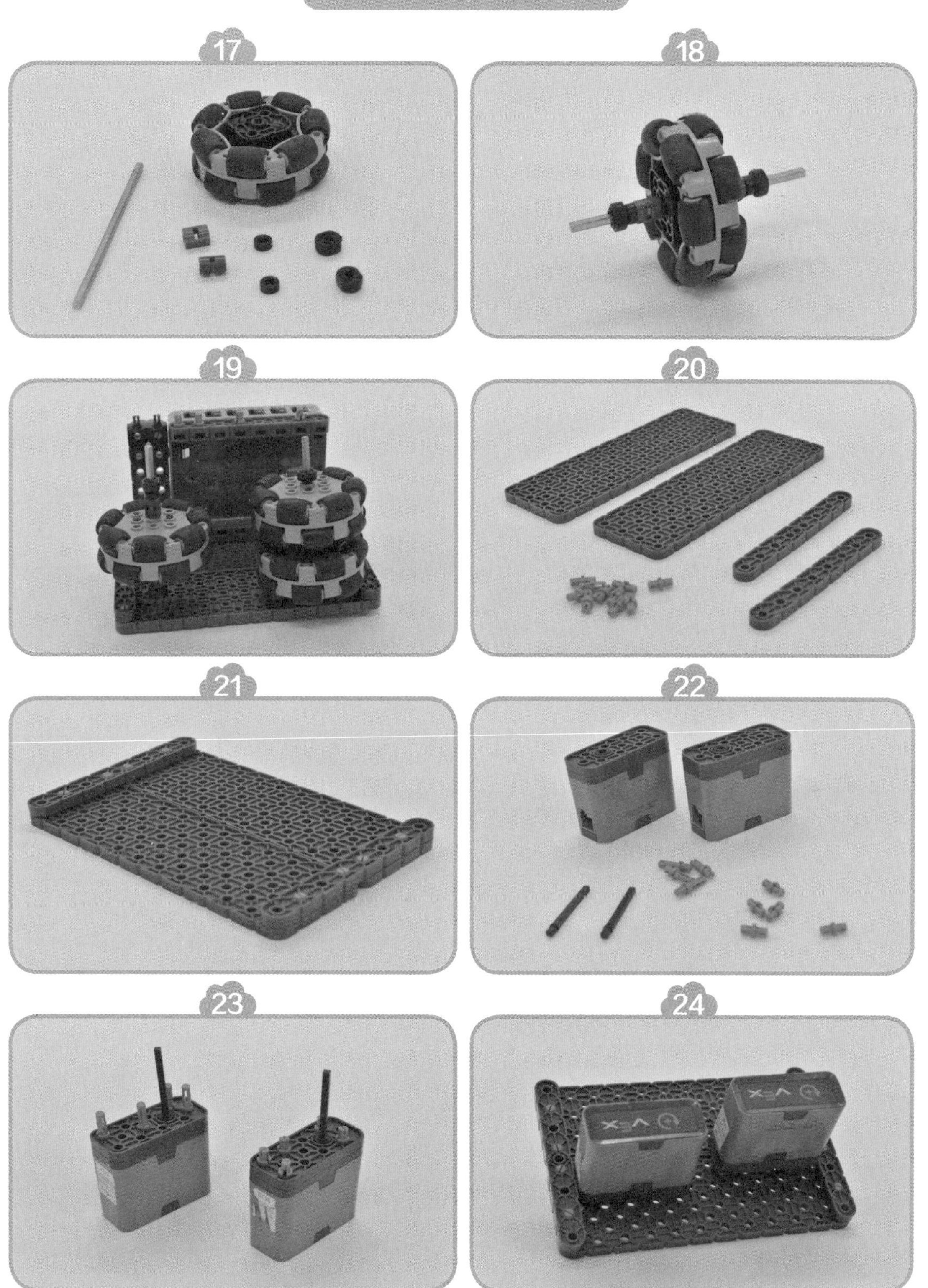

搭建过程

25

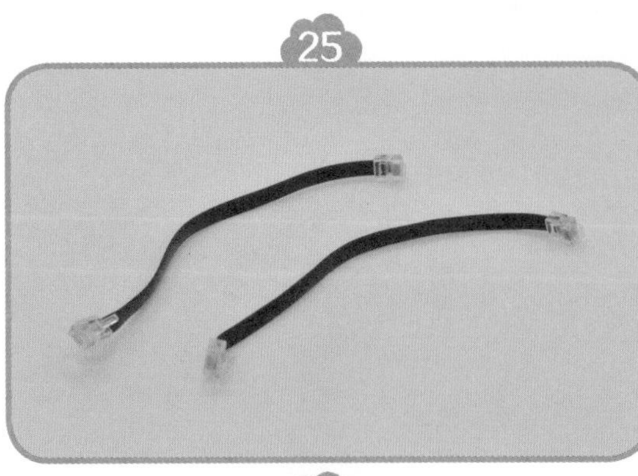

26

27

28

29

30

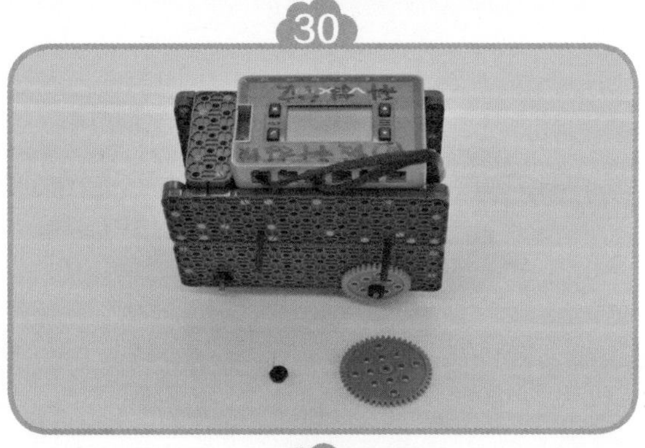

31

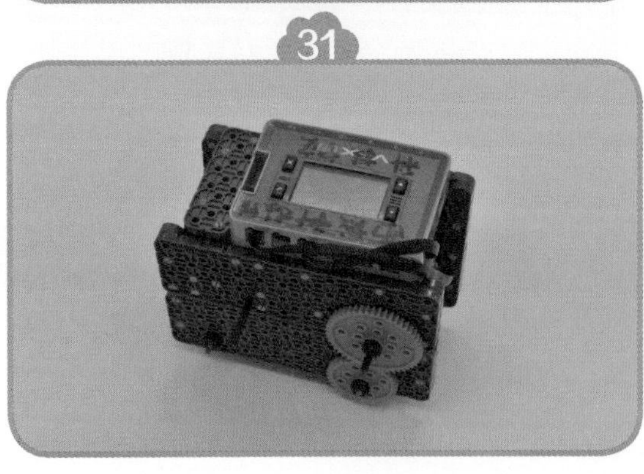

32

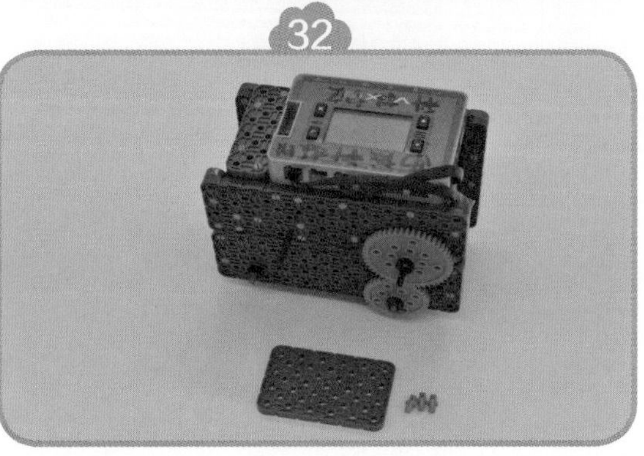

搭建过程

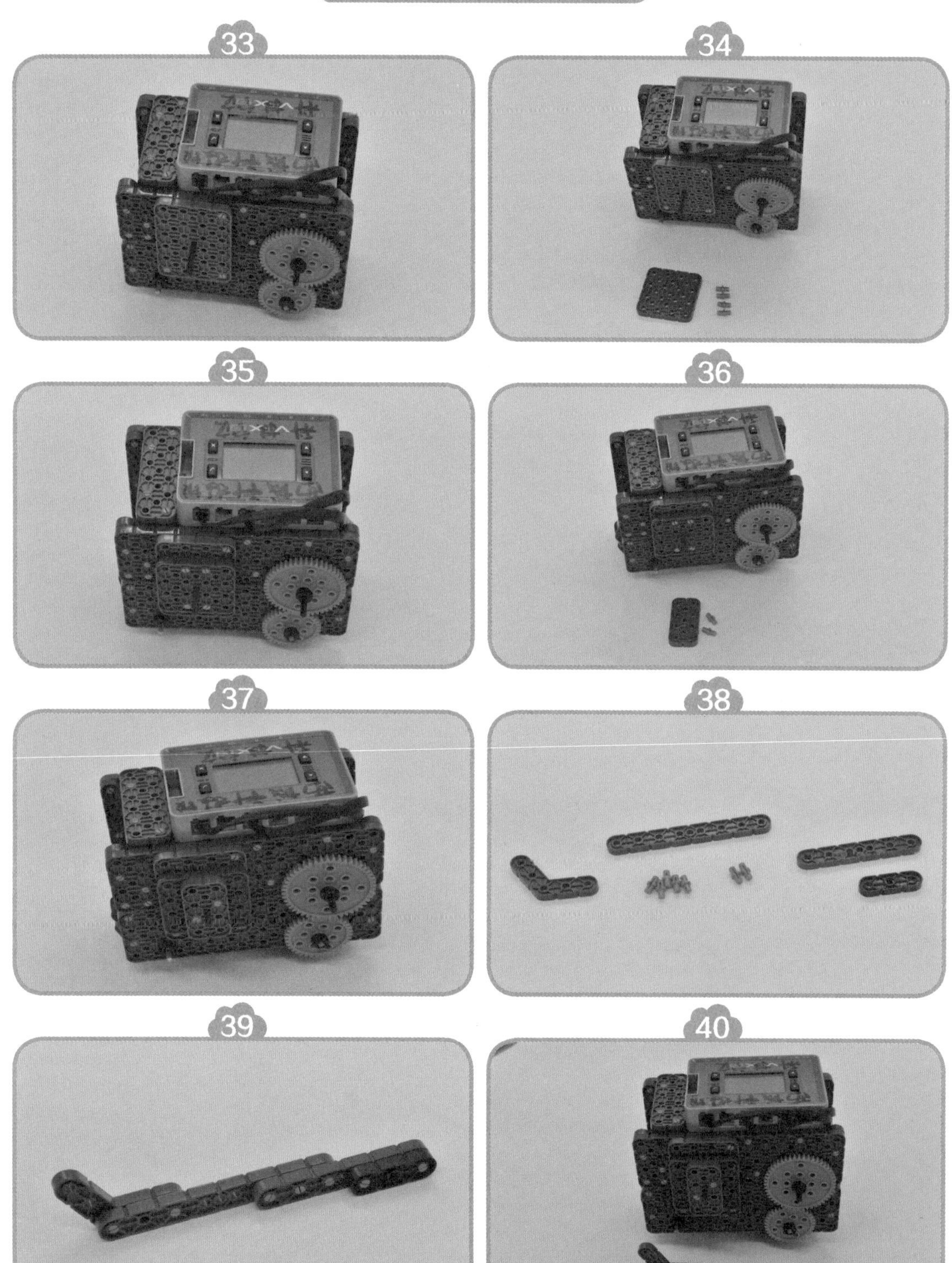

搭建过程

41
42
43
44
45
46
47
48

搭建过程

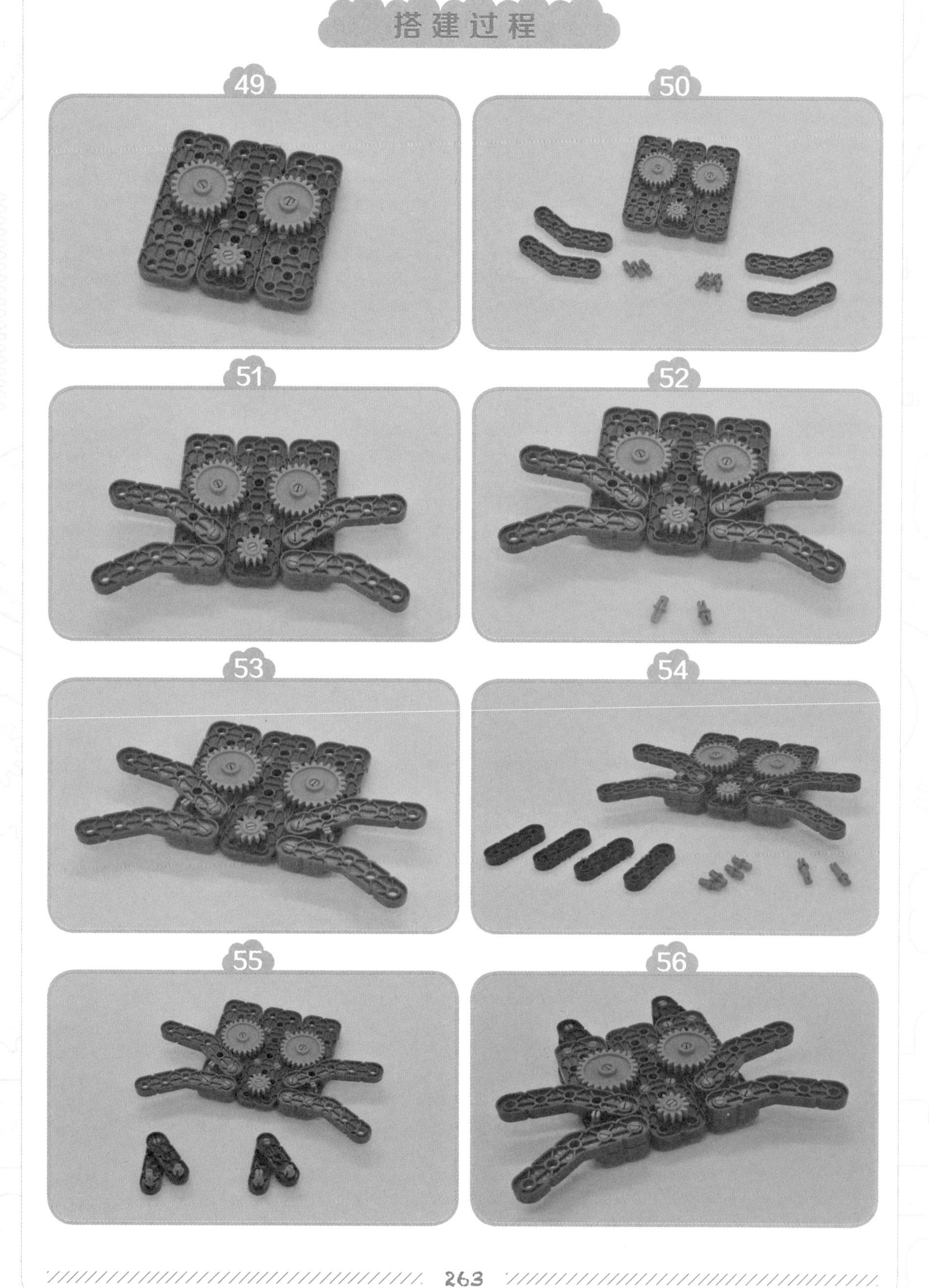

搭建过程

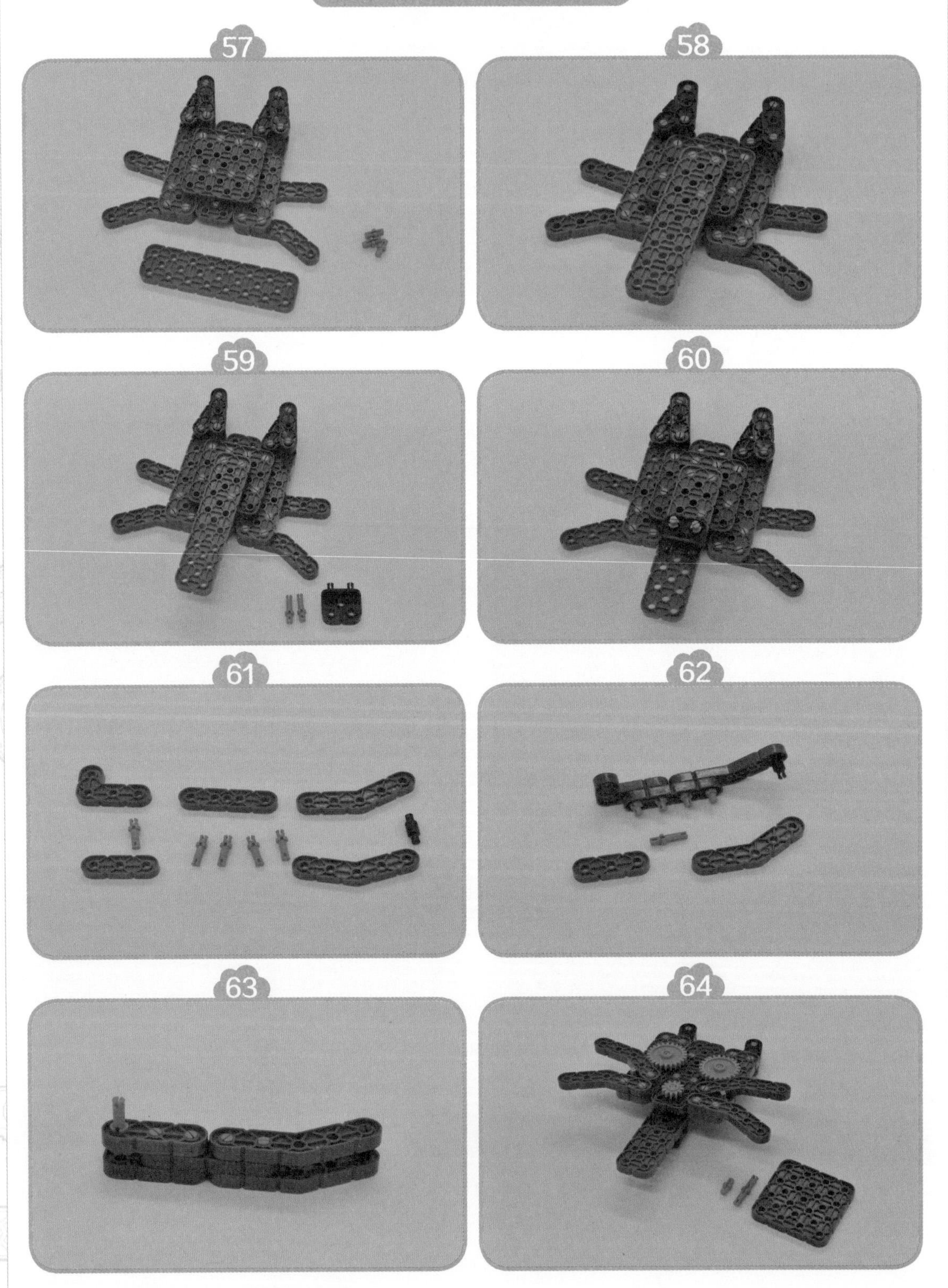

搭建过程

搭建过程

73

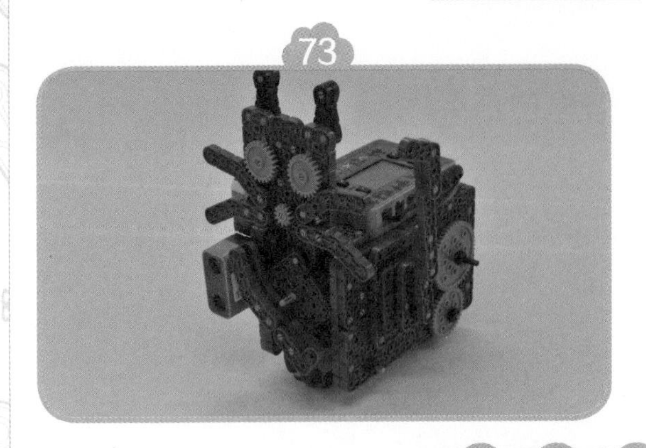

端口连接

序号	主机端口	电机 / 传感器
1	4	智能电机（摇臂）
2	6	智能电机（行走）
3	3	超声波传感器
4	7	TouchLED

程序编写

设置端口

Motors and Sensors Setup

Standard Models | Datalogging | Motors | Devices

Port	Name	Type	Reversed	Drive Motor Side
motor1		No motor		
motor2		No motor		
motor3		No motor		
motor4	L	VEX IQ Motor	☐	None
motor5		No motor		
motor6	OOO	VEX IQ Motor	☑	None
motor7		No motor		
motor8		No motor		
motor9		No motor		
motor10		No motor		
motor11		No motor		
motor12		No motor		

确定 取消 应用(A) 帮助

程序编写

设置端口

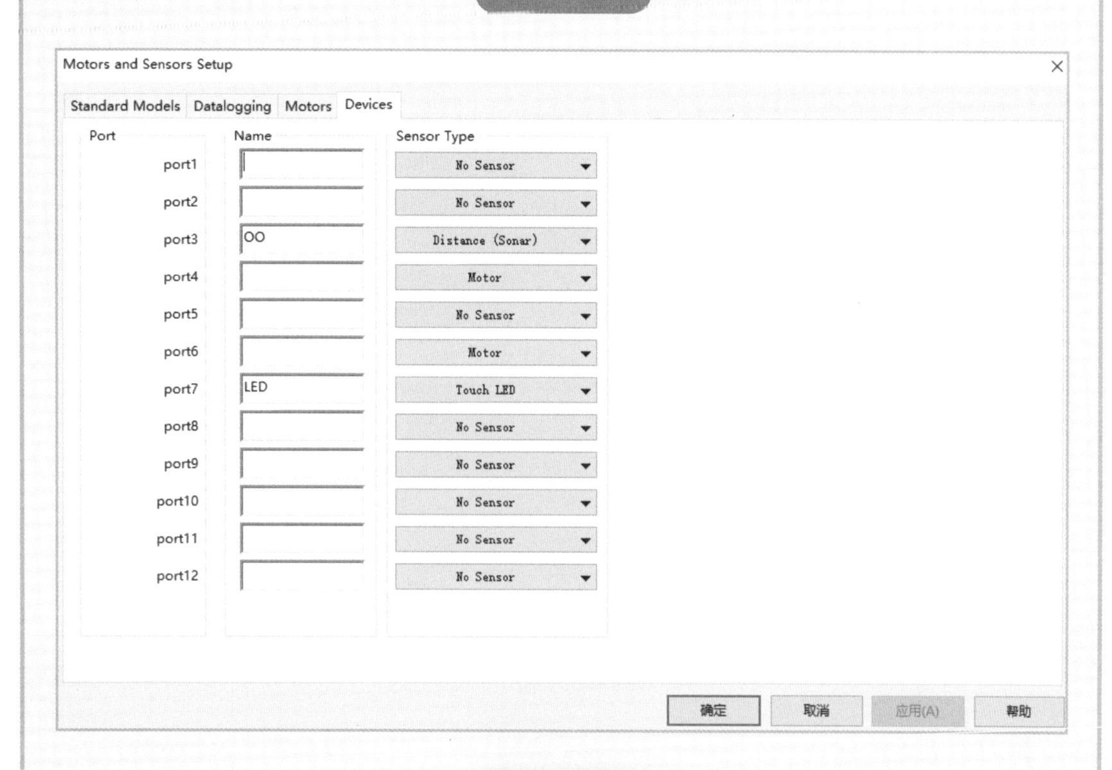

程 序

```
1  waitUntil ( getTouchLEDValue(LED) == 1 );
2  repeat (forever ) {
3      setTouchLEDColor ( LED , colorYellow );
4      waitUntil ( getDistanceValue(OO) < 500 );
5      setTouchLEDColor ( LED , colorOrange );
6      moveMotor ( OOO , 0.4 , rotations , 50 );
7      repeat ( 3 ) {
8          playSound ( soundTada );
9          moveMotor ( L , 90 , degrees , 35 );
10         moveMotor ( L , -90 , degrees , 35 );
11     }
12     moveMotor ( OOO , -0.4 , rotations , 50 );
13     waitUntil ( getDistanceValue(OO) > 500 );
14 }
15
```

5.25 叉车

案例描述

叉车是工业搬运车辆，是指对成件托盘货物进行装卸、堆垛和短距离运输作业的各种轮式搬运车辆。下面就制作一个 VEX IQ 叉车。

案例分析

智能电机：3 个。
超声波传感器：1 个，检测物体。

结构设计

器材准备

序号	名称	图片	数量	序号	名称	图片	数量
1	连接销 1-1		74	10	双条梁 2-8		4
2	连接销 1-2		6	11	平板 4-4		4
3	连接销 2-2		4	12	平板 4-12		4
4	特殊梁 直角 3-5		4	13	支撑销 1		1
5	特殊梁 T		3	14	支撑销 4		5
6	单条梁 1-6		1	15	角连接器 1-2		4
7	单条梁 1-8		1	16	角连接器 2-2		4
8	单条梁 1-12		3	17	角连接器 2-2 双向		2
9	双条梁 2-4		3	18	角连接器双孔 （短）		3

器材准备

（续）

序号	名称	图片	数量	序号	名称	图片	数量
19	角连接器 - 直角		2	28	齿轮 36		2
20	橡胶轴套 2		2	29	轮毂、轮胎		6
21	轴套		7	30	齿条		4
22	垫圈		1	31	齿条槽		2
23	金属轴 2		4	32	主控器		3
24	金属轴 4		1				
25	封闭型塑料轴 4		1	33	智能电机		3
26	塑料轴 4		4	34	超声波传感器		1
27	齿轮 12		2	35	连接线		1

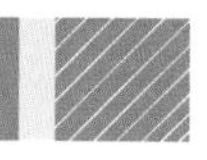

搭建过程

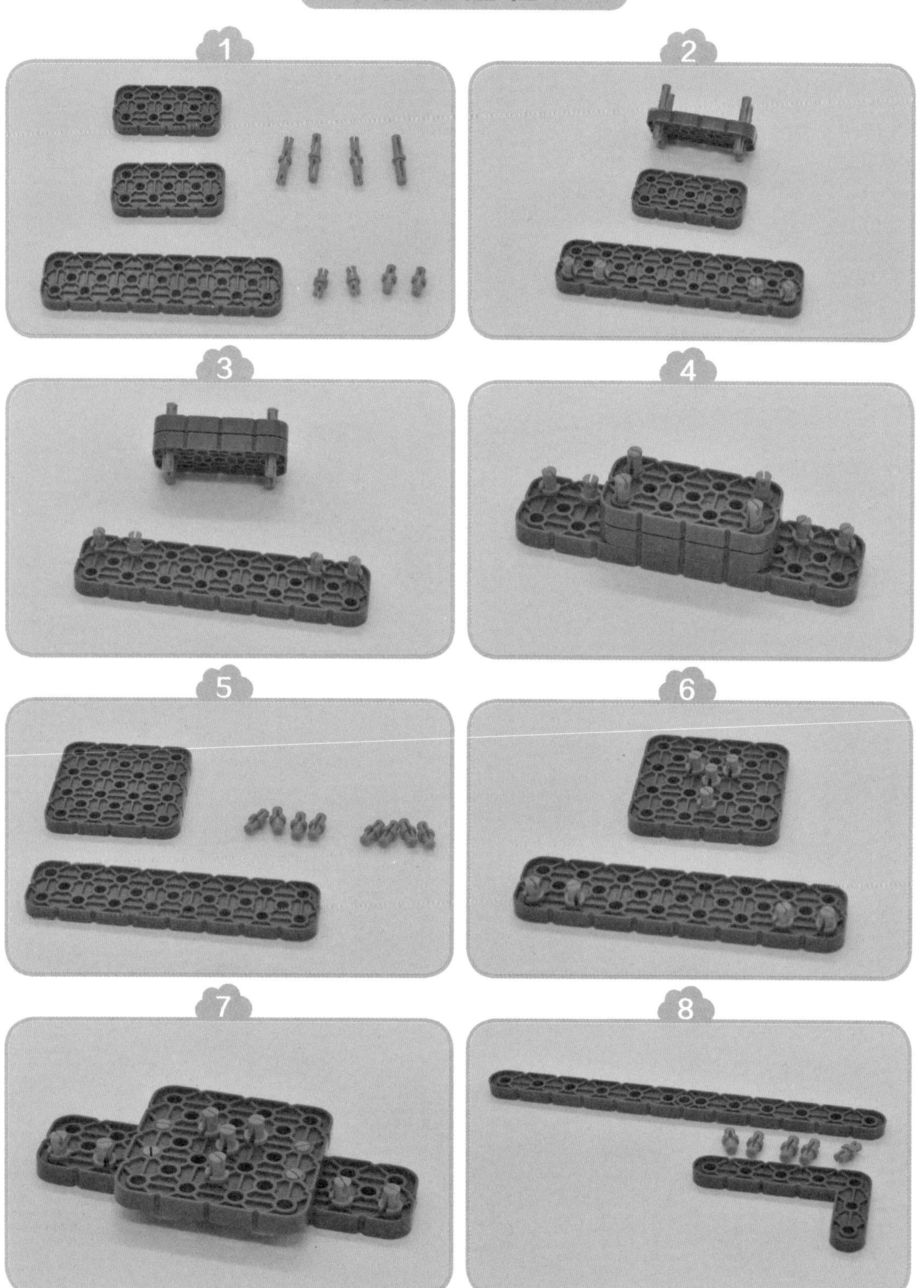

搭建过程

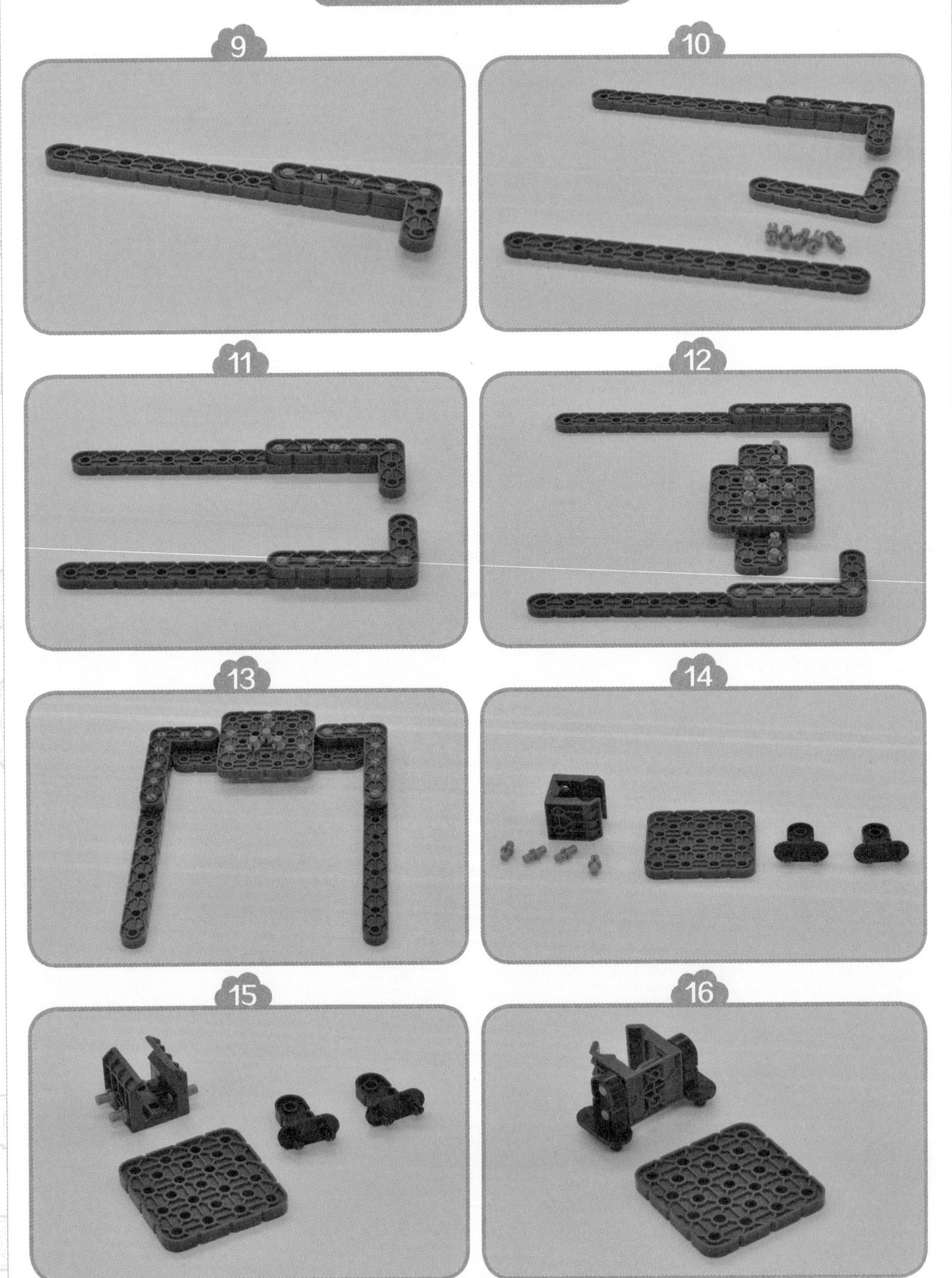
9
10
11
12
13
14
15
16

搭建过程

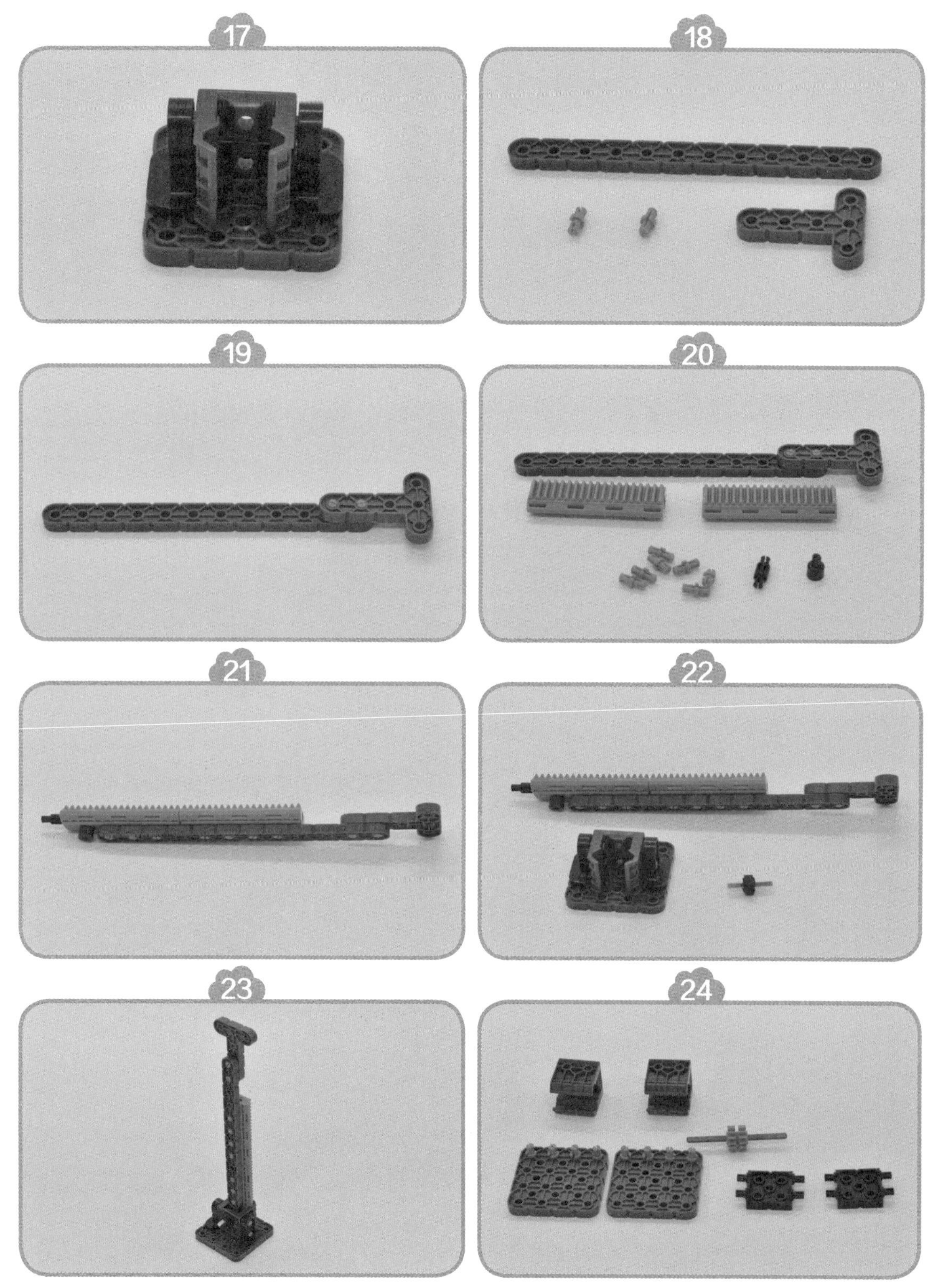
17
18
19
20
21
22
23
24

搭建过程

搭建过程

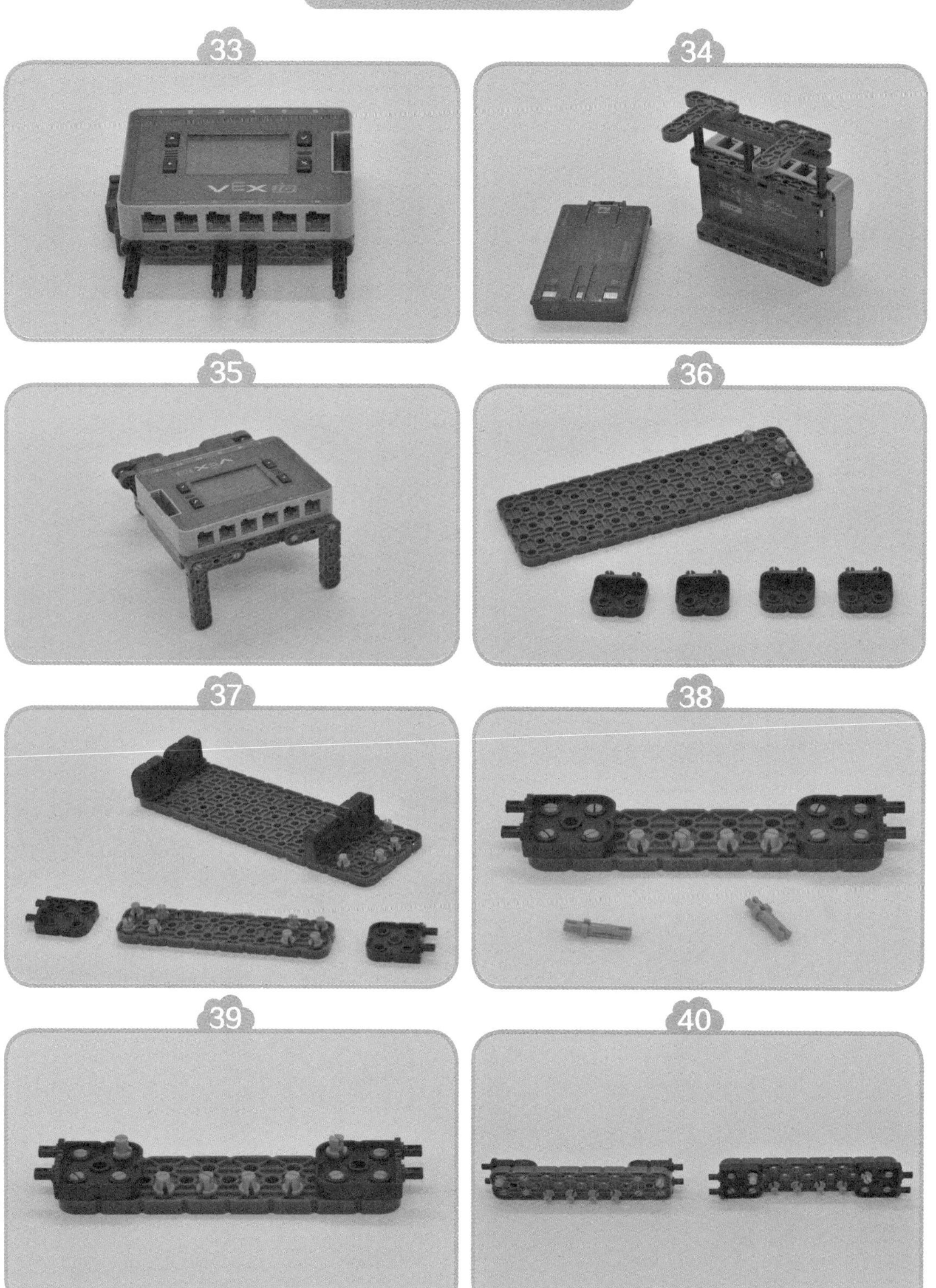

搭建过程

41

42

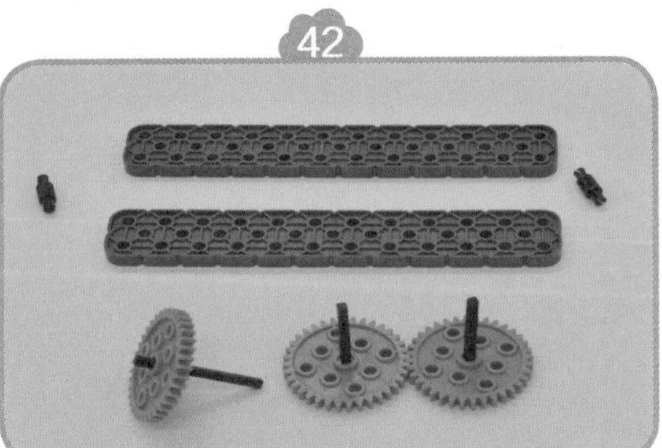

43

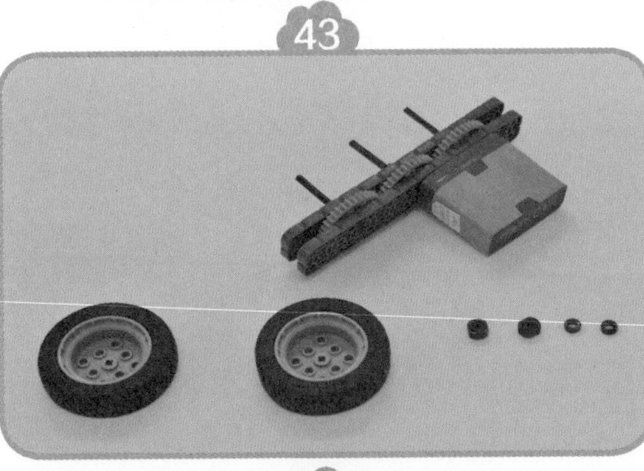

44

45

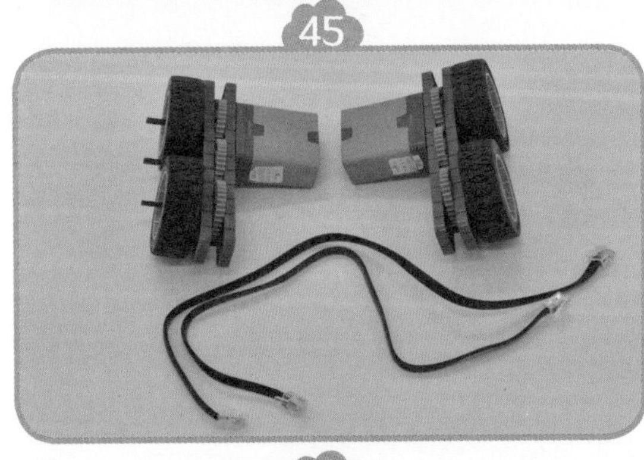

46

47

48

搭建过程

49

50

端口连接

序号	主机端口	电机 / 传感器
1	1	智能电机（左轮）
2	6	智能电机（右轮）
3	10	智能电机（升降）
4	7	超声波传感器

程序编写

设置端口

Motors and Sensors Setup

Standard Models | Datalogging | Motors | Devices

Port	Name	Type	Reversed	Drive Motor Side
motor1	leftMotor	VEX IQ Motor	☐	Left
motor2		No motor		
motor3		No motor		
motor4		No motor		
motor5		No motor		
motor6	rightMotor	VEX IQ Motor	☑	Right
motor7		No motor		
motor8		No motor		
motor9		No motor		
motor10	armMotor	VEX IQ Motor	☐	None
motor11	clawMotor	No motor		
motor12		No motor		

确定　取消　应用(A)　帮助

程序编写

设置端口

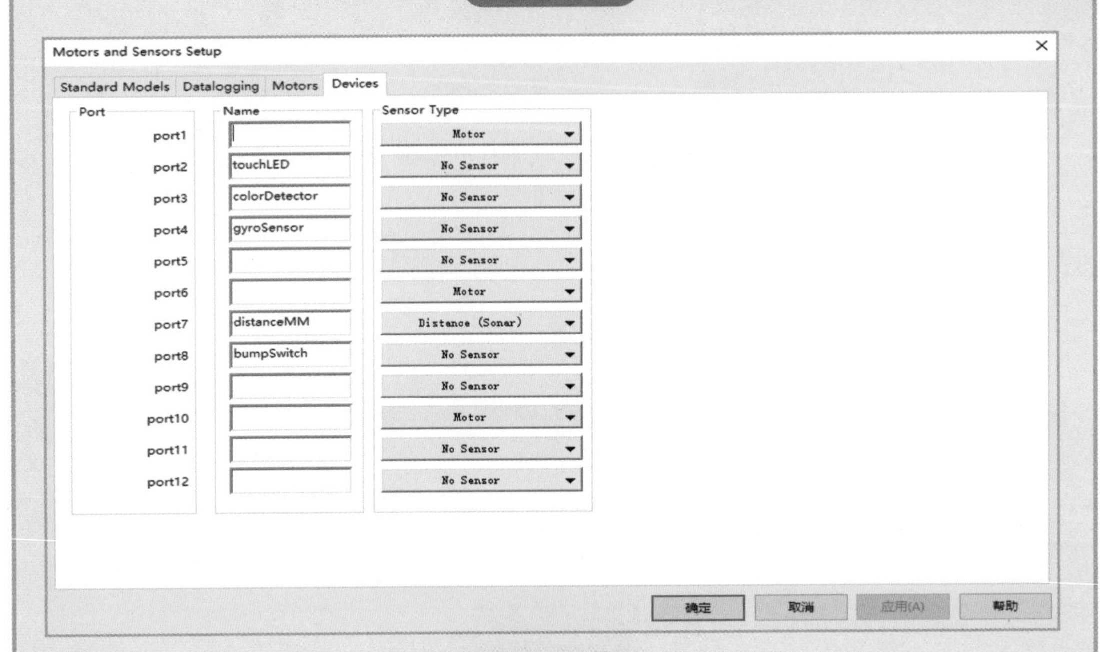

程　序

```
1  setMotor ( motor1 , 50 );
2  setMotor ( motor6 , 50 );
3  waitUntil ( getDistanceValue(distanceMM) <= 150 );
4  setMotor ( motor1 , 0 );
5  setMotor ( motor6 , 0 );
6  wait ( 2 , seconds );
7  setMotor ( motor10 , -50 );
8  wait ( 2 , seconds );
9  setMotor ( motor1 , 50 );
10 setMotor ( motor6 , 50 );
11 wait ( 2 , seconds );
12 setMotor ( motor1 , -20 );
13 setMotor ( motor6 , 20 );
14 wait ( 2 , seconds );
15 setMotor ( motor1 , 50 );
16 setMotor ( motor6 , 50 );
17 wait ( 2 , seconds );
18 setMotor ( motor1 , 0 );
19 setMotor ( motor6 , 0 );
20 wait ( 2 , seconds );
21 setMotor ( motor10 , 50 );
22 wait ( 1 , seconds );
23 setMotor ( motor1 , -50 );
24 setMotor ( motor6 , -50 );
25 wait ( 5 , seconds );
26
```

第 6 章

群英荟萃——选手谈竞赛心得

在北京市西城区月坛北街3号，有一座普普通通的小楼。这里就是北京市西城区青少年科学技术馆。每到周末，经常会看到一群群孩子欢快嬉闹地进进出出。从外表看，他们可能和其他少年儿童并没有什么不同。但熟悉 VEX IQ 机器人竞赛的家长可能知道，这座小楼可谓是冠军的摇篮。这些孩子中，可能就有某位是市赛、国赛、亚洲冠军，甚至世界冠军。他们曾经接受过最专业、严格的教育和训练，他们曾经承受过很多成年人都没有承受过的压力。他们平时是活泼可爱的少年，但每当走向赛场时，他们便会化身为真的勇士，勇敢地迎接全世界的挑战。

本章，我们将走进西城区青少年科技馆选手的世界，了解他们的学习、竞赛和成长历程。由于篇幅有限，本章只选取了部分选手的心得经验，但相信这些心路历程足以给大家以启迪和借鉴。

下面是西城区青少年科技馆选手近三个赛季在 VEX 机器人世锦赛的战绩。其他洲际赛、国赛、市赛等比赛成绩可参见后面选手介绍与心得经验内容。

Studying
VEX IQ Robotics
with World Champions

6.1 VEX 机器人世锦赛获奖荣誉展（VEX IQ 项目小学组）

1. 2019—2020 赛季 VEX 机器人世锦赛（VEX IQ 项目小学组）

世界冠军、分区赛冠军（88299A 队）

队员：张函斌、罗逸轩、李子赫、周锦

世界亚军、分区赛亚军（88299B 队）

队员：李梁祎宸、郭轩铭

分区赛亚军（88299F）

队员：缪立言、张以恒

分区赛季军（15159D）

队员：樊响、袁铎文

分区赛季军（15159V）

队员：白洪熠、曾强、刘派、吴政东

分区赛季军（88299D）

队员：王子瑞、刘宜轩、刘儵然

2. 2018—2019 赛季 VEX 机器人世锦赛（VEX IQ 项目小学组）

世界冠军、分区赛冠军（88299A 队）

队员：刘慷然、张函斌、周佳然、罗逸轩、顾嘉伦

分区赛冠军（88299B 队）

队员：张亦扬、刘逸杨、李梁祎宸、童思源、王子瑞

分区赛冠军（88299D 队）

队员：高子昂、王晨宇、宋思铭

3. 2017—2018 赛季 VEX 机器人世锦赛（VEX IQ 项目小学组）

世界冠军、分区赛冠军、活力奖（88299B 队）

队员：郭弈彭、张亦扬、刘逸杨、李中云

分区赛冠军、建造奖（88299C 队）

队员：徐乃迅、信淏然、赵致睿、童思源

4. 2016—2017 赛季 VEX 机器人世锦赛（VEX IQ 项目小学组）

分区赛季军、巧思奖（和其他学校联队）

队员：殷启宸、李欣睿

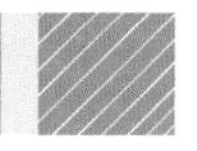

6.2　我的机器人学习之路——殷启宸

姓名	殷启宸	性别	男	出生年月	2006 年 1 月
学习经历	2012—2018　北京第一实验小学 2018—至今　北京三帆中学				
机器人学习经历	2016 年起在北京西城区青少年科技馆学习中鸣、VEX IQ 机器人 2016 年在北京第一实验小学学习乐高 EV3 机器人 2017 年在机器人夏令营学习 S3 机器人 2018 年在北京三帆中学学习 FTC 机器人				
特长	机器人、科技创新、船模、无人机、微电影				
获奖情况	2017 年 VEX 机器人世锦赛　分区赛季军、世锦赛第七名、巧思奖（VEX IQ 小学组） 2019 年第二十届北京市中小学师生电脑作品评选活动机器人竞赛　亚军（初中组） 2019 年北京西城区青少年机器人大赛 VEX IQ 项目　一等奖（初中组） 2019 年北京西城区中小学师生电脑作品评选活动微电影项目　一等奖 2018 年北京市学生机器人智能大赛工程挑战赛　一等奖（初中组） 2018 年 VEX 亚锦赛中国选拔赛华北区赛　一等奖、最佳结构奖、STEM 研究项目奖（初中组） 2017 年第十八届北京市中小学师生电脑作品评选活动机器人竞赛　一等奖（小学组） 2017 年北京西城区中小学师生电脑作品评选活动机器人竞赛　冠军 2017 年北京创客盛会（MAKER FAIRE BEIJING）VEX IQ 竞赛　冠军 2017 年北京创客盛会东城分会 VEX IQ 竞赛　冠军 2016 年 VEX 机器人中国公开赛（北京赛区）　一等奖 2016、2017、2018 年第十一届、十二届、十三届中国少年科学院“小院士”课题研究成果全国交流展示活动　一等奖、小院士 2015、2016、2017 年北京少年科学院“小院士”课题研究评审活动　一等奖、小院士 2017 年北京少年科学院　十佳小院士 2015 年北京市青少年“动手做”科技制作竞赛　一等奖 2015 年西城区中小学生科技制作竞赛　一等奖 2015 年西城区中小学生航海模型比赛　一等奖				

第一个赛季——从菜鸟到高手的进化

我从小就喜欢机械装置和搭建类玩具。大概两三岁时，我开始喜欢上 TOMY 金属车模和乐高积木。对着拼插玩具，我可以一个人快乐地玩上大半天。

上小学后，我又开始学习模型制作。到三年级时，我已经获得过四五次航模制作的市、区级一等奖。当搭建技能达到较高水平后，父母决定让我开始学习机器人。

最开始，我是在学校里上乐高机器人社团。四年级时，我来到北京市西城区青少年科学技术馆，作为王昕老师的第一批学员，开始学习 VEX IQ 机器人。

之所以在诸多机器人系列中选择了 VEX 机器人，是因为它融合了搭建、操控和编程三大技能。制作乐高和航模的经验，使我在设计、制作机器人时得心应手，而从小学习钢琴的经历，使我在精确操控遥控器时更有优势。

2016 年暑假，经过队内选拔，我凭借熟练的操控技术，战胜了很多高年级同学，成为西科 11736A 战队的主控选手。

我正式参加的第一场大赛是在西安举办的 2016—2017 赛季 VEX 机器人中国公开赛。那个赛季的比赛主题是“极速过渡”（Cross-over）。这个比赛对本队得分能力和两队配合能力的要求都很高。

比赛前的整个暑假，我们都在刻苦练习，但是比赛的结果却并不成功。更确切地说，我们在比赛中受到了沉重打击。因为是第一年参赛，我们非常欠缺设计经验，制作的机器人效率很低，每次只能运送 1 个策略物（六角球），而其他队伍制作的机器人一次可以运送 6 个，甚至 10 个策略物。虽然我们在操控训练上花费了很多心血和时间，但机器性能的巨大劣势使我们难以与其他队抗衡。赛场上，我们被别的队伍嘲笑过、打击过，但我们也对机器人竞赛有了更深刻的理解。

对于机器人这项高科技竞技项目而言，科学技术是第一生产力。

只有发奋努力，做得比别人更好，才能赢得别人的尊重。

比赛回来之后，我们齐心协力改进机器人性能，很快开发出了第二代机器人。这台机器人一次可以运送两个六角球，得分效率比原来提高了一倍，初步具备了挑战强队的实力。

我、队友黄鼎齐（右）和王老师

我和队友杨子轩（左）

2016 年 11 月，我们又参加了 VEX 机器人中国公开赛北京分区赛。在这次比赛中，凭借改进的车型、熟练的操控，以及对比赛各环节的专业掌控，我们取得了超出预期的成绩——我们

用“两球”战车击败了诸多六球车和八球车，获得了北京市一等奖（亚军）。这也是我们西城区青少年科技馆 VEX IQ 队取得的第一个市赛大奖。

在这次比赛中，我们找回了自信，适应了比赛节奏，也在赛场上结识了很多朋友（包括后来一起征战世锦赛的战友）。我们在这次比赛中学到了很多方法和窍门，增长了经验，提升了竞赛水平。之后，我们高歌猛进，多次获得西城区一等奖（冠军）、北京市一等奖，以及很多挑战赛的冠军，开始在 VEX IQ 竞赛中崭露头角。

2017 年 3 月，我们两位西城区青少年科技馆队员（也是实验一小同学）和两名东城区史家小学队员“东西合璧”组建的联合战队获得了参加 VEX 机器人世锦赛的资格。我们开始向着世界之巅进军。

在世锦赛集训期间，我们开始了全方位的准备，深入学习了传感器原理、设计搭建、程序编写、策略协商，甚至英语交流等能力。这期间也认识了很多朋友，包括丰台一小、二十一中、海淀永泰小学等战队。

2017 年 4 月，来自世界各地的近两千支战队（包括大学组、中学组和小学组）齐聚美国肯塔基州路易斯维尔市的肯塔基国际会议中心，参加 VEX 机器人界最高赛事——VEX 机器人世锦赛。

小学组 VEX IQ 比赛分为 Science、Technology、Engineering 和 Math 四个赛区，我们被分到了 Science 赛区。整个世锦赛的赛事可谓一波三折。最开始两场比赛，我们非常紧张，得分垫底。之后，我们痛定思痛，绝地爆发，完成了对自我的突破，一路追赶到分区第一。在分区赛决赛时，我们因为一个策略物失误，导致因一分之差无缘最后总决赛。最终，我们获得了世锦赛的赛区季军（世锦赛总排名第七名）和巧思奖（Think Award）。

我在 2017 世锦赛赛场外

左起：殷启宸、靳恒畅、殷治纲（爸爸）、李欣睿、杨肇篪

这次世锦赛之旅对我的影响很大。它重新定义了我对人生的认识——不要认为自己只是一个默默无闻的人。我们身边有很多的机会，只要相信自己，努力奋斗，抓住机遇，我们都能够成为创造历史的人。

2016—2017 赛季，我的第一个 VEX IQ 赛季，就这样结束了。但这个传奇赛季将会永远被我铭记。

第二个赛季——艰难的抉择

时光荏苒，白驹过隙，转眼间来到了 2017—2018 赛季。这个赛季，我升入了六年级，而老搭档鼎齐、子轩都升入了初中。由于队员变化，我和云麒、羽实、思皓等同学组成了新的 88299A 战队。

该赛季的竞赛主题是“环环相扣”，主要任务是把场地上不同区域（地上、墙上、托盘）、不同颜色（红、黄、绿色各 20 个环）的环套到得分杆上。如果能把同色环套到一根杆上，得分可以翻倍。相比于上个赛季“极速过渡”的内容，这个赛季的比赛降低了两队配合的难度，强调了本队得分的能力。

根据比赛规则，分色成为该赛季的一个主要内容。最初科技馆设计的原型车是手工分色，但是由于大家开始不太熟练，得分效率很低，一个队一般只能得 30~50 分。这时，我们注意到场地边墙区域有 3 组（红、黄、绿三组，每组各 3 个环）已经分好色的环，如果能够完成这三组，可以轻松得到 30*3+5*3=105 分（取一组墙环有 5 分奖励）。因此，我们独立设计了取墙环的“升降机”赛车（先后做了 2 代车型）。凭借这个车型，我们轻松取得了暑假两次北京市 MAKER FAIR（创客大会）比赛的冠军——一切似乎都预示着这个赛季我们将会再创“辉煌”。

我和队友孙云麒、王思皓、夏羽实（前排从左向右）获得 2017 北京创客大会 VEX IQ 冠军

我和队友王佳琪、刘逸杨、赵宇宸（从左向右）在 2017 北京市机器人工程挑战赛上

但是我们显然低估了比赛的难度。很快，8 月份华东赛冠军队设计的“大风车”车型得分能力就达到了 140~170 分，而科技馆其他同学通过近 2 个月的刻苦练习，用手动原型车也可以实现 130~160 分左右的得分能力。我们 105 分的升降机车型此时已经不再占优。在 10 月初的华北大区赛（北京蟹岛）上，我们虽然竭尽全力比赛，但是在团队协作赛上只拿到了二等奖（科技馆 B 队获得了直通世锦赛的全能奖）。不过失落中的安慰是我们特立独行的设计收获了最高设计奖。

赛后，由于“升降机”车型已经失去了继续改进的潜力，我们面临一个艰难的抉择——是退回手动原型车，还是继续设计新的自动车型。最后，我们决定选择后者，因为我们认为自动化性能才是未来机器人的核心竞争力。

我们利用颜色传感器和程序，开发出了第 4 代“转轮”自动车型，它理论上可以实现 150~180 分的得分能力。但是由于颜色传感器对环境光线要求极严格，只要比赛场地光线一变换就会造成颜色数据的差异，进而导致程序判断失误（有的比赛是在半室外，程序会频频出

错）。这时，我们意识到 VEX IQ 这种民用级别传感器的性能实际是很有限的，在可靠性上尚无法和人的操控相匹敌。由于传感器的缺点，以及频繁更换车型影响了训练，我们在西城区等比赛中也只获得了二等奖。国赛、亚锦赛也都因时间冲突而不得不放弃。

和第一个赛季的高歌猛进相比，第二个赛季可谓一路艰辛，但是我们收获了很多：一年学会如何成功，一辈子学习如何面对失败。正式大赛没拿到一等奖的确令人沮丧，但这也让我明白：比赛就有输赢，付出不一定有收获，但要收获就一定要付出；失利不是失败，只有以平和的心态去面对输赢，才能成为真正的“赢家”。

不过这个赛季，我们科技馆另外两支队伍 88299B、88299C 表现出色，他们晋级世锦赛，在初赛中分别获得了分赛区的冠军，以及分区赛的 Inspire Award（B 队）和 Build Award（C 队）。在总决赛中，88299B 队再接再厉，最后获得世界冠军。88299C 队获得世界第六名。北京市西城区青少年科技馆也成为当年世界最强成绩的小学机器人教育机构（没有之一），因为其是唯一在世界六强中有两支队伍的单位。

第三个赛季——相互砥砺，共同奋进

2018 年“小升初”时，我凭借小学阶段在机器人和科技创新等比赛中的出色战绩，作为科技特长生被北京三帆中学录取。

由于队员变化，新赛季我和乃迅同学组建了科技馆 15159A 初中队。乃迅同学既是我以前的科技馆同学，也是我现在三帆中学的同学。他曾在 2017—2018 赛季带领 88299C 队在 VEX 机器人世锦赛中拿到了世界总排名第六名的好成绩。

和乃迅强强联手一方面提升了我们的综合能力，但另一方面也对我们提出了挑战。因为虽然我们俩以往成绩不相上下，但我们的风格差异实际很大：1）技术上，我是稳健型选手，乃迅是极限型选手。我首先追求成功率，因而我在车速、换手时间等方面会留出余地，策略上留有后手。这种策略成功率高，容易获奖，但缺点是不容易打出极限高分。乃迅的风格是“更快、更高、更强”，他设计的机器人速度是最快的，时间会用到极限，这种策略容易搏高分，但比赛中失误率也高。2）带队风格不同。我们俩以前是各自队的队长和最强选手。我的风格比较含蓄，在队友出现失误时，我会以鼓励为主。乃迅比较直率，成功了一起庆祝，但失误了也会生气抱怨。在比赛、练习中，我们对车型设计、策略战术的观点经常不同，会互相较劲，甚至会有矛盾争端，不过我们也从对方身上学到了很多优点，砥砺前行，共同进步。

左起：郭弈彭、徐乃迅、刘与谦、殷启宸

我和队友赵致睿（右）

做机器人讲座

在这一年中，我们在 VEX 机器人中国锦标赛——华北地区选拔赛、北京市学生机器人智能大赛——工程挑战赛等比赛中都获得了市级一等奖和多个单项奖。也曾在机构邀请赛和区赛中有过不错的战绩。在磨合过程中，我意识到要跟上乃迅的节奏风格，必须更加勤奋地练习，达到既快又稳的新境界；而乃迅也宽容了很多，在出现失误时学会共同面对。

之后，由于各自时间和安排原因，我们没有参加寒假的国赛和洲际赛。转眼就到了赛季末的北京市中小学生机器人大赛。由于我们这届初二就有中考科目，我也明确了不再参加 VEX IQ 新赛季比赛。因此，这次全市最高级别的机器人比赛也将是我的最后一场 VEX IQ 机器人比赛。

我们都在为这场收官之战努力准备。虽然临近期末，时间比较紧张，但我们还是利用周末和放学时间刻苦训练。乃迅速度和熟练度高，曾提出了更激进的策略，但临阵更改策略并不稳妥，最终我们综合考虑后达成一致，依然按照之前的策略练习。

终于到了比赛那天，作为我们的最后一场 VEX IQ 机器人比赛，我和乃迅同学都十分激动，甚至有些紧张。第一场，我们跟一支实力中等的队伍配合比赛，赛前我们利用自己的场地反复练习，比赛中我们一气呵成，完成清场，拿到满分——大家都为我们的表现欢呼，我们前面的努力终于得到了回报。之后，我们又连续两场清场，最终闯进了决赛。午休后，因为决赛队友名单还没有公布，所以我们只能私下询问成绩并核算，最终我们"推算"出一支决赛合作队，并把他们找来刻苦练习了一个半小时，以确保我们可以夺冠。但结果当名单贴出来后，我俩却傻了眼：原来是和另一支队合作打决赛。经过这么一折腾，我们的情绪受到了一些影响，并且离决赛只有半个小时了，练习时间十分有限。这支合作队的两名操控队员是新手，面对压力明显很紧张，我们见状也频频鼓励他们。比赛开始后，合作队开局就出现了重大失误，把高分值的黄轮毂碰掉了。我们不得不改变方案，来挽救他们的黄轮毂。由于合作队失误，以及方案临时改变，导致我们的总得分少了很多。最后 30s，我们两队的操作手努力挽救，控制住了局面，但我们的决赛总排名惜居第二，和冠军失之交臂——这也是三年来我第三次获得北京市亚军了。不过谋事在人，成事在天——这就是比赛。我们在比赛中已经把自己最好的一面展示出来了，心中已无遗憾。

我和队友徐乃迅（右）

我们的告别赛

这个赛季让我深刻理解了三个关系。一是与自己的关系，二是与队友、搭档的关系，三是与合作队的关系。

1）对于自己，要摆正心态，坦然面对，不要有太大压力——上场比赛，没有情绪才是最好的情绪。

2）面对搭档，要团结一心，共同努力。在这要特别感谢我的搭档乃迅。虽然这一年小吵小闹不断，有时候还会有大争执，不过从他身上，我看到了勤奋刻苦、独立自主和直率的样子。乃迅训练时不知疲倦，也常催促我练习，我有时会嫌他烦，但真正比赛时才明白两人的磨合与个人高超的操作技术是多么重要。只有当大家把各自优势整合，合二为一，实力才会变得更加强大。

3）对合作队要友善，应以鼓励为主。每支参赛队的目标都是获得胜利，所以与合作队要像战友一样并肩作战。而要想有默契的合作，必须要进行细致的沟通。在上场前要把比赛策略制定出来，并加以练习，还要对一些可能失误的地方准备对策。最后，上场比赛时大家要互相鼓励，增加勇气，建立信心。

告别的话

“年年岁岁花相似，岁岁年年人不同。”三个赛季弹指一挥间，现在是到了告别的时候了。

我很幸运能在西城区青少年科技馆这个大家庭中学习 VEX 机器人。机器人的学习和比赛经历对我人生的改变真的太大了。它锻炼了我的操控技能，使我心灵手巧；它改变了我的生活轨迹，使我在小升初特长生考试中脱颖而出，来到心仪的名校；它点燃了我对科技的兴趣，让我在科学的道路上不断前行，成为学校的科技达人；它增强了我的社交能力，在赛场上和不同性格的队员交流合作，共同成功，在与人处事时，礼让有度;它增强了我的自信心，使我有“虽千万人吾往矣”的勇气；它改变了我的性格，使我在面对困难时，沉着冷静，坚定执着，能为心中的目标全力以赴……

在此，我要衷心感谢我的老师——西城区青少年科技馆的王昕老师，以及过去曾帮助过我的所有老师，是你们教给我知识和本领，培养我成长。感谢我的父母，是你们帮我选择学习机器人，并在背后支持着我，从区赛、市赛一路到世锦赛，感谢你们对我的培育。感谢我的搭档和队友——我们曾经并肩作战、同甘共苦。今后无论你们在哪里，那段共同奋斗的时光，都将是我们最宝贵的回忆！

最后，虽然离开了 VEX IQ 赛场，但是我还会在新的领域继续学习机器人。目前我担任北京三帆中学 FTC 机器人队队长和社团指导，未来我希望能在该领域继续深造、学习和工作，让机器人技术更好地为社会服务！

我和王昕老师

2017 出征 VEX 机器人世锦赛的北京队伍

6.3 决赛——郭弈彭

姓名	郭弈彭	性别	男	出生年月	2006 年 1 月
学习经历	2012—2018 张自忠小学 2018—至今 北京一六一中学				
机器人学习经历	2016—2018 在北京西城区青少年科技馆学习机器人				
特长	机器人、航模、篮球				
获奖情况	2018 年 VEX 机器人世锦赛 世界冠军、分区冠军、活力奖（VEX IQ 小学组） 2018 年北京西城区青少年机器人大赛 一等奖 2018 年北京西城区第十七届中小学师生电脑作品大赛机器人竞赛项目 一等奖 2017 年北京市学生机器人智能大赛机器人工程挑战赛小学组 一等奖 2017 年亚洲机器人锦标赛中国选拔赛 VEX IQ 小学组 一等奖 2017 年亚洲机器人锦标赛中国选拔赛华北赛区 VEX IQ 小学组 全能奖、一等奖				

距 2018 年 5 月在美国路易斯维尔举办的 VEX 机器人世锦赛已有一年多时间，但比赛时候的场景依然历历在目，仿佛就在昨天。

我们队参赛代码为 88299B，由四名队员组成，我任队长。四名队员中只有我在读六年级，其他三名均在读五年级。本次世锦赛分为两轮进行，五个分区。第一轮为分区赛，会决出各个分区的名次和单项奖；第二轮是总决赛，由五支分区赛冠军联队，加一个成绩最好的分区亚军联队，争夺总决赛冠军（世界冠军）。

经过两天半的时间，结束了分区所有 8 场比赛。放下手中的遥控器，我抬头望向滚动的大屏幕，从前往后努力寻找熟悉的 88299B。我的心跳到了嗓子眼，我知道，如果分区预赛排名在第二名以后，就很难有机会获得分区赛冠军了，也将无缘总决赛。“咱们队出来了”，队友小声说道。我很快扫了一眼名次，第三名。看到这，我的脑子里嗡的一片空白，整个人像是掉进了万丈深渊。我不知道如何面对自己的队友，如何面对我们近 200 天的刻苦训练。正当我们情绪低落，不知所措时，隐隐听到“第二名因为犯规而被取消了比赛资格，排名第三的 88299B 递补为第二名”。我为之一振，确认消息后差点跳了起来，兴奋地抱起机器人奔向决赛队友——15472A 青岛崂山实验小学队。之后，我们顺利拿下了分区赛冠军，进入到总决赛。

由于我们和 15472A 队的策略已熟记于心，所以对于总决赛，就一个字，练！

一切就绪，耳边想起了总决赛集合的指令。两名裁判带着我们 4 位操作手来到比赛场地准备候场。为了缓解此时的压力，大家相互调侃着，“到时候拿了第一请你们吃汉堡！”，我象征性地笑了笑。

听着主持人说完了一大堆我听不太懂的英语后，入场！表面上看我是笑着走进了赛场，可内心却拧成一团。不断重复着老师和家长常叮嘱的“不要多想，重要的是过程”。就这样，我怀着忐忑的心情走进了赛场，站在我的比赛台前，检查着比赛机器的每一个部件、赛台的每一块拼接板、每一个得分物，也许这样的检查会让我心情更放松吧！但实际情况是我检查出来 3 个没有扣紧的得分物后，为了防止队友紧张，我决定把这事藏在心里。

按照比赛规则，我们第三个出场。等候时，先观看了前面两场比赛。我的心一直高度紧张：一是前面队伍得分都很高，超出了我们分区赛得分；二是害怕自己发挥失常，影响全局。我感觉自己的心要跳出来一样，作为队长，我知道自己面临一项艰巨而又不得不为的重任。我深深吸了口气，心里默默地为自己加油，此时此刻，没有任何人能够帮助你，唯一能够依靠的只能是自己。

突然，我们的赛场被照得亮如白昼，甚至有点刺眼。不知何时，面前出现了一群摄影师和裁判，我知道，轮到我们了。比赛马上要开始了，容不得我再胡思乱想。看了看身边的队友和裁判，我再次做了个深呼吸，双手不自觉地握紧了遥控器，脑子里一片空白。

随着裁判的一声令下，比赛开始了，机器人似离弦之箭，全速奔向场地对面。按照预定的路线，我们队的机器人先去对面撞翻得分栏，使策略物自由落下。在得分栏里的策略物落下的一瞬间，我迅速转动机器人，成功地将策略物分散开来，为后面准确吸取策略物打好基础。在队友的引导下，20s 内成功地将 6 只绿色策略物放入了墙杆，一切顺利，我心想：就这样稳住，不要失误。“蓝色”，虽然只有两个字，但我很快就理解了队友的意思，开始吸取蓝色策略物，一个、两个、三个、四个、五个，六、六……失误，策略物被机器人挤飞了，我心里咯噔一下，“没事，再吸旁边那个”，虽然只有“没事”两个字，却及时给了我莫大安慰。我立刻镇定下来，并成功吸取了旁边的蓝色策略物。此时，35s 交换操作手时间已到，我迅速把遥控器交给身边的队友，此时我们立刻交换角色，他成了操作手，我成了“领航员”。我们之间的角色切换非常成功，没有一丝耽误，几乎做到了“无缝切换”，这得益于平时训练了无数次的默契配合。他的任务首先是吸取 4 个红色策略物，取下红色墙环（三个摞在一起的策略物），然后依次将策略物放入了墙杆。在取红色墙环的时候，由于瞄准和角度的误差，三个环（策略物）明显地跳起来了，还好，没有跳出取环器，不然可能要失去好几分。正当我暗自庆幸时，队友的机器人来到了最后一个环节，将最后抓取的红色墙环套入水平横杆，这也是时间最紧、难度最大的一个环节，如果操作失误，可能丢掉关键的 30 分。这时候我紧张到了极点，成败与否，在此一“套”。我俯下身子，以便瞄准使横杆与环（策略物）在一条直线上，“再往左一点，多了，往回一点，好…套…”随着策略物落入横杆，比赛结束铃声响起。包括青岛崂山实验小学队在内的 4 名队友同时跳了起来，高举双手。有趣的是，一名队友可能是跳得太高，直接摔倒了，裁判赶紧将他拉起。从大屏幕看到，比赛点评嘉宾相当兴奋，手舞足蹈，声音也抑扬顿挫。虽然我听不懂他在说什么，但我感觉到他们有点吃惊，居然有如此高分出现在决赛场。当裁判宣布比赛得分：392 分。我清楚地知道，这个比分有多高，即使平时训练也很难达到，我们超水平发挥了。此时整个赛场沸腾了，尖叫声、口哨声、鼓掌声，此起彼伏；大屏幕反复播放比赛画面，摄像机也对着我们来回移动。此时，我感觉头顶的聚光灯越来越集中，越来越亮。

虽然我们这场比赛不是最后一场决赛，也不知道最后排名结果怎么样，但我们非常轻松，我觉得我们已把比赛水平都发挥到了极致，没有留下任何遗憾。同时得分也远超前两场比赛。

我们默默地观看着后面的比赛，时而紧张，时而放松，时而惋惜，时而庆幸，五味杂陈。紧张他们的分数马上超过我们，但最终没超过；惋惜他们的失误，而我们早有准备。

所有比赛结束了，最终其他联队的得分都没有超过我们。来自中国的 88299B 与 15472A 联队获得了 2018 年 VEX 机器人世锦赛总冠军！

比赛虽然早已结束了，升入初中后也离开了机器人比赛，但两年多的机器人学习、比赛过程留给我的东西太多太多。通过机器人的理论、编程学习，我走进了软件编程王国，我知道了什么是软件、硬件，什么是调试、误差；通过比赛，我明白了什么是团结合作、心有灵犀；通过比赛，我养成了坚忍不拔、不服输也不怕输的性格。我们曾经获得过世界冠军，不过荣誉终会过去，但整个历程留给我们的钻研、合作、坚毅的为人做事风格，将让我受益终身。

6.4　梦寐以求的世锦赛——张亦扬

姓名	张亦扬	性别	男	出生年月	2006 年 1 月
学习经历	2013.9—2019.7　北京市西城区黄城根小学				
机器人学习经历	2012 年开始学习乐高 2016 年开始学习超级轨迹 2017 年开始学习 VEX IQ				
特长	机器人、游泳、羽毛球、跳绳				
获奖情况	2018 年 VEX 机器人世锦赛　世界冠军、分区赛冠军、激励奖（VEX IQ 小学组） 2019 年 VEX 机器人世锦赛　分区赛冠军（VEX IQ 小学组） 2018 年 VEX 机器人世锦赛中国选拔赛　一等奖 2018 年北京市学生机器人智能大赛机器人工程挑战赛　一等奖 2018 年西城区中小学师生电脑作品评选活动　一等奖 2018 年北京市青少年机器人竞赛　二等奖 2018 年北京市西城区青少年机器人大赛　一等奖 2018 年北京市西城区机器人系列主题活动　最佳表现奖 2017 年西城区中小学师生电脑作品评选活动　一等奖 2017 年亚洲机器人锦标赛中国选拔赛华北区 VEX IQ　小学组　一等奖 2017 年亚洲机器人锦标赛中国选拔赛 VEX IQ　小学组　一等奖 2016 年第十一届全国青少年教育机器人奥林匹克竞赛　一等奖 2016 年第七届“中鸣杯”北京区际青少年机器人联赛　二等奖 2016 年西城区中小学生“自然科学知识竞赛”　三等奖 2017 年、2019 年北京市西城区小学区级“三好学生”				

我是一个机器人的狂热爱好者，学习过乐高、超级轨迹等，并参加了很多比赛。从 2017 年暑假开始参加 VEX IQ 机器人的学习、训练，我们几乎放弃了所有的休息日和节假日，目标就是冲刺 VEX 机器人世锦赛。

我所在的西城区青少年科技馆 88299B 队由四名同学组成，在 2017—2018 赛季参加了多轮的国内选拔赛和亚锦赛，成功地获得了 2018 年美国路易斯维尔 VEX 机器人世锦赛资格。

2018 年 4 月 26 日，我们 88299B 队和 88299C 队在王昕老师的带领下，经过十二个小时的飞行来到了美国肯塔基州的路易斯维尔。由于旅途劳累，再加上时差问题，我们身心疲惫。但我知道，比赛时一定要把自己调整到最佳备战状态。

世锦赛由分区赛和总决赛两个阶段组成。在分区赛中，我们发挥稳定，以分区赛决赛第一的成绩进入总决赛。

在总决赛上场前，作为主赛手的我，心跳都在加速，感觉时间流淌的速度也越来越快。比赛开始后，我们的教练王老师无法再跟随我们进行指导了。我们跟随着两个工作人员，伴着欢快激昂的音乐来到后场。马上就要出场了，我努力地调整呼吸，精神饱满地走了出来。我感觉眼前一亮，被肯塔基国际展览中心中几千人的隆重场面深深地震撼了。硕大的场馆，场地上已经摆好赛台，两侧从低到高坐满了观众，霓虹灯伴随着音乐不停地晃动。所有的决赛选手依次走向场地正中，无数的灯光投向我们。看台上来自世界各地的比赛选手欢呼呐喊着，他们皮肤的颜色不同，眼睛的颜色不同，表情更是不同；他们有坐着的、有站着的、有挥手的、有跳舞的，都沉浸在欢乐的气氛中——这是一场全世界机器人爱好者的超级盛宴。

由于要等待其他队先上场比赛，我们坐在地上休息。不一会儿，我已经感觉不到我的心跳，双手冰凉，我听不到周围的喊声，听不到主持人的声音。

突然一束强光射到我身上时，我意识到该我们上场了，我必须马上清醒，马上专注——短短的一分钟比赛，两个队的四名选手，忘记了周围所有的声音，只有既定的线路，娴熟的操作，我的队友郭弈彭在规定的时间内完成了任务，这也使我信心倍增。取环，对准，上环，一切顺利。不过就在最后5s，最后一次对准时，出现了一点偏差，我心里一惊，可是没有时间害怕了。队友开始引导我，我马上调整方向，再次对准，就在倒计时铃声即将响起的最后1s，上环成功。我们打出了单车极限成绩215分，这也是我们的最好成绩。和我们合作的山东青岛崂山实验小学队的队友表现也很好，我们合作完成了392分，这也是本届比赛全场最高分。

我们振臂高呼，拥抱在一起。一年来的刻苦训练，无数汗与泪，在这一刻释放。此刻除了呐喊，没有其他办法能表达我们的心情。主持人难以置信的表情，全场观众的欢呼和掌声——这一切来得如此突然，如此震撼！

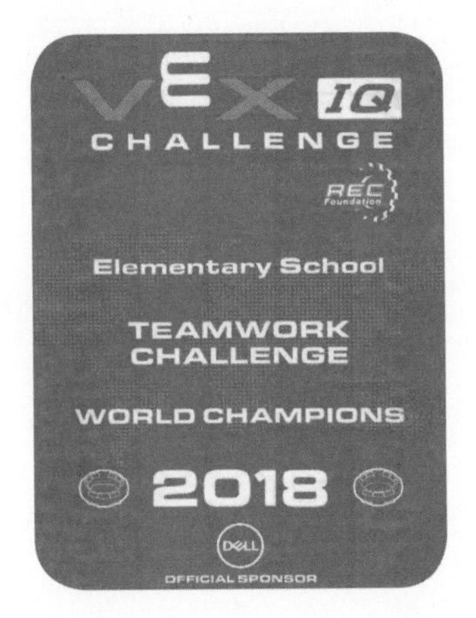

总冠军颁奖时，我脑中一片空白，傻傻地站在台上，带上奖牌，领取奖杯，与颁奖者合影，与老师合影……这一切是真实的吗？我梦寐以求的世锦赛，在此刻给了我们最完美的回报。

在此，衷心感谢指导老师王老师对我的教诲。从三年级开始学习“超级轨迹”，到四年级的 VEX IQ，能感受到您对我的真切关心和事无巨细地指导。这一路的学习和比赛经历，让我无论从编程操作、逻辑思维方面，还是沟通能力、团队协作方面，都学到了书本上没有的东西。希望机器人可以成为我终身的爱好！

6.5　总决赛之后——刘逸杨

姓名	刘逸杨	性别	男	出生年月	2007 年 1 月
学习经历	2013—2016　北京小学万年花城分校 2016—2019　北京市西城区实验小学				
机器人学习经历	2016—2017　西城区青少年科技馆　超级轨迹（中鸣机器人） 2017—2019　西城区青少年科技馆　VEX IQ 机器人				
特长	机器人、竹笛九级、围棋业余二段				
获奖情况	2018 年 VEX 机器人世锦赛　世界冠军、分区赛冠军（VEX IQ 小学组） 2019 年 VEX 机器人世锦赛　分区赛冠军（VEX IQ 小学组） 2018 年中国 VEX 机器人大赛暨 VEX 机器人世锦赛中国选拔赛　季军、一等奖（小学组） 2018 年北京市学生机器人智能大赛机器人工程挑战赛项目　一等奖（小学组）				

迎着耀眼的追光灯走进路易斯维尔 VEX 机器人世锦赛总决赛场地的那一瞬，信心在我的胸中爆棚了。刚在分区决赛中逆袭夺冠的喜悦，让我感觉远处的总决赛冠军奖杯似乎正在向我和队友招手。周围观众的嘈杂声、主持人的煽情解说声连成一片。我握着遥控器和队友站在赛场边，等着裁判口中喊出“Three、two、one，go”……然而，几分钟后我们的情绪跌回了冰点——我和队友失误了。

88299B 队合影

一周后，当我回到北京因为时差无法入眠的时候，脑海里又浮现出了总决赛当时的情景。仍能记得比分定格时瞬间袭来的巨大遗憾，但我更多记得的却是失利后队友之间默契的相互安慰。我们没有互相责怪，更多的是相互体谅。也正是这种默契和互信支撑着我们在一波三折的分区赛中笑到了最后。分区赛中，与我们配对的赛队实力均较弱。十场分区赛中，有五场比赛配对赛队半场得分仅为个位数，虽然我和队友发挥稳定（半场得分 21 分或 23 分），但最终成绩仅四场 30 分、一场 29 分。分区赛一直进行得很艰难，我们情绪也曾有波动，但正是我和队友相互的鼓励，稳住了我们的发挥，紧紧咬住了前两名，并最终在分区赛决赛中实现翻盘，取得了分区赛冠军晋级总决赛。

一路走来，我们更加明白“台上一分钟，台下十年功”的含义，王昕老师也一直教导我们“付出才有回报”。2018—2019 年整个赛季，我们持续投入时间、花费精力，不断改进赛车结构、优化手动程序，并坚持强化操控训练，从而保证了我们在世锦赛上总体稳定的发挥。一个赛季横跨近十个月，从赛季初华北赛的败北，到上海国赛晋级三甲，再到世锦赛杀入总决赛，近十个月持续不断的坚持，也是我们能取得一点成绩的重要原因之一。坚持不懈的努力磨炼了我们的意志，也培养了我们永不放弃的精神。正是“永不言败”的信念使得我们在比赛逆境中坚持下来，一次又一次地闯关突围。

在训练中引入兄弟队的竞争，并且强化以赛代练的模式，使得我们的训练质量和实战能力均有较大提高。和兄弟队共同训练一直是我们采取的训练模式，相互之间的良性竞争提高了训练的效果；同时相互之间在赛车机构、程序和路线策略上的取长补短，也使得我们的训练成绩提高较快。本赛季我们也坚持参加各级比赛，一方面检查我们的训练成果、及时发现问题；另一方面，也锻炼了我们的临场能力，增加了我们的实战经验。

加强学习创新是保持赛队竞争力的重要一环。这个赛季，除了持续不断地训练，我们成绩的几次突破都和赛车结构、操控程序和路线策略调整优化直接相关。在加强自身拼装和编程能力、开拓思维的同时，学习借鉴其他赛队赛车结构、程序和路线策略的优点，并结合自己的赛车特点和操控习惯，敢于尝试改进优化软硬件和路线策略，而不是一味求稳，从而使得成绩的不断突破成为可能。

当然，在比赛中我们仍然无法避免失误，特别是总决赛的失误。分析原因，主要是我们的应变能力和心理素质仍需进一步加强。虽然平时训练时我们对比赛中可能出现的意外情况进行过针对性练习，但现在看来我们对困难仍然估计不足，应变练习仍然不够充分。同时，心理上的波动仍然是我们失误的一大诱因，如何在训练和比赛中不断强化心理素质仍是我们需要重点解决的问题，未来赛季中我们也将持续加强对比赛心理的训练。

2018 世锦赛冠军

2019 世锦赛分赛区冠军

世锦赛总决赛已经结束，一个赛季的辛勤付出让我们收获了诸多奖项。让未能蝉联总决赛冠军的遗憾，成为我们新赛季继续努力的鞭策。新赛季即将开始，我和队友又将踏上新的征程，赛季里无论成功还是失败的经验，终将成为我们再战新赛季的宝贵财富。

6.6 坚持——李中云

姓名	李中云	性别	男	出生年月	2007 年 6 月
学习经历	2013—2019　北京小学红山分校 2019—至今　北师大附属实验中学分校				
机器人学习经历	2015 年 9 月开始在北京西城区青少年科技馆学习机器人课程				
特长	机器人、二胡八级				
获奖情况	（一）国际级 2018 年 VEX 机器人世锦赛　团队挑战赛世界冠军、STEM 激励奖（VEX IQ 小学组） （二）国家级 2018 年第二届“童创未来”全国青少年人工智能编程（Kodu）竞技　星火铜质章（团队银杯） 2017 年第八届亚洲机器人锦标赛中国选拔赛 VEX IQ 小学组　一等奖 2017 年第八届亚洲机器人锦标赛中国选拔赛华北区赛（小学组）　全能奖、一等奖 （三）北京市级 2018 年北京市学生机器人智能大赛　二等奖 2018 年第十九届北京市中小学师生电脑作品评选活动机器人竞赛　小学组 VEX IQ　二等奖 2017 年首届智慧学习机器人联盟机器人大赛 VEX IQ　一等奖 2016 年第七届“中鸣杯”北京区际青少年机器人联赛　一等奖 2015 年第五届北京市级“中华文化小大使” （四）西城区级 2018 年西城区中小学生科技竞赛活动机器人竞赛项目　一等奖 2018 年西城区青少年机器人大赛项目　一等奖 2018 年西城区中小学生智能控制竞赛资源抢夺战项目　三等奖 2017 年西城区中小学师生电脑作品评选活动机器人竞赛项目　二等奖				

在困难面前无法坚持的人，终将一事无成。在困难面前选择坚持的人，只要持续努力，就一定会成功。

——题记

2017—2018 赛季，我所在的北京西城区青少年科技馆 88299B 队在历经华北区赛、中国赛两场大战后，顺利获得 2018 年 VEX 机器人世锦赛参赛资格。为了备战世锦赛，除了机器人操控外，我们还准备了 STEM 工程项目。我因英语较好，被分配主攻 STEM 部分。当时，我觉得做 STEM 项目很简单——之前我们参加中国赛时已做过“空中巴士”的 STEM，在这基础上稍微加工一下不就成了吗？但是后来的事实证明远没有这么简单。

2017 年华北区赛 88299B 队获奖合影

2017 年出征中国区赛

为了完成好新的 STEM 任务，老师召集我们多次进行专门讨论。她明确对我们说，世锦赛在美国举行，现场将有数百支队伍同场竞技，我们这次是代表中国小学生参加世锦赛，来不得丝毫马虎。我们的 STEM 作品若想在世锦赛取得成功，就得既要有亮眼的模型作品，又要有出彩的英文演讲，二者缺一不可。若按已做过的“空中巴士”题目做，没什么创新，吸引不来眼球，所以参赛必须有新立意才行。

88299B 队进行 STEM 项目街头调研

经过激烈的讨论，大家一致决定放弃已做的“空中巴士”，做个新的项目。大家觉得目前中国城市车辆多，拥堵厉害。而拥堵到什么程度？该如何解决？值得深入讨论、挖掘，并形成 STEM 作品。为了搜集资料，准备论点、论据，形成新的搭建思路，我们全体队员分头行动，各自找街道统计车流量。经过几天的统计，大家发现，城市拥堵情况真是不太乐观，尤其是一旦发生了交通事故——哪怕是小剐小蹭，路面交通马上就变得拥堵不堪。

接着，我们就开始讨论解决方案。有人认为，我们可以做一个出事故时能飞过出事路段的车；有人认为，我们可以做一个分层的道路来解决问题。这种道路可以与汽车的系统相连，在发现事故时可以将前后路面降到 B1 层，让其他车辆通行，这样路面即可恢复正常。事故车则由修理车拖走修理。经过分析各种思路的利弊，我们决定：用可升降路面为主题来做我们的 STEM 项目。

STEM 项目讨论

然后，大家就用硬纸壳进行建模。模型建成功后，老师就指导我们用器材搭建机器。这个机器是长方形的，有两层平台。第一层有一个超声波传感器，用于检测是否有“事故”发生，两个 LED 灯用于警告车辆需到 B1 层行驶；第二层是一块板，连接第一层成一定角度降下来的路面。在机器定型后，我就反复地练习拼、拆，生怕以后会出故障。

机器模型已经成型了，就差演讲 PPT 了。用中文制作 PPT 还不算困难，可翻译成英文，并打磨配套的英文演讲稿就非常难了。我需要一个单词一个单词地核对，看单词有没有表达出我要表达的意思，这可费了我九牛二虎之力。然后就是准备过程中最难的一步——背稿子。

之前认为 STEM 项目很简单，但看着那两页全英文的稿子，我深深地觉得以前想法是多么错误。我要背的 congestion、occur 一类的词可不像 one、two、three 那么简单。这对我们这些 5 年级的学生来说，实在是太难了。我白天要上课，写作业，只能晚上加班背稿子。可是背了几个晚上，就是背不下来。着急的时候，我忍不住大喊：“好难啊！好难啊！我不背啦！”看着我那绝望的眼神，爸爸鼓励我：“遇到困难不能退缩，只有坚持才能成功。”接着，他又给我讲了一个高斯的故事：高斯的老师在给他布置作业时，一不小心多写了一道流传已久的难题：用一个没有刻度的尺子和一个圆规来画一个正十七边形。高斯苦思冥想，想了一个通宵，终于解出了这一道世纪难题。这个故事深深地打动了我——是啊，人家高斯在面对这一道世纪难题的时候，没有放弃，选择了坚持，而我的一个小小稿子，又怎能与他的难题相比？要是我连这个稿子都背不下来，又怎么参加世锦赛呢？我这次去美国，不是代表我个人，而是代表中国，要是我连这个稿子都背不下来，岂不是给国家脸上抹黑？于是，我下定决心，一定要背下稿子来，除去这块绊脚石！之后，我充分利用课余时间背稿子，没人的时候大声背，有人的时候就小声背，睡觉前背，起床时背。经过我的不懈努力，我终于把这只拦路虎打败了。

STEM 项目讨论与建模

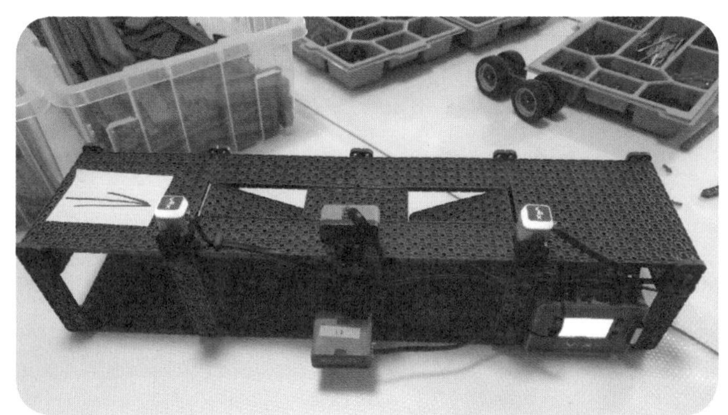

STEM 项目制作

过了这一关，却不是万事大吉。比赛前一天，我们制作的参赛模型因为在飞机上受到其他货物挤压，散掉了！这真给我们当头一棒啊！第二天就得比赛了，怎么办？怎么办？这么长时间的苦心准备难道就付诸东流了吗？！我们紧张极了。放弃比赛是不可能的，我要克服时差与旅途劳顿，抓紧时间拼搭机器。幸好之前我练过在一堆零件状态下拼搭机器，比较熟练地掌握了拼搭技术。于是，我赶紧按着记忆拼搭，终于在晚上 11 点前拼搭出可以参赛的机器模型了。我们都深深地松了一口气。

STEM 项目比赛当天，我们紧张地在演示屋外等候着。我汗流浃背，脸色苍白，王昕老师见到我这副模样，便安慰我说；“放轻松，虽是你一个人进行演讲，可背后站着我们整个团队。你都练了那么多遍了，还怕出错吗？别紧张啦。”老师的话仿佛具有神奇的魔力，我顿时感到轻松了许多，又斗志高昂起来。等待的时间并不长，转眼间就到了我们。我心怀忐忑地和队友走进了演示屋。在与考官简单地寒暄几句后，我便开始了演示。那烂熟于胸的台词从我嘴中流出，仿佛竹筒倒豆子一般，我还没感觉到什么，已经流利地把稿子背完了。嘿，莫非这就是所谓的“肌肉记忆”？考官听完我的演说，还笑着夸奖我们“very good”呢。

苦心人，天不负，经过几天激烈的角逐，我们 88299B 队披荆斩棘，成功登上最高领奖台，成为团队挑战赛世界冠军，并斩获 STEM 激励奖（Inspire Award）。当我们在领奖台上戴上黄澄澄的金牌时，当我们在领奖台上披上中国国旗时，我想：要不是坚持到底的精神支撑着我们队的每一个队员，我们队怎么能够为国争光？怎么会有这时的骄傲与自豪？只有拥有锲而不舍的精神，坚持不懈，顽强拼搏，才能让我们获得成功。

2018 世锦赛 88299B 队合影

2018 世锦赛个人照

2018 世锦赛 88299B 队获奖合影

2018 世锦赛颁奖合影

6.7 一份努力 一分收获——徐乃迅

姓名	徐乃迅	性别	男	出生年月	2005 年 9 月
学习经历	三帆中学附属小学 北京三帆中学				
机器人学习经历	从四年级开始在西城区青少年科技馆学习中鸣机器人，参加超级轨迹比赛项目。之后学习 VEX IQ 机器人和 C、C++ 等编程语言				
特长	机器人、足球、钢琴				
获奖情况	2018 年 VEX 机器人世锦赛　分区赛冠军、世锦赛第六名、最佳建造奖（VEX IQ 小学组） 2019 年北京市青少年机器人竞赛　亚军（初中组） 2019 年西城区青少年机器人大赛 VEX IQ 项目　一等奖 2019 年西城区中小学师生电脑作品评选活动　一等奖 2018 年北京市学生机器人智能大赛工程挑战赛　一等奖 2018 年 VEX 机器人亚锦赛中国选拔赛华北区赛　一等奖 2018 年 VEX 机器人亚洲公开赛　一等奖、最佳设计奖 2018 年北京市中小学师生电脑作品评选活动机器人竞赛小学组 VEX IQ　二等奖 2018 年西城区中小学师生电脑作品评选活动　一等奖 2017 年北京市学生机器人智能大赛工程挑战赛　第一名 2017 年 VEX 机器人世锦赛预选赛全国赛　二等奖、最佳活力奖 2017 年 VEX 机器人世锦赛预选赛华北区赛　二等奖 2017 年西城区青少年机器人联赛　一等奖 2017 年西城区中小学师生电脑作品评选活动　一等奖 2017 年首届智慧学习机器人联盟机器人大赛 VEX IQ 项目　一等奖、全能奖				

新手上路，请多多关照

2017年的盛夏，我走进了集训教室。三个月前，我刚刚获得了机器人“超级轨迹”项目的西城区一等奖，但我明白，今后面对的挑战只会越来越大。

教室中全是陌生的面孔。我一小步一小步走进教室，走到那个属于我的位置上，缓缓坐下，生怕自己在新集体中做错什么。

在新的集体中，我认识了我的新队友赵致睿，他是一个很能干的人，做事准备周全，同时很幽默。

老师进行了简短的介绍，随后开始搭建。

“帮我拿个销！”他说道。

“销是什么？”我总是问出莫名其妙的问题——至少在他眼中就是这样。他一次一次帮我解答。虽然他也是新手，但他的准备显然比我充足。渐渐地，我终于了解了器材，开始参与到具体搭建，甚至能有些自己的设计了。

最后一天的课只上半天，后半天要进行结课比赛，就是把所有参加课程的队伍召集起来打一个小联赛。当时，是我们第一次实战练习。我和赵致睿认真地跟随老师了解了得分规则，怀着忐忑不安的心情走上了赛场。赛前，我十分紧张，生怕自己在比赛中忙中出错。最终，我们用实力证明了自己的担心是多余的。我们的发挥整体不错，排名位列中游。而这对于作为新手的我们来说，已经足够满意了。

华北赛初出茅庐，努力就有回报！

集训结束后的一段时间，我们又参加了一些热身赛，成绩虽然一般，但明显是在不断进步的。

VEX IQ的最高赛事是VEX机器人世锦赛。世锦赛是每年4月底5月初在美国的路易斯维尔举行。围绕世锦赛组织的系列赛，包括市赛、大区赛、国赛、洲赛等是以拿到世锦赛参赛名额为主要目的的系列比赛。对于中国队伍来说，可谓一票难求，小学组一共只有20~30个队伍名额。

我们西城区青少年科技馆最开始的小组是为了符合教委赛规则的2人小组。而世锦赛系列赛，我们采用的是4或5人一支队伍，要参加这样的比赛我们就会进行合队——两个小队合为一个世锦赛队伍。这样在新的 88299C 队中，我认识了新队友信淏然、童思源、李亦山，当然还有老朋友赵致睿。

（1）赛前训练

那年“十一”假期，我们两个大队四个小队的队员齐聚科技馆，准备参加第一个世锦赛选拔赛——VEX 中国锦标赛华北区赛。

训练开始后，我开始改进机器，之前已经有了不少想法，只是一直没有时间实现。比赛中的得分物是一个环，所以我们一开始就做的是传送带吸环。将环吸起来之后，会让它落到一个杆上，然后车内的这个杆再将环套到得分杆上。原来的装置，需要从下面翻，而且为了防止滑下去，还用夹子掐住杆子。不过这样一来，所需操作就变得很多，也很难对准。于是我将它改成了从上面翻，这样也不用担心环滑下去的问题，背后还加了对准器。整个动作一气呵成，效率提高了不少。

一开始，我们只是练习最基础的吸环，翻环，每个人都分工明确，刻苦练习。4 或 5 人的队伍中只有 2 名操作手，大家都努力训练，都想成为操作手。于是就有了队内竞争。这样的竞争大多数时候是好事，可以激励我们认真训练，但一旦竞争过于激烈，引发冲突，就会影响训练和比赛。这时，作为队长的我，就应该站出来调解冲突和矛盾。最后一天，为了确定比赛时上场的操作手，我们进行了一个队内比赛。最终，大家水平不相上下，只好决定轮流当操作手了。

五天脑力与体力比拼的训练之后，我们提高了自己的能力与技术，更提升了我们之间的默契，现在随时可以上战场了！

（2）正式比赛开始啦！

第一天到赛场报道，检录，熟悉赛场。晚上，我有一点小紧张，久久无法入睡。

第二天早上出现了一点小插曲，李亦山发烧了。他只好经历蟹岛半日游之后回家了。还好我们有 5 个人，剩下 4 个人也是排得开的。

比赛总共有 8 场，第二天 6 场，第三天 2 场和技能挑战赛，以及有可能的决赛，虽然这在当时的我们的眼中是遥不可及的。我们只能一场一场努力做好自己，也期待有些好运气可以组队到强队友。

比赛前几天我一直很紧张，因为我觉得华北区赛对手应该很强。之前看了一些高分的视频，让我感到更有压力。再加上比赛前看到的别人比赛，实力真的不一般。可是比赛一开始，我就把这个想法踢出了太阳系。我发现前几个队的成绩也就和我们差不多，甚至略低于我们。我们还发现比赛中有一个队就是之前视频中看到的那支队！我们很高兴，这场应该能取得不错的分数。

心情是放松了许多，但是一候场马上又紧张了起来，不过随着比赛的进行，紧张就慢慢烟消云散了，一开始手抖得遥控器都快抓不住了，不过到后面操作就游刃有余了。

在比赛期间，我们当然也遇到了一些小插曲，比如说答辩。答辩主要是针对评委的问题进行一系列相关的回答，问题其实很简单，一般是关于搭建、编程、操作的最基本的问题，比如车上用了几个电动机？程序某某条是什么意思？只要会进行简单的搭建编程，就没有问题。由于主要是我来设计的，所以主要是我进行介绍，其他人进行补充。我们比较顺利地完成了答辩任务。后来我了解到，很多比赛是评委在我们比赛期间会来到我们的展位向我们提问。

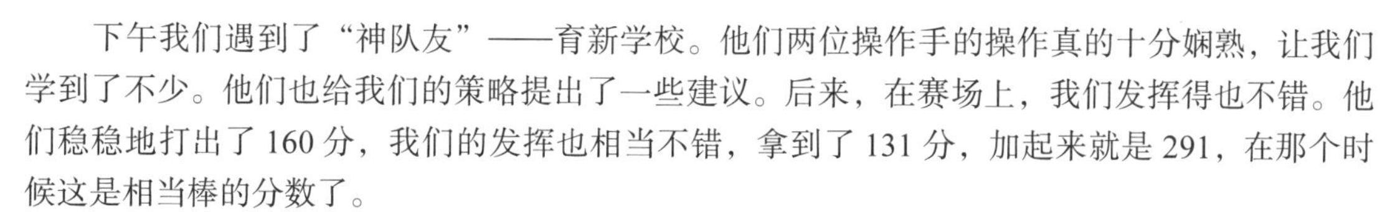

下午我们遇到了“神队友”——育新学校。他们两位操作手的操作真的十分娴熟，让我们学到了不少。他们也给我们的策略提出了一些建议。后来，在赛场上，我们发挥得也不错。他们稳稳地打出了 160 分，我们的发挥也相当不错，拿到了 131 分，加起来就是 291，在那个时候这是相当棒的分数了。

第二天的比赛就在紧张与忙碌中度过了。在我们回去的路上，老师又突然告诉我们明天要参加技能挑战赛。得到这个消息的时候，我感到很大的压力，因为之前没有准备这个项目！我们只好在晚上尽可能准备。

（3）技能赛的准备

一回去，我们就忙活了起来。先练习手动赛，经过一番激烈的讨论，我们研究出了目前得分最高的策略并加以练习，以尽可能降低失误的概率。

接下来就是最难啃的骨头——自动赛了。我们几个人和初中队的两个人兴致勃勃地调起了程序。我爸爸在边上，在我们遇到问题时提供帮助。这个工作确实枯燥，但也能学到不少东西。刚开始，我们的陀螺仪是躺着放的，还没有注意到陀螺仪只有立着才能测角度。这样一来，车就很可笑地疯狂转圈，以至于我们都以为它坏了。直到最后才发现了这个尴尬问题。

之后，我们发现传感器偏差很大，而且越到后面，累计偏差就越大。经过讨论，我们决定加装颜色传感器，通过检测场地上的黑线来控制车的位置。这个改变很成功，基本上两次能成功一次了。但又有新的问题浮出水面，由于车的电压不稳定，陀螺仪的转角变得不好控制。在电压高的时候，转弯速度就相对快，惯性就会大，电压低则反之。后来，我们决定通过“撞墙”来纠正角度，这样可以避免程序后期的巨大累计偏差。

此时，时钟已经指向了凌晨 12 点。由于第三天还有操作任务，我们只好收尾休息了。

（4）第三天的比赛

第三天，我们又回到了赛场。最后两场队友发挥都比较一般，但我们发挥还不错。

很快赛场公布了决赛名单，我们拿到了决赛名额！科技馆三支队中，88299A 队很遗憾以一名之差没能进入决赛。我们 C 队在决赛队伍中排名中游，而 B 队则排名中上游。我们沉浸在了胜利的喜悦中，因为进入决赛在赛前是难以相信的。王老师也十分高兴，看到我们两个队新手闯入了决赛，也不停夸我们训练很有效果。

在预选赛和决赛之间是技能挑战赛的比赛时间。赛场上，我们选择先打手动，稳稳打出了 130 分。后面就是自动赛了，我们两个人上场，一个人负责车的出发，一个人负责“祈祷”。机器第一次出现了失误，只拿到 30 分。第二次表现还不错，得到了 80 分。最后，我们自动赛加手动赛合计 210 分收场。我和队友们一起庆祝，一晚上的努力没有白费！

（5）决赛！

决赛的联队是按照预选赛的排名组合的。1、2 名一队，3、4 名一队，以此类推。排名算联队总分排名，也就是每一名都是两个队。

我们的队友是乐思，和我们实力相当。赛前，我们一起制定策略并训练。我们发现他们的车速快，而后场需要一个大冲刺去推加分栏，所以就安排他们负责后场，我们负责前场。

赛前我依然会紧张，但感觉比之前好多了，毕竟打入决赛就已经是奇迹，接下来放下包袱，努力发挥就好了。我们商定由这两天状态相对较好的我和信淏然担任操作手。我们之前几场决赛的成绩都比较一般。我们最后拿到 131 分，队友只拿了 100 分，总得分 231 分。这在前面几场决赛中已经是相当棒了。

之后，B 队队长郭弈彭带回了喜讯。他们超常发挥，得到了前场梦想的 160 分！而队友也很给力，拿到了 131 分，总分 291，位列当时的第一！最后一场决赛的两个队，育新和育鹰是全场最强队，他们拿到了 320 多分，获得了冠军。而 B 队拿到了亚军！作为新手能拿到大区赛的亚军，我打心底为他们高兴。

最后的颁奖仪式，A 队获得了最佳设计奖，因为他们取墙环的设计以及风车吸环都让我们眼前一亮。而 B 队则获得了直通世锦赛的全能奖！我们很遗憾没有获得评审奖。不过我们还有机会，以后继续加油！

通过这次比赛，我深深感受到荣誉、成绩一定是靠自己的努力换来的。B 队在练习的时候，往往比我们更认真，更努力。我在心底埋下了一颗种子：一定要在平时努力训练，争取获得更好的成绩，拿到珍贵的名额。

全国赛放手一搏，队友使希望成为泡影

接下来要面对的是在广东珠海举行的全国赛。这次出征的只有我们 C 队和 B 队，88299A 队因为有事放弃了这次机会。

（1）STEM 研究项目

赛前一个多月，王老师告诉我们这次全国赛有 STEM 研究项目。今年主题是“人与机器人”。每个队要选择一个相关课题进行研究，使用 VEX IQ 的器材，制作出成果并进行汇报答辩。经过讨论，我们决定设计一个助老机器人，来帮助老人取东西、找东西。我们将这个任务交给了赵致睿和童思源，而其他人还是主要准备比赛。

（2）赛前训练

赛前半个多月，我们三个人投入到了紧张的训练之中。这次比赛和上次比赛只隔一个月，想要对车进行大的改动是不可能的，只能在提高手动操作能力的同时，对车进行小的修改。每个周末，我们基本都会到科技馆训练。我们试图将训练变得有趣些，比如说，当时设定目标是前场 140 分，后场 160 分。半个小时内，只要 6 次达到目标，剩下的时间都可以休息。此外，我们还组织了小联赛，来提高训练的效果。

经过了 1 周练习，我们的能力都提高了不少。前场我们基本可以达到 160 分，后场也慢慢接近其他强队的 180 分水平。转眼就到比赛的日子了，我们满怀期待前往比赛地珠海。

（3）到达珠海，抓紧练习，功夫不负有心人

到珠海的时候是下午。即便是十一月，南方的珠海，也是热气逼人，还特别晒。

我们晚饭后抓紧最后的时间练车。大家很疲惫，但依然很积极。九点多时，有些人实在太累了，就回去休息。最后，只剩我和 B 队队长郭弈彭。他主攻前场，我攻后场，因为后场是我相对薄弱的。他的前场十分稳定，十场中有七八场可完成 160 分目标，而后场的 180 分，科技馆还没有人达到过！

突然，我灵光一现，发现从加分栏上掉下来的蓝色环是有规律的，所以我决定尝试一下。

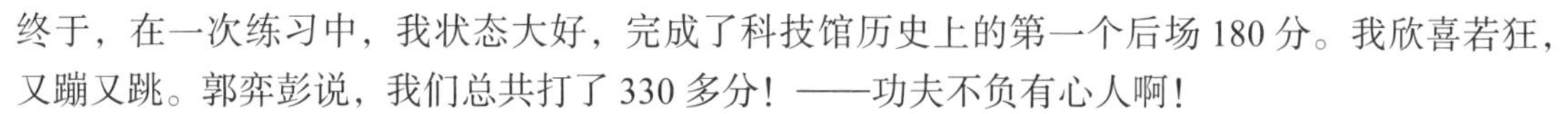

终于，在一次练习中，我状态大好，完成了科技馆历史上的第一个后场 180 分。我欣喜若狂，又蹦又跳。郭弈彭说，我们总共打了 330 多分！——功夫不负有心人啊！

第二天早上，我们一起坐车来到了期待已久的航展中心。在烈日下排队检录完后，我们就立即搭场地练习。比赛前的状态调整至关重要，而且我们还有机会和其他高手一起练习。

在赛场中，我遇到了华东赛的冠军——森孚机器人，并邀请他们来和我们一起训练。他们的车型很新颖，得分能力也相当强，可以轻松完成前场 160 分、后场 180 分，甚至可以打出前场 180 分！他们的车型是一个转盘上面有三个杆，可以自动分颜色取环，大大提升了效率。我们一起长时间练习后，终于掌握了和这种“左轮”车合作的方法。

（4）预选赛队友较弱，成绩大失所望

第二天下午比赛开始了。操作手会议上得知，决赛分为 A 区和 B 区，前 20 名进入 A 区，第 20~40 名进入 B 区，决赛的顺序和华北赛一样，都是排名靠后的联队先进行比赛。

拿到对战表后，我们就积极地找队友。但队友实力很弱，只能得 10~20 分！我们决定让他们打前场，我们打后场。最终比赛他们得到了 13 分，我们正常发挥得了 160 分。

之后遇到的队友大多是 40~50 分的队伍，偶尔能遇到两只 100 多分的队伍。最终，我们虽进了 B 区决赛，可是排名很靠后。

预选赛之后，我很失望，感觉运气真的是糟透了，但我也没有放弃！

比赛中间，我们还进行了 STEM 项目答辩，主要由赵致睿和童思源来负责。我们的演讲效果不错，获得了评委们的一致好评。

（5）决赛遭遇意外，补救取得不错成绩

预选赛结束，我们收到了排名，找到了决赛的队友。经过商讨，我们决定打我们擅长的后场，而队友打他们更为擅长的前场。我们希望能达到 180 分，而他们则希望前场能达到 160 分，这样加起来是 340 分，也能拿到 B 区决赛的前两名了。

第二天早上，我们刚到赛场就接到通知，要求一些赛队带着机器人和电脑到楼上进行程序抽测，称如果程序不过关，会取消资格。程序测试很简单，就是直行转弯等一些最基本的动作，我们顺利通过了。可是我们的队友遇到了麻烦，程序报错，最终没能完成任务。

他们以为自己会被取消资格了，所以早早地离开了赛场。但事实上他们并没有被取消资格。之后，我们找不到他们，裁判长也很无奈。最后，他允许我们和任意一支队商量打决赛。于是，我们找了我们的 88299B 队合作。

赛前，B 队郭弈彭和我说：“我们已经拿到了世锦赛名额了，这回你们也努力吧，我们也尽可能帮你们，争取一起去世锦赛！”决赛我和信溟然担任主操作手。比赛我们超水平发挥，完美拿下 180 分。B 队也完成了不错的 130 分，再加上一些零碎的地环，我们的分数达到了 320 分，收获了 B 区决赛的第五名。

颁奖仪式上，我们获得了队史第一个评审奖——最佳活力奖。虽然只是一个小奖，但是我相信我们会不断进步，获得更好的奖项！

初次接触工程挑战赛，爆冷夺冠！

在全国赛与亚洲公开赛之间，有一个教委举办的市级比赛——北京市学生机器人智能大赛。由于没有 VEX IQ 项目，我们就报名了工程挑战赛。这个比赛会抽取一个主题，由参赛队员设计场景，并利用各种机器人套件完成项目制作和展示。

我们又组了一个新的队伍，专门参加工程挑战赛，队员有我、郭弈彭、刘慷然和魏雅萱。我和郭弈彭相对擅长 VEX IQ，刘慷然擅长中鸣机器人，魏雅萱擅长小威奇机器人以及美术设计。

我们经过两次简单的训练，就上了赛场 ......

在临出门时我突然冒出了个点子，带上家里的投影仪进行演示，这样效果就好得多。

这次的题目是琴棋书画。同时表达四种艺术形式的确是个难题！我们想起了曲水流觞的典故，于是决定用机器人设计、完成这个任务。我们在地图中间画了弯弯曲曲的河，用中鸣的超级轨迹机器人来当酒杯，通过巡线技术，沿着河走走停停。而河的两岸，其他机器人分别负责琴、棋、书、画的表演，通过传感器感应酒杯来完成展示。

由于 VEX IQ 适合多方面的运动，所以我们使用 VEX IQ 搭出三个机器人，负责琴、书、画，而擅长巡线的中鸣机器人则负责酒杯和棋。小威奇机器人则在边上唱歌跳舞。

我们用橡皮筋套在 VEX IQ 套件上做成“琴”，通过 VEX IQ 机器人弹拨橡皮筋发出声音。又用 VEX IQ 套件做的机械臂拿笔作“书”“画”，写出简单的字和图案。

魏雅萱很快画出了海报，我们也一起做了 PPT。在忙碌中，第一天就这样结束了。

第二天我早早到场开始调试投影仪。果然，我们的投影仪收获了评委还有很多参赛队员的赞叹。

一共有 8 个评委轮番来考核，展示过程中虽然偶有失误，但我们的设计还是得到了大多数评委老师的认可。一周后，我们收到了成绩结果，竟然获得了比赛第一名。这真是出乎意料的成果！

苏州赛再度失望，回程却遇惊喜

(1) 新的设计

下一个比赛是在苏州举办的亚洲公开赛。

之前在全国赛看到了上海森孚队得分效率非常高的“左轮”机器人，我也想设计一个类似的机器人。后来，我制作了一台样车，但有一些问题。转盘每次应当转 120°，但由于电机偏差，导致角度有偏差。最后，我通过调低转盘的转速，来减小偏差。参加本次亚洲公开赛时，由于新车还不是很成熟，所以我们带了新旧两个车去参赛。

(2) 赛检未过，新方案失效

这次出征的只有我和信淏然 2 人，赵致睿和童思源之后有一天会来到苏州和我们一起进行 STEM 项目答辩。我们到苏州的当天就去会场进行检录。虽说是亚洲公开赛，但是参加 VEX IQ 比赛的大多是中国的赛队，只有 VEX EDR 比赛有少量外国人。

检录时悲剧发生了：我们的车超高了！我们在设计新车时没有注意把高度要求考虑在内！最后只好先把车改低，但将车改低之后，就很难完成任务了。最终，我们只好放弃了“左轮”机器人，继续使用我们那个单杆吸环的车型。

(3) 队友再次令我们失望

为了避免弱队友过低的分数，我们改进了策略——我们发现后场的加分栏比较好得分，所以我们就主攻前场，将后场留给队友。当遇到强队友时，我们则继续采取原来的策略。

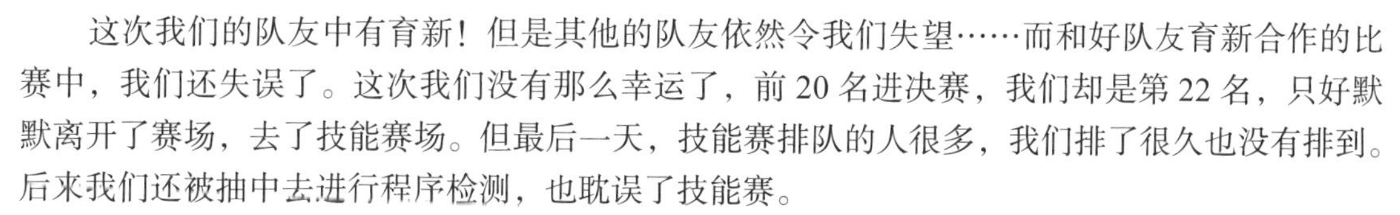

这次我们的队友中有育新！但是其他的队友依然令我们失望……而和好队友育新合作的比赛中，我们还失误了。这次我们没有那么幸运了，前 20 名进决赛，我们却是第 22 名，只好默默离开了赛场，去了技能赛场。但最后一天，技能赛排队的人很多，我们排了很久也没有排到。后来我们还被抽中去进行程序检测，也耽误了技能赛。

我们十分沮丧，觉得自己的世锦赛系列之旅结束了。由于要赶火车等不到颁奖仪式，于是就委托别人，如果我们有奖，就帮我们代领一下。

火车上，我们得知我们获得了最佳设计奖，这时看到王老师在群里发了一句："恭喜啊，咱们拿到世锦赛名额了！"这时，我才知道原来最佳设计奖，是仅次于全能奖的评审大奖，可以直通世锦赛！

梦幻的世锦赛之旅，惊喜与遗憾并存

世锦赛前的两个多月，我们开始了紧张的训练。我们觉得原来的车已经不足以在世锦赛上取得好名次，所以决定，改！

我们发现，放在场地边缘的墙环还没有被使用，而且每一组墙环是同色的，很容易被使用。于是我们把原车的吸环装置调窄，放到车的右侧。这样在左侧空出来的位置做了一个夹子，可以取墙环放到低杆上，这样可以多得 35 分。也就是说，练好了可以达到前场 195 分、后场 215 分的战绩。

8 周看似很长，实则很短。回顾这八周，我们每个周末有近 20 个小时在练习。高强度的训练经常会使我体力不支。周六、周日全天都在练车，周六晚上写工程笔记，作业往往都要被拖到周日晚上。出发前一天，我还在努力完善自动程序，同时要收拾东西，直到 3 点多才睡。

出发当天是星期四，这次出征的人只有我和信淏然，连 STEM 项目答辩也只有我们俩了，所以我们要身兼数职，倍感压力。飞机上，我们还在不停背英文的 STEM 演讲稿，结合 PPT 一次次地练习，只为在紧张的环境中不会出错。

我们坐飞机到了芝加哥，又坐车 6 小时到达了比赛地，路易斯维尔——一个位于肯塔基州的小城市。我们第二天早上到赛场检录，巨大的赛场再一次惊到了我。世锦赛有 400 多支队，随机分到 5 个大区。每个大区的冠军，以及所有大区中成绩最好的第二名，可以进入总决赛。

预选赛很快就过去了。我们大区一共有 4 支中国队伍，其中一支队不幸被取消了资格。决赛上如果不和国内队伍合作就意味着很难拿到高分。

中国的三支队毫无疑问排到大区的前三名。而那个第三名，因为只能和国外队合作，很有可能会失去总决赛资格。我紧盯着大屏幕，我们刚好是第三名……我几乎要跪在了地上，可也只能面对现实。我们找到了队友——来自加利福尼亚的 1900P。看到了他们的实力，我们深感担忧。对面的两支中国队伍，不失误的话可以轻松地完成 205+215，也就是 420 分。而我们估计最多只能完成 195+155，350 分。

我们带着期待上了赛场。然而我们失误了，只得到了 290 多分。我沮丧地坐在候场区的凳子上，感觉自己完全对不起 2 个月以来的付出与坚持！也完全对不起老师和家长对我们的支持！

但没想到对手也失误了，我仿佛看到了一点希望的曙光。在比赛场地公布分数之前，成绩 APP 上就先更新了结果，他们比我们低 2 分！我们 2 个队 4 个人同时跳了起来。外面他们队的家长对我们喊："Wow，you played a wonderful match！"就这样，我们以 2 分的优势，站上了领奖台，捧起了分区冠军的奖杯，同时拿到了进军总决赛的名额！

在通往总决赛赛场的道路上，我遇到了 88299B 队操作手郭弈彭和张亦扬。我们很高兴，

然而也明白真正的挑战还在后面。

我们在所有的分区冠军中分数是最低的，所以我们将会是第二个入场。我下意识地和看台上下数千名观众挥了挥手，然后在裁判的带领下，坐到了自己的位置上。

第一场比赛的是外卡队，也就是我们分区第二名的中国联队。他们的实力相当不错，显然要强于我们。他们打出了比我们状态最好时都要高的 355 分。

紧接着就是我们了。我心怦怦地跳——能否为自己一年的努力交出满意答案就在此刻了！突然，灯光打向了我们，自己被上千名观众的眼睛注视着，我紧张得嘴唇都要白了。

但该面对的还是要面对，在裁判一段英文解说之后，3、2、1，比赛开始了。我转身操控机器人开始吸绿环，前 6 个绿环速度还不错，但为了求稳，还是比平常慢，6 个绿环成功倒满；紧接着转身吸红环，拿满 6 个又在传送带内搁了 4 个蓝环，就把遥控器交给了信淏然。

信淏然完成了不错的平移，抓起了墙环，剩下的任务只是套环了。第二柱，红环，被轻松套入，但是我们在放高杆的时候遇到一些问题，最后一个环始终也滑不进去。我很着急，信淏然在挣扎了几秒之后完成了一个完美的摆脱，但耗费了些时间。转过身，只剩最后用爪子套低杆了，时间还剩不到 2 秒。我们来不及对准，凭感觉一套——但并没能把这 3 个环套进去，我们只获得了 165 分……转身再看队友，我简直不敢相信：他们的车卡住了，所以车内所有吸上的环都套不出去，只得了 0 分。也就是说，总分只有我们自己的 165 分。

一切都结束了！我们捧着分区赛冠军的奖杯，回到休息位观看接下来的比赛。看到 88299B 队打出了 398 分的高分，我很为他们高兴。后面几支队都没能超过他们，意味着他们是世界冠军了！我也很高兴，祝贺他们为 88299 阵营——西城区青少年科技馆争了光。

比赛结束后，我一直在想，这样的结果究竟是满意还是不满意呢？我给出的答案是：满意的。毕竟一切注重的还是过程。为了这个世锦赛名额，我们拼搏了太多，最终才赶上末班车。而得到名额之后，为了世锦赛的好成绩，我们付出的努力、花费的时间，只有自己、家长和老师才能知道。在比赛中，我们匹配到的队友虽说比较一般，但很多发挥都还不错。而分区决赛奇迹夺冠，我们的运气已经很不错了。最后总决赛，165 分，第 6 名，分数上虽然不是我们两支队真实的水平，但和我们在这 6 支联队中的排名还是相符的。

最终，我们带着最佳建造奖和分区冠军的奖杯回到了北京。家长们高兴地在机场迎接我们。一个赛季就这样结束了。现在看来，上了初中的我，虽然还在学习 VEX IQ，参加比赛，可是由于学业压力的增大，我很难再像小学那样付出。不管怎么样，2017—2018 赛季一定是让我印象最深刻的赛季，也是最常常回味的赛季。毕竟，它教会了我许多：如何面对成败，如何坚持努力，如何相信奇迹的力量。还有最最重要的就是：一份努力，必然有一分收获。

6.8　参加 VEX 机器人世锦赛感想——信淏然

姓名	信淏然	性别	男	出生年月	2007 年 08 月
学习经历	2013.9—2019.7　北京西城区宏庙小学 2019.9—至今　北京八中				
机器人学习经历	2015 年起在西城区青少年科技馆学习超级轨迹				
特长	机器人、足球、游泳				
获奖情况	2018 年 VEX 机器人世锦赛　分赛区冠军、最佳建造奖（VEX IQ 小学组） 2018 年西城区青少年机器人大赛 VEX IQ 项目　一等奖 2018 年 VEX 机器人亚洲公开赛　一等奖 2017 年第八届亚洲机器人锦标赛中国选拔赛　最佳活力奖 2016 年第七届“中鸣杯”北京区际青少年机器人联赛　一等奖 2016 年第十一届全国青少年教育机器人奥林匹克竞赛　二等奖				

“VEX 机器人世锦赛”对我们而言，曾经是一个多么遥远而高不可攀的梦想。但是，我们队把不可能变为可能，将梦想变成了现实。

美梦成真的过程是和之前的奋斗密不可分的。对比赛机器人进行数月的组装，装了拆，拆了装，没有最好，只有更好。整个赛季持续地训练，一遍又一遍地“开始”，“倒计时，10、9、8、7……停”，已经数不清一年下来练习了多少次。一级又一级的晋级比赛，各种打拼只为一条来自官方的消息，“恭喜您进入世锦赛”！这个消息在别人眼里可能没什么，因为他们没经历过期间的艰辛。但是对我们而言，这个消息意味着太多太多。

2018 年 4 月，美国肯塔基州路易斯维尔，2018 年 VEX 机器人世锦赛。这是多少 VEX IQ 机器人选手的梦想。在世锦赛上，我们队仅有的两名队友完成了全部比赛：团队赛、挑战赛、自动赛、VEX IQ 答辩、STEM 项目答辩、演示！在分区赛中，我们一年的付出获得了回报。我们以超常的发挥，加上完美的运气，赢得了分区赛冠军，并打入世锦赛总决赛。

在总决赛赛场上，当所有的射灯照向我和队友，当无数来自世界各地的学生目光投向我们时，我终于笑了出来。回放那笑容，好像是我笑得最好的一次。虽然在总决赛上，由于合作队出现失误，我们只得了第六名，但是我还是非常开心，因为成为世界第六，也是一件非常光荣的事情。

我将永远不会忘记，2017—2018 我的 VEX IQ 机器人世锦赛之旅。

6.9 夺冠之路——刘慷然

姓名	刘慷然	性别	男	出生年月	2007 年 2 月
学习经历	北京市西城区黄城根小学 中国人民大学附属中学分校				
机器人学习经历	从五岁开始在中国儿童中心学习乐高机器人基础搭建，之后接触过 EV3、超级轨迹和 VEX IQ 等多种机器人平台。2017 年进入北京市西城区青少年科技馆学习				
特长	机器人、游泳、国学、绘画				
获奖情况	2019 年 VEX 机器人世锦赛　世界冠军、分区赛冠军（VEX IQ 小学组） 2018 年北京市学生机器人智能大赛机器人工程挑战赛　一等奖（小学组） 2017 年北京市学生机器人智能大赛机器人工程挑战赛　一等奖（小学组） 2019 年北京市少年科学院“小院士”课题研究　一等课题 2018 年第九届亚洲机器人锦标赛中国选拔赛华北区赛　全能奖、一等奖（小学组） 2018 年第二届智慧学习联盟机器人大赛 VEX 北京选拔赛 STEM 研究项目　一等奖 2018 年中国 VEX 机器人大赛暨 VEX 世锦赛中国选拔赛 STEM 研究项目奖　二等奖 2018 年 VEX 机器人亚洲公开赛　惊彩奖（小学组） 2019 年西城区青少年机器人大赛　一等奖 2018 年西城区青少年机器人大赛　一等奖 2018 年西城区中小学师生电脑作品评选活动机器人竞赛　一等奖 第八届“中鸣杯”北京区际青少年机器人联赛　一等奖				

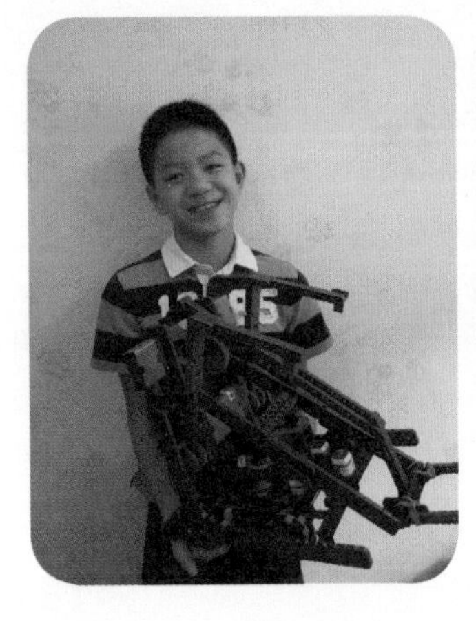

2019 年 4 月 26 日，一个春风拂面、阳光明媚的好日子，蓝天映衬下的朵朵白云就如我们急不可耐、即将放飞的心情。我和我的队友们即将代表北京市西城区青少年科技馆（88299A 队），奔赴美国路易斯维尔参加 2018—2019 赛季 VEX 机器人世锦赛。本赛季的主题是“更上一层楼”，我们已准备好全力以赴登上世锦赛这个 VEX 的最高楼层！

坐上飞机我开始回忆这一赛季的征程：我们这一届北京市西城区青少年科技馆 88299A 队组建于 2018 年 7 月份（沿用了上一届老队员的队号），注册报名参加 2018—2019 赛季 VEX 机器人世锦赛 VEX IQ 小学组的比赛。团队成员有我（队长及操作手）、操作手顾嘉伦、操作手张函斌、外联周佳然、场长罗逸轩。我们的指导老师是科技馆的王昕老师。暑假集训期间，王昕老师带领我们学习本赛季的任务及规则，指导我们熟悉场地和策略物、讨论车辆搭建、编程、记录工程笔记。

88299A 队队员

搭建赛车

我和我的赛车

我们搭建的第 1 辆赛车是一辆由双电机直接带动的两驱车，用 4 个万向轮行驶车辆，另有 4 个电机配合齿轮分别带动前爪和大臂拖拽、摆放轮毂和高挂。我们对赛车进行了编程、测试、调控，逐渐熟悉了赛车的性能，并设计制定了前后场任务策略。之后的暑期训练中，我们通过学习、讨论、研究，对赛车进行了一次升级，将直接由电机带动改为了用 32 齿齿轮带动 24 齿齿轮的齿轮 1.5 倍加速，并抓紧在暑假期间刻苦训练。这辆赛车在 VEX 第九届亚洲机器人锦标赛中国区选拔赛华北区赛比赛中立下了汗马功劳，我们打出了当时我们队伍的最高分：前场 17 分，后场 17 分，并且在决赛中排名第二，拿到了“全能奖”，获得了去美国参加 2019 年 VEX 机器人世锦赛决赛的资格。经过一个暑假的学习、讨论、训练和比赛的磨合，我们五个队员分工逐渐明确，形成了一个有战斗力、凝聚力的团队。

华北区赛之后，我们在王昕老师指导下每个周末都集体训练，对赛程操作路线、策略及操作手分工进行了优化调整。同时我们的 STEM 研究项目也有条不紊地进行着，我们的 STEM 项目是仰卧起坐测试计数仪项目。通过搜集资料、开展社会调查、讨论设计方案，关联科学、技术、工程及数学等方面知识，项目逐渐成形。周佳然、张函斌主要负责搭建，我和顾嘉伦负责设计及编程，罗逸轩负责制作。罗逸轩掌握许多视频制作技巧，我也跟着学习了新技能。STEM 项目既有理论，又有实践和应用，拓展了我们的思维。

2018 年 10 月我们参加了第二届智慧学习机器人联盟机器人大赛 -VEX 北京选拔赛锻炼队伍。这次比赛暴露了我们赛车速度及功能（带轮毂数）的不足，也考验了新队员的心理素质。我们的操控和配合都有一些失误，比赛成绩名列一等奖第八名。不过让我们感到欣慰的是我们的 STEM 研究项目获得了“STEM 研究项目奖”。

通过前两次与参赛各队之间的学习和交流，我们又对车辆进行了调整：将原来的齿轮传动变成用 40 齿链轮，带动 24 齿和 8 齿链轮所组成的链轮传动四驱，提高了车速。车辆再次升级后，我们改进了联队赛前后场路线，技能赛得分也提高到了 20~22 分。我们积极训练，加强配合，反复调试手动及自动程序，积极备战在上海举办的 2018 中国 VEX 机器人大赛暨世锦赛中国选拔赛。赛前我们和队友多次进行练习，以求在赛场上保持镇定，但赛车稳定性出了较大问题，有一场比赛出现零分——出发后赛车卡机了。这直接导致决赛时心理过度紧张，发挥失常，只获得了二等奖。但我们的 STEM 项目依然表现出色，再次获得“STEM 研究项目奖”。这个 STEM 研究奖让我们再次拿到了一张通往美国 VEX 机器人世锦赛决赛的门票。五个小伙伴想着手握两张“入场券”还是很开心的，开玩笑地讨论着能卖一张“入场券”买点设备吗？哈哈哈……

这次国赛让我们能与国内优秀的团队交流学习，见识了许多优秀的赛车，也发现了自己的不足。我们需要解决两个问题，第一、重新改造赛车，减负提速，同时增加稳定性，提高功能性（带轮毂数）；第二、我们 88299A 队新队员多，年龄偏小，队员在比赛经验和心理素质上仍然需要更多的锤炼。针对第一个问题，我们反复实践，把赛车由链轮传动再次改回齿轮传动，改变为双排 48 齿齿轮带动两个双排 36 齿齿轮，再带动两个与万向轮相连的双排 24 齿齿轮形成两倍加速，提高了传动的稳定性和车速。我们还增加了两个尾钩，提升了一次带策略物的数量。将用来高挂的大臂也作了小幅度调整，减轻了重量。这使我们的赛车性能有了大幅度提升。针对第二个问题，我从自身做起，勤学苦练，打好前手（前半场），为后手队友打牢地基，争取时间，增加信心，做到前后手无缝对接。同时用我经常参加游泳比赛和机器人大赛的经验鼓励和带动队友，稳定全队士气，增加凝聚力。针对主控器和车辆的不稳定性，安下心来花更多的时间调试自动程序。这极大地考验了我的耐心，但也让我对机器的性能更加熟悉。伙伴们都很努力，积极训练，动脑筋想办法解决问题。

上海国赛获 STEM 研究奖

赛季奖杯

亚洲公开赛获惊彩奖

在这个关键节点，王昕老师给了我们巨大的支持。为了锻炼我们这支队伍，她抽出宝贵的时间，推掉裁判等任务，专门带领我们去宁波参加了 VEX 机器人亚洲公开赛。在亚洲公开赛中，我们以为世锦赛大练兵为目的，一切为世锦赛做准备，比赛中努力发现不足并改正，获得了“惊彩表现奖”。王昕老师通过现场观察，总结出了我们比赛中的问题，如车的速度过快、重心不稳、前后手交接急躁等。针对每个队员的问题，我们调整对策，加强单项训练，逐个解决问题。之后，我们继续改进赛车，优化程序，调整主控器和电机位置提高了稳定性，还把前爪变长，将赛车底盘减轻，把所有双排梁换成了单排梁，最大化减轻重量，使得车体变得更灵活。车辆改进后，我们针对薄弱环节强化训练，信心和成绩都有了显著提高。在同兄弟战队 88299B（2017—2018 赛季世锦赛冠军队）共同训练中屡次清场，并打出了 41、42 分的超满分策略。

我们以最饱满的精神状态迎来了世锦赛。长途飞行辗转达拉斯小镇休整一晚后，我们转机抵达了美国肯塔基州路易斯维尔——世锦赛，我们来了！

本届比赛总共有来自 40 多个国家的 1600 多支代表队参赛。VEX IQ 小学组分为五个分区，我们 88299A 队分在 Chandra 分区。出发前，家长们帮助我们搜集了分区 80 多支队伍本赛季得分情况，做了详细分析，做到知己知彼，心中有数。

到达赛场后，我们紧锣密鼓地搭设展台，外联周佳然、场长罗逸轩等人去参加开幕式，操作手们进入场地进行最后的练习。之后，我和张函斌带着赛车去进行检录，得到合格证，又马不停蹄地直奔技能赛场地，下午进行了两场手动技能赛、一场自动赛。晚上回到住所后，我们又对自动、手动程序进行了调整。第二天，我们迎着朝阳，信心满满地来到了比赛场地。一来到场地，我们叫上外联，找到第一、二场联队赛的队友，和他们练习策略。第一场比赛旗开得胜，我们稳定发挥，与队友配合拿下 34 分，排名位列分赛区第三名。但是在第二、三场的比赛中，小队员有所失误，在比赛中急躁了起来。排名跟着“飞流直下三千尺”下降到了十九名，再下降两名就可能无法进入分区决赛了。作为队长的我，急得眼中含泪，队友们也很沉闷。我告诉自己要冷静，定下心来，调整情绪，在接下来的比赛中打完先手后迅速分析场上情况，给后手明确提示，避免失误。果然第四场使我们重燃了信心：一场 34 分的精彩比赛，使排名回升到了第十五名。此后我们越战越勇，到第一个比赛日结束。五场资格赛比完时，排名已经是分区第六名了。

世锦赛展台

分区赛获胜的喜悦

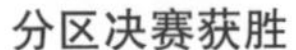
分区决赛获胜

分区赛领奖

第三天，我们的目标是打进第一或二名进入分区赛决赛。我们继续找友队练习，让每个细节都更完美，努力做到零失误。第六场比赛结束后，我们排名到了第五名。之后，我们练习更加认真，练完就直奔赛场。我们的努力得到了回报，终于成为分区第二名，与分区第一名组成联队进行分区决赛。我们信心满满地前去分区决赛，因为我们和联队设计了超出满分一分的 41 分策略。在决赛中，我地基没打好，张函斌摆放高层轮毂时出现了掉毂失误，好在又成功救起，最后我们得到了 40 分，与第二联队（三四名联队）并列第一。赛事方决定让两个联队进行分区决赛加赛。场上气氛更加紧张而热烈，在加赛中我们成功打到了 41 分，超过第二名一分，成为分区决赛冠军，昂首挺进总决赛。

踩着坚定的脚步进入总决赛赛场。现场数千名观众的鼎沸声、射灯的闪耀、无数相机的聚焦、主持人激昂的解说，都被我屏蔽了。我和张函斌冷静稳定，与联队队友默契配合，再次获得了全场最高分，41 分！在那满是汗水的手心紧攥着遥控器的最后一分钟过后，我们知道——我们是世界总冠军了！！！

这一切的一切来自这一年的努力与坚持；这一切的一切离不开或失落或欣喜的比赛过程；这一切的一切来自于一场场比赛建立起的信心——在人声喧闹、灯光闪耀的决赛场上，几千双眼睛盯着你的时候，你想到了这里是 VEX IQ 机器人世界之巅，你仍能做到心静如水；心中想到了观众台上的老师、队友罗逸轩和周佳然，以及因为特殊原因不能来的顾嘉伦——为自己，为他们，为了祖国的荣誉……终于不负众望，这座世界冠军的高大奖杯属于最优秀的你！

总决赛　巅峰对决

总决赛，41 分！！！

激情时刻

总冠军颁奖

最后谈几点我的体会：

1）兴趣是最好的动力。循序渐进、持之以恒、专心致志做自己感兴趣的事，再苦再累都是快乐的。

2）优秀的平台和团队是成功的基础。西城区青少年科技馆给了我们这样的平台。王昕、牛琦老师带领的就是这样的团队，我们在这里学会了互相学习、分工合作、团结协作。

3）锻炼坚强的意志品质，训练良好的心理素质，学会“坚持”。坚持就像一把利剑，带领着你克服困难，披荆斩棘，迎来最后的胜利。

4）要有平常心。比赛中胜败乃兵家常事，要胜不骄，败不馁。胜负有必然性也有偶然性，努力拼搏争取必然性，坦然接受不确定因素带来的偶然性。我们知道冠军一定会在进入决赛的高手中产生。最终是谁？皆有可能！

5）要有集体荣誉感，站得高才能看得远。心怀祖国，放眼世界，要把自己培养成为对社会有用的人。

最后，致谢北京西城区青少年科技馆！感谢我们可亲可爱的王昕老师！感谢一直陪伴、支持我们的家长们！

6.10　欲穷千里目　更上一层楼——张函斌

姓名	张函斌	性别	男	出生年月	2009 年 4 月
学习经历	北京市西城区师范学校附属小学				
机器人学习经历	小学一到三年级学习乐高机器人课程，包括搭建、WEDO2.0、EV3 编程。三年级暑期起在北京市西城区青少年科技馆学习 VEX IQ 机器人、C 语言和 C++ 编程课程				
特长	VEX IQ 机器人、乐高机器人、C 语言和 C++ 编程				
获奖情况	2019 年 VEX 机器人世锦赛　世界冠军、分区赛冠军（VEX IQ 小学组） 2019 年第三届 VEX 机器人亚洲公开赛　惊彩奖 2018 年中国 VEX 机器人大赛暨 VEX 世锦赛中国选拔赛　STEM 项目奖、二等奖 2018 年北京市学生机器人智能大赛机器人工程挑战赛项目　一等奖 2018 年第九届亚洲机器人锦标赛中国选拔赛华北赛区　全能奖、一等奖（小学组） 2019 年西城区青少年机器人大赛 VEXIQ 项目　一等奖 2018 年第二届智慧学习机器人联盟机器人大赛 VEX 北京选拔赛　STEM 研究项目奖、一等奖（小学组） 2017 年 Jr.RLC 机器人遥控对抗赛　季军、一等奖				

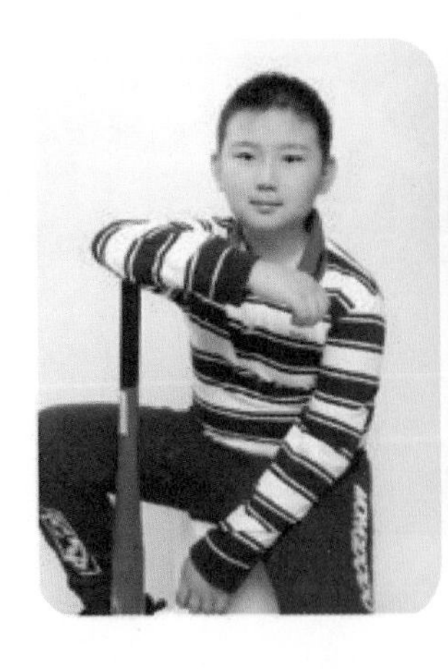

2018 年 6 月，一个崭新而富有挑战的名字——VEX，进入了我的世界，这是一个有上千万青少年参与的世界级机器人竞赛项目。暑期，经过集训和选拔，作为一名新兵，我加入了西城区青少年科技馆小学组新一届 88299A 队，成为一名主控选手。

队伍组建后，我们便投入到赛车搭建、改进和团队协作的训练当中，全力以赴备战 VEX 亚洲机器人锦标赛华北赛区选拔赛。华北赛是我们参加的第一个 VEX 选拔赛。几乎整个暑假我们都聚在一起研究车型、调试程序、协作训练。这一赛季的主题是“更上层楼”。在王老师的精心指导下，我们围绕这个主题对赛车进行了有针对性的设计搭建。在华北赛比赛时，我们斗志昂扬、目标明确、团结协作，取得联队赛第二名的好成绩，并一举拿下全能奖，获得了参加美国世锦赛总决赛资格。大家非常激动，感觉一暑期的辛苦没有白费。

亚锦赛华北赛全能奖、一等奖

开学后，我们每个周末都聚在一起训练。由于缺少经验，我们只是按原有的训练线路练习，对于车辆结构和行进线路并没有思考创新和突破。直到十一假期备战“智慧学习”机器人联盟机器人赛前，我们才得知一些队伍改变了团队赛比赛线路，车辆也进行了升级，能够做到清场（满分）。这时我们也着手优化路线，冲击更高的分数。但是因为比赛将近，我们的练习不够充分。在比赛时，操控和配合开始出现失误。此次比赛，我们虽然获得了一等奖，但是只名列第八名。看到有些在华北赛成绩落后的队伍取得了明显的进步，我们有些失落。但由于我们还获得 STEM 研究项目奖，所以我们没有气馁，努力优化策略，争取在中国选拔赛上取得好成绩。这个单项奖还鼓励我们更多地研究如何用 VEX IQ 解决实际生活学习问题。

此时距离 VEX 中国选拔赛还有不到 1 个月的时间，为了在国赛上取得好成绩，我们加强了练习。除了周末，平常每周还抽出两三个晚上进行练习和调试自动赛程序。但是残酷而激烈的国赛再次给我们泼了冷水。我们机器人的性能和稳定性与其他赛队相比明显处于劣式。速度慢、携带毂数少、稳定性不足，出现了一些急需解决的问题。这次比赛，我们只获得了二等奖，欣慰的是再次获得 STEM 研究项目奖。国赛现场，我们看到很多先进的车型速度很快，而且可以做到一次拖拽三个以上轮毂，这样的效率让我们着实羡慕。钦佩的同时，我们也下定决心对赛车进行大幅改造。在王老师悉心指导下，经过反复实验，我们提升了近 50% 的车速，将带毂数量由原来的 3 个增加到 5 个。

通过与新赛车的反复磨合，在一个月后的西城区青少年机器人大赛中，我们新改进的机器人屡得高分，取得了联队赛亚军和一等奖的优异成绩。这次比赛大大增强了我们的信心和凝聚力。在随后的寒假里，我们继续优化技能赛、联队赛的比赛线路、调整车辆稳定性、调试自动程序。训练之余，我还钻研设计了 41 分、42 分线路，尝试各种高难度的摆毂方式。功夫不负有心人，这些策略最终在美国世锦赛决赛中派上了用场。

中国选拔赛 STEM 研究项目奖、二等奖

为了积累更多比赛经验，我们在寒假参加了在宁波举办的 VEX 亚洲公开赛。去宁波参加比赛期间遭遇南方的寒流。我们这些从小在北方暖气房里长大的孩子非常不适应，潮湿阴冷的天气冻得我们直哆嗦，几个队友相继感冒。比赛时又暴露出一些新的问题，由于太过追求车的速度，造成车辆稳定性下降，频繁出现后仰现象，导致摆毂不稳、高挂失误；交接遥控器时间不合适、视线障碍、校对不准等问题导致掉毂失误。这次比赛让我们又一次受到了打击、只获得了单项奖惊彩奖和二等奖。回京后，王老师带领我们对这次比赛进行了总结。我们将前后钩和车身部分构架由双排直梁改为单排直梁以减轻车体重量，提升高挂速度；改变主控和部分电机位置以调整车辆重心，提升车辆稳定性。再通过有针对性的训练，提升主控手的默契程度。这次改车和磨合训练后，我们的成绩有了显著提

亚洲公开赛惊彩奖、二等奖

高，在后续的训练中屡次清场取得满分。

带着必胜的信念，我们踏上了去往美国总决赛的征途。由于宁波赛的经验，我们对气候、时差带来的影响都做了充分的准备。到达美国后我们按计划首先调整好时差的影响，很快就投入到赛前练习当中。为了更好地应对美国世锦赛，我还积极学习英文，通过 KET 后又积极备考 PET，认真阅读英文赛事手册、比赛行为准则。良好的英文能力，使我在与外国联队队友、裁判和主持人的沟通中充满自信。起初两场资格赛，由于还没适应新的比赛场地，成绩并不理想，尤其是擅长的后场也出现了失误。但面对失败我们没有灰心，积极调整策略，后续比赛改为尝试选择前场。第一场前场比赛，我们做到了零失误，这给我们带来了莫大的信心和鼓舞。渐渐地，我们进入了比赛状态。我的先手队友刘慷然十分利索，速度快，抓黄毂准确，摆放底层轮毂时力求平稳，不仓促。换手后在我控制机器人的过程中，他按照赛前准备的方案，为我读秒、清除身前障碍。在我的先手队友操控机器人时，我时刻做好换手准备，快速稳当接过遥控器。摆放高层轮毂时沉着冷静、精准摆放；同时把控好高挂时间，不放弃不盲目。我们越战越勇，名次稳步提升。最后一场资格赛，我们再次选择后场并取得成功，以小组第二名的身份进入分区赛决赛。这让我们坚定了在分区赛决赛、总决赛时选择自己擅长的后场。

分区决赛备赛时，我们与联队商议对策、讨论线路；考虑到在分区赛决赛和总决赛时其他联队会出现满分 40 分的情况，我们大胆尝试 41 分战术，效果不错。分区赛冠军争夺赛打响后，第三四名联队率先打出满分 40 分。由于我们是按 41 分战术准备的，所以并没有感觉到太大的压力。比赛时，由于底层轮毂间距大，摆放高层轮毂时出现了掉毂失误，幸运的是我又成功地将毂救起，但非常遗憾没有时间挑战 41 分了，我们得到了 40 分，与第三四名联队并列第一。

美国分区赛冠军

王老师和队友为我庆祝生日

在分区赛决赛加赛上，我们挑战 41 分成功，获得分区赛冠军，挺进总决赛。在总决赛赛场上，面对现场上万观众的呐喊、多台摄像机拍摄、无数闪光灯聚焦、主持人现场全英文激情解说，我们相互鼓励，努力克服紧张情绪，与联队队友默契配合、沉着应战，再次取得了全场最高分 41 分，获得了世锦赛小学组总决赛冠军！经过一年的拼搏与努力，我们队伍终于超越自我，并为祖国争得荣誉！最具有纪念意义的是，4 月 30 日是我的生日，我第一次离开父母在比赛现场度过了自己的 10 岁生日，10 年以来最辉煌的生日！

2019 世锦赛总决赛夺冠瞬间

通过一年比赛的历练，我获得了成长，也积累了一些心得体会：

1）树立自信。当我们开始尝试比赛时，就已经开始对自我进行了肯定；正视自己在团队中的作用，勇敢大胆地去尝试。

2）磨砺心志。在备战、比赛时，会碰到一些前所未有的困难，需要勇敢地面对、积极地解决。在别人游玩、休息的时候我从未懈怠，因为我深知想要获得成功就需要比别人更努力。

3）团队协作。一个团队的比赛需要所有成员各司其职，各负其责。比赛中，岗位没有重要和不重要之分，只有大家都忠诚于自己的工作，团结一致，互相配合，整个团队才有可能最终获得成功。团队成功了个人才会因此而获得荣誉。

4）挫折教育。没有人能承诺比赛一定可以获奖，失败了虽然心里很失落，但是依然需要坦然地接受现实。比赛并不是单纯和对手过招，也是和心里的自己比试。有时候只有失败才会让我们学到更多，使我们的内心更加强大，从而变得更加谦逊。

世锦赛总决赛颁奖

回国欢迎仪式

让我感触最深的是王昕老师的教导。王老师在平时的学习和训练中，对我们要求非常严格，对待每个技术环节都要做到精益求精。但在比赛时从来不对成绩做出高要求，让我们尽量做到放松。她很心疼我们，会自己买来奖品奖励给认真训练的孩子。王老师对我们的关爱和期望化作一股无形的力量，激励我们在赛场上释放自己、奋力拼搏！

其次我要感谢我的父母！他们为我参加世锦赛给予了极大的支持、陪伴与鼓励！

我衷心希望我们 88299A 队在新赛季能继续发扬科学探索精神、顽强拼搏精神，争取更大的进步！

6.11 记我们的 2018—2019 赛季——顾嘉伦

姓名	顾嘉伦	性别	男	出生年月	2006 年 11 月
学习经历	2013—2017 北京朝阳区日坛小学 2017—2019 北京雷锋小学				
机器人学习经历	2012 年开始学习乐高搭建、空间结构与机械原理 2013 年正式学习乐高 NXT 与 EV3 机器人的搭建、编程、设计与操控 2017 年加入中国儿童中心继续学习乐高 EV3 的编程与搭建 2018 年加入西城区青少年科技馆学习 VEX IQ 机器人的搭建、编程、设计与操控				
特长	机器人、科技创新				
获奖情况	2019 年 VEX 机器人世锦赛　世界冠军、分区赛冠军、惊彩奖（VEX IQ 小学组） 2019 年 VEX 机器人亚洲公开赛　二等奖、惊彩奖 2018 年第九届亚洲机器人锦标赛中国选拔赛华北区赛　全能奖、一等奖 2018 年第二届“童创未来”全国青少年人工智能编程（Kodu）竞技　星火银质章、团队金杯 2018 年中国 VEX 机器人大赛暨 VEX 机器人世锦赛中国选拔赛　STEM 研究项目奖、二等奖 2018 年北京市学生机器人智能大赛工程挑战赛　一等奖 2018 年第二届智慧学习机器人联盟机器人大赛 VEX 北京选拔赛　一等奖、STEM 研究奖 2019 年西城区中小学师生电脑作品评选活动机器人竞赛项目　一等奖（亚军） 2018 年西城区青少年机器人大赛　一等奖（亚军） 2018 年中国少年科学院“小院士”课题研究成果全国展示交流活动　全国二等奖、预备小院士 2017 年 Robofest 世界机器人锦标赛中国锦标赛　一等奖 2017 年北京少年科学院“小院士”课题研究活动　一等奖、小院士 2017 年西城区青少年科技创新大赛　三等奖				

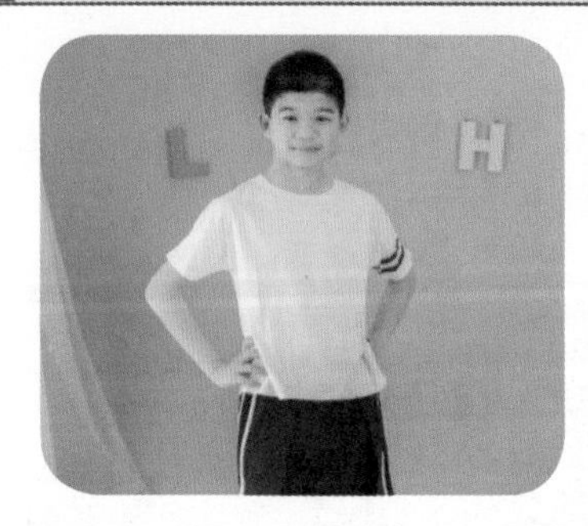

在 2019 VEX 机器人世锦赛上，我们队获得了世界冠军的好成绩，这都是我和队友们通过不懈努力得来的。

2018 年夏天，我和几个小伙伴开始准备比赛，从华北赛、全国赛一直打到世锦赛，历经近一年的时间，完成了 2018—2019 整个赛季的全部比赛。其中每场比赛之前，都要进行好几天的集中训练（同时还要按时上学）。在集训期间，为了能挤出一个小时左右的时间与队友训练，我每天都要在保证质量的前提下尽可能快地把作业写完。

训练的过程是枯燥和乏味的，但我很努力。我们不厌其烦地一遍遍地操作着近乎机械式的重复动作。每一场训练动作都要精益求精，打完一场比赛就要总结经验教训，以提高竞技和操控水平。

有一次，我和队友一起训练时，发现我们的缺点总是出现在一个放 HUB（比赛的策略物）的动作上。为此，我们单独抽出一个多小时的时间，一起反复地练习那个放 HUB 的动作。“要一遍遍练，练 200 遍，失误一次加两遍”——这是我们定的规矩。就这样，经过无数次的加强练习，我们放 HUB 的动作水平得到了明显提高。

我不仅负责机器人的操控，还负责另一项任务——调试机器人的自动程序。每次调试，我都先编排或修改程序，然后测试；测试出问题，再修改编排；再测试和修改，周而复始。

在调试一段自动程序时，为了让机器人能自动完成一个精准动作，可能会耗费大量的时间和精力。在整个程序自动运行的过程中，机器人要有数次自动拿取 HUB 的动作，而这很难调试。

有一次，我把程序调整完毕并上传到机器人主机里，测试它能否按程序规定动作精准地拿到 HUB。结果机器人一下子向着 HUB 冲了过去，但是却跑得很偏。我很诧异，赶紧把注意力集中在程序上，看到底是哪一段程序编写得有问题。“怎么会这样？”我心里想，“为什么机器人跑偏了呢？”我眉头紧皱，不断挠头，冥思苦想。哦，会不会是方向不对？我立即修改了程序参数，上传到机器人主机中再次进行测试。可是，这回测试的结果是机器人又向另一个方向跑偏了。我不断改进和试验了好几遍，结果发现：不管将机器人拐弯角度参数修改多少度，总会有误差。我都想放弃了！无奈地看看机器人，看看计算机，又看看场地，一点头绪都没有。我生气地踢了一脚场地里的 HUB，HUB 狠狠地撞在了场地边框上，反弹了回来。我看着 HUB 和边框，突然有了主意。既然场地四周都有边框，边框又与机器人要走的路线互相垂直，那么我应该好好利用边框的校准作用。于是，我立即对大块的程序进行重写或修改，加入边框做参照物，重新编排逻辑关系和参数，让机器人自动用边框校正方向和角度。程序编写完成便迫不及待地测试机器人。这次，机器人终于直奔着目标 HUB 而去，没有跑偏，准确无误！

以上只是整个机器人编程调试过程中的一小部分。每每发生这样的“插曲”，我都会耐心地想办法、动脑筋，终于攻破一个又一个问题，最终把自动程序调试好且让机器人良好运行。

当然，不仅赛前准备重要，场上操控也很重要。

亚洲赛时有一场比赛很难忘。快到我们上场比赛时，看着前几场的比赛队伍顺利完成比赛，拿到了很高的分数，我开始变得非常紧张。终于轮到我们上场了，我们走进赛场，周围全是观众，我更紧张了。比赛一开始，我心跳速度直线上升。听着场外其他队友和家长、老师的加油声，我突然意识到自己要沉住气，不能慌！于是，我紧盯着机器人和场上情况，思考路线，不断调整战略。我和队友不停地交流场上变化，不敢有一丝懈怠，因为比赛时间只有一分钟。

然而，就在队友将机器人操控权传给我的一刹那，队友操控机器人把刚搭好的 HUB 撞倒了！我倒吸一口凉气，有些观众索性捂住了眼睛。可是我迅速接过遥控器，重新振作起来，沉着应对，努力补救。我头上直冒汗，可我依旧稳扎稳打，集中全身力量，思考解决方法。双手不停地操作，遥控器都被我手心里的汗弄湿了。经过努力尝试，我终于挽救了失误，成功地完成了这一场比赛。我这才松一口气，与队友拥抱在一起。

就这样不懈地努力，认真对待每一场比赛，我们一步步打完了整个赛季所有比赛，先后两次拿到了世锦赛的参赛资格，并最终取得了世锦赛的冠军！

冠军来之不易，成功绝非一朝一夕之功。每一次流泪，每一滴汗水，每一次顿足，每一次叹气，每一次悔恨，最终都化成了一句鼓励，一次拥抱，一个击掌，一捧鲜花，一座奖杯！

我爱机器人，我爱我的队友！

6.12 机器人学习的历程——童思源

姓名	童思源	性别	男	出生年月	2007 年 4 月
学习经历	2013—2019 北京市西城区奋斗小学 2019—至今 北京市第八中学				
机器人学习经历	2017 年开始在西城区青少年科技馆学习中鸣、VEX IQ 机器人项目				
特长	机器人				
获奖情况	2019 年 VEX 机器人世锦赛 VEX IQ 小学组 分赛区冠军 2019 年西城区青少年机器人大赛 二等奖 2018 年西城区青少年机器人大赛 一等奖 2018 年中国 VEX 机器人大赛暨 VEX 世锦赛中国选拔赛 团队协作季军 2018 年第二届智慧学习机器人联盟机器人大赛 一等奖 2018 年第九届亚洲机器人锦标赛中国选拔赛华北区赛 最佳活力奖 2017 年第一届智慧学习机器人联盟机器人大赛 全能奖				

我从小喜欢动手做各种事情，上幼儿园时就喜欢手工、折纸，可以用纸折出各种各样的动物、工具、玩具。一本折纸书陪伴了我好多年。我不仅自己做，还教会了很多同学做。我也喜欢“考古挖掘”。这是一种可以在家里玩的玩具——一个石块里面有各种不同的化石，要用小锤子、小镊子、小铲子、小刷子等各种工具配合，才能把石块里面的“化石”完好无损的挖出来。听父母说，我 3 岁时就能一动不动地坐在椅子上挖一两个小时。

随着年龄增长，我逐渐喜欢上拼插玩具，特别是乐高。无论是大的小的，动物造型还是机器造型，飞机还是汽车，都特别喜欢。在我 5 岁生日时，父母送给我一个乐高玩具作生日礼物。那是一个适合 14 岁以上孩子玩的四头魔龙模型，我特别喜欢，用了将近一天的时间就搭建完成了。

进入小学后，我最喜欢的就是机器人课外班了，是班里第一个去报名的。之后两年，我在孜孜不倦的机器人学习中度过。在三年级时，我特别幸运地报名加入了西城区青少年科技馆机器人学习班。在王昕老师的带领下，我开始了机器人学习的新篇章。

刚开始时，我们主要学习搭建和简单编程。最初搭建机器人用的是中鸣的器材，机器人比较小，程序也相对比较简单。但刚开始学习的时候感觉还是有难度，当遇到困难的时候，我往往心烦意乱。但是王老师每次都特别耐心地给我讲解，从搭建到编程，反复调试，反复练习，直到机器人可以按照程序指令正确完成任务为止。在这个过程中，不仅培养了我认真仔细的学习态度，也锻炼了我的耐力与毅力。还记得首次参加的比赛是在大连举行的超级轨迹机器人国赛。当时我上四年级，跟着王老师和高年级的参赛队员一起去比赛，心情特别激动。第一次参加大型赛事，从报道注册、练习准备，到开幕式、正式比赛，整个过程都是全新的认知。比赛时，每个队只有两次机会，很遗憾我们的机器人没有跑完全程，在最后一个赛段失误了。虽然失败，但是我们收获还是很大，积累了不少比赛经验。这也是我人生中经历的第一个重要赛事。

随着年龄的增长，我进入了高级机器人班学习 VEX IQ 机器人。这是一项世界性的比赛项目。我斗志昂扬地开始了新的学习和征程。我们在学习过程中，不断磨炼搭建技术、编程技术、操作技术，同时参加各种区赛、市赛、华北赛、全国赛、亚洲杯等，在各类型比赛中不断积累经验。在 2017—2018 赛季，我们的队伍获得了多个奖项，并最终获得了参加世锦赛的比赛资格。2018—2019 赛季，我们依然和队友一起一场一场地打比赛，从华北赛到上海公开赛再到世锦赛。一路走来，其中波折、分歧、争执、泪水、欢笑、喜悦，各种情感交流，充满了整个过程。个中滋味，无法言表，但又回味无穷。我们对每一次比赛都努力备战，认真对待，赛前集中训练，比赛时小心谨慎，赛后总结经验，为下一次比赛做准备。

我们训练非常刻苦。节假日、假期大量的时间都投入到了练习和比赛中。当然在大家努力下，我们也取得了很不错的成绩。回首多年来的学习，我特别感谢王昕老师的教导，她细心负责，有耐心、爱心，在王老师带领下，我们西城区青少年科技馆参赛队伍连续两个赛季获得 VEX 机器人世锦赛 VEX IQ 小学组的世界冠军。我很高兴能在科技馆这个积极奋进的环境中学习，也很高兴得到王老师的教导。

6.13　发现乐高　选择 VEX——李梁祎宸

姓名	李梁祎宸	性别	男	出生年月	2008 年 8 月
学习经历	2014—2019　北京市西城区炭儿胡同小学				
机器人学习经历	2017—2019　北京市西城区青少年科技馆学习 VEX IQ 课程				
特长	机器人、围棋、书法				
获奖情况	2019 年西城区中小学师生电脑作品评选活动机器人竞赛项目　一等奖 2019 年 VEX 机器人世锦赛 HUBBLE 分区冠军（VEX IQ 小学组） 2018 年第二届“童创未来”全国青少年人工智能编程（Kodu）竞技　星火铜质章（团队金杯） 2018 年第九届亚洲机器人锦标赛中国选拔赛华北区赛　最佳活力奖、二等奖 2018 年第二届智慧学习机器人联盟机器人大赛 VEX 北京选拔赛　一等奖 2018 年中国 VEX 机器人大赛暨 VEX 世锦赛中国选拔赛 IQ 小学组　季军、一等奖 2018 年北京市学生机器人智能大赛机器人工程挑战赛　二等奖 2018 年西城区青少年机器人大赛 VEX IQ 项目　一等奖 2019 年围棋业余一段 2019 年软笔书法三级				

与 VEX 结缘

记得小时候，我喜欢搭积木，喜欢玩乐高，不过从没有想到过要系统地去上相关课程或辅导班。直到小学三年级的时候，我和爸爸妈妈说起，想上关于机器人的课程，于是爸爸妈妈便开始努力帮我寻找合适的培训机构。

2017 年暑假，我走进乐高培训班，开始了第一次的体验课。刚开始，我玩得很开心，照着设想搭出了不少造型，通过简单的编程实现自己的目的，得到了老师的表扬。上完试听课后，我坚定地告诉爸爸："我以后还要来这里上乐高课"。但是由于课程的安排和自己的日常学习冲突，最后上课的愿望落空了。不过，爸爸妈妈没有放弃，最终发现了西城区青少年科技馆，认识了王昕老师。在王老师的建议下，我选择了 VEX IQ，从此与 VEX 结缘，有幸和世锦赛冠军队员成为队友，开启了快乐的 VEX 探索之旅。

我迟到了，我需要加倍努力

我的首节 VEX 课程在一个星期日的上午，当我第一次坐到科技馆教室的时候，老师对我说："先听听看，看能不能听懂。"没错，身为一个新生，相对于已经学习了三四年机器人及相关课程的其他同学来说，我是一张白纸。我迟到了！我需要补很多的知识——编程和搭建。

为了更快地跟上队友的步伐，王老师让我和刘逸杨、张亦扬一组，他们是 2017—2018 赛季世界冠军队的队员。在王老师和他们俩的帮助下，我也慢慢地跟上了进度，同时我们三个也成了很好的铁哥们。

快乐学习，小巧手搭出大智慧

为了尽快跟上课程，王老师专门给我提供了各种搭建课件，便于我在家自己练习。这些课件很有趣，不仅可以提高动手能力，还提高了我的编程水平。按照课件介绍，每完成一项搭建，我都会自信满满地对妈妈说：“妈妈，这是我的作品”，一副很得意的表情。经过一段时间的练习，我发现我可以自己创新，自己思考，可以抛开课件，发挥想象，完成各种作品。如投石机、齿轮传动加速器等等。

王老师还推荐了《VEX IQ 机器人创客教程》一书，像简单的模块化编程，比如巡线、扫描颜色等等，里面都有具体的步骤。慢慢地，我体会到了 VEX “百变” 的乐趣，更重要的是，我的思维能力得到了锻炼，动手能力也不断提高，自信心也更强了。

太多的第一次，让我明白了很多道理

第一次搭建

曾经的我一无所知，幸好一开始我就有一个冠军队友——刘逸杨。他耐心地向我讲解什么是轴，什么是销，什么是梁，什么是轴套……前两节课，我就是这样一边看一边学习。

在第三节课上，我完成了我的第一件作品——三轮车。那是我第一次搭建，虽然用了一个多小时，但我非常高兴能创作出一件完整的作品。同时我也发现，只要用心、有耐心，我也可以搭建出属于自己的作品。

第一次编程

最初，完成一个程序只需要用两个模块，控制电机，走几秒，再停几秒。我用它完成了推杯子、走正方形等任务……

后来，我们渐渐接触了更高级的任务，比如碰撞按钮、自动跟随……就需要用 repeat(forever) 等指令来编程。所有稍高级的编程，都基于这个基础。对于机器人，程序是灵魂，是创造者想法的体现。

第一次搭赛车

每一次的比赛用车，都会比平时上课用的车难很多。赛季伊始，我作为一个只学了一年的新手参赛，好像谁都比我有经验。先是我的两个队友：刘逸杨和张亦扬搭车，我只是在做一些后勤工作。不试试怎么才能有经验？从第三天开始，我开始自己搭车。虽然进展很慢，但有队友和老师的帮助，在第五天的时候，我终于将车搭完了，开始和同学一起练习。这个过程让我更加明白只有亲自动手，才可以真正明白其中的奥秘，才能做到人车合一。

第一次调比赛程序

```
1 arcadeControl ( ChA , ChC , 10 );
2 arcadeControl ( ChB , ChD , 10 );
3 armControl ( motor10 , BtnEUp , BtnEDown , 75 );
4 armControl ( motor11 , BtnFUp , BtnFDown , 75 );
5
```

这是我第一次调试比赛程序，那时由于我还不懂什么是 ROBOTC 语言，所以采用了图形化编程。在和同学、老师的讨论中，我逐渐认识了 C 语言。而图形化和 C 语言最大的不同在于，前者功能局限，无法编出复杂的程序，但它更简单，因为它只用几个模块，就可以实现编程，代码都是直接在后台编译时编好的；C 语言虽然相对更难，但它局限性没有那么大，可以编出各种程序，适合在复杂的地方应用，只要不出现技术性错误，就可以编出各种程序，更适合用于比赛程序。我们的比赛程序就是使用了 C 语言编程。

第一次做 STEM

虽然按照新的规则，STEM 项目已不作为 2018—2019 赛季全能奖的必须要求，但实际上，STEM 项目的制作涉及调研、搭建、编程、调查报告、视频制作等多个领域的知识，对于提高我们的综合素质还是有很大帮助的，所以我们觉得还是应该认真对待。

这个赛季 STEM 项目的主题是数学。最开始，我们想做计算器，可是由于 VEX IQ 本身硬件和我们编程能力的局限性，误打误撞做成了计数器，本着解决实际生活问题的目的，最终制作成了“旅游景区游客数量控制系统”。

第一次凭借自己的力量，解决了一项实际生活中的问题，我觉得特别有成就感：原来即便是小学生，也可以学以致用，用我们学习的科技知识解决现实生活的问题。

第一次参加正式比赛

华北赛是每个赛季的第一场比赛，也是我的第一场正规 VEX IQ 比赛。尽管我们是种子队，两位主操控手都是世界冠军。但这毕竟是新赛季，我们也成为一支普通的队伍。优胜劣汰是基本原则，过去的成绩不能代表现在，要想蝉联冠军，只能努力努力再努力。

为了让我们能在比赛开始后 20min 之内能找到合作队友，我们派了一位外联，在小学组的场地里记下了队名，以便我们找队友。由于我们及时地找到队友，我们在团队协作赛中取得了第七名，并获得了最佳活力奖奖项。

第一次获奖

第一次获奖是在 11 月的国赛上，我们在最后的总决赛上清场了。我们得了 40 分的成绩，而最有竞争性的对手 83300A 和 98888K 都出现了失误，没有达到 40 分。之后两个联队也相继打出了 40 分的成绩，由于他们的时间比我们短，所以分别以 52s 和 58s 的时间斩获了第一和第二，我们以 60s 清场成为季军。

当我们率先拿到 40 分的时候，我们觉得自己铁定是冠军了。但看到别人用更短的时间拿到 40 分，我们懂得了，必须要给自己设定更高的目标。

第一次参加世锦赛

转眼间，世锦赛快到了，而我们已经准备好了。

经过漫长的飞行，我们来到了美国路易斯维尔市，准备进行世锦赛的比拼。我们克服了语言不通，时差较大等困难，开始了比赛。

经过 8 场比赛，我们进入了分区赛前十名，并以 40 分的成绩拿到分区赛冠军，冲进决赛。在决赛中，虽然没有打好，可竞技项目就是这样，有时更需要一点运气。

不论结果如何，我们相信，一年来，我们放弃无数节假日和周末休息时间，坚持训练的努力没有白费，我们收获了比赛经验，学到了有关机器人的诸多知识，学会了如何面对成功和失败，更收获了队友之间珍贵的友谊。努力即是胜利，付出不一定有回报，但是，不付出肯定不会有回报，成绩永远属于最勤奋的人，只要肯努力，我们永远都是最棒的！

VEX 伴我成长

经过两年多的学习和比赛，我受益匪浅，不仅提高了动手搭建能力、想象能力、编程能力、团队沟通协调组织能力，还开阔了视野，学会了面对困难时如何用多种方法解决问题，更加懂得付出和得到的道理；懂得如何感恩，感恩老师、父母还有队友，感谢他们的陪伴、支持和鼓励；懂得不抛弃、不放弃、不抱怨，所有的经历，所有的成功和挫折，都将有益于我的成长，帮助我将自身的水平发挥到极致。

今后的道路，我会更加努力，勇敢面对，笃定前行，成功也将会属于我，为自己加油助威！

6.14 我的 VEX IQ 参赛经历——王子瑞

姓名	王子瑞	性别	男	出生年月	2008 年 2 月
学习经历	北京交通大学附属小学				
机器人学习经历	二年级开始在西城区青少年科技馆学习机器人，中鸣机器人、乐高机器人、VEX 机器人				
特长	机器人、天文、圆号				
获奖情况	2019 年 VEX 机器人世锦赛　分区冠军（VEX IQ 小学组） 2019 年世界机器人大赛　二等奖 2019 年智慧学习机器人联盟机器人大赛　一等奖 2019 年西城区中小学科技竞赛机器人项目　一等奖 2017 年北京市第三十五届学生科技节环境教育系列活动　一等奖 2017 年北京市第三十五届学生科技节天文知识竞赛　三等奖 2018 年北京市学生机器人大赛工程挑战赛　一等奖 2016 年北京市第三十四届学生科技节天文知识竞赛　三等奖 2018 年西城区青少年机器人大赛　一等奖（冠军） 2018 年中国 VEX 机器人大赛暨 VEX 世锦赛中国选拔赛　季军 2017 年海淀区学生艺术节管乐合奏　三等奖 2016 年海淀区学生艺术节朗诵（个人）　三等奖 2014 年海淀区中小学科技制作竞赛　二等奖				

我叫王子瑞，今年六年级。我从二年级开始在西城区青少年科技馆学习机器人。我学习机器人也是源于对机器玩具和拼插积木的喜爱。小时候我就拥有很多机器玩具，比如消防车、救护车、恐龙坦克车和大大小小的几套拼插玩具。在机器人的学习和比赛中，我的个人能力得到了全面锻炼。

1）动手操作能力。机器人的搭建和制作需要极强的动手能力，即使有老师指导，在具体实施过程中，也需要按照自己的设计构思搭建。同一个班里的同学，每个人的机器都有自己的特点，是不完全一样的。这个过程极大地锻炼了实际动手操作能力。

2）逻辑思维和软件编程能力。从学习中鸣机器人开始，到乐高机器人，再到 VEX IQ 机器人，虽然每种机器人的编程环境都有所不同，但是底层规律是相同的，对于数学学习和逻辑思维的培养也有巨大帮助。

3）根据实际情况解决具体问题的能力。机器人和其他科技项目最大的不同在于它的综合性和实践性。老师教学时会提出一个实用性的目标，虽然也会给出一定的参考方案，但毕竟要软硬件结合起来才能够解决。这就和单片机、信息学编程有很大的不同。以上两种科技实践也有编程，

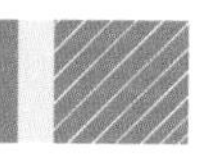

但是机器人必须要根据外界实际情况进行物理硬件的调整。对于机械结构、物理原理必须有足够的理解，否则机器人就无法完成目标。像单片机，只需要在电子板上输出指定的信号就可以了，但是机器人不一样，让机器人取一个物体，可能在木地板上和在水泥地上也会有不同的结果，这就必须根据物理原理调整机器人的硬件和软件，这个难度远大于一般编程，锻炼价值也更大。

4）机器人的学习和竞赛过程还极大地锻炼严谨的科学精神。机器人是诚实的。它忠实地实现你的命令，你的任何一个小的失误，都会让它体现出不同的状态，而且任何一项调整也有可能影响其他功能的实现，所以细节的处理就显得尤其重要。

5）团队协作的能力。机器人比赛都是以团队形式出现的，队伍内部必须要分工合作。这需要包容和理解，也需要适当地牺牲个人的兴趣和想法，实现团队整体利益最大化。当然也要学会及时发现、沟通和处理团队内不和谐、不团结的因素，不然就会影响大局。

6）沟通交流能力。机器人竞赛能极大地锻炼沟通交流能力。VEX IQ 比赛是团队协作比赛，需要和陌生的团队迅速组成新的合作团队。这个过程必须要迅速、高效地沟通，要能清楚阐述自己的想法，团结队友，劝说队友接受更合理的战术。当然也要虚心学习队友的战术，总体把握联队战术，并要注意规划好时间。VEX 其他的机器人比赛项目也需要足够的沟通和交流能力，像 STEM 项目要能够和评审老师讲清楚自己的构思想法和目的。

7）工程管理能力。机器人比赛不仅仅是技术的比赛，也是一个工程管理项目。整个团队的进步过程是循序渐进的。我们每一次比赛都有收获，都会根据目标和规则调整设计、策略和人员分工。这就需要以文字的形式对我们所有的工作做记录，这就是工程笔记。工程笔记不是简单地记录，它是要把我们所有工作的构思、想法、结果（包括成功的和不成功的）都记录下来，这样我们每一项工作都有追溯性和复现性。当我们遇到新问题时，就可以有依据有参考地进行研究。

下面我就结合一次具体比赛，讲述一下我的经历和感受，和大家一起体验激情和快乐。

2018 年 11 月，我和队友们参加了在上海交通大学举办的 2018 中国 VEX 机器人大赛。这次比赛强手如云，紧张激烈。每一轮比赛后，积分都会有很大的变化。我们队从第一轮的第 21 名，一路上升到倒数第二轮的第 4 名。眼看胜利在望。但突然接到组委会通知，由于超时，我们没有技能赛成绩，不能参加评审奖的评比。一瞬间全队都蒙了，我们立刻申诉，通过查看录像发现，是在等待技能赛比赛期间，其他队加塞排在我们前面入场，导致我们队排队时间过长，超过了技能赛截止时间。我们通过申诉恢复了技能赛比赛资格以后，时间已经非常紧张了。刚刚完成技能赛比赛，距离我们的下一轮协作挑战赛已经不足 5min 了，而这时机器人的电池却没有电了。

此时，组委会又通知所有排在前 20 名的队伍派出 2 名队员参加软件测试。于是我们不得不兵分三路，两名主控手直接到赛台备赛，我去基地取电池，两位驻守基地的同学离软件测试场地最近，因此迅速去参加软件测试。

我飞奔到基地，发现所有电池都放在一起，拿哪一个呢？时间紧张，随便拿一块吧。当我把新拿的电池安装到机器人上时，发现只有一半的电，但是已经到比赛时间了，必须上场。所有人都注视着赛场，完赛 36 分，等等，又从高杆上滑下来了，变成 34 分——我们掉到了第 7 名。原来预测的决赛队友换成了另一支队伍（七、八名合作）了，原来练好的战术全都失效了。

预赛结束以后，我们全队开会，队长先发言：“我不该在排队时玩手机，让别人插队了，这样我们就不用申诉和补赛，时间也就不会这么紧张了。”留守基地的同学说：“我不该乱放电池，应该做好标记，分别存放，这样即使我不能接电话，别人也知道哪一块电池是有电的。”我说：“我还是太懒了，我要是多拿几块电池，也不至于全都是没有电的。”最后队长总结道：“我们都没有做好细节，虽然这让我们成绩下降了，但是我们不能放弃，要重新抖擞精神，做好自己，争取最好成绩。”

于是大家立刻分工忙碌起来，重新找队友，重新制定新战术，重新训练。决赛开始后，我们倒数第四个出场，完美完成比赛，59s 满分，目前排名第一。倒数第三场的队伍出场，失误丢分，我们仍然第一。倒数第二的队伍出场，也是满分，用时 57s，比我们快 2s。最后一个队伍出场了，空气凝固了，又是满分，用时 55s，比我们快了 4s。按照规则，同样满分队伍，以完成时间快慢排序。我哭了，我们得到了满分，却只是季军。如果我们预赛没有失误，我们的队友实力更强，我们是有机会得到冠军或者亚军的。这两种结果的区别就是，冠军和亚军可以获得 VEX 机器人世锦赛的晋级资格，而季军没有。

细节决定成败，成绩和实力努力运气都有关系。但看似小错，累计起来却有巨大的影响。所以做事要科学严谨细致，避免犯错误。使人疲惫的不是远方的高山，而是鞋里的一粒沙子。希望我的分享能够给大家学习机器人带来帮助。

（注：最后，我们还是以上届世锦赛冠军身份获得直通资格，并在 2019 世锦赛再次获得分区赛冠军）

6.15 永恒的瞬间——罗逸轩

姓名	罗逸轩	性别	男	出生年月	2008 年 12 月
学习经历	北京市建华实验学校				
机器人学习经历	2015—2018 学习乐高机器人搭建与编程 2018—至今 VEX 机器人搭建与编程				
特长	机器人、书法、足球、跆拳道				
获奖情况	2019 年 VEX 机器人世锦赛 世界冠军（VEX IQ 小学组） 2019 年 VEX 机器人亚洲公开赛 IQ 小学组 惊彩奖 2018 年亚洲机器人锦标赛 VEX 中国选拔赛 VEX IQ 小学组 STEM 研究奖 2018 年亚洲机器人锦标赛 VEX 中国选拔赛华北区赛 全能奖（小学组） 2018 年智慧学习机器人联盟机器人大赛 VEX 北京选拔赛 STEM 研究奖 2018 年北京市学生机器人智能大赛工程挑战赛 一等奖（小学组） 2018 年北京市中小学生跆拳道公开赛（小男乙） 第三名 2018 年全国书法作品比赛 二等奖 2019 年万寿路学区校园足球联赛（小乙组） 冠军				

2018—2019 赛季 VEX 机器人世锦赛将是我人生中最难忘的经历。VEX IQ 小学组世界总冠军夺冠瞬间将永远铭记于心，让我可以更勇敢地面对未来人生道路上的困难与挑战。

2015 年，我开始在北京西城区青少年科技馆学习机器人。2018 年作为 88299A 的队员注册报名了 2018—2019 年度 VEX 机器人世锦赛。整个赛季，我们先后参加了 VEX 亚锦赛中国选拔赛华北区赛、亚锦赛全国选拔赛、亚洲公开赛，期间有过成功的喜悦，也遭受过失败的挫折。在此过程中，我们的赛车日臻完善，我们的操控水平日益娴熟，我们的心态愈发成熟，88299A 战队已经做好了迎接 VEX 机器人世锦赛的准备。

VEX 机器人世锦赛比的不仅仅是机器人技术水平，还考验与联队的配合，更考验团队的心理素质。整个世锦赛包括了注册、检查机器、资格赛、分区赛、总决赛等一系列过程。我们 88299A 队被分配到了 Chandra 分区。分区资格赛阶段要通过抽签随机决定每轮的合作队。一场 60s 的比赛，会与不同国家、不同风格、不同水平、不同策略的队伍组成联队。两两组队后按照比赛场次依次参赛。在每一场比赛前，要与联队队友协商路线与策略，抽时间做赛前配合练习；比赛过程中，要善于发现联队的长处与短板，相互配合共同完成任务；赛后裁判会给出本场联队比赛得分，记录到联队各自的成绩单上。资格赛共 10 场比赛，去掉 2 个最低分，计算剩余 8 场比赛的平均分。所有队伍按照资格赛获得的平均分排序，排名前 20 的队伍进入分区决赛。

进入分区决赛后，不再像资格赛那样随机抽签组队，而是按资格赛成绩从高往低排序，每两个队伍组成联队，形成强强联合。分区赛我们排在 Chandra 分区第 2，与排名第 1 的上海森孚机器人的 9666A 组成联队。在淘汰赛中，由于操控失误，我们联队没有成功完成 41 分，而是与多个联队并列获得了 40 分。在附加赛时，我们联队以 41 分取得了分区冠军，我们分区的亚军则以 40 分赢得了晋级总决赛唯一的 1 张外卡资格。事实证明，Chandra 分区是今年实力最强的分区，我们队打败了最强的竞争对手，找到了最好的联队队友，为总决赛夺冠打下了坚实的基础。

总决赛由 5 个分区冠军以及一张外卡队伍（除分区冠军外成绩最好的一支队）组成，我们联队分区赛成绩最高，所以排在了最后出场。在前 5 场比赛中，已有 2 个联队取得了 40 分，我们联队操控手信心满满、沉着冷静地上场了，这注定将是一场“生死”大战。联队沿用了分区赛可进可退的作战策略：首先保住 40 分，时间充裕拿下 41 分。比赛开始的时刻，全场鸦雀无声，所有的视线都聚焦在了两辆 VEX 赛车上。赛车在场地上来回穿梭，将轮毂一个一个地摆

放在得分区域。剩 20s 时，已经摆完了 40 分方案的基础架构，场上仅剩下一个黄毂、一个红毂。采用 40 分保守方案，时间非常宽裕；采用 41 分激进方案，时间会非常紧张，且绝对不能有失误，否则前功尽弃。保住 40 分，还是挑战 41 分？考验着我们队操控手。操控手选择了挑战，赛车取走了后场低分区位的一个红毂，用时 6s 将其转移到前场高分区；剩 14s 时取走了场地上最后一个红毂，此时联队队友正在放黄毂；由于空间冲突，等待联队队友放完黄毂耗费 3s；放最后一个红毂是全场比赛最惊心动魄的时刻，也是全场最高难度的操控，对前期摆放的“4-4-2”底座是一个巨大的考验，稍有不慎可能就功亏一篑，引起轮毂坍塌。操控手克服了心理压力，游刃有余地将最后一个红毂稳稳地摆放在了前场第 4 层高分区。剩 0.5s 时，赛车回到了停泊区，并完成了高挂动作，全场响起了雷鸣般地掌声……经过异常激烈的比赛，我们联队取得了 2018—2019 年度 VEX 机器人世锦赛总冠军。放手一搏、振奋人心的夺冠瞬间永远刻在了我的记忆里。

从开幕式的欢快、训练时的专注、到分区赛的起伏，再到决赛时的放手一搏，我经历了比赛的辛苦、紧张、欢乐、精彩与残酷。进入总决赛的联队都是身经百战、大浪淘沙，可谓全世界实力最强的队伍。与强手过招，胜负往往取决于哪个队伍敢闯敢拼，取决于参赛队员能否战胜压力、保持积极平稳的心态。比赛结果固然重要，但比结果更重要的是我们收获了激情、友情、荣誉和成长，明白了只有经过艰苦奋斗，不断进取，不断创新，沉着应对各种复杂情况才能立于不败之地！在这个世界上，还有什么比努力付出并获得超额回报更让人感动呢？

VEX 机器人比赛对我们的锻炼是全方位的，既有操作水平，又有协作配合。在机器人搭建方面，大家要分工明确，取长补短，根据赛季主题设计并优化出一辆高性能的比赛用车。工程笔记会完整记录车辆的改进与团队的成长历程。在记录工程笔记时，既要详细又要突出重点，要全面体现车辆性能改进的关键环节。在练习过程中遇到的问题以及采取的解决措施，更要详细记录。比赛前，既要保护好机器，也要根据现场情况和联队水平进行针对性的修改和程序调试。

感谢王昕老师的关爱引领，感谢队员们的陪伴分享。在未来，我还会遇到更多的竞争对手和良师益友，我要不断向他们学习，付出努力，迎接挑战。未来的道路会越走越宽，我们将迎接一个全新的机器人世界！

6.16　信心比金子更重要——张正一

姓名	张正一	性别	男	出生年月	2007 年 1 月
学习经历	2013—2016　北京第一师范大学附属小学 2016—2019　西城区阜外一小 2019—至今　北京八中				
机器人学习经历	2014—2016　在乐博机器人学习 2016—2018　在西城区阜外一小学习 VEX IQ 机器人 2016—2019　在西城区青少年科技馆学习 VEX IQ 机器人				
特长	机器人、无人机驾驶				
获奖情况	2018 年取得 VEX 机器人世锦赛参赛资格 2018 年世界机器人联盟选拔赛小学组　巧思奖、二等奖 2018 年亚洲机器人锦标赛中国选拔赛华北区赛（小学组）二等奖、STEM 研究奖，多次在西城区赛中获奖 2017 年北京市中小学生科学建议奖　三等奖				

快乐的暑假生活，同学们有的外出旅游，有的探亲访友，有的读书学习，可谓是充实自在，各有各的精彩。而我的暑假生活，则是在快乐、紧张、精彩中度过的——我参加了 VEX IQ 机器人 2018 中国区选拔赛 - 华北赛区比赛，并取得了优异成绩。

学校一放假，我就和其他三名小队友开始筹划比赛的相关事项，从参加集训到强化训练，从组装战车到设计路线，从研究战法到工程笔记，大家按照事先的分工，都在有条不紊地准备

着。王昕老师也来到训练场，给我们手把手的指导，为我们鼓劲加油，并给我们提出了明确的要求“要想入围决赛，必须经过艰苦努力和反复训练，唯有达到 29 分以上才有机会”。我和其他三个队友，众志成城，决心以“咬定青山不放松”的意志，实现“刻苦训练，确保入围”的目标。在临近比赛前的一周，我们又进一步加大了训练量，从每天 6h 的训练时间，增加到 7h。从基本操作开始，每天几百次地重复着 1min 的比赛内容，训练了 4 天，经过上千次的苦练，但分数最高只能达到 27 分。大家的心理压力陡增，于是请来了王老师进行现场指导。王老师提出“修改行进路线，节省比赛时间”的建议。我跟其他队友像泄了气的皮球，一下子蒙了。“时间太紧了，再修改比赛路线还来得及吗？”这时，有一个队友突然决定退出比赛训练。因为他认为根本没有希望，训练没有意义！“只要有信心，时间来得及，这个分数肯定进不了决赛，在第一轮就会被刷下来……”。王老师鼓励的话语不断地在我们的耳边回荡。“不试一下，怎么知道不行”，几位家长也在旁边不断地鼓励我们。我跟其他两位队友进一步统一思想，决定“不放弃，不抛弃”。

我们结合王老师的指导建议，在家长的帮助下，迅速采取了加强措施，一是重新调整了分工，二是研究优化了行进的路线，三是在最后 3 天，加大训练强度，训练时间增加到 8h。

又 1 天过去了，成绩依旧提升不明显，虽有进步，但忽高忽低，起伏不定。“什么情况，是不熟练，还是根本不可能实现的目标”我的信心也开始有些动摇，甚至有些灰心。王老师似乎看出了大家的心思，她告诉我们说：世上无难事，只要肯登攀，坚持就会有收获，努力就会有成功。车和路线已经调整好了，只是还不够熟练。我们听了王老师的话，就又燃起了希望和信心。新一轮的训练又开始了，27 分、28 分，等到第二天，又到了 29 分、30 分，分数在不断提高，我们的状态也越来越好，劲头也越来越高，信心也越来越足，大家对比赛也越来越期待。功夫不负有心人，正式比赛中，我们以 32 分成功入围决赛。在决赛阶段，我们又超常发挥，以 35 分的成绩取得了小学组的第二名，捧回了华北赛区亚军的奖杯。

站在领奖台上，手捧着比赛证书，看着闪闪发光的奖杯，我感慨万千：比赛是短暂的，过程是艰辛的，成绩来之不易。虽然也曾灰心过，甚至想放弃，但我依旧坚持了下来，在坚持中我体会到了快乐，在坚持中我获得了成功。爸爸说，“千淘万漉虽辛苦，吹尽狂沙始到金”，比赛过程比结果更重要。

这次假期，必将是我众多假期中难忘的记忆；这次 VEX IQ 机器人 2018 中国区的选拔赛，也必将是我人生中的一大收获，它教会了我——信心比金子更重要。

6.17　学习 VEX 有感——董笑尘

姓名	董笑尘	性别	男	出生年月	2007年7月
学习经历	2013—2019　黄城根小学 2019—至今　北京市第三中学				
机器人学习经历	2017年8月　参加小威奇机器人暑假西城区青少年科技馆训练班 2017年9月　在西城区青少年科技馆学习 VEX IQ 机器人				
特长	小提琴7级　中央电视台银河合唱团团员				
获奖情况	2018年北京市学生机器人智能大赛工程挑战赛　一等奖（小学组） 2018年第九届亚洲机器人锦标赛中国选拔赛　团体协作亚军、一等奖（小学组） 2018年第九届亚洲机器人锦标赛中国选拔赛华北区赛　二等奖（小学组）				

那是2018年的暑假，妈妈给我报上了 VEX 的课外班，任课老师是西城区青少年科技馆的王昕老师。刚开始上课的时候，我对机器人完全不了解。通过几次课上学习和实践，我开始对 VEX 有了一点懵懵懂懂的认识。后来又跟着其他同学参加了2018赛季 VEX 各级竞赛，开始渐渐地迷上它了。

我认为 VEX 比赛和其他学科竞赛都不一样。VEX 机器人竞赛不仅仅是人与物之间的较量，它更是人与人之间的比拼，是一个团队与另一个团队之间的综合竞争。比如在 VEX 竞赛中，机器人会不断接触，彼此碰撞，就必然需要修理，需要改进。机器人程序方案是否恰当也需要不断地思考，并通过实践加以验证。团队配合是否默契可靠，也需要队员们投入大量练习时间来互相适应和体会。这个不断改进、完善机器人的过程，以及培养团队协调配合能力的过程，实质上就是一个创新的过程。

另外，VEX IQ 有很多赛事。毋庸置疑，我们必须要在一年时间里参加全国各地的一系列竞赛。尽管每次比赛的时间只有半天或一两天，但是每次比赛都紧张激烈。比赛当天，我们要熟悉不同的比赛场地，要在赛前进行机器人现场调试，确保机器人达到最佳状态，而且还要应对比赛中的各种突发事件。就拿2018年10月份在永州举行的那场比赛来说吧，比赛开始前，我们的机器人突然出现了故障，无法按指令完成任务，原因就是没有事先做好调试工作。还好，我和队友陈子穆、张孟熙，凭借平时学习积累的知识和练习经验，及时找到了原因，调整程序，更换机器人零件，顺利排除故障并完成了比赛。那次比赛我们队取得了团体协作亚军的好成绩。

类似情况还有很多，每次比赛前我们都会根据场地环境一遍遍地调试程序，练习操控，慢慢适应场地的情况。还要准备好电池，让机器人在比赛中时刻保持满电的状态。休息时间要与联队的队友提前进行合作训练，仔细观察对手状态和表现，并根据具体情况做出相应的设计安排与战术安排……通过比赛，我和队友们每次都能从中收获宝贵的经验。

在整个 VEX 机器人活动中，我经历过从希望到失望，从挫折、挣扎到进步、成功的切实体验。同时也在此过程中，明显感觉到自己的动手能力、思维能力、问题解决能力、承压和团队合作等各项能力都有了显著提高。相信我的队友们也有类似的亲身体验。我觉得这就是 VEX 比赛和其他的学科竞赛与众不同的地方。

VEX 让我学到了很多关于机器人的知识，开阔了眼界，加深了我和小伙伴之间的友谊和互信，让我深刻理解了什么是协同合作的团队精神，也激发了我对机器人科学领域的兴趣爱好。它伴我成长，在我的童年里，它有着不可替代的重要地位！

6.18 我的 VEX 机器人世锦赛之路——安泰初

姓名	安泰初	性别	男	出生年月	2007 年 8 月
学习经历	北京市西城区三里河第三小学				
机器人学习经历	四年级开始学习 VEX 机器人				
特长	机器人、音乐（乐器）、生物、外语				
获奖情况	2018 年第九届亚洲机器人锦标赛中国选拔赛　最佳评审奖、一等奖 2018 年北京市学生机器人智能大赛　二等奖（小学组） 2018 年西城区青少年机器人大赛　三等奖 2018 年第二届智慧学习机器人联盟机器人大赛 VEX 北京选拔赛　最佳设计奖				

四年级时，我幸运地插班到了西城区青少年科技馆的 VEX 机器人班，梦寐以求的机器人之梦从此拉开了序幕。在近两年的学习中，我学到了很多东西，也和团队的小伙伴们一起斩获了很多奖项。

回想最初的我，十分害羞，既不会写程序，也不会搭建设计。我感觉远远地落在了别人的后面。但在王昕老师的悉心指导和同学们的热心帮助下，我很快就找到了感觉，熟悉了齿轮、链条、皮带等部件特点，并初步学会了系统设计技巧。随后，我搞清楚了程序逻辑，学会了自己写程序，从而信心倍增。

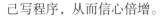

2018 年 6 月，我参加了 2018VEX 世锦赛集训班，开始了真正的 VEX 比赛生涯。

暑假时，我和队友李炎杭、赵亦为以及邢思豪一起开始了紧张的训练。一开始，我们队的机器设计不够完善，出现了不少问题，有时电机跑不动，有时车轴会卡住。我们不断调试，在王老师教授的《总结列表》工具的帮助下，我们解决了很多问题，部分总结列表应用列式如下：

故障问题	故障原因	解决方法
车轴转不动	车轴和电机没有插紧	重新安装车轴
右侧电机无法带动齿轮	电机轴套被磨坏	换一部新电机
无法高挂	挂钩安装错误、电池电量不足	重新组装、及时充电
大臂抬高出现故障	初始复位没有做好	认真把每次操作做到位

经过了漫长的设计、搭建、调试后，我们又遇到了新的问题。赛季开始前，我们队伍里产生了不小的分歧——大家都想当操作手，展现个人能力。每个队友的家长都参与到赛前训练中，耐心地引导我们，帮助我们找出办法，磨合团队。多次的演练让我们更加了解了彼此的长处和短处。最后，我们共同做出了“三名操作手轮流上场比赛”的决定，每个项目都由最擅长的队员参与。在随后的华北区赛赛场上，我们队稳定发挥，取得了一等奖的好成绩。

赛场合影，从左到右：邢思豪、安泰初、赵亦为、李炎杭

这次华北区赛的比赛经历，让我懂得了参加比赛的关键之一在于团队协作，队员们必须互相谦让，取长补短，才能取得最终的胜利。

华北区赛顺利晋级后，2018 年 10 月，我们 88299F 队报名参加了在湖南永州举行的 VEX IQ 中国区选拔赛。在这次比赛的团体赛环节中，我们的参赛车出现了故障，导致机器臂无法高挂。这大大地影响了我们的比赛成绩，与一等奖告别，大家心里都很难受。但是，我们还是继续坚持比赛。赵亦为的爸爸和李炎杭的爸爸不断为我们打气，帮我们演练剩下的各个比赛环节，一直到深夜 10 点多。王老师并没有责怪我们，而是在宾馆鼓励我们，悉心辅导，教我讲解答辩环节的各种技巧，做最大可能的准备。在准备答辩的过程中，我们三人分工明确，各司其职。李炎杭负责介绍机器的底盘，赵亦为负责介绍比赛策略和传感器，我则负责介绍程序和遥控手柄键位设计等。

大赛正式答辩开始后，我们三人都急于表现，想把自己最好的一面展示给评委，都争着说话。意识到错误后，我马上提醒两名队友，及时做出了讲解调整，严格按照赛前做好的分工完成了答辩。因为，我们的现场答辩有条不紊，大家在各自负责的方面都发挥出自己最好的水平。以往在 C++ 语言课程上的积累，使我对程序逻辑的讲解细致清晰。最终，我们赢得了中国赛区唯一的分区最佳评审奖。

这次比赛让我深深地体会到：1）做任何事情，都要预先规划，缜密分工。而电机老旧问题葬送了我们的一等奖梦想，以后要引以为鉴。2）在任何逆境中，不放弃不退缩，才是真正的大心脏选手，才有最美的人生体验。3）日常的积累（如枯燥的 C++ 编程学习），对一件事深入研究的态度，才是驱动更强悍人生的电机。

通过 2018—2019 赛季一系列比赛，我获得了如下的比赛心得，供大家参考、借鉴：

1. VEX 比赛机器人设计环节

1）在设计环节应以“任务完成时间和人性化操作”为主要设计目标。

2）VEX 比赛机器人设计的要点，是在最短时间条件下的精准操作设计，比如，在有限的时间内取得更高分数的行进路线，以及目标任务的优先次序排列。

3）重视机器的可靠性，放弃花哨不实用的设计。比如，电机安放的位置会不会影响它的正常运转？齿轮和链条咬合角度是否会影响行进中机器人的工作？

2. 现场答辩环节

1）现场答辩是考验团队整体水平的一种方式，需要在比赛前总结出自己机器人运作特点，以及程序的内在逻辑。

2）答辩时不能慌张，不能着急。在发言前可以用思维导图的形式写好自己的提纲。讲解时从不同方面来讲清楚机器和程序，从一个大点延伸出多个分支，可以让讲解更有逻辑性。

3. 比赛合作环节

1）战术协调是决定队伍成绩的重要因素。每场比赛前要与合作队伍精细化讨论合作战术，一起演练。这样可以尽量避免比赛中的混乱和失误。

2）比赛合作时，如果遇到一个比较弱的合作队伍，不能相互指责，要多鼓励，先认真做好自己。其实，保持好的情绪也是决定胜负的要素之一。

3）即使比赛开始阶段没有获得好成绩，也不能气馁，不能放弃，更不能指责别人。要总结经验，多向优秀队伍虚心学习，相信下一次一定会更好！

最后，感谢王昕老师的指导，感谢科技馆的培养，感谢 VEX 的锻炼，我在学习、比赛的历练中有了很多收获。近两年的学习，让我发现、改进了自己性格的很多不足，培养了我的逻辑思维能力和动手能力，也让我更懂得了团队协作的重要性。

就像学习外语让我能够去了解外面的世界，学习音乐能让我发掘内心深处的情感，VEX 机器人的学习则可以帮我开启一扇通向未来科技世界的大门。当我进入未来世界，探索更多奥秘的时候，机器人能让我走得更远——或许是在遥远的火星观察稀有土壤元素，又或许是在南极洲用可穿戴机器骨骼和企鹅共舞。

我将在之后的 VEX 世锦赛征程中继续锻炼自己，提高自己，和大家一起为西城科技馆这个“宇宙第一战队”争取更多的荣誉，在未来的世锦赛赛场上再创辉煌。

祝所有同学在 VEX 机器人学习、竞赛之路上一帆风顺！

6.19　难忘的 VEX IQ 2018—2019 赛季——任一铭

姓名	任一铭	性别	男	出生年月	2008 年 6 月
学习经历	复兴门外第一小学				
机器人学习经历	从 2016 年春季开始在西城区青少年科技馆学习机器人课程，包括乐高 EV3 系列和 VEX IQ 机器人				
特长	机器人				
获奖情况	2018 年北京市学生机器人智能大赛工程挑战赛（小学组）　二等奖 2018 年中国 VEX 机器人大赛暨 VEX 世锦赛中国选拔赛　二等奖 2018 年亚洲机器人锦标赛中国选拔赛华北区赛　STEM 研究项目奖 2018 年第二届智慧学习机器人联盟机器人大赛　巧思奖、三等奖 2018 年西城区青少年机器人大赛 VEX IQ 项目　二等奖 2019 年西城区第十八届中小学师生电脑作品评选活动机器人竞赛项目　二等奖 2019 年西城区第十八届中小学师生电脑作品评选活动创意智造项目　三等奖 2018 年西城区第十七届中小学师生电脑作品评选活动创意智造项目　三等奖 2017 年西城区中小学生科技制作竞赛　三等奖				

随着西城区青少年科技馆队在美国 VEX IQ 世锦赛的捷报频传，2018—2019 赛季落下了帷幕，科技馆代表队取得了前所未有的辉煌。虽然没能去美国参赛，但我也能感受到他们站在领奖台上的激动心情。一分耕耘，一分收获，这也使我想起了这一年来伴随着 VEX IQ 的苦与乐。

2018 年 7 月一放暑假，很多同学就开始了自己的假期旅行，我也开始了 VEX IQ 旅行的第一站——在美丽的北京建筑大学校园里，在富有历史感的东门口主楼教室里，我们 30 多人分为了不同的组，在老师的指导下搭建自己的第一台 VEX 赛车、学习比赛规则、学习 VEX 编程，并投入比赛练习。在夏令营结业赛上，我们取得了 32 分的成绩，排名第二，7 天的努力学习获得了小小的成功，心里乐开了花。

很快，就迎来了旅行的第二站，也是 VEX IQ 第一场正式比赛——2018 年 8 月 25~26 日在北京五棵松体育中心举行的 VEX 亚锦赛中国华北区选拔赛。我们早早就到了那里，很多参赛队伍也已经在场外等候了。大家都带着自己的赛车、附件，还有必不可少的比赛练习场地。我们也在场外找了一块地方，搭建好了练习赛台并测试了一下赛车。看看周围，巨大的场地上布满了各个队伍的练习用场地，早上的骄阳也挡不住大家练习的热情。几个小伙伴一起抱着我们的赛车来到检录处，裁判员对每一个赛车都进行了测量，看是否符合比赛要求。我们的车顺利领到了参赛合格证。有的队伍的车超标了，被裁判要求缩小尺寸，这对那些同学可是不小的难题——已经练习了很久的车在比赛前要临时改造可不容易，看来学习规则、按要求搭建很重要啊。

进场时间到了，佩戴着选手证的参赛队员们兴高采烈地进入比赛场馆。教练和家长们都被拒之门外。我们要靠自己完成整个比赛：寻找自己的队友、安排练习时间、准备 STEM 项目答辩和参加比赛。一进场馆心里还是有点紧张，里面上百个候赛区纵横排列着，怎么尽快找到队友并安排练习时间是个不小的挑战。我们很快找到了自己的候赛区，放好我们的爱车。对战表还没有公布，我们四个人分头行动先熟悉候赛区，一拿到对战表，两人一组从两侧开始找我们的友队，一个一个候赛区看队号、询问。花了将近半个多小时，终于把所有场次比赛的友队找到了。有的联系上了，有的和我们一样——队员们都离开找友队或者练习去了。所以在候赛区留一个联络员很重要，有的队伍在候赛区立了一个明显的标记以方便找到自己，也是很好的做法。

在第一天我们顺利完成了 5 场比赛。除了午饭时间，我们都在观摩比赛，或者准备比赛；我们看到了很多不同的赛车和不同的比赛策略；在和不同友队的合作中，学会怎么相互配合。VEX 和其他比赛最大的不同之处，可能就是只有相互协作、扬长补短才能取得好成绩。第二天我们就轻车熟路了，完成了全部场次的比赛。这次比赛我们获得了第 2 组（共两组）第 8 名的成绩，并获得了 STEM 项目奖。当我们捧着奖杯站在台上时，灿烂的笑容洋溢在每一个人脸上。

之后，我们又马不停歇地来到了 VEX IQ 旅行的第三站——智慧学习机器人联盟机器人大赛—VEX 北京选拔赛。这场比赛被我们寄予了厚望。在十一长假期间我们进行了 5 天的赛前训练。第一天训练开始没多久，想到有的同学已经外出旅游，我就觉得练习好累啊。于是我们偷偷溜出去玩，第一天很快就在我们的半玩乐半练习中过去了。

第二天到训练场地和其他队一交流，我大吃一惊：他们每场都可以打到 35 分了，而我们连华北区赛的水平还没有达到，心里越想越着急，很为第一天的行为后悔，于是下决心要认真练习："我一定不能输给他们。"在训练结束的小比赛上，我们已经和其他队旗鼓相当了。

在一个阳光明媚的早晨，智慧学习机器人联盟 VEX 北京选拔赛开始了。候场时看着台上队员惊险的动作，我不禁为他们捏了一把汗；随着一个一个漂亮转身，利落的垒轮毂，我为他们由衷地点赞。在不知不觉中，该我们上场了，看了看我的队友，他向我投来鼓励的目光，我也心领神会地点了点头。随着一声哨声，我们的赛车在队友的操控下利落地动了起来，顺利地抓到了第一个高分黄色轮毂，接着又轻松地抓起了其他两个轮毂，伴随着熟悉的车轮摩擦场地的声音，赛车快速地来到了堆放区，码放好了下面的两个轮毂。轮到放黄色轮毂了，我不敢直视，终于，一个熟悉的声音响起，这是二层轮毂落在底层的声音，我心里的石头落地了。有队友这么好的基础，我们这一场分数应该会很不错。可这时，"哗啦"的一声，我们堆放区搭好的轮毂全倒了，黄色轮毂也掉出了场外。我的脑袋嗡的一声炸开了——我怎么垒其他轮毂啊？看着这么糟的底子，我无心操作了。其他轮毂也被我垒得失败极了，挂杆也失败了。好不容易比赛结束了，我木然地走下了台，来到门口失声痛哭。好不容易把平均分提得很高了，但第四场被我们打得这么糟糕，平均分一定会降低不少。一个工作人员安慰我说："比赛失误也是很正常的，不要灰心，争取打好后面的比赛"。我的心稍微安定了一下，静下心来想了想：我们的练习还是不够，正所谓"台上一分钟，台下十年功"，比赛中失误是难免的，万一发生了也应该冷静操作，把自己部分做到最好。这样成绩也不会太差。

冷静——对比赛很重要。

2018 年 11 月 22 日，我们坐上了开往上海的高铁，开始了 VEX IQ 第四站的旅程——为期 3 天的 VEX 中国赛。到了上海签到、检录、确定候赛区位置完毕，时间还早，我们便去赛场的场地上进行了几场练习赛。赛前一定要熟悉比赛的场地，上海赛的场地感觉比其他比赛放置得要高一些。不过，经过几场练习就适应了。

第二天 8 点，进入了自己的候赛区，我们的区域和科技馆的其他队伍连在一起，候赛区的走廊上被大家见缝插针地摆放满了练习用场地。我们的场地也在一个角落里摆好了，等待对战表一出，就赶紧联系友队进行练习。这里聚集了来自全国的队伍，比赛用车的形式更是让人意想不到，队伍的水平也是差别很大，每个队伍取轮毂策略也不尽相同。有的队伍的战术和我们以往很不一样，如果按照他们的策略进行配合，我们以前的路线就都不能使用了，这可真是让人伤脑筋。最后通过练习和沟通，大家找到了能够最大化发挥自己水平的路线，我们也临时适应了一些新的要求。第一天的 6 场比赛下来，我们的成绩排在 30 多名，比赛中有失误，但吸取了以前的经验，也都冷静处理了，和预期差距不大。我们队一个操作手在刚报完名后便受伤没法参加比赛，只好由我们的工程师队员身兼两职，能取得这样的成绩已经很不错了。在比赛中我们还出了个意外，就是我们的车在比赛过程中失控了，车在原地打转。我们把数据线重新插拔了一遍，但练习一会就又出问题了。后来在王老师的协调和指导下，我们更换了全部的数据线，这个问题才没有再出现。第二天的两场比赛也顺利完成。在决赛中，有几支队伍都打出了满分，而且距离结束时间还剩几秒到 10 秒不等，充分展现了他们的技艺，获得了观众席上阵阵的掌声。而科技馆的其他队伍便是这几支队伍之一。

参加自动赛的过程比较曲折，实际截止时间比我们拿到的通知上显示的时间要早。即将排到我们时，却告知这些正在排队的队伍自动赛已经结束了。听到这个，我们的心情沮丧到了极点，颓然地坐在地上。后来经过多方面的沟通，又重新安排了自动赛，我们赶紧调整好心态，在自动赛中取得了不错的成绩。

颁奖时，看着其他队伍站在领奖台上，羡慕极了，多么希望我们也能在其中。就在我们已经觉得上海将是我们这一赛季最后一站时，王老师告诉了我们一个好消息，因为我们非常优秀的自动赛成绩，可能还有多次比赛良好的成绩，我们最终获得了美国世锦赛的入场券！

努力，做最好的自己。一分耕耘，一分收获。

感谢王昕老师对我们在训练、比赛、STEM 项目等各方面的悉心指导，使我们有了现在的成绩；感谢我们的父母对我们的全力支持，使我们有机会参与这一赛事；感谢科技馆以及比赛中遇到的其他队伍，与他们的合作以及竞争，让我们在锻炼中一起成长；感谢我的伙伴张正一、王荻，我们一起努力奋斗，留下了难忘的回忆。

—— 推荐阅读 ——

乐高 BOOST 创意搭建指南：95 例绝妙机械组合

[日] 五十川芳仁（Yoshihito Isogawa）著　　孟　辉　韦皓文　译

- 全球知名乐高大师五十川芳仁的全新著作
- 玩转乐高 BOOST 的大师级全彩图解式创意指南
- 只看图片即可学会的乐高创意大全
- 乐高玩家的必备经典乐高书

精美全彩图解式指南，不用文字，通过多角度高清图片全景展示搭建过程，既降低了阅读难度，又增加了搭建创造的乐趣，适合各年龄段读者阅读，更是亲子玩转乐高的极好帮手。

只用乐高 BOOST 即可搭建 95 个可实现行走、爬行、发射和抓取物体的功能创意结构和机器人。

玩转乐高 EV3 机器人：玛雅历险记（原书第 2 版）

[美] 马克 • 贝尔（Mark Bell）等著　　孟　辉　韦皓文　林业渊　译

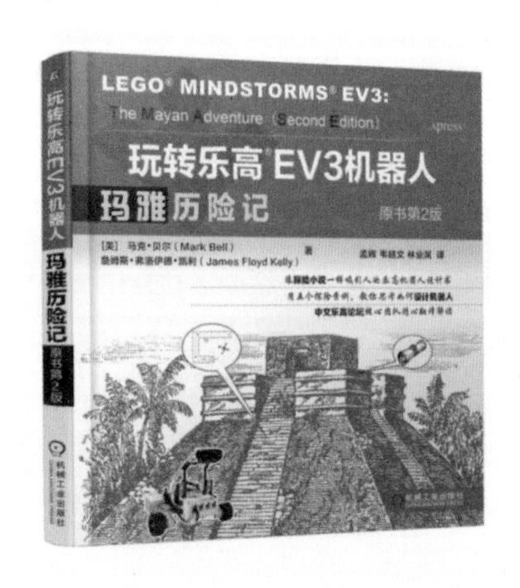

“我要从哪里开始？设计机器人应该从哪里开始？”而本书的核心就是要回答这个问题。

- 教你关注机器人的工作环境和任务详情
- 教你机器人的设计思路
- 教你如何测试机器人
- 教你搭建和编程知识

情节像探险小说一样吸引人的乐高机器人设计书。

用五个生动的机器人案例，教你思考如何设计机器人开展玛雅历险。

很少有乐高图书教你思考如何设计机器人去解决现实问题。在这个寻宝历险故事中，主人公埃文会遇到多个挑战，而作者将如何设计机器人的各种知识、方法与经验完美融入情节中，让埃文和他的 EV3 机器人一起迎接挑战。

参加各种机器人竞赛的教练和队员、机器人课程的老师和学生，还有机器人爱好者们，都会从本书中受益匪浅。